McGraw-Hill

Mis matemáticas

¡Este es tu propio libro de matemáticas! Puedes escribir en él, dibujar, encerrar en círculos y colorear a medida que exploras el apasionante mundo de las matemáticas.

Empecemos ahora mismo. Toma un crayón y haz un dibujo que muestre lo que significan las mates para ti.

¡Diviértete!

Dibuja en este espacio.

McGraw Hill Education

connectED.mcgraw-hill.com

McGraw-Hill Education

STEM McGraw-Hill is committed to providing instructional materials in Science, Technology, Engineering, and Mathematics (STEM) that give all students a solid foundation, one that prepares them for college and careers in the 21st century.

Send all inquiries to:
McGraw-Hill Education
STEM Learning Solutions Center
8787 Orion Place
Columbus, OH 43240

ISBN: 978-0-02-123391-5 *(Volume 1)*
MHID: 0-02-123391-8

Printed in the United States of America.

12 13 14 15 16 17 LWI 21 20 19

STEM

Our mission is to provide educational resources that enable students to become the problem solvers of the 21st century and inspire them to explore careers within Science, Technology, Engineering, and Mathematics (STEM) related fields.

¡Conoce a los artistas!

Marya Barnaba
Lauren Schonowoski

Mis amigas, las figuras = Mis amigas, las mates
Las mates y el arte se llevan muy bien, como dos buenos amigos. El arte hace que aprender matemáticas sea divertido. Los patrones, las figuras, los colores y un poquito de imaginación se transforman en "Mis amigas, las figuras". *Volumen 1*

Levin Neighbors

Las mates en la tienda de alfombras
¡Las mates son geniales! Mi papá usa mucho las mates en su tienda de alfombras. *Volumen 2*

Otros finalistas

Eric Fernandez
Suma de colores primarios 3

Alyssa Sullivan
A vestirse con números

Chloe Uemura
El hada de las mariposas

Natalie Rush
Patrones esculpidos

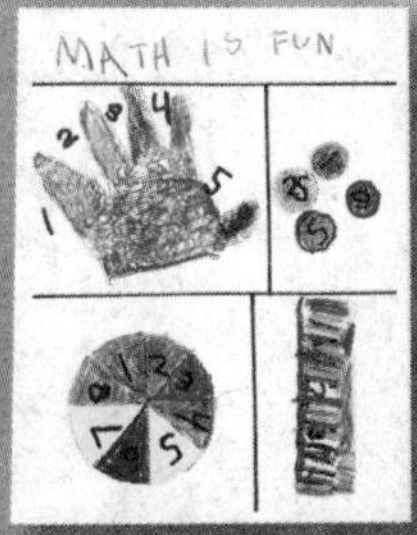

Trinity Williams
Las mates son divertidas, por Trinity

Xia Peterson
Somos matemáticos

Clase de Lisa Hart*
Nuestras mates en nuestras manos

Clase de Sharon E. Davison*
Las mates significan muchas cosas para nosotros

Samantha Carrington
Lily

Visita www.MHEonline.com para obtener más información sobre los ganadores y otros finalistas.

Felicitamos a todos los participantes del concurso "Lo que las mates significan para mí" organizado por McGraw-Hill en 2011 para diseñar las portadas de los libros de *Mis matemáticas*. Hubo más de 2,400 participantes y recibimos más de 20,000 votos de miembros de la comunidad. Los nombres que aparecen arriba corresponden a los dos ganadores y los nueve finalistas de este grado.

** Visita mhmymath.com para ver la lista completa de los estudiantes que contribuyeron a esta ilustración.*

CONEXIÓN en línea

Encontrarás todo en connectED.mcgraw-hill.com.

Visita el Centro del estudiante, donde encontrarás el *eBook*, recursos, tarea y mensajes.

Usuario

Contraseña

Busca recursos en línea que te servirán de ayuda en clase y en casa.

Vocabulario

Busca actividades para desarrollar el vocabulario.

Observa

Observa animaciones de conceptos clave.

Herramientas

Explora conceptos con material didáctico virtual.

Comprueba

Haz una autoevaluación de tu progreso.

Ayuda en línea

Busca ayuda específica para tu tarea.

Juegos

Refuerza tu aprendizaje con juegos y aplicaciones.

Tutor

Observa cómo un maestro explica ejemplos y problemas.

CONEXIÓN móvil

Escanea este código QR con tu dispositivo móvil* o visita mheonline.com/stem_apps.

*Es posible que necesites una aplicación para leer códigos QR.

Available on the App Store

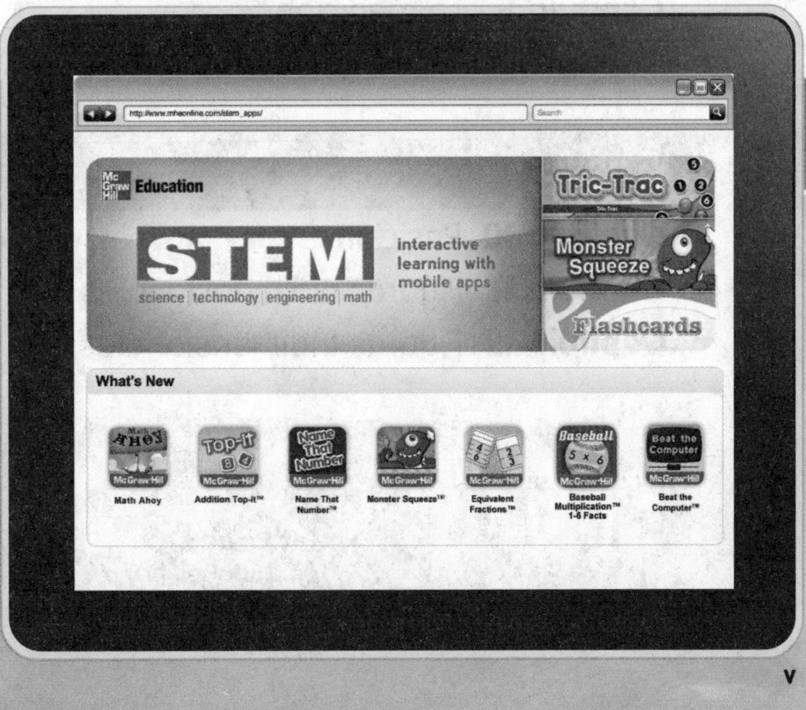

Resumen del contenido

Organizado por área

CCSS Estándares estatales

Conteo y cardinalidad

Capítulo 1 Los números del 0 al 5
Capítulo 2 Los números hasta el 10
Capítulo 3 Números mayores que 10

Operaciones y razonamiento algebraico

Capítulo 4 Componer y descomponer los números hasta el 10
Capítulo 5 La suma
Capítulo 6 La resta

Números y operaciones del sistema decimal

Capítulo 7 Componer y descomponer los números del 11 al 19

Medición y datos

Capítulo 8 La medición
Capítulo 9 Clasificar objetos

Geometría

Capítulo 10 Posición
Capítulo 11 Figuras bidimensionales
Capítulo 12 Figuras tridimensionales

Estándares para las **PRÁCTICAS matemáticas** → Integrados en todo el libro

Capítulo

1 Los números del 0 al 5

PREGUNTA IMPORTANTE
¿Cómo mostramos cuántos hay?

Para comenzar

Antes de seguir... 3
Las palabras de mis mates 4
Mis tarjetas de vocabulario 5
Mi modelo de papel FOLDABLES 9

Lecciones y tarea

Lección 1 Contar 1, 2 y 3 11
Lección 2 Leer y escribir el 1, el 2 y el 3 17
Lección 3 Contar 4 y 5 23
Lección 4 Leer y escribir el 4 y el 5 29
Lección 5 Leer y escribir el cero 35
Compruebo mi progreso 41
Lección 6 Igual a 43
Lección 7 Mayor que 49
Lección 8 Menor que 55
Lección 9 Comparar los números del 0 al 5 61
Compruebo mi progreso 67
Lección 10 Uno más 69
Lección 11 Resolución de problemas: Dibujar un diagrama 75

Para terminar

Mi repaso 81
Pienso 84

connectED.mcgraw-hill.com

Capítulo 2

Los números hasta el 10

PREGUNTA IMPORTANTE
¿Qué me dicen los números?

Para comenzar

Antes de seguir... 87
Las palabras de mis mates 88
Mis tarjetas de vocabulario 89
Mi modelo de papel FOLDABLES 91

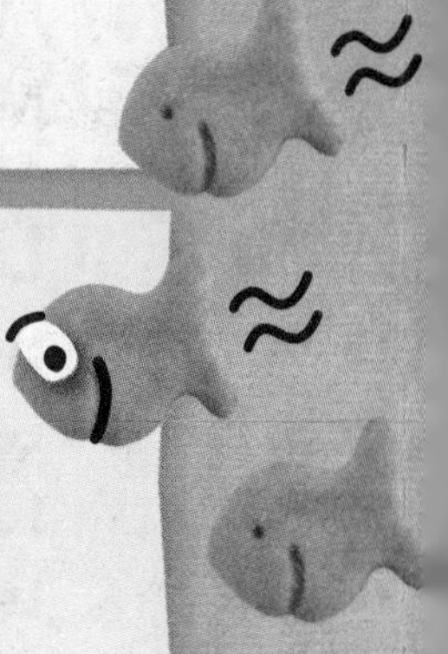

Lecciones y tarea

Lección 1 Los números 6 y 7 93
Lección 2 El número 8 99
Lección 3 Leer y escribir el 6, el 7 y el 8 105
Lección 4 El número 9 111
Compruebo mi progreso 117
Lección 5 El número 10 119
Lección 6 Leer y escribir el 9 y el 10 125
Lección 7 Resolución de problemas: Representar 131
Lección 8 Comparar los números del 0 al 10 137
Compruebo mi progreso 143
Lección 9 Uno más con números hasta el 10 145
Lección 10 Números ordinales hasta el quinto 151
Lección 11 Números ordinales hasta el décimo 157

Para terminar

Práctica de fluidez 163
Mi repaso 165
Pienso 168

connectED.mcgraw-hill.com

¡Nos gusta la comida saludable!

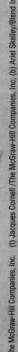

Capítulo 3 Números mayores que 10

PREGUNTA IMPORTANTE
¿Cómo puedo mostrar números mayores que 10?

¡Despegue!

Para comenzar

Antes de seguir... 171
Las palabras de mis mates 172
Mis tarjetas de vocabulario 173
Mi modelo de papel FOLDABLES 177

Lecciones y tarea

Lección 1 Los números 11 y 12 179
Lección 2 Los números 13 y 14 185
Lección 3 El número 15 191
Lección 4 Los números 16 y 17 197
Compruebo mi progreso 203
Lección 5 Los números 18 y 19 205
Lección 6 El número 20 211
Lección 7 Resolución de problemas: Dibujar un diagrama . . . 217
Compruebo mi progreso 223
Lección 8 Contar hasta el 50 de uno en uno 225
Lección 9 Contar hasta el 100 de uno en uno 231
Lección 10 Contar hasta el 100 de diez en diez 237

Para terminar

Práctica de fluidez 243
Mi repaso 245
Pienso 248

connectED.mcgraw-hill.com

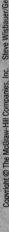

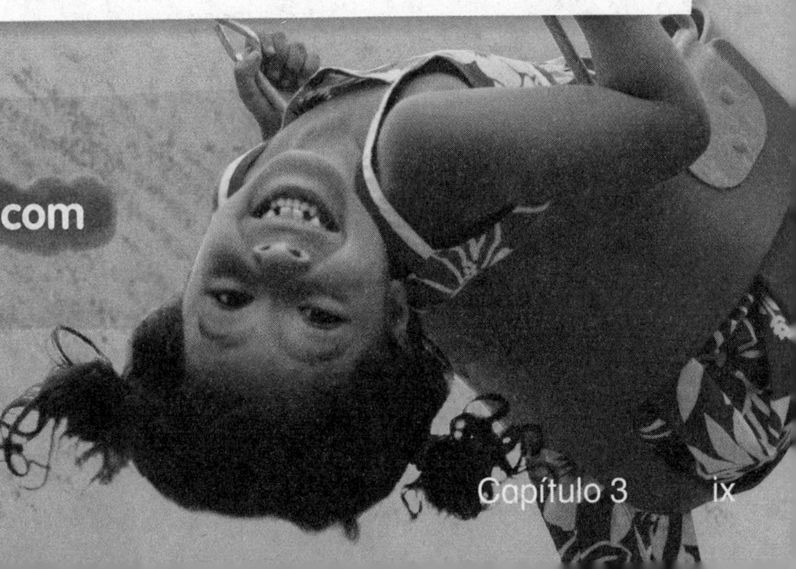

Capítulo 4 Componer y descomponer los números hasta el 10

PREGUNTA IMPORTANTE
¿Cómo podemos mostrar un número de otras maneras?

Para comenzar

Antes de seguir... 251
Las palabras de mis mates 252
Mis tarjetas de vocabulario 253
Mi modelo de papel FOLDABLES 255

Lecciones y tarea

Lección 1 Formar 4 y 5 257
Lección 2 Descomponer 4 y 5 263
Lección 3 Formar 6 y 7 269
Lección 4 Descomponer 6 y 7 275
Lección 5 Resolución de problemas: Representar 281
Compruebo mi progreso 287
Lección 6 Formar 8 y 9 289
Lección 7 Descomponer 8 y 9 295
Lección 8 Formar 10 301
Lección 9 Descomponer 10 307

Para terminar

Mi repaso 313
Pienso 316

connectED.mcgraw-hill.com

Capítulo 5 La suma

PREGUNTA IMPORTANTE
¿Cómo puedo usar objetos para sumar?

Para comenzar

Antes de seguir... 319
Las palabras de mis mates 320
Mis tarjetas de vocabulario 321
Mi modelo de papel FOLDABLES 323

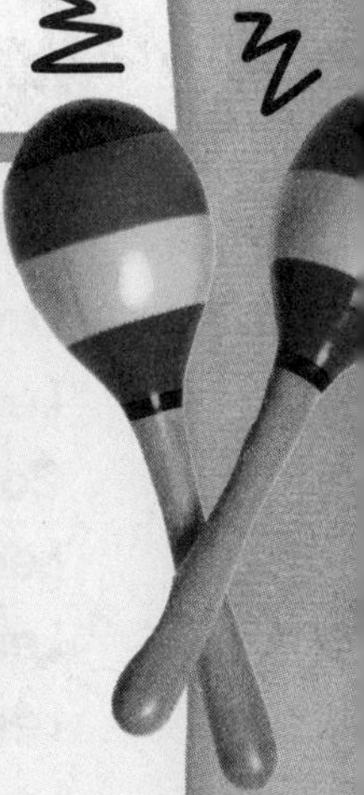

Lecciones y tarea

Lección 1 Cuentos de suma 325
Lección 2 Usar objetos para sumar 331
Compruebo mi progreso 337
Lección 3 Usar el signo + 339
Lección 4 Usar el signo = 345
Lección 5 ¿Cuántos hay en total? 351
Lección 6 Resolución de problemas: Escribir un enunciado numérico 357
Lección 7 Sumar para formar 10 363

Para terminar

Práctica de fluidez 369
Mi repaso 371
Pienso 374

¡Vamos a la fiesta!

connectED.mcgraw-hill.com

Capítulo

6 La resta

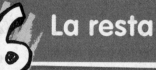

PREGUNTA IMPORTANTE
¿Cómo puedo usar objetos para restar?

Para comenzar

Antes de seguir... 377
Las palabras de mis mates 378
Mis tarjetas de vocabulario 379
Mi modelo de papel FOLDABLES 381

¡Estamos en forma!

Lecciones y tarea

Lección 1 Cuentos de resta 383
Lección 2 Usar objetos para restar 389
Compruebo mi progreso 395
Lección 3 Usar el signo – 397
Lección 4 Usar el signo = 403
Lección 5 ¿Cuántos quedan? 409
Lección 6 Resolución de problemas: Escribir un enunciado numérico 415
Lección 7 Restar para descomponer 10 421

Para terminar

Práctica de fluidez 427
Mi repaso 429
Pienso 432

connectED.mcgraw-hill.com

Capítulo 7 Componer y descomponer los números del 11 al 19

PREGUNTA IMPORTANTE
¿Cómo mostramos de otra forma los números del 11 al 19?

Para comenzar

Antes de seguir... 435
Las palabras de mis mates 436
Mis tarjetas de vocabulario 437
Mi modelo de papel FOLDABLES 441

Lecciones y tarea

Lección 1 Formar los números del 11 al 15 443
Lección 2 Descomponer los números del 11 al 15 449
Lección 3 Resolución de problemas: Hacer una tabla 455
Compruebo mi progreso 461
Lección 4 Formar los números del 16 al 19 463
Lección 5 Descomponer los números del 16 al 19 469

Para terminar

Mi repaso 475
Pienso 478

connectED.mcgraw-hill.com

¡Cuánta nieve!

Capítulo

8 La medición

PREGUNTA IMPORTANTE
¿Cómo describo y comparo objetos según la longitud, la altura y el peso?

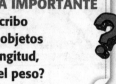

Para comenzar

Antes de seguir... 481
Las palabras de mis mates 482
Mis tarjetas de vocabulario 483
Mi modelo de papel FOLDABLES 487

Lecciones y tarea

Lección 1 Comparar la longitud 489
Lección 2 Comparar la altura 495
Lección 3 Resolución de problemas: Probar, comprobar y revisar 501
Compruebo mi progreso 507
Lección 4 Comparar el peso 509
Lección 5 Describir la longitud, la altura y el peso 515
Lección 6 Comparar la capacidad 521

¡Diversió bajo el sol!

Para terminar

Mi repaso 527
Pienso 530

connectED.mcgraw-hill.com

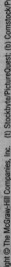

Capítulo 9

Clasificar objetos

PREGUNTA IMPORTANTE
¿Cómo clasifico objetos?

Para comenzar

Antes de seguir... 533
Las palabras de mis mates 534
Mis tarjetas de vocabulario 535
Mi modelo de papel FOLDABLES 537

Lecciones y tarea

Lección 1 Iguales y diferentes 539
Lección 2 Resolución de problemas: Usar razonamiento lógico 545
Lección 3 Ordenar según el tamaño 551
Compruebo mi progreso 557
Lección 4 Ordenar según la forma 559
Lección 5 Ordenar según la cantidad 565

Para terminar

Mi repaso 571
Pienso 574

connectED.mcgraw-hill.com

¡Buena idea!

Capítulo 10 Posición

PREGUNTA IMPORTANTE
¿Cómo identifico posiciones?

Para comenzar

Antes de seguir... 577
Las palabras de mis mates 578
Mis tarjetas de vocabulario 579
Mi modelo de papel FOLDABLES 581

Lecciones y tarea

Lección 1 Arriba de y debajo de 583
Lección 2 Delante de y detrás de 589
Compruebo mi progreso 595
Lección 3 Junto a y al lado de 597
Lección 4 Resolución de problemas: Representar 603

Para terminar

Mi repaso 609
Pienso 612

¡Animales en acción!

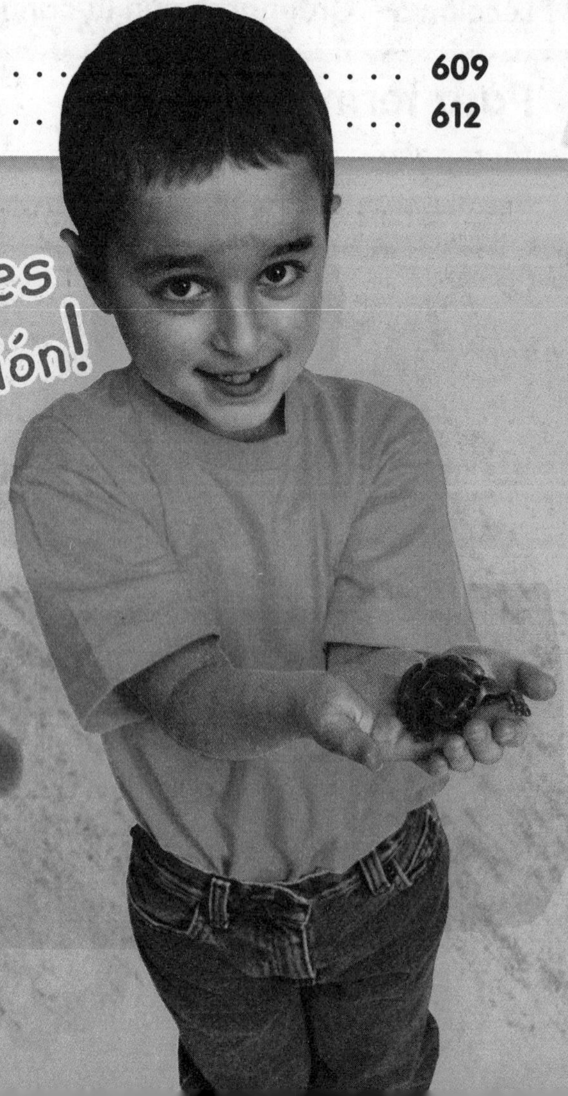

connectED.mcgraw-hill.com

Capítulo 11 Figuras bidimensionales

PREGUNTA IMPORTANTE
¿Cómo podemos comparar figuras?

Para comenzar

Antes de seguir... 615
Las palabras de mis mates 616
Mis tarjetas de vocabulario 617
Mi modelo de papel FOLDABLES 621

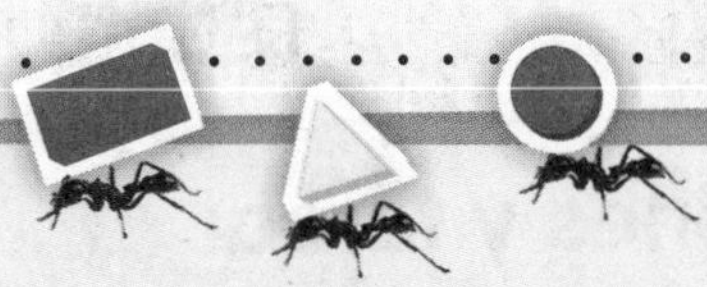

Lecciones y tarea

Lección 1 Cuadrados y rectángulos 623
Lección 2 Círculos y triángulos 629
Lección 3 Cuadrados, rectángulos, triángulos y círculos 635
Lección 4 Hexágonos 641
Compruebo mi progreso 647
Lección 5 Figuras y patrones 649
Lección 6 Figuras y posición 655
Lección 7 Componer nuevas figuras 661
Lección 8 Resolución de problemas: Usar razonamiento lógico 667
Lección 9 Representar figuras del mundo real 673

Para terminar

Mi repaso 679
Pienso 682

connectED.mcgraw-hill.com

¡A aprender sobre las figuras!

Capítulo 12

Figuras tridimensionales

PREGUNTA IMPORTANTE
¿Cómo identifico y comparo figuras tridimensionales?

Para comenzar

Antes de seguir... 685
Las palabras de mis mates 686
Mis tarjetas de vocabulario 687
Mi modelo de papel FOLDABLES 691

Lecciones y tarea

Lección 1 Esferas y cubos 693
Lección 2 Cilindros y conos 699
Lección 3 Comparar sólidos 705
Compruebo mi progreso 711
Lección 4 Resolución de problemas: Representar 713
Lección 5 Representar sólidos en el mundo real 719

Para terminar

Mi repaso 725
Pienso 728

connectED.mcgraw-hill.com

¡Las figuras son divertidas!

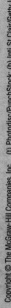

Capítulo

1 Los números del 0 al 5

PREGUNTA IMPORTANTE
¿Cómo mostramos cuántos hay?

¡Vamos a la granja!

¡Mira el video!

Observa

Mis estándares estatales

CCSS

Conteo y cardinalidad

K.CC.3 Escribir los números del 0 al 20. Representar una cantidad de objetos con un número escrito del 0 al 20 (donde el 0 representa la ausencia de objetos para contar).

K.CC.4 Comprender la relación entre números y cantidades; relacionar el conteo con la cardinalidad.

K.CC.4a Al contar objetos, decir los nombres de los números en el orden convencional, asociando cada objeto con un solo nombre de número, y cada nombre de número con un solo objeto.

K.CC.4b Comprender que el último nombre de número que se dice indica la cantidad de objetos contados. La cantidad de objetos es la misma, sin importar cuál sea la disposición o el orden en que se contaron los objetos.

K.CC.4c Comprender que un nombre de número que sucede a otro indica una cantidad que es una unidad más grande.

K.CC.5 Contar hasta 20 objetos dispuestos en fila, en un arreglo rectangular o en círculo, o hasta 10 objetos desordenados, para responder preguntas que comienzan con "cuántos"; dado un número del 1 al 20, contar esa cantidad de objetos.

K.CC.6 Determinar si la cantidad de objetos de un grupo es mayor, menor o igual a la cantidad de objetos de otro grupo; por ejemplo, usando estrategias para relacionar y contar objetos.

K.CC.7 Comparar dos números del 1 al 10 presentados como números escritos.

Estándares para las

PRÁCTICAS matemáticas

1. Entender los problemas y perseverar en la búsqueda de una solución.
2. Razonar de manera abstracta y cuantitativa.
3. Construir argumentos viables y hacer un análisis del razonamiento de los demás.
4. Representar con matemáticas.
5. Usar estratégicamente las herramientas apropiadas.
6. Prestar atención a la precisión.
7. Buscar una estructura y usarla.
8. Buscar y expresar regularidad en el razonamiento repetido.

= Se trabaja en este capítulo.

Nombre ....

Antes de seguir...

Comprueba ✓ ← Conéctate para hacer la prueba de preparación.

1

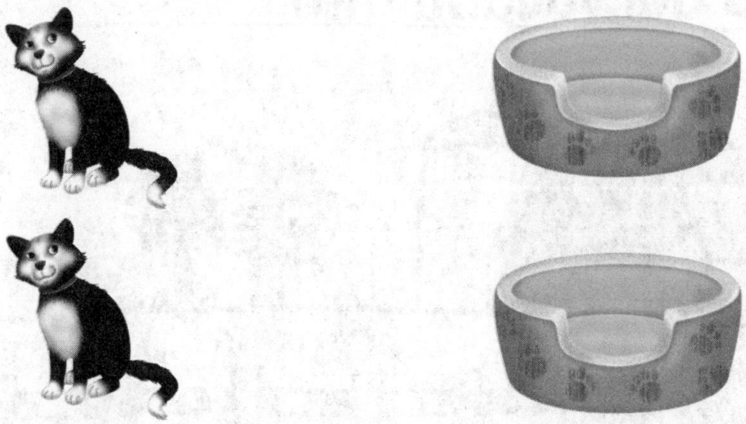

2

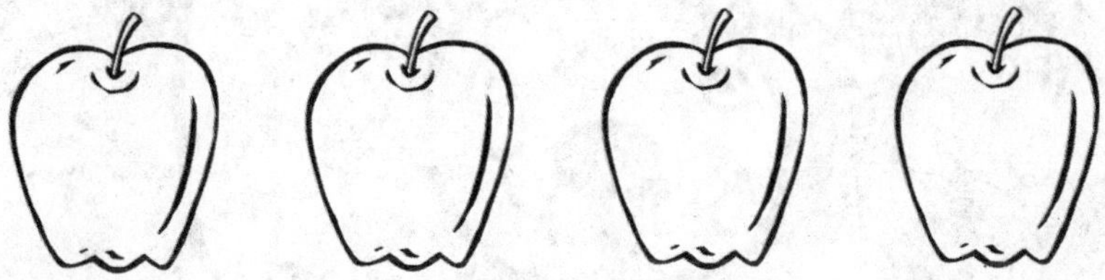

3

4

Instrucciones para el maestro: 1. Pida a los niños que unan con una línea cada gato a su camita. **2.** Diga a los niños que coloreen tres manzanas. **3.** Diga: *Miren el dibujo. Dibujen la misma cantidad de flores.* **4.** Diga: *Miren el dibujo. Dibujen la misma cantidad de pelotas.*

Nombre

Las palabras de mis mates

Vocabulario

Repaso del vocabulario

Instrucciones para el maestro: Pida a los niños que digan las palabras y que las tracen. Diga: *¿Cómo les muestran los grupos de mazorcas lo que quiere decir cada palabra?*

Mis tarjetas de vocabulario

Vocabulario

PRÁCTICAS matemáticas

cero 0

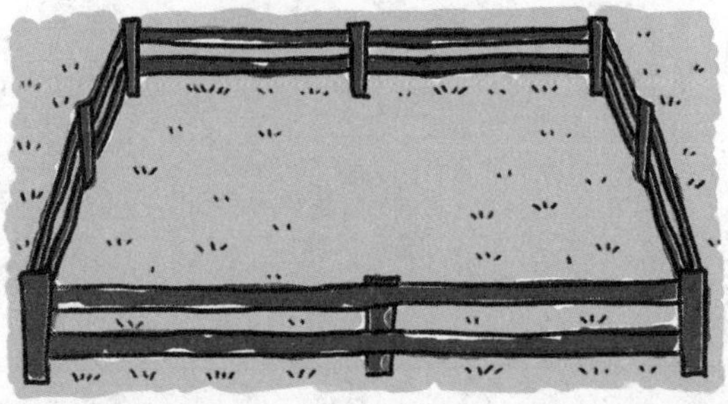

cinco 5

contar

1 2 3

cuatro 4

dos 2

igual a

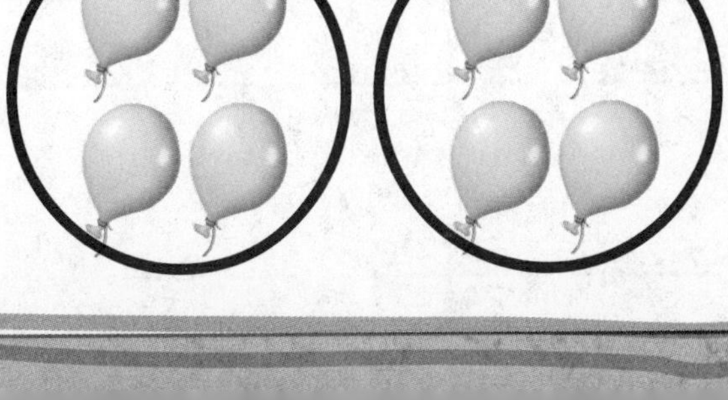

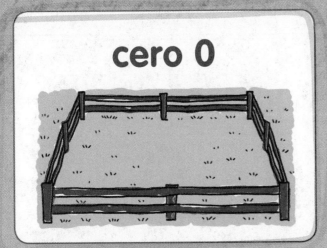

Instrucciones para el maestro:
Sugerencias

- Pida a los niños que elijan una tarjeta con los números del 1 al 4. Indíqueles que trabajen con un compañero o una compañera para hallar la tarjeta que muestra uno más.
- Pida a cada niño o niña que elija una tarjeta y que haga un dibujo para mostrar su significado. Indíqueles que trabajen con un compañero o una compañera para adivinar las palabras de sus respectivas tarjetas.

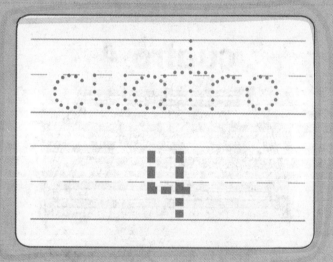

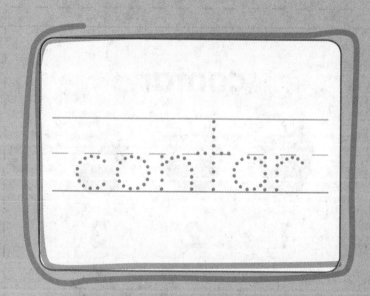

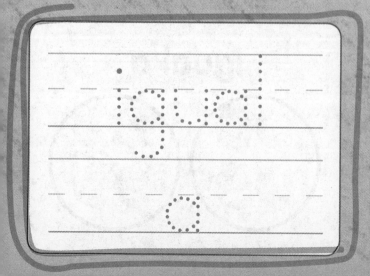

cinco
5

cero
0

cuatro
4

contar

igual

dos
2

Mis tarjetas de vocabulario

Vocabulario abc **PRÁCTICAS matemáticas**

mayor que

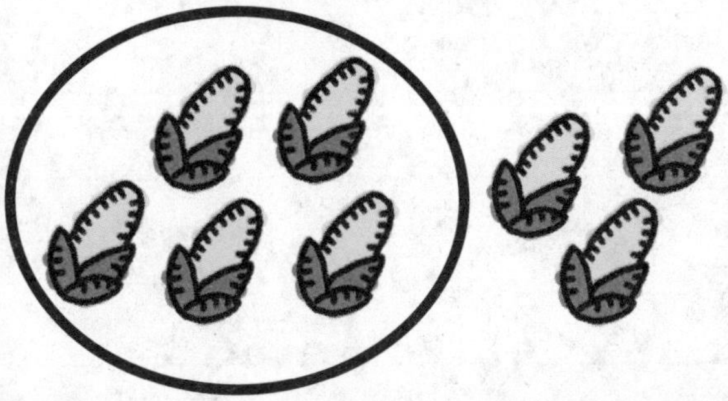

menor que

número

3 2 5 0

tres 3

uno 1

Instrucciones para el maestro:
Más sugerencias

- Pida a cada niño o niña que elija una tarjeta de número y tome una hoja. Guíe a los niños para que dibujen un grupo de objetos en la cantidad que indique la tarjeta.
- Pida a los niños que usen la tarjeta en blanco para crear su propia tarjeta de vocabulario.

menor que

mayor que

tres
3

número

uno
1

Mi modelo de papel

FOLDABLES® Sigue los pasos que aparecen en el reverso para hacer tu modelo de papel.

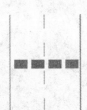

2

5

1

4

0

3

FOLDABLES®
Ayudas de estudio

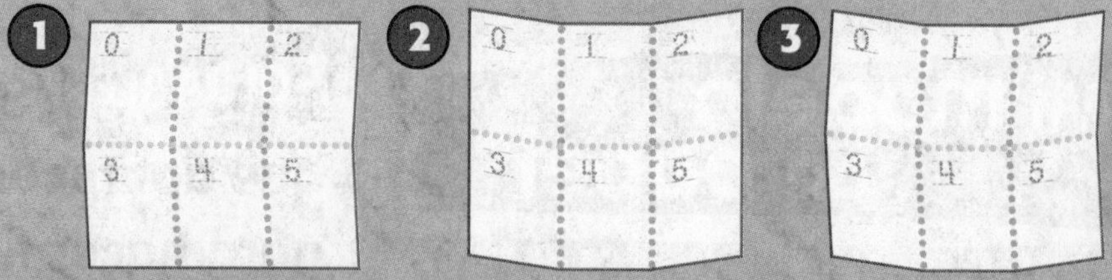

Nombre

Contar 1, 2 y 3

Lección 1

PREGUNTA IMPORTANTE
¿Cómo mostramos cuántos hay?

Explorar y explicar

Herramientas Observa

Instrucciones para el maestro: Diga a los niños que usen ⚪ para formar grupos de 1, 2 y 3 fichas. Pídales que señalen, cuenten y digan cuántas fichas hay en cada grupo. Indíqueles que dibujen un limón en la limonada. Pídales que cuenten los limones que ven en esta página y que digan cuántos hay en total.

Ver y mostrar

PRÁCTICAS matemáticas

1

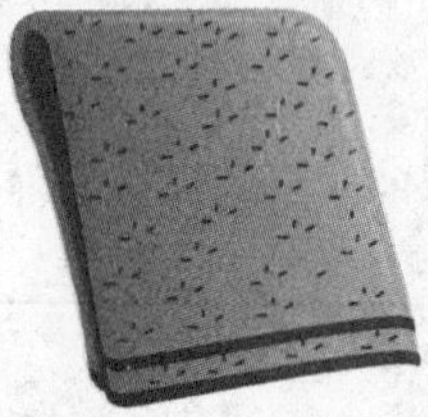

2

3

4

5

Instrucciones para el maestro: 1–5. Pida a los niños que identifiquen el objeto. Dígales que cuenten cuántos objetos como ese hay en la figura de arriba. Luego, indíqueles que usen fichas cuadradas de colores para mostrar cuántos hay. Por último, pídales que coloreen una casilla por cada objeto que contaron y que digan cuántos hay.

Nombre ....

Por mi cuenta

6 

7 

8 

9 

10 

11 

Instrucciones para el maestro: 6–11. Pida a los niños que identifiquen el objeto. Dígales que cuenten cuántos objetos como ese hay en la figura de al lado. Luego, indíqueles que usen fichas cuadradas de colores para mostrar cuántos hay. Por último, pídales que coloreen una casilla por cada objeto que contaron y que digan cuántos hay.

PRÁCTICAS matemáticas

Resolución de problemas

Instrucciones para el maestro: 12. Pida a los niños que cuenten las casillas coloreadas en cada canasta. Diga: *Dibujen una naranja en la canasta que muestra una casilla coloreada. Dibujen dos manzanas en la canasta que muestra dos casillas coloreadas. Dibujen tres uvas en la canasta que muestra tres casillas coloreadas.*

Nombre ....

Mi tarea

Lección 1
Contar 1, 2 y 3

Asistente de tareas

Ayuda en línea ¿Necesitas ayuda? connectED.mcgraw-hill.com

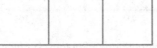

1

2

3

4

Instrucciones para el maestro: 1–4. Pida a los niños que identifiquen el objeto. Dígales que cuenten cuántos objetos como ese hay en la figura de arriba. Luego, indíqueles que usen copos de cereal para mostrar cuántos hay. Por último, pídales que coloreen una casilla por cada objeto que contaron y que digan cuántos hay.

5

6

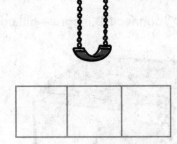

Comprobación del vocabulario

Vocabulario

7 **contar**

Instrucciones para el maestro: 5–6. Pida a los niños que identifiquen el objeto. Dígales que cuenten cuántos objetos como ese hay en la figura de arriba. Luego, indíqueles que usen copos de cereal para mostrar cuántos hay. Por último, pídales que coloreen una casilla por cada objeto que contaron y que digan cuántos hay. **7.** Pida a los niños que dibujen tres objetos. Luego, indíqueles que los cuenten y que digan cuántos hay.

Las mates en casa Reúna objetos, como sujetapapeles o bandas elásticas. Pida a su niño o niña que los coloque en grupos de uno, dos y tres. Ayúdelo a contar cuántos objetos hay en cada grupo.

Nombre ....

Leer y escribir el 1, el 2 y el 3

Lección 2

PREGUNTA IMPORTANTE
¿Cómo mostramos cuántos hay?

Explorar y explicar

Herramientas Observa

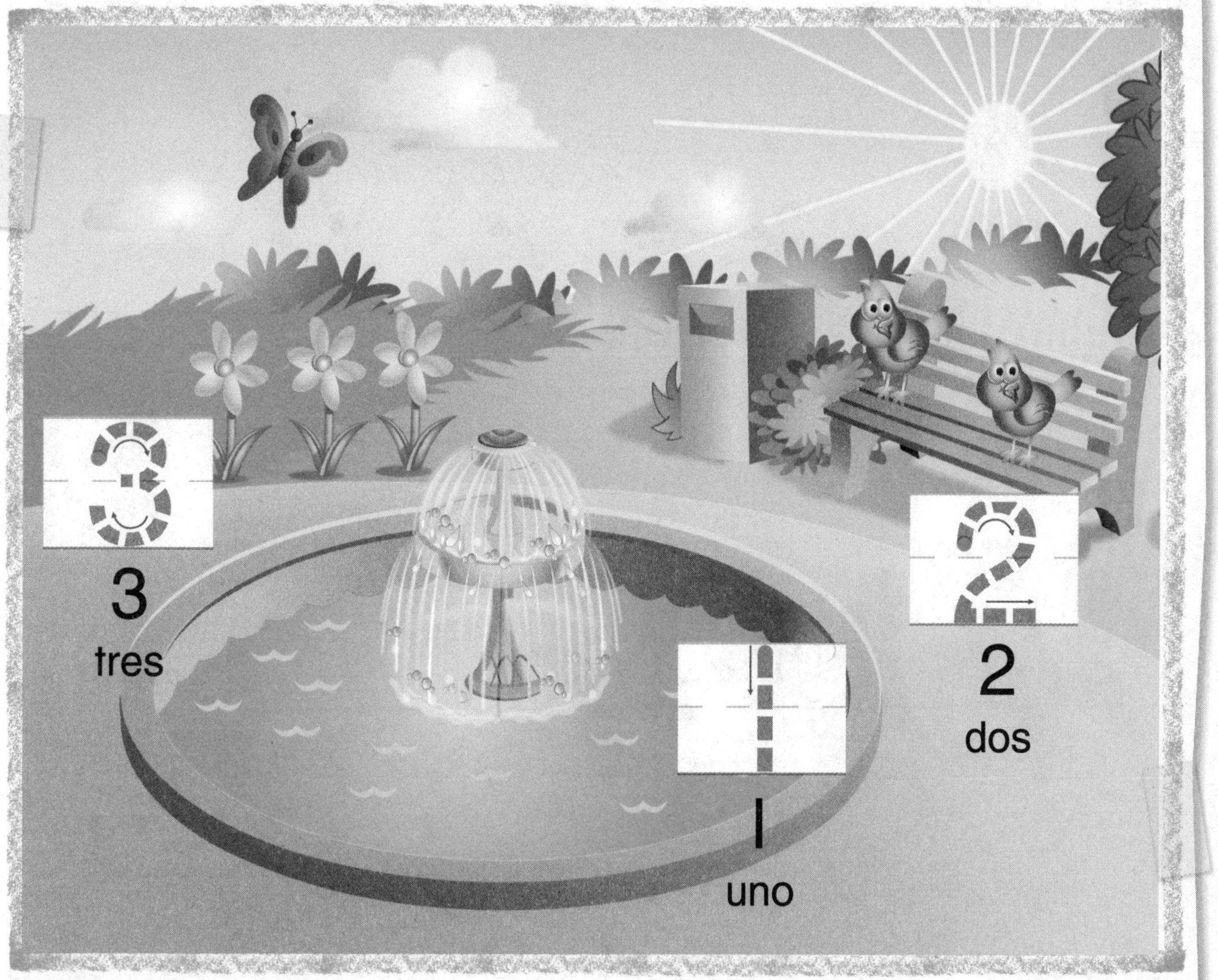

Instrucciones para el maestro: Pida a los niños que miren la figura. Dígales que cuenten las flores, los pájaros y las fuentes. Indíqueles que usen ● para mostrar el número. Luego, indíqueles que digan cuántos hay. Por último, pídales que tracen el número.

PRÁCTICAS matemáticas

Ver y mostrar

1 **número** **uno 1** **dos 2** **tres 3**

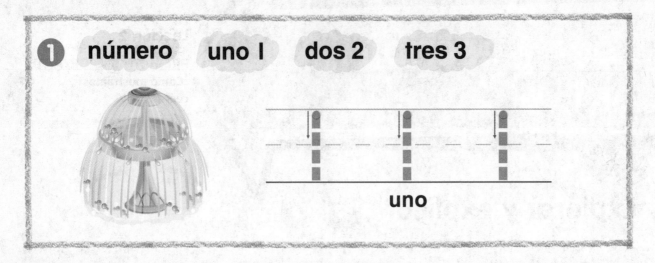

1 1 1

uno

2

2 2

dos

3

3 3

tres

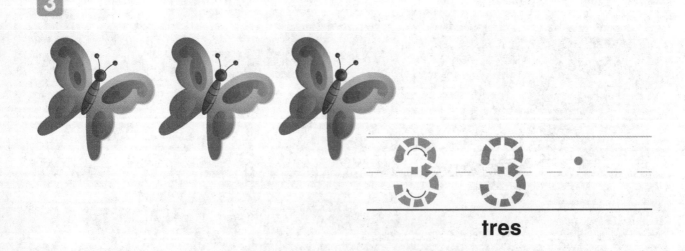

Instrucciones para el maestro: 1. Pida a los niños que cuenten los objetos y que digan cuántos hay. Luego, pídales que tracen los números. **2–3.** Pida a los niños que cuenten los objetos y que digan cuántos hay. Luego, pídales que tracen y que escriban los números.

Nombre ....

Por mi cuenta

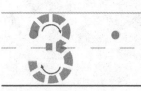

4

3

5

2

6

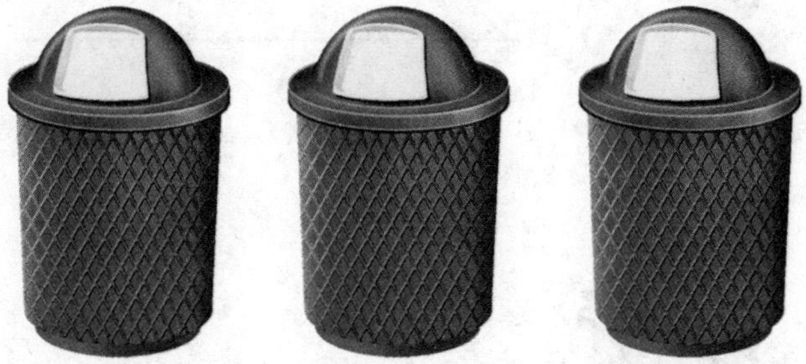

3

Instrucciones para el maestro: 4–6. Pida a los niños que cuenten los objetos y que digan cuántos hay. Luego, pídales que tracen los números. Por último, dígales que escriban el número dos veces.

Resolución de problemas

7

8

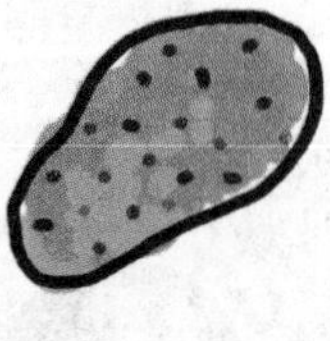

9

10

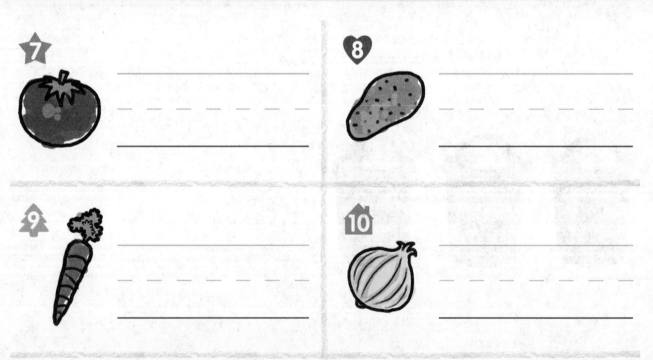

Instrucciones para el maestro: 7. Pida a los niños que dibujen un tomate en la olla y que escriban el número dos veces. **8.** Pida a los niños que dibujen una papa en la olla y que escriban el número dos veces. **9.** Pida a los niños que dibujen dos zanahorias en la olla y que escriban el número dos veces. **10.** Pida a los niños que dibujen tres cebollas en la olla y que escriban el número dos veces.

Nombre ....

Mi tarea

Lección 2

Leer y escribir el 1, el 2 y el 3

Asistente de tareas

Ayuda en línea

¿Necesitas ayuda? connectED.mcgraw-hill.com

1

1 1 1

uno

2

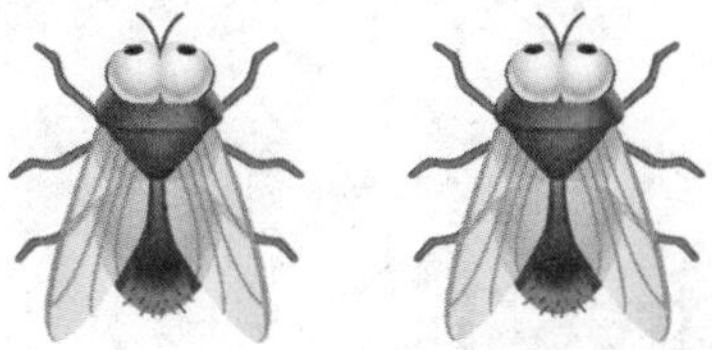

2

dos

3

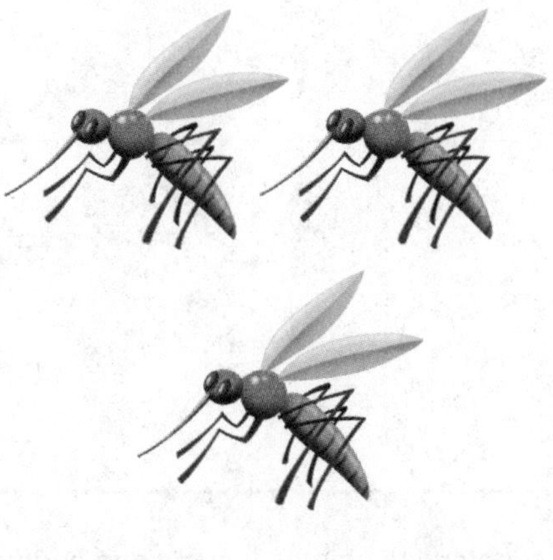

3

tres

Instrucciones para el maestro: 1–3. Pida a los niños que cuenten los objetos que hay en cada grupo y que digan cuántos hay. Dígales que tracen el número. Luego, pídales que escriban el número dos veces.

4

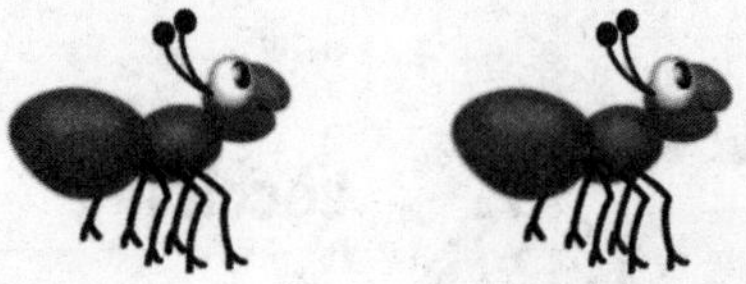

2

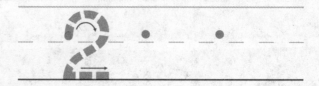

Comprobación del vocabulario

Vocabulario

5 número

6 uno 1

7 dos 2

8 tres 3

Instrucciones para el maestro: 4. Pida a los niños que cuenten los objetos y que digan cuántos hay. Pídales que tracen y escriban el número dos veces. **5.** Pida a los niños que cuenten los objetos. Indíqueles que escriban el número. **6–8.** Pida a los niños que digan la palabra. Dígales que dibujen una X para mostrar cuántos hay.

Las mates en casa Muestre a su niño o niña 3 cucharas, 2 tazas y 1 tazón. Anímelo a contar los objetos y a decir cuántos hay de cada uno. Pídale que escriba los números.

Nombre ....

Contar 4 y 5

Lección 3

PREGUNTA IMPORTANTE
¿Cómo mostramos cuántos hay?

Explorar y explicar

Herramientas Observa

Instrucciones para el maestro: Pida a los niños que cuenten las abejas que hay en cada grupo y que digan cuántas hay. Dígales que usen [dado] para mostrar cuántas hay. Pida a los niños que coloreen las casillas que están bajo cada grupo de abejas para mostrar cuántas hay.

PRÁCTICAS
matemáticas

Ver y mostrar

1

2

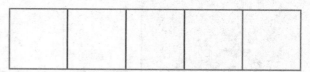

3

Instrucciones para el maestro: 1. Pida a los niños que cuenten los osos y que digan cuántos hay. Indíqueles que usen cubos para mostrar cuántos hay. Dígales que coloreen las casillas para mostrar cuántos hay. **2–3.** Pida a los niños que cuenten las fresas que hay en cada grupo y que digan cuántas hay. Indíqueles que usen cubos para mostrar cuántas hay. Dígales que coloreen las casillas para mostrar cuántas hay.

CCSS

Nombre ....

¡Comí muchas nueces!

Por mi cuenta

4

5

6

Instrucciones para el maestro: 4–6. Pida a los niños que cuenten los animales que hay en cada grupo y que digan cuántos hay. Indíqueles que usen cubos para mostrar cuántos hay. Dígales que coloreen las casillas para mostrar cuántos hay.

Resolución de problemas

Instrucciones para el maestro: 7. Pida a los niños que cuenten las fresas que hay en un grupo y que digan cuántas hay. Dígales que dibujen esa cantidad de fresas en una caja. Pídales que cuenten las fresas que hay en el otro grupo y que digan cuántas hay. Dígales que dibujen esa cantidad de fresas en la otra caja. Indíqueles que encierren en un círculo el grupo de cuatro fresas. Luego, pídales que dibujen una X sobre el grupo de cinco fresas.

Nombre

Mi tarea

Lección 3
Contar 4 y 5

Asistente de tareas

Ayuda en línea ¿Necesitas ayuda? connectED.mcgraw-hill.com

1

2

Instrucciones para el maestro: 1. Pida a los niños que cuenten los peces y que digan cuántos hay. Indíqueles que usen copos de cereal para mostrar cuántos hay. Luego, pídales que coloreen las casillas para mostrar cuántos hay. **2.** Pida a los niños que cuenten los cangrejos y que digan cuántos hay. Indíqueles que usen copos de cereal para mostrar cuántos hay. Luego, pídales que coloreen las casillas para mostrar cuántos hay.

3

4

Instrucciones para el maestro: 3–4. Pida a los niños que cuenten las ranas que hay en cada grupo y que digan cuántas hay. Indíqueles que usen copos de cereal para mostrar cuántas hay. Luego, pídales que coloreen las casillas para mostrar cuántas hay.

Las mates en casa Ayude a su niño o niña a reunir objetos como, por ejemplo, monedas o cucharas. Coloque los objetos en grupos de cuatro y cinco. Pídale que cuente los objetos que hay en cada grupo para practicar.

Nombre ....

Leer y escribir el 4 y el 5

Lección 4

PREGUNTA IMPORTANTE
¿Cómo mostramos cuántos hay?

Explorar y explicar

Herramientas   Observa

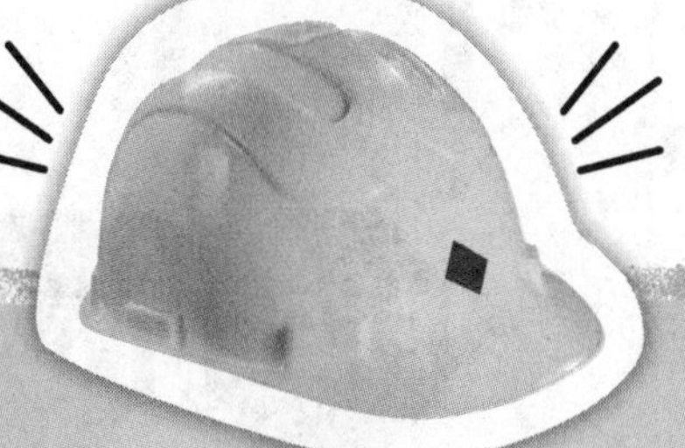

Instrucciones para el maestro: Pida a los niños que cuenten los conos y que digan cuántos hay. Dígales que usen ◯ para mostrar cuántos hay. Luego, pídales que tracen el número. Repita la actividad con los ladrillos.

PRÁCTICAS
matemáticas

Ver y mostrar

1 cuatro 4 cinco 5

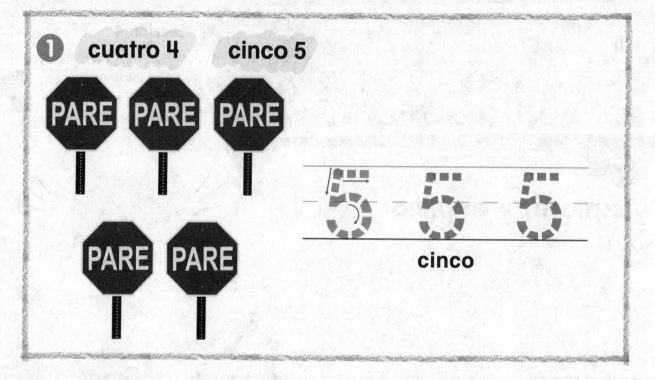

5 5 5

cinco

2

4 4

cuatro

3

4 4

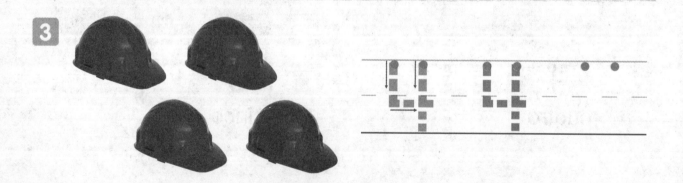

Instrucciones para el maestro: **1.** Pida a los niños que cuenten los objetos del grupo y que digan cuántos hay. Luego, dígales que tracen los números. **2–3.** Pida a los niños que cuenten los objetos de cada grupo y que digan cuántos hay. Luego, dígales que tracen y escriban los números.

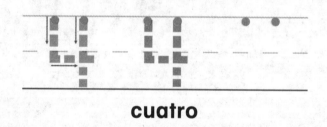

CCSS

Nombre

Por mi cuenta

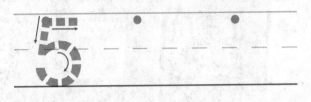

4

5

5

4

6

5

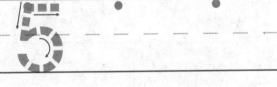

Instrucciones para el maestro: 4–6. Pida a los niños que cuenten los objetos de cada grupo y que digan cuántos hay. Luego, dígales que tracen y escriban los números.

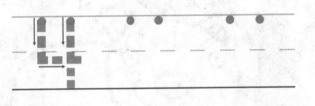

Resolución de problemas

7

Instrucciones para el maestro: 7. Pida a los niños que cuenten los cerditos y que dibujen más para que haya cuatro. Indíqueles que usen fichas para mostrar cuántos hay. Dígales que escriban el número. Luego, pídales que cuenten los caballos y que dibujen más para que haya cinco. Indíqueles que usen fichas para mostrar cuántos hay. Dígales que escriban el número.

Nombre ....

Mi tarea

Lección 4
Leer y escribir el 4 y el 5

Asistente de tareas

Ayuda en línea ¿Necesitas ayuda? connectED.mcgraw-hill.com

1

4 4 4

cuatro

2

5

cinco

3

5

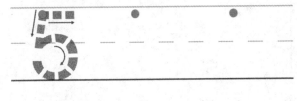

Instrucciones para el maestro: 1–3. Pida a los niños que cuenten los objetos de cada grupo y que digan cuántos hay. Luego, dígales que tracen y escriban los números.

4

4

5

5

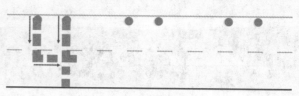

Comprobación del vocabulario

6 **cuatro 4**

7 **cinco 5**

Instrucciones para el maestro: 4–5. Pida a los niños que cuenten los objetos de cada grupo y que digan cuántos hay. Luego, dígales que tracen y escriban los números. **6–7.** Pida a los niños que digan la palabra. Indíqueles que dibujen objetos para mostrar cuántos hay.

Las mates en casa Forme grupos de cuatro y cinco fideos. Pida a su niño o niña que cuente cuántos fideos hay en cada grupo y que escriba el número.

Nombre ....

Leer y escribir el cero

Lección 5

PREGUNTA IMPORTANTE
¿Cómo mostramos cuántos hay?

Explorar y explicar

Herramientas Observa

Instrucciones para el maestro: Pida a los niños que usen [cubo] para representar este cuento. Diga: *Había cinco ranas en el estanque.* Pida a los niños que cuenten las ranas. Luego, diga: *Cinco ranas salieron de un salto.* Pida a los niños que cuenten las ranas que quedaron en el estanque. Dígales que tracen el número cero.

PRÁCTICAS
matemáticas

Ver y mostrar

1 cero 0

2

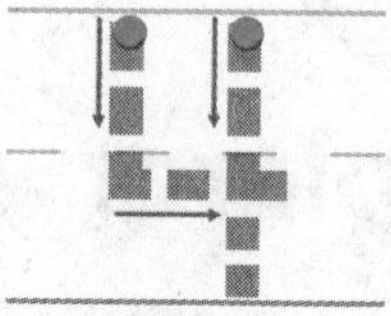

3

4

5

6

Instrucciones para el maestro: 1–2. Pida a los niños que cuenten cuántos peces hay en la pecera. Dígales que tracen el número. **3–4.** Pida a los niños que cuenten cuántos gatitos hay en la caja. Dígales que escriban el número. **5–6.** Pida a los niños que cuenten cuántos cachorros hay en el carrito. Dígales que escriban el número.

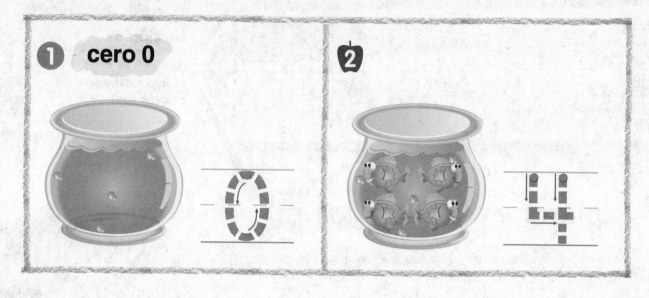

CCSS

Nombre ....

Por mi cuenta

7

8

9

10

11

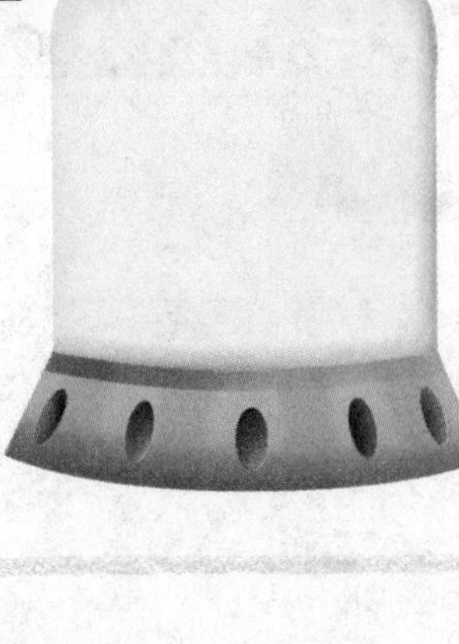

3

12

0

Instrucciones para el maestro: 7–8. Pida a los niños que cuenten cuántos pájaros hay en la jaula. Dígales que escriban el número. **9–10.** Pida a los niños que cuenten cuántas tortugas hay en la roca. Dígales que escriban el número. **11–12.** Pida a los niños que tracen el número. Dígales que dibujen mariposas para mostrar cuántas hay. Pídales que digan cuántas hay.

Resolución de problemas

Instrucciones para el maestro: 13. Pida a los niños que cuenten los pájaros de cada nido y que digan cuántos hay. Dígales que escriban el número. Dígales que dibujen una X sobre los nidos que tienen pájaros y que encierren en un círculo el nido con cero pájaros.

Nombre ....

Mi tarea

Lección 5

Leer y escribir el cero

Asistente de tareas

Ayuda en línea ¿Necesitas ayuda? connectED.mcgraw-hill.com

1

2

2

0

3

4

5

6

Instrucciones para el maestro: 1–6. Pida a los niños que cuenten los insectos que hay en cada frasco. Indíqueles que digan cuántos hay. Luego, pídales que escriban el número que muestra cuántos hay. Por último, dígales que encierren en un círculo los frascos con cero insectos.

7

8

Comprobación del vocabulario

Vocabulario

9 **cero 0**

Instrucciones para el maestro: 7–9. Pida a los niños que cuenten los insectos que hay en cada frasco. Indíqueles que digan cuántos hay. Luego, pídales que escriban el número. Por último, dígales que encierren en un círculo el frasco con cero insectos.

Las mates en casa Mire con su niño o niña una foto de la familia. Hágale preguntas que se respondan con cero. Pídale que practique la escritura del número cero.

Nombre

Compruebo mi progreso

Comprobación del vocabulario

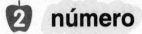

Vocabulario abc

1 contar

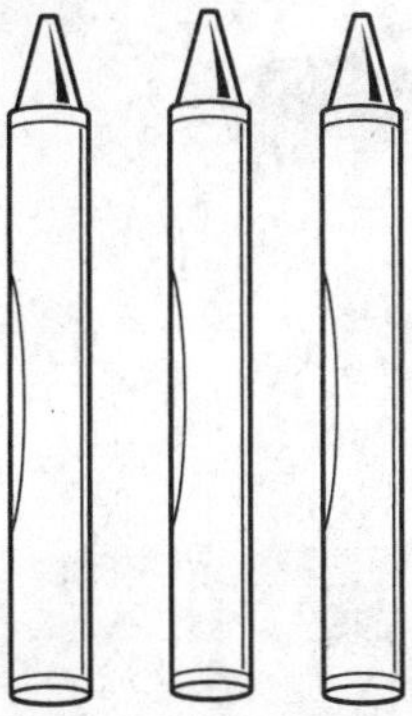

2 número

1 4

5

Comprobación del concepto

3

4

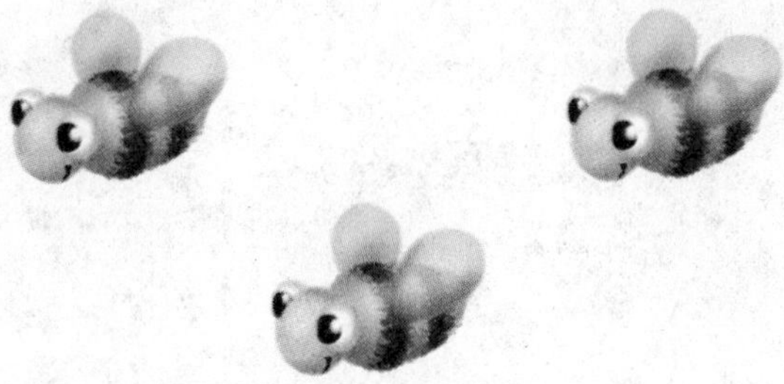

Instrucciones para el maestro: 1. Pida a los niños que cuenten los crayones y que los coloreen. Indíqueles que digan cuántos hay. **2.** Pida a los niños que observen el grupo de objetos y que encierren en un círculo cada número. **3–4.** Pida a los niños que cuenten los objetos que hay en cada grupo y que digan cuántos hay. Luego, dígales que escriban el número.

5

6

7

Instrucciones para el maestro: 5–6. Pida a los niños que cuenten los objetos que hay en cada grupo y que digan cuántos hay. Luego, pídales que escriban el número. **7.** Pida a los niños que dibujen una X sobre los grupos de cuatro ranas y que encierren en un círculo los grupos de cinco ranas.

Nombre ....

Igual a

Lección 6

PREGUNTA IMPORTANTE
¿Cómo mostramos cuántos hay?

Explorar y explicar

Herramientas Observa

Instrucciones para el maestro: Pida a los niños que coloquen sobre cada llama blanca y que coloquen sobre cada llama color café. Indíqueles que digan de qué tamaño es cada grupo. Pídales que tracen las líneas para unir los objetos de ambos grupos.

PRÁCTICAS matemáticas

Ver y mostrar

1 igual a

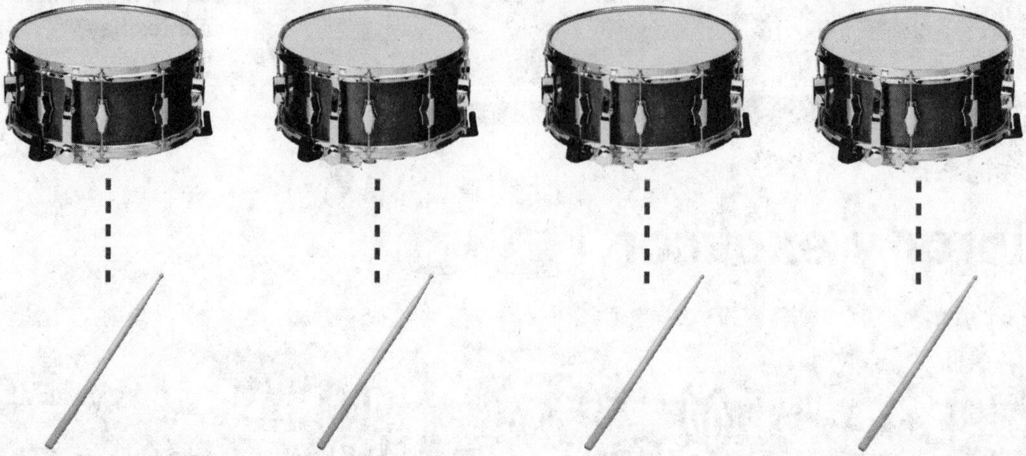

2

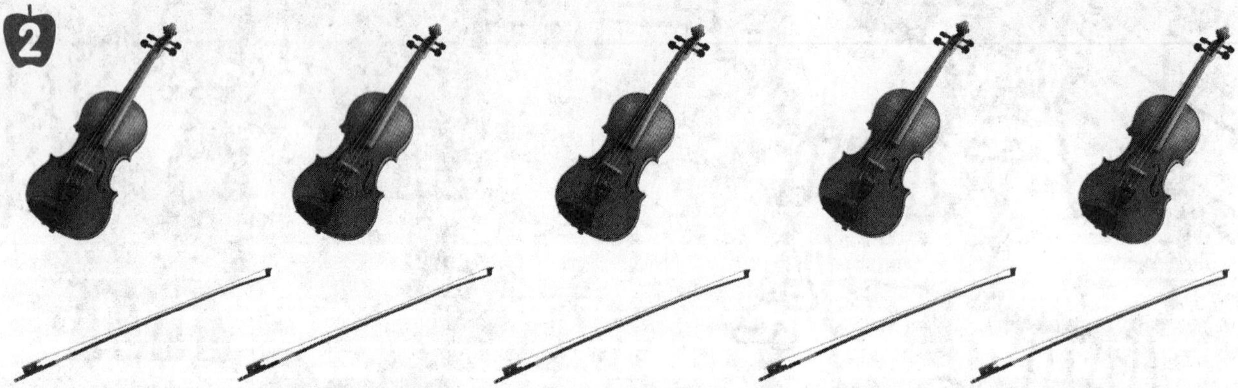

3

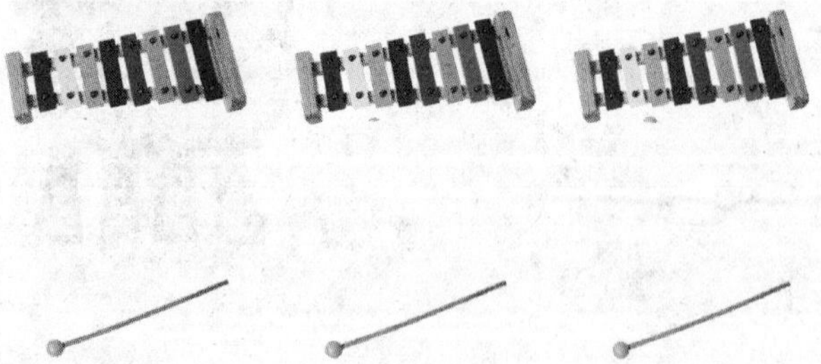

4

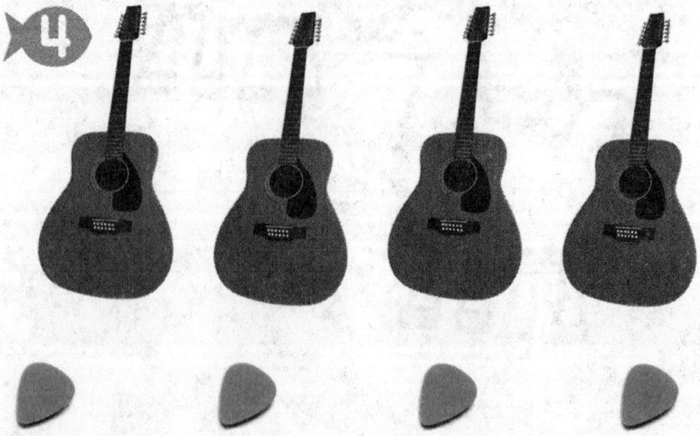

Instrucciones para el maestro: 1–4. Pida a los niños que unan con una línea cada objeto de un grupo con un objeto del otro grupo. Pídales que digan de qué tamaño es cada grupo.

Nombre ....

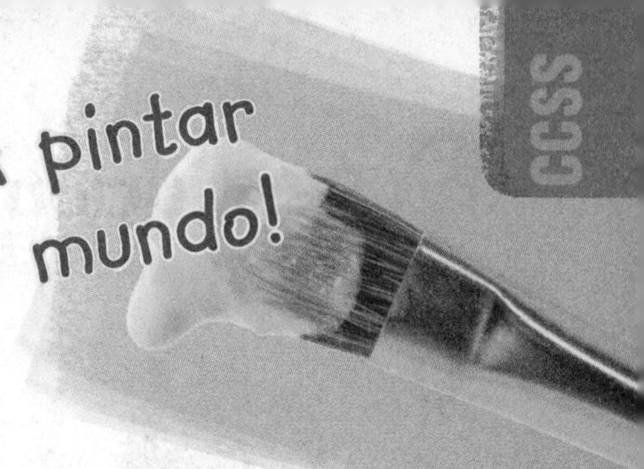

¡A pintar el mundo!

CCSS

Por mi cuenta

5

6

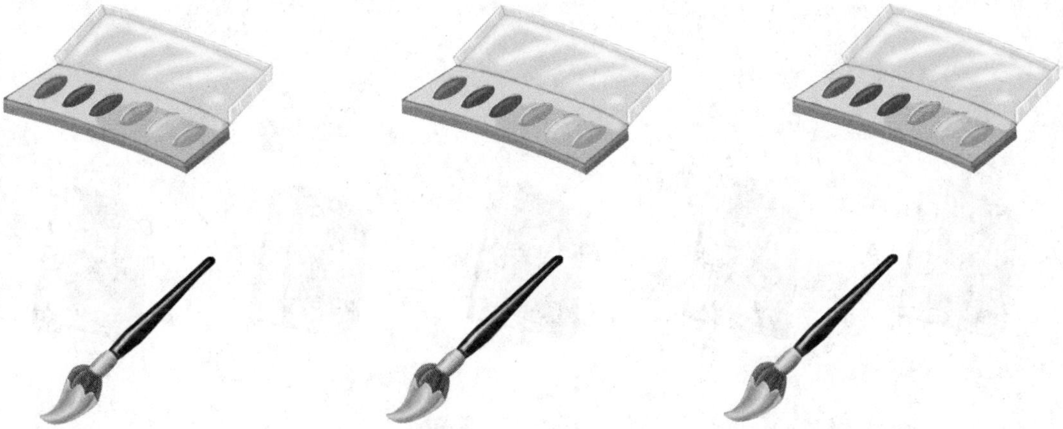

7

Instrucciones para el maestro: 5–7. Pida a los niños que unan con una línea cada objeto de un grupo con un objeto del otro grupo. Pídales que digan de qué tamaño es cada grupo.

PRÁCTICAS matemáticas

Resolución de problemas

8

9

Instrucciones para el maestro: 8–9. Pida a los niños que usen fichas para mostrar un grupo igual al grupo de objetos dibujados. Dígales que dibujen las fichas. Indíqueles que unan con líneas para mostrar que el número de objetos de un grupo es igual al número de objetos del otro.

Nombre ....

Mi tarea

Lección 6
Igual a

Asistente de tareas

Ayuda en línea

¿Necesitas ayuda? **connectED.mcgraw-hill.com**

1

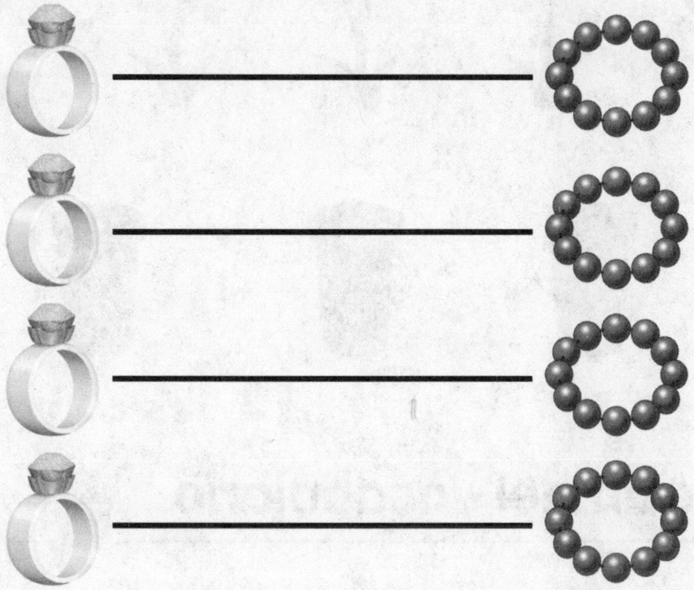

2

3

Instrucciones para el maestro: 1–3. Pida a los niños que unan con líneas cada objeto de un grupo con un objeto del otro grupo. Pídales que digan de qué tamaño es cada grupo.

4

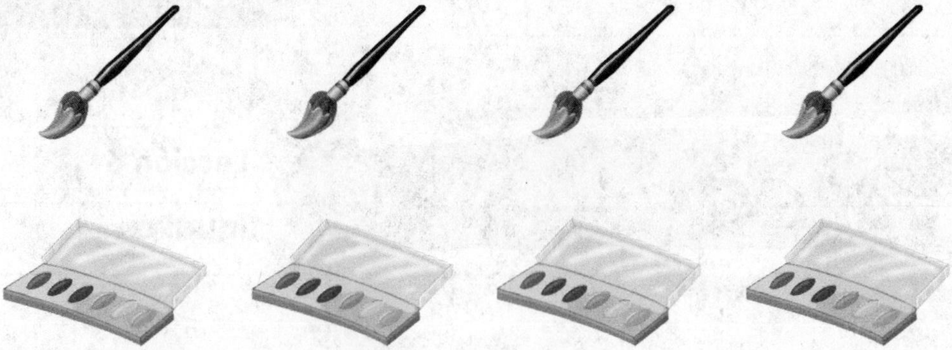

5

Comprobación del vocabulario

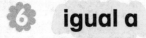

Vocabulario

6 **igual a**

Instrucciones para el maestro: 4–5. Pida a los niños que unan con líneas cada objeto de un grupo con un objeto del otro grupo. Pídales que digan de qué tamaño es cada grupo. **6.** Pida a los niños que dibujen un grupo de objetos que sea igual al grupo de objetos que se muestra. Luego, dígales que unan con líneas cada objeto de un grupo con uno del otro grupo.

Las mates en casa Muestre tres cucharas a su niño o niña. Pídale que le muestre la misma cantidad de cucharas. Pídale que una las cucharas para mostrar que los grupos son iguales.

Nombre ....

Mayor que

Lección 7

PREGUNTA IMPORTANTE
¿Cómo mostramos cuántos hay?

Explorar y explicar

Herramientas Observa

Instrucciones para el maestro: Pida a los niños que coloquen una ● sobre cada cabra y una ○ sobre cada cerdito. Pídales que tracen líneas para unir cada objeto de un grupo con un objeto del otro grupo. Pregúnteles de qué tamaño es cada grupo. Luego, indíqueles que tracen la línea que rodea el grupo con el mayor número de animales.

Ver y mostrar

1 **mayor que**

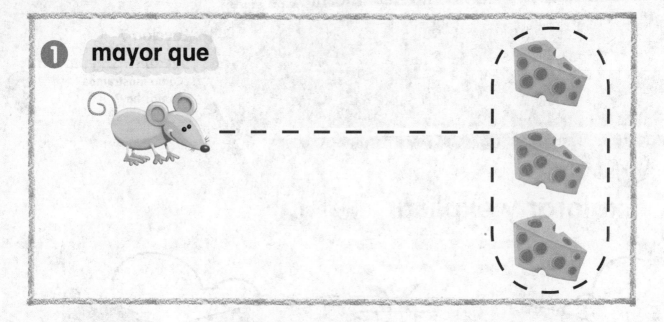

2

3

4

Instrucciones para el maestro: 1-4. Pida a los niños que unan con líneas cada objeto de un grupo con un objeto del otro grupo. Pídales que digan de qué tamaño es cada grupo. Luego, indíqueles que encierren en un círculo el grupo con el mayor número de objetos.

Nombre ....

Por mi cuenta

5

6

7

Instrucciones para el maestro: 5–7. Pida a los niños que unan con líneas cada objeto de un grupo con un objeto del otro grupo. Pídales que digan de qué tamaño es cada grupo. Luego, indíqueles que encierren en un círculo el grupo con el mayor número de objetos.

PRÁCTICAS matemáticas

El mundo real

Resolución de problemas

8

9

Instrucciones para el maestro: 8–9. Pida a los niños que usen fichas para mostrar un grupo mayor que el grupo de objetos dibujados. Pídales que dibujen las fichas. Luego, indíqueles que unan con líneas cada objeto de un grupo con una ficha del otro grupo.

Nombre ....

Mi tarea

Lección 7

Mayor que

Asistente de tareas

Ayuda en línea

¿Necesitas ayuda? connectED.mcgraw-hill.com

1

2

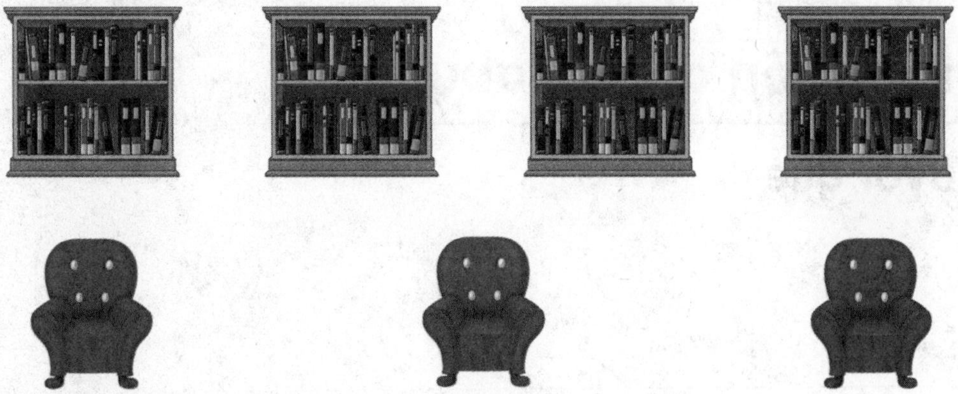

3

Instrucciones para el maestro: 1–3. Pida a los niños que unan con líneas cada objeto de un grupo con un objeto del otro grupo. Pídales que digan de qué tamaño es cada grupo. Luego, indíqueles que encierren en un círculo el grupo con el mayor número de objetos.

4

5

Comprobación del vocabulario

Vocabulario

6 **mayor que**

Instrucciones para el maestro: 4–5. Pida a los niños que unan con líneas cada objeto de un grupo con un objeto del otro grupo. Pídales que digan de qué tamaño es cada grupo. Luego, indíqueles que encierren en un círculo el grupo con el mayor número de objetos. **6.** Pida a los niños que dibujen un grupo de objetos mayor que el grupo dibujado.

Las mates en casa Muestre cinco dedos a su niño o niña. Pídale que muestre una cantidad de dedos mayor que cinco.

Nombre ....

Menor que

Lección 8

PREGUNTA IMPORTANTE
¿Cómo mostramos cuántos hay?

Explorar y explicar

Herramientas Observa

Instrucciones para el maestro: Pida a los niños que coloquen una ◯ sobre cada vaca y una ● sobre cada oveja. Pídales que tracen las líneas que unen objetos de un grupo con objetos del otro grupo. Luego, indíqueles que digan de qué tamaño es cada grupo. Por último, indíqueles que tracen la línea alrededor del grupo que es menor.

Ver y mostrar

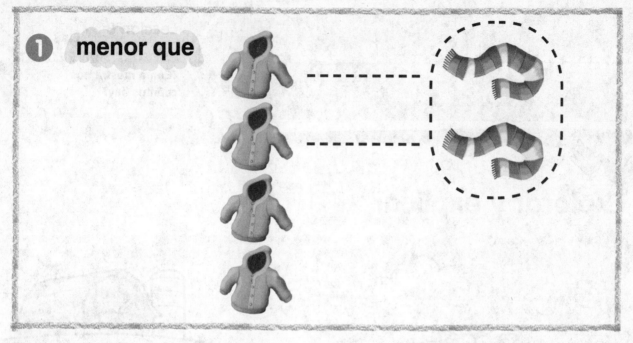

PRÁCTICAS matemáticas

1 menor que

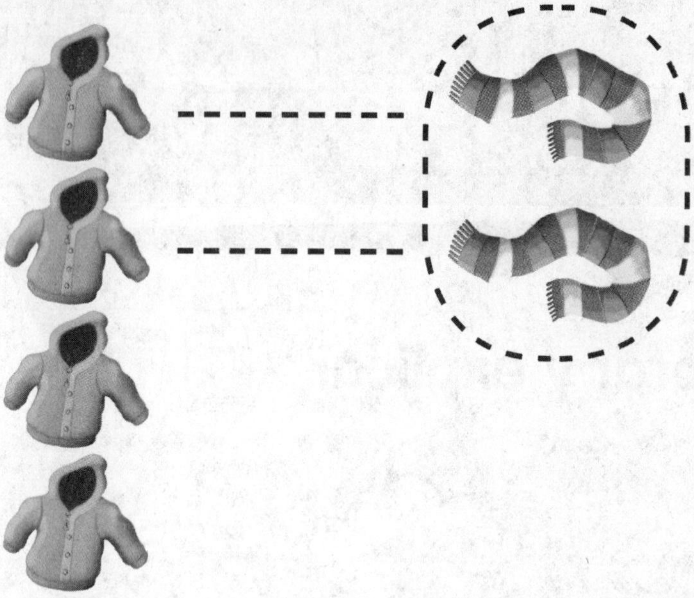

2

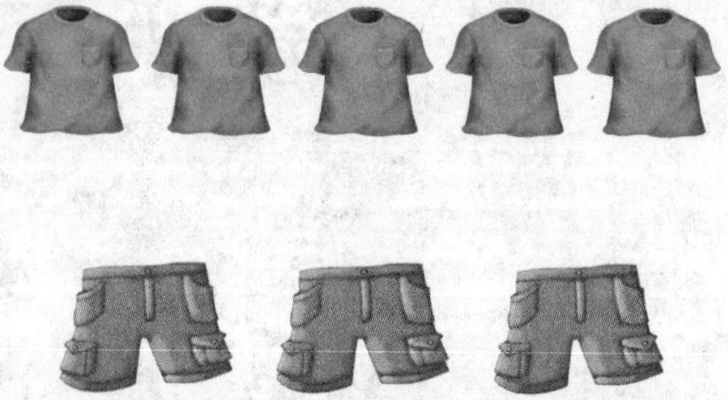

3

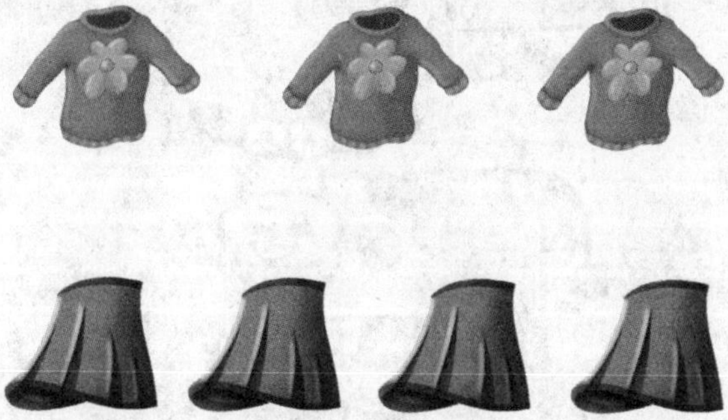

4

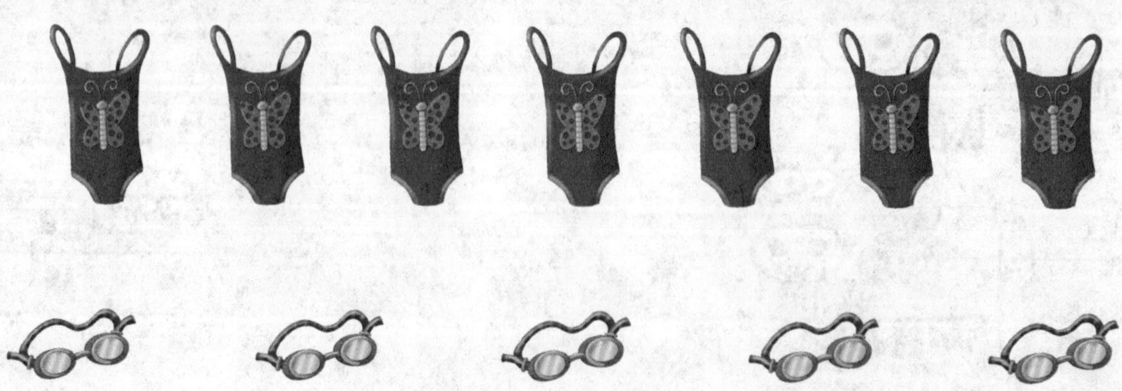

Instrucciones para el maestro: 1–4. Pida a los niños que unan con líneas cada objeto de un grupo con un objeto del otro grupo. Pídales que digan de qué tamaño es cada grupo. Luego, indíqueles que encierren en un círculo el grupo que es menor.

CCSS

Nombre ....

Por mi cuenta

5

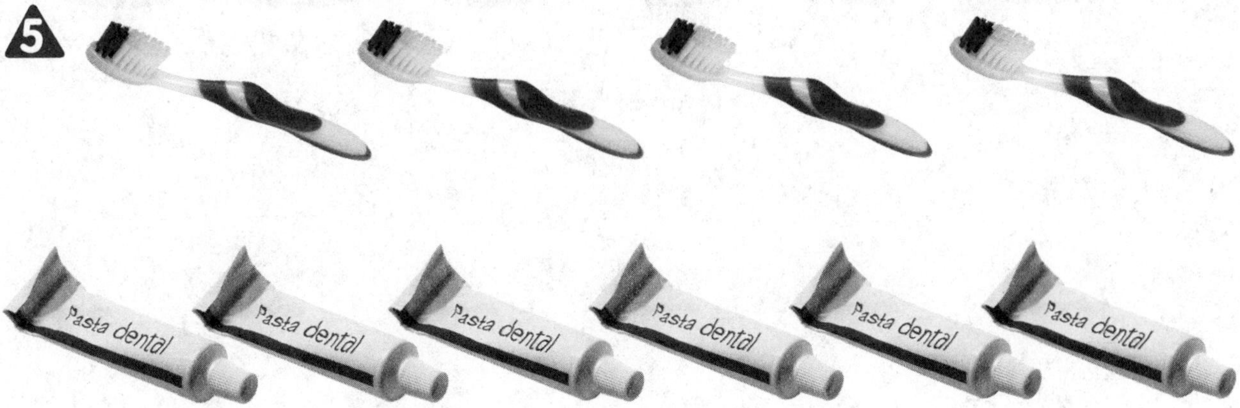

6

7

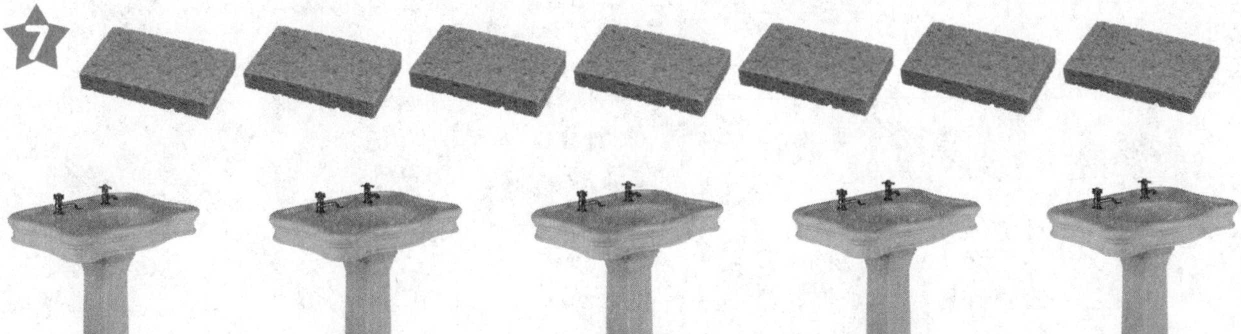

Instrucciones para el maestro: 5–7. Pida a los niños que unan con líneas cada objeto de un grupo con un objeto del otro grupo. Pídales que digan de qué tamaño es cada grupo. Luego, dígales que encierren en un círculo el grupo que es menor.

El mundo real

Resolución de problemas

PRÁCTICAS matemáticas

8

9

Instrucciones para el maestro: 8–9. Pida a los niños que cuenten los objetos, que dibujen un grupo de objetos que sea menor y, por último, que unan con líneas cada objeto de un grupo con un objeto del otro grupo.

Nombre ....

Mi tarea

Lección 8

Menor que

Asistente de tareas

Ayuda en línea

¿Necesitas ayuda? **connectED.mcgraw-hill.com**

1

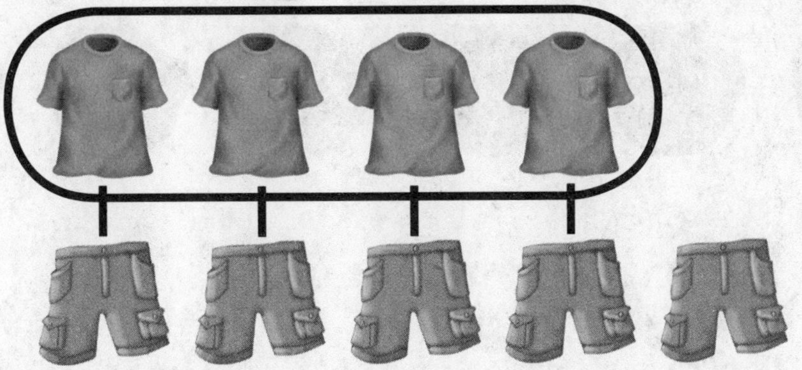

2

3

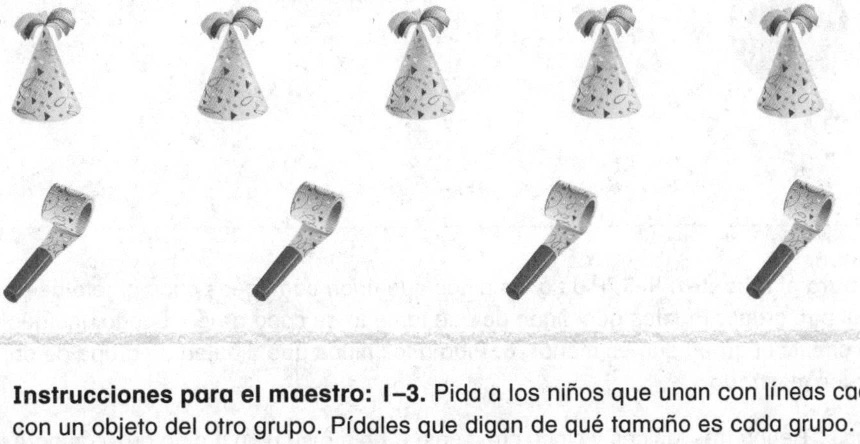

Instrucciones para el maestro: 1–3. Pida a los niños que unan con líneas cada objeto de un grupo con un objeto del otro grupo. Pídales que digan de qué tamaño es cada grupo. Luego, indíqueles que encierren en un círculo el grupo que es menor.

4

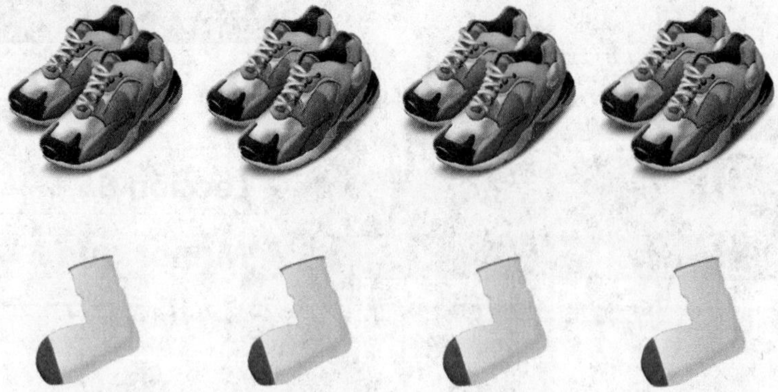

5

Comprobación del vocabulario

6 **menor que**

Instrucciones para el maestro: 4–5. Pida a los niños que unan con líneas cada objeto de un grupo con un objeto del otro grupo. Pídales que digan de qué tamaño es cada grupo. Luego, indíqueles que encierren en un círculo el grupo que es menor. **6.** Pida a los niños que dibujen un grupo de objetos menor que el grupo mostrado.

Las mates en casa Reúna tres lápices y cinco crayones. Pídale a su niño o niña que compare los lápices con los crayones. Conversen para determinar qué grupo es menor que el otro.

Nombre

Conteo y cardinalidad
K.CC.6, K.CC.7
CCSS

Comparar los números del 0 al 5

Lección 9

PREGUNTA IMPORTANTE
¿Cómo mostramos cuántos hay?

Explorar y explicar

Herramientas Observa

Instrucciones para el maestro: Pida a los niños que dibujen un grupo de 1, 2, 3, 4 o 5 peces. Pídales que comparen su dibujo con el de otro niño o niña. Indíqueles que digan si el otro grupo es igual, mayor o menor que el suyo.

Ver y mostrar

PRÁCTICAS matemáticas

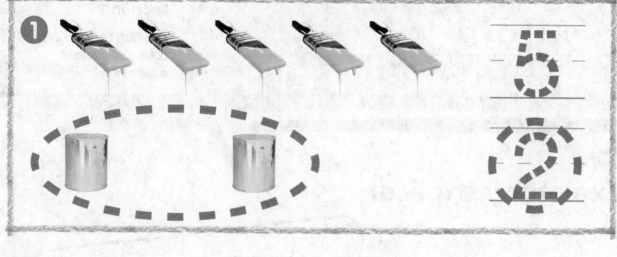

1

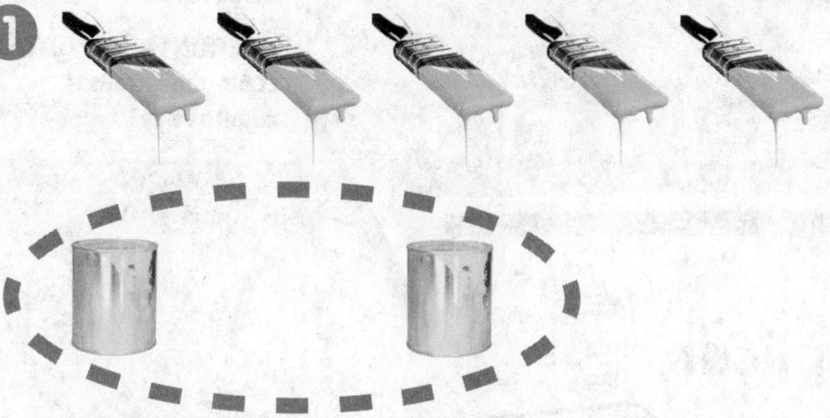

5

2

2

3

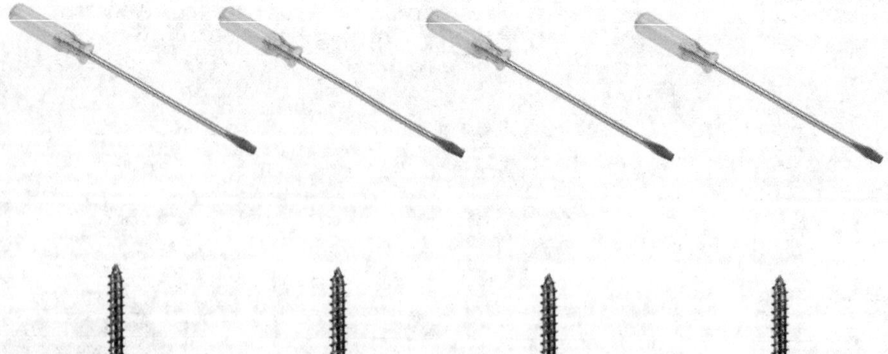

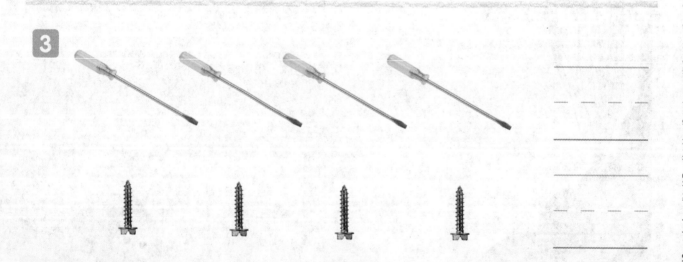

Instrucciones para el maestro: 1–2. Pida a los niños que unan con líneas los objetos de un grupo con los objetos del otro grupo. Pídales que cuenten los objetos, que escriban los números y que encierren en un círculo el grupo y el número que son menores. **3.** Pida a los niños que unan con líneas los objetos de un grupo con los objetos del otro grupo. Pídales que cuenten los objetos. Luego, dígales que escriban los números. Por último, pídales que encierren en cuadrados los grupos y los números que son iguales.

Nombre

Por mi cuenta

4

5

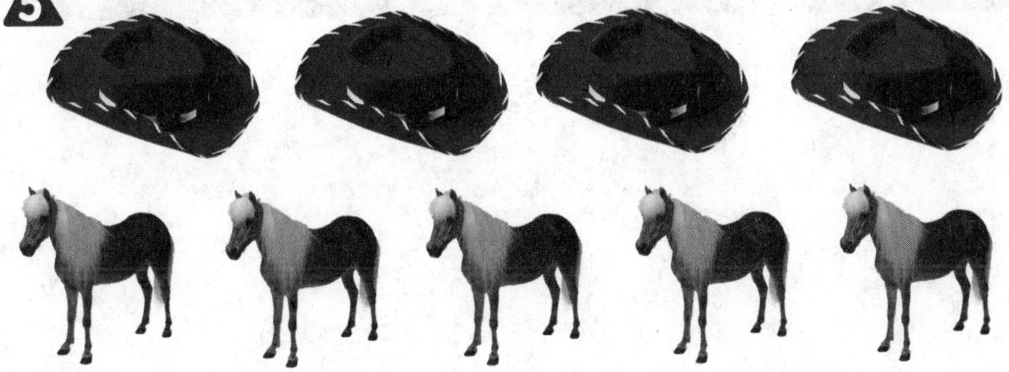

6

Instrucciones para el maestro: 4–5. Pida a los niños que unan con líneas los objetos de un grupo con los objetos del otro grupo. Pídales que cuenten los objetos, que escriban los números y que dibujen una X sobre el grupo y el número que son mayores. **6.** Pida a los niños que unan con líneas los objetos de un grupo con los objetos del otro grupo. Pídales que cuenten los objetos, que escriban los números y que encierren en un cuadrado los grupos y los números que son iguales.

Resolución de problemas

PRÁCTICAS matemáticas

7

8

9

Instrucciones para el maestro: 7. Pida a los niños que dibujen un grupo de peces mayor que el grupo de arriba. Luego, dígales que escriban el número. **8.** Pida a los niños que dibujen un grupo de peces menor que el grupo de arriba. Luego, dígales que escriban el número. **9.** Pida a los niños que dibujen un grupo de peces igual que el grupo de arriba. Luego, dígales que escriban el número.

Nombre ....

Mi tarea

Lección 9

Comparar los números del 0 al 5

Asistente de tareas

Ayuda en línea

¿Necesitas ayuda? **connectED.mcgraw-hill.com**

1

3

2

2

3

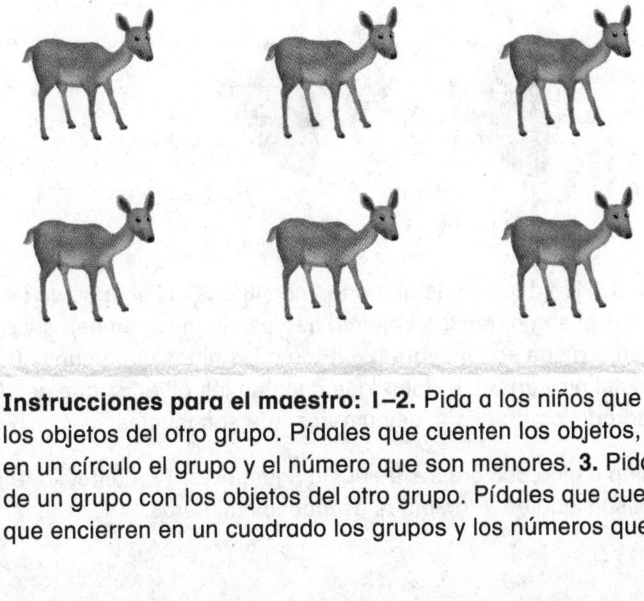

Instrucciones para el maestro: 1–2. Pida a los niños que unan con líneas los objetos de un grupo con los objetos del otro grupo. Pídales que cuenten los objetos, que escriban los números y que encierren en un círculo el grupo y el número que son menores. **3.** Pida a los niños que unan con líneas los objetos de un grupo con los objetos del otro grupo. Pídales que cuenten los objetos, que escriban los números y que encierren en un cuadrado los grupos y los números que son iguales.

4

5

6

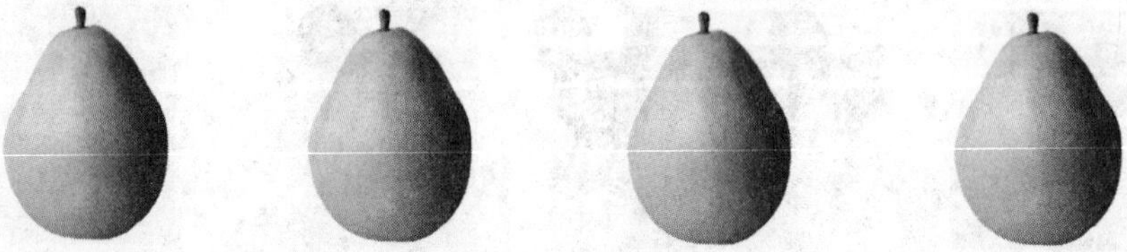

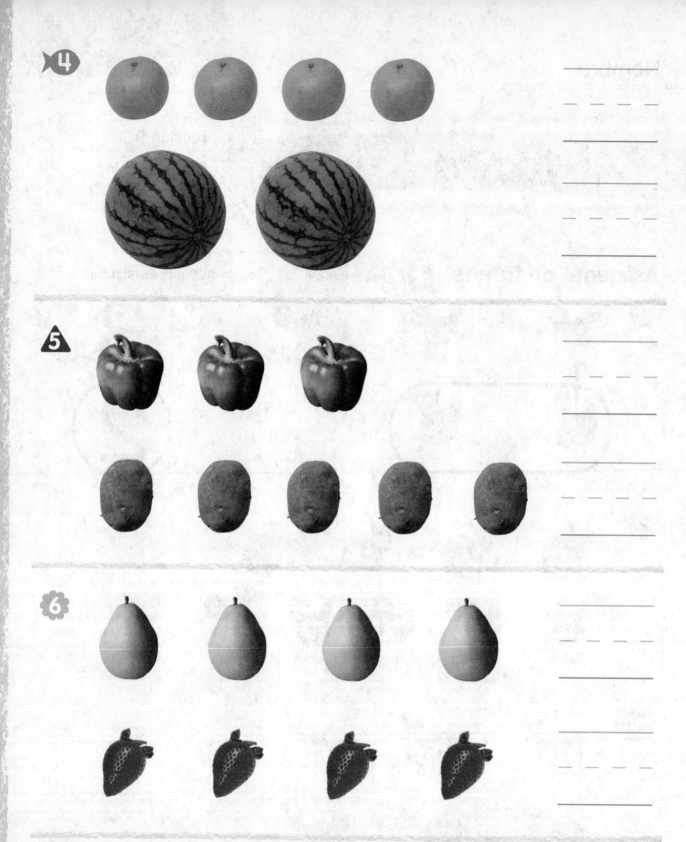

Instrucciones para el maestro: 4–5. Pida a los niños que unan con líneas los objetos de un grupo con los objetos del otro grupo. Pídales que cuenten los objetos, que escriban los números y que dibujen una X sobre el grupo y el número que son mayores. **6.** Pida a los niños que unan con líneas los objetos de un grupo con los objetos del otro grupo. Pídales que cuenten los objetos, que escriban los números y que encierren en un cuadrado los grupos y los números que son iguales.

Las mates en casa Muestre a su niño o niña dos grupos de hasta 5 juguetes. Pregúntele qué grupo es mayor o menor que el otro, o bien si son iguales. Pídale que escriba los números.

Nombre ....

Compruebo mi progreso

Comprobación del vocabulario

Vocabulario

1 **mayor que**

2 **menor que**

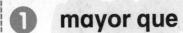

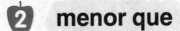

Comprobación del concepto

3

Instrucciones para el maestro: 1. Pida a los niños que dibujen un grupo de puntos mayor que el de la ilustración. **2.** Pida a los niños que dibujen un grupo de corazones menor que el de la ilustración. **3.** Pida a los niños que unan con líneas los objetos de un grupo con los objetos del otro grupo. Luego, dígales que encierren los grupos en un cuadrado si son iguales.

4

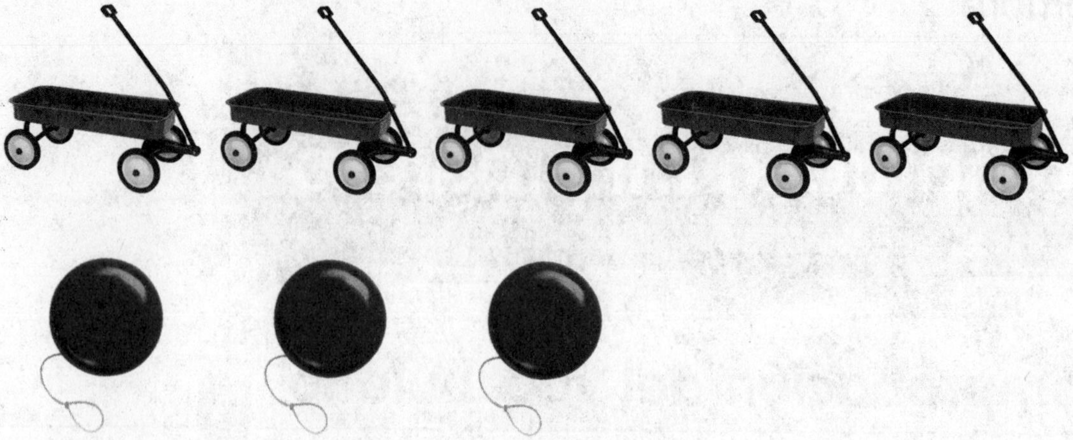

5

6

Instrucciones para el maestro: 4. Pida a los niños que unan con líneas los objetos de un grupo con los objetos del otro grupo. Luego, dígales que dibujen una X sobre el grupo que muestra un número mayor de objetos. **5–6.** Pida a los niños que unan con líneas los objetos de un grupo con los objetos del otro grupo. Pídales que escriban los números y, luego, que encierren en un círculo el grupo y el número que son menores.

Nombre ....

Uno más

Lección 10

PREGUNTA IMPORTANTE
¿Cómo mostramos cuántos hay?

Explorar y explicar

Herramientas Observa

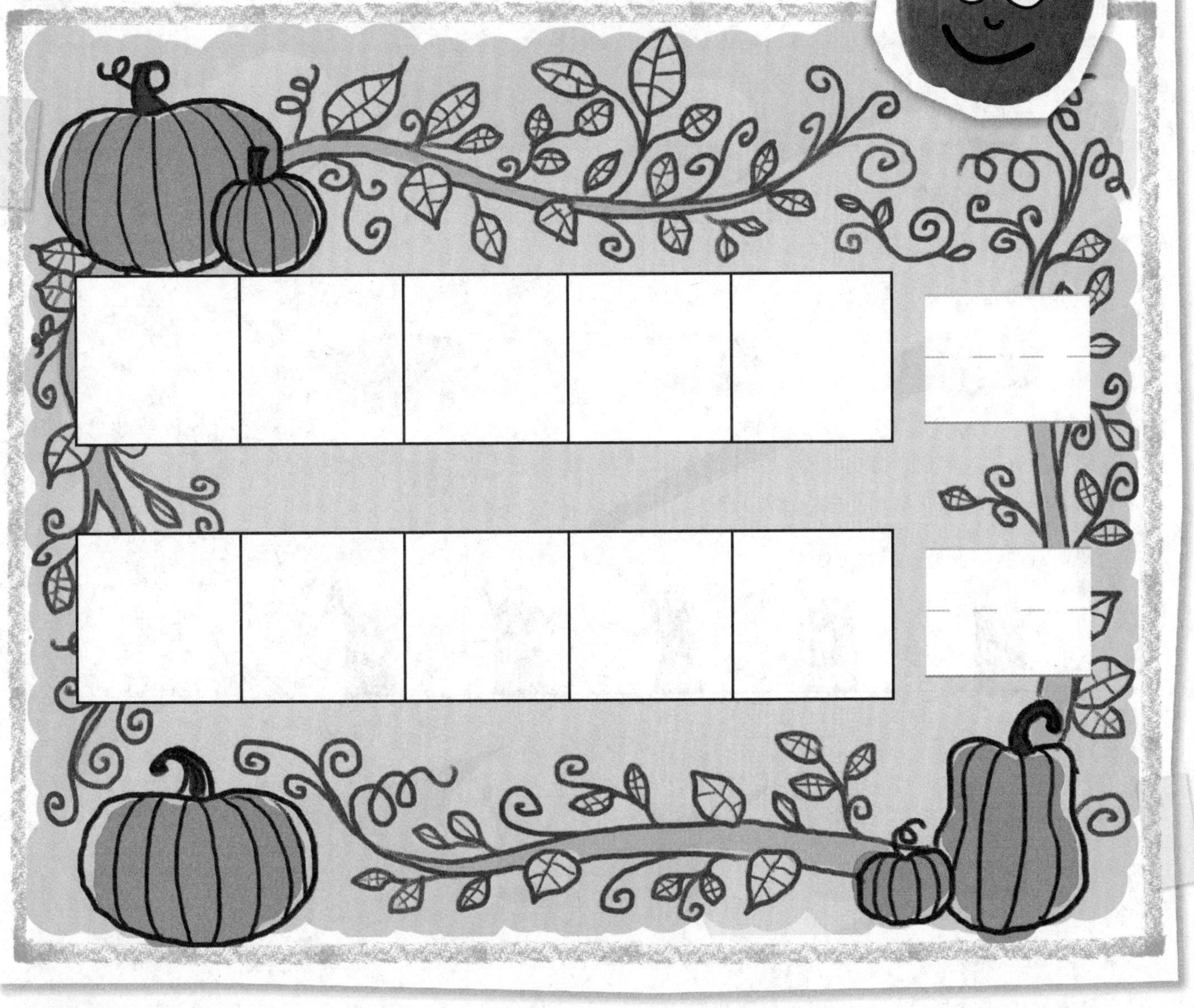

Instrucciones para el maestro: Use ■ en las casillas de arriba para representar este cuento. Diga: *En una huerta crecieron cuatro calabazas. En otra huerta crecieron cuatro calabazas y luego creció una más.* Pida a los niños que coloreen las casillas para mostrar cuántas calabazas hay en cada huerta. Dígales que escriban los números y, luego, que encierren en un círculo el número que muestre una más.

Ver y mostrar

PRÁCTICAS matemáticas

1

3

4

2

2

3

3

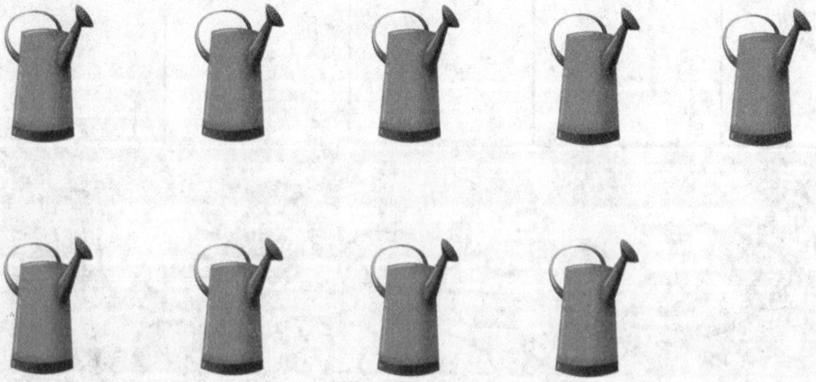

Instrucciones para el maestro: 1–3. Pida a los niños que cuenten los objetos que hay en cada fila. Pregúnteles cuántos hay. Luego, indíqueles que tracen o escriban los números. Por último, dígales que encierren en un círculo el número que muestra uno más.

Nombre

Por mi cuenta

4

5

6

Instrucciones para el maestro: 4. Pida a los niños que cuenten los objetos que hay en cada fila. Pídales que digan cuántos hay, que escriban los números y, por último, que encierren en un círculo el número que muestra uno más. **5–6.** Pida a los niños que cuenten los objetos. Pídales que digan cuántos hay, que escriban el número y, por último, que dibujen un grupo de objetos que muestre uno más. Indíqueles que escriban el número.

PRÁCTICAS matemáticas

Resolución de problemas

7

Instrucciones para el maestro: 7. Pida a los niños que cuenten las mazorcas de maíz. Pídales que digan cuántas hay. Indíqueles que usen fichas para mostrar cuántas hay y que escriban el número. Dígales que dibujen un grupo de mazorcas que muestre una más. Indíqueles que usen fichas para mostrar cuántas hay, que escriban el número y, por último, que dibujen una X sobre el número que muestre una más.

Nombre ....

Mi tarea

Lección 10

Uno más

Asistente de tareas

Ayuda en línea ¿Necesitas ayuda? connectED.mcgraw-hill.com

1

(3)

2

2

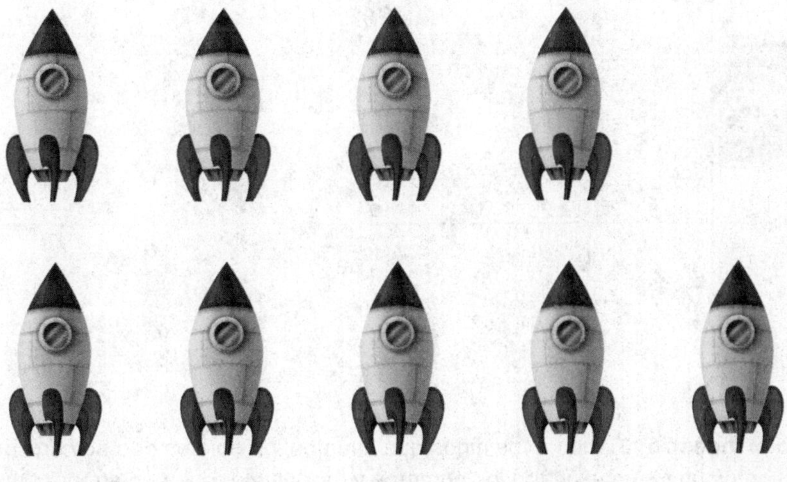

4

5

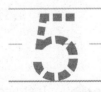

Instrucciones para el maestro: 1–2. Pida a los niños que cuenten los objetos que hay en cada fila. Pídales que digan cuántos hay, que tracen los números y, por último, que encierren en un círculo el número que muestra uno más.

3

4

5

Instrucciones para el maestro: 3. Pida a los niños que cuenten los objetos que hay en cada grupo. Pídales que digan cuántos hay, que escriban los números y, por último, que encierren en un círculo el número que muestra uno más. **4–5.** Pida a los niños que cuenten los objetos. Pídales que digan cuántos hay, que escriban el número y, por último, que dibujen un grupo de objetos que muestre uno más. Indíqueles que escriban el número.

Las mates en casa Muestre cuatro tazas a su niño o niña. Pídale que cuente las tazas y que escriba el número. Guíelo para que dibuje un grupo de tazas que muestre una más. Pídale que escriba el número.

Nombre ....

El mundo real

Resolución de problemas

ESTRATEGIA: Dibujar un diagrama

Lección 11

PREGUNTA IMPORTANTE
¿Cómo mostramos cuántos hay?

¿Cuántos nidos hay?

Dibujar un diagrama

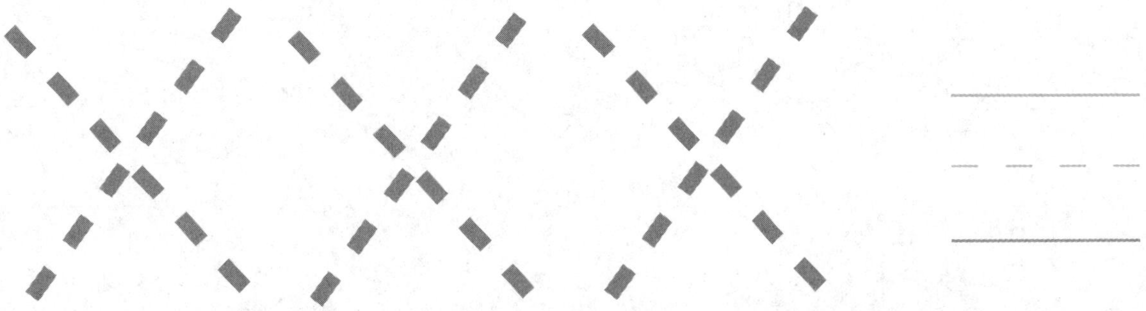

Instrucciones para el maestro: Pida a los niños que tracen las líneas que unen cada gallina con un nido y, luego, que escriban una X por cada nido que es de una gallina. Pregunte: *¿Cuántos nidos tienen su gallina?* Indíqueles que escriban el número y que expliquen su respuesta.

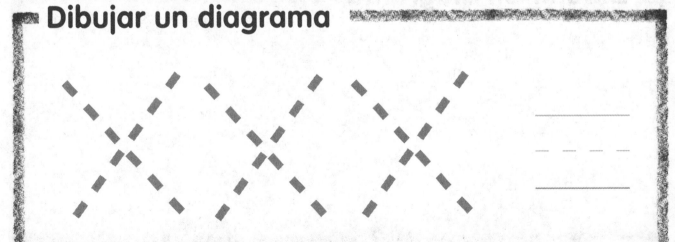

¿Cuántos patos hay?

Dibujar un diagrama

Instrucciones para el maestro: Pida a los niños que unan con líneas las cañas y los patos. Pídales que dibujen un círculo por cada pato que atraparon los niños. Pregunte: *¿Cuántos patos atraparon los niños?* Indíqueles que escriban el número y que expliquen su respuesta.

Nombre ....

¿Cuántos patos hay?

Dibujar un diagrama

Instrucciones para el maestro: Diga: *Cada niño atrapó un pato.* Pida a los niños que unan con líneas cada caña con un pato y que dibujen un círculo por cada pato que no atraparon los niños. Pregunte: *¿Cuántos patos no fueron atrapados?* Indíqueles que escriban el número y que expliquen su respuesta.

¿Cuántos caballos hay?

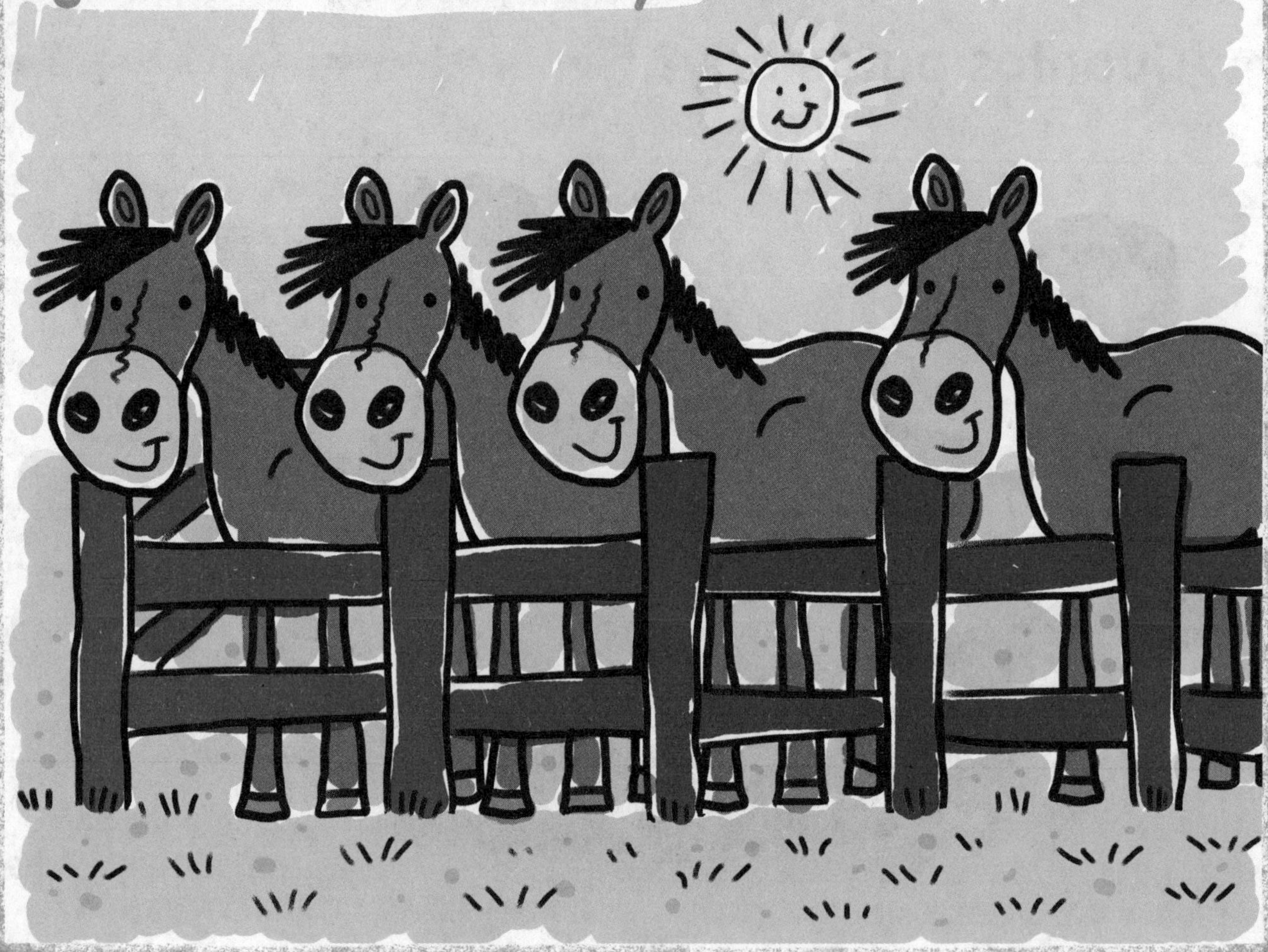

Dibujar un diagrama

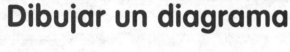

Instrucciones para el maestro: Pida a los niños que cuenten los caballos. Dígales que dibujen cuadrados para mostrar cuántos caballos habría si viniera uno más. Luego, indíqueles que escriban el número y, por último, que expliquen su respuesta.

Nombre ....

Mi tarea

Lección 11

Resolución de problemas: Dibujar un diagrama

¿Cuántas mariposas hay?

Dibujar un diagrama

Instrucciones para el maestro: Pida a los niños que tracen las líneas para unir cada red con una mariposa y, por cada mariposa atrapada, un círculo. Pregunte: *¿Cuántas mariposas fueron atrapadas?* Indíqueles que tracen el número y pídales que expliquen su respuesta.

¿Cuántos caballos hay?

Dibujar un diagrama

Instrucciones para el maestro: Pida a los niños que unan con líneas cada lazo con un caballo. Pídales que dibujen un círculo por cada caballo atrapado, que escriban el número y, por último, que expliquen su respuesta.

Las mates en casa Aproveche las situaciones diarias en las que es preciso resolver problemas como, por ejemplo, las compras. Pida a su niño o niña que ayude a hacer la lista de compras dibujando los artículos que se necesitan en la casa.

Nombre ....

Mi repaso

Capítulo 1
Los números del 0 al 5

Comprobación del vocabulario

Vocabulario abc

Instrucciones para el maestro: 1. Pida a los niños que coloreen el grupo de cinco animales con un crayón azul. **2.** Pida a los niños que coloreen el grupo de tres animales con un crayón rojo. **3.** Pida a los niños que coloreen el grupo de cuatro animales con un crayón amarillo. **4.** Pida a los niños que coloreen el animal que es uno solo con un crayón anaranjado. **5.** Pida a los niños que coloreen el grupo de dos animales con un crayón color café.

Comprobación del concepto

1

2

3

Instrucciones para el maestro: 1. Pida a los niños que digan cuántos peces hay en la pecera. Luego, dígales que escriban el número. **2.** Pida a los niños que unan con líneas los objetos de un grupo con los objetos del otro. Pídales que cuenten los objetos, que escriban los números y, por último, que dibujen una X sobre el grupo y el número que son mayores. **3.** Pida a los niños que cuenten los tractores que hay en cada fila. Luego, dígales que escriban los números y, por último, que encierren en un círculo el número que es uno más que tres.

Nombre ....

El mundo real

Resolución de problemas

4 0

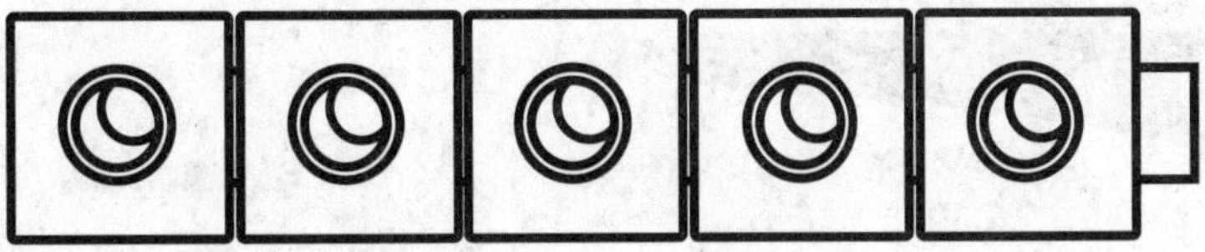

5 1

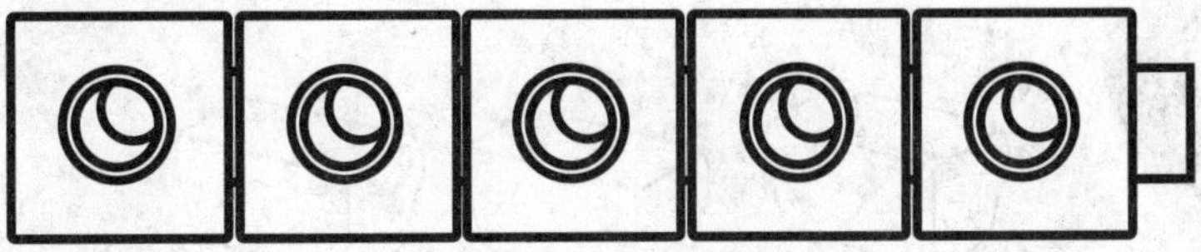

6 2

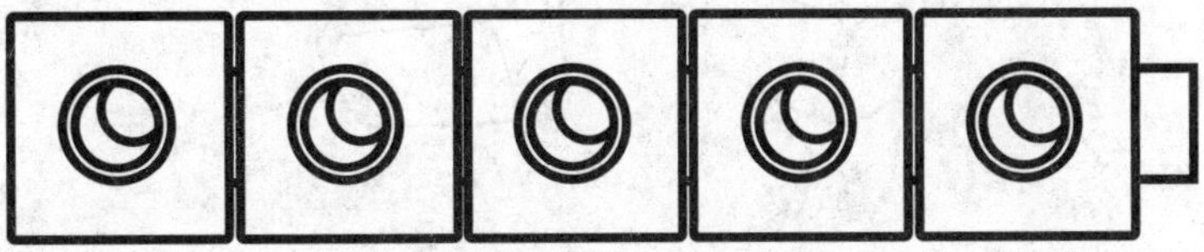

7

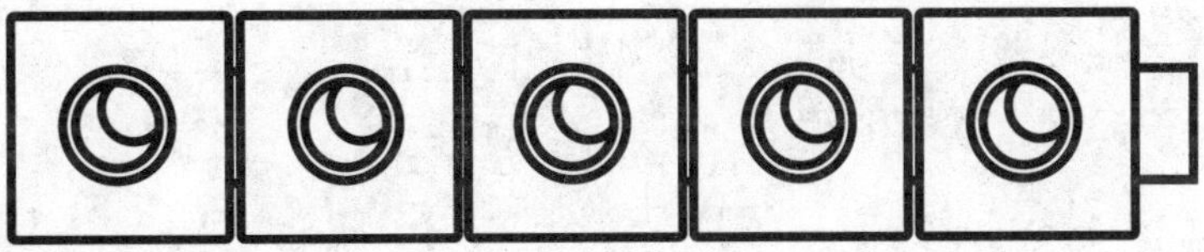

8

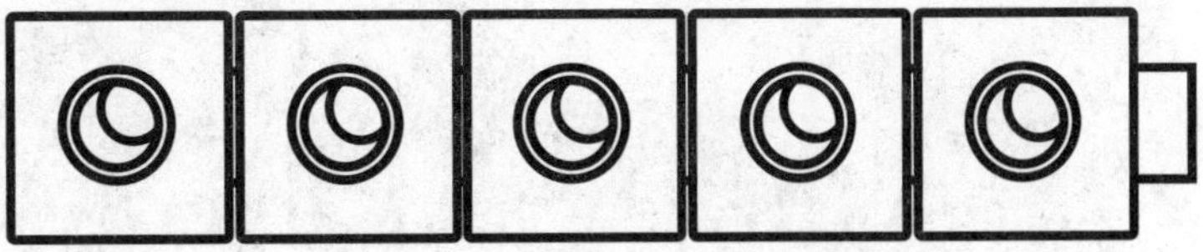

9

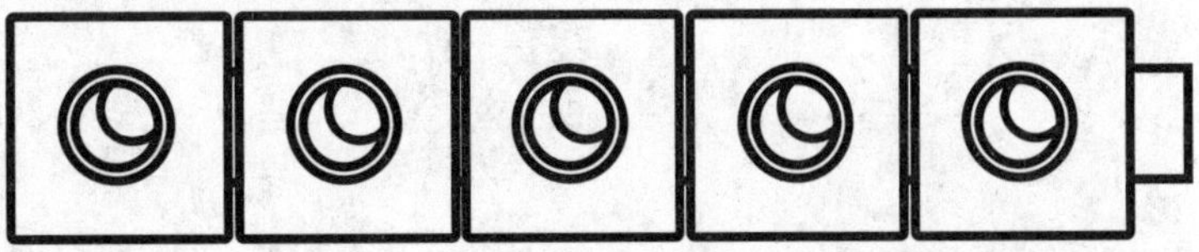

Instrucciones para el maestro: 4–6. Pida a los niños que tracen el número. Luego, pídales que coloreen los cubos para mostrar cuántos hay. **7.** Pida a los niños que escriban el número que es uno más que dos. Luego, pídales que coloreen los cubos para mostrar cuántos hay. **8.** Pida a los niños que escriban el número que es uno más que tres. Luego, pídales que coloreen los cubos para mostrar cuántos hay. **9.** Pida a los niños que escriban el número que es uno más que cuatro. Luego, pídales que coloreen los cubos para mostrar cuántos hay.

Pienso

Capítulo 1

PREGUNTA IMPORTANTE
¿Cómo mostramos cuántos hay?

Instrucciones para el maestro: Pida a los niños que dibujen una cuchara sobre la mesa. Dígales que dibujen una X sobre el grupo de dos objetos. Pídales que encierren en un cuadrado el grupo de tres objetos, que coloreen cuatro cubitos de hielo y, por último, que dibujen cinco semillas de limón en la limonada. Indíqueles que digan cuántas tazas hay en la figura.

Capítulo

2 Los números hasta el 10

PREGUNTA IMPORTANTE

¿Qué me dicen los números?

¡Me gusta la comida sana!

¡Mira el video!

Observa

Mis estándares estatales

CCSS

Conteo y cardinalidad

CCSS

K.CC.3 Escribir los números del 0 al 20. Representar una cantidad de objetos con un número escrito del 0 al 20 (donde el 0 representa la ausencia de objetos para contar).

K.CC.4 Comprender la relación entre números y cantidades; relacionar el conteo con la cardinalidad.

K.CC.4a Al contar objetos, decir los nombres de los números en el orden convencional, asociando cada objeto con un solo nombre de número, y cada nombre de número con un solo objeto.

K.CC.4b Comprender que el último nombre de número que se dice indica la cantidad de objetos contados. La cantidad de objetos es la misma, sin importar cuál sea la disposición o el orden en que se contaron los objetos.

K.CC.4c Comprender que un nombre de número que sucede a otro indica una cantidad que es una unidad más grande.

K.CC.5 Contar hasta 20 objetos dispuestos en fila, en un arreglo rectangular o en círculo, o hasta 10 objetos desordenados, para responder preguntas que comienzan con "cuántos"; dado un número del 1 al 20, contar esa cantidad de objetos.

K.CC.6 Determinar si la cantidad de objetos de un grupo es mayor, menor o igual a la cantidad de objetos de otro grupo; por ejemplo, usando estrategias para relacionar y contar objetos.

K.CC.7 Comparar dos números del 1 al 10 presentados como números escritos.

Estándares para las
PRÁCTICAS matemáticas

1. Entender los problemas y perseverar en la búsqueda de una solución.
2. Razonar de manera abstracta y cuantitativa.
3. Construir argumentos viables y hacer un análisis del razonamiento de los demás.
4. Representar con matemáticas.
5. Usar estratégicamente las herramientas apropiadas.
6. Prestar atención a la precisión.
7. Buscar una estructura y usarla.
8. Buscar y expresar regularidad en el razonamiento repetido.

= Se trabaja en este capítulo.

Nombre ....

Antes de seguir...

Comprueba ← Conéctate para hacer la prueba de preparación.

1

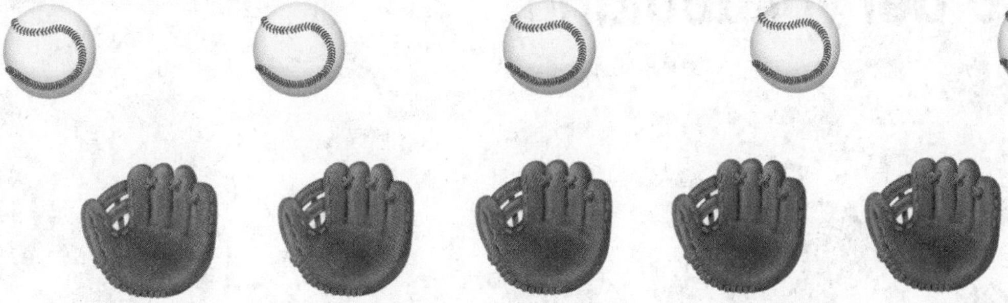

2

3

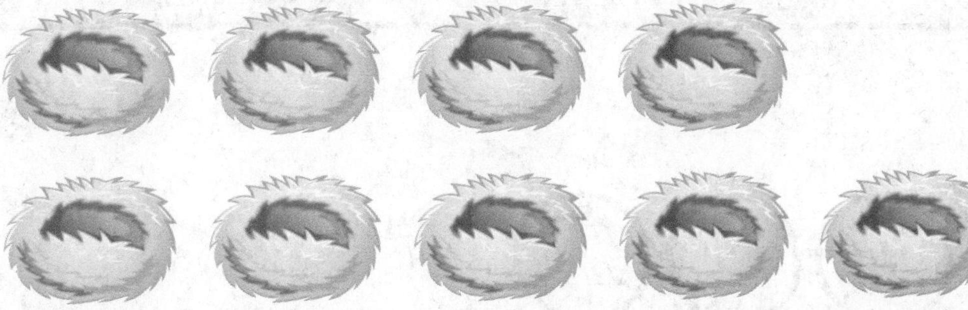

4

Instrucciones para el maestro: 1. Pida a los niños que unan con una línea cada pelota con cada guante de béisbol. **2.** Diga a los niños que coloreen de verde cinco hojas. **3.** Pida a los niños que encierren en un círculo la fila de cuatro nidos. **4.** Pida a los niños que cuenten los objetos que hay en cada grupo, que escriban los números y, por último, que encierren en un círculo el grupo que tiene más.

Nombre

Las palabras de mis mates

Vocabulario abc

Repaso del vocabulario

Instrucciones para el maestro: Pida a los niños que cuenten las frutas que hay en cada estante, que escriban los números y, por último, que tracen el nombre de los números.

Mis tarjetas de vocabulario

Vocabulario abc

PRÁCTICAS matemáticas

diez 10

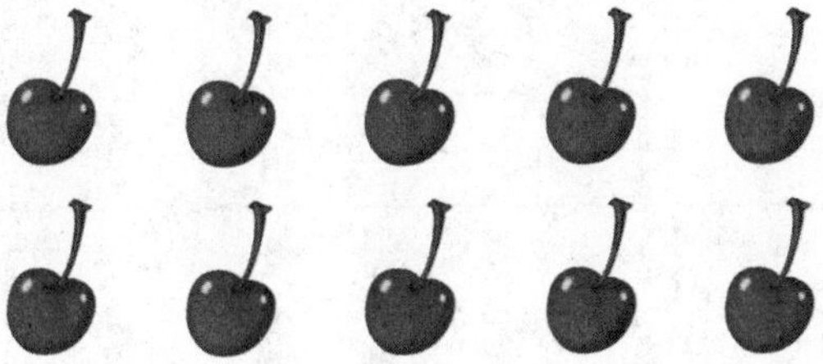

nueve 9

número ordinal

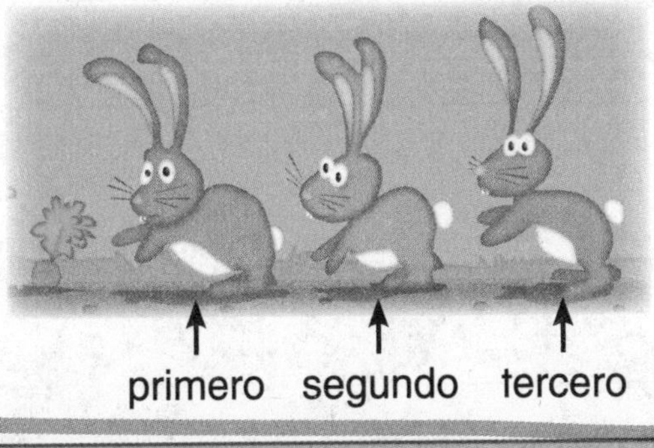

ocho 8

seis 6

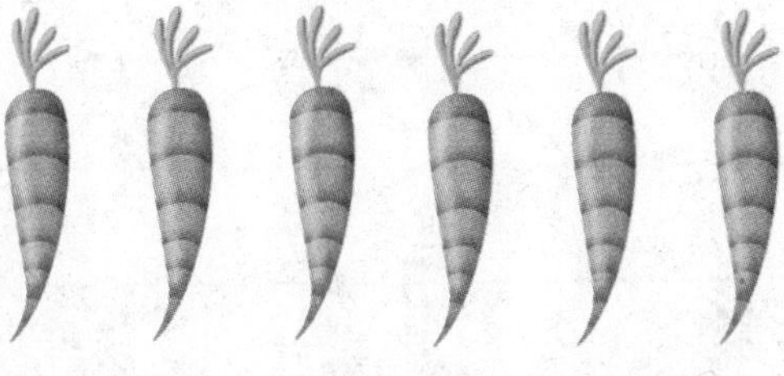

siete 7

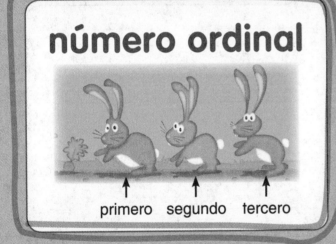

Instrucciones para el maestro: Sugerencias

- Pida a los niños que nombren y copien las letras de cada palabra. Dígales que elijan dos tarjetas y que comparen las letras de las palabras.
- Pida a los niños que elijan un compañero o una compañera para trabajar en pares. Indique a uno de los dos que elija el nombre de un número. Pídale que represente el número con palmadas mientras el compañero o la compañera cuenta las palmadas y dice cuántas fueron.

nueve

9

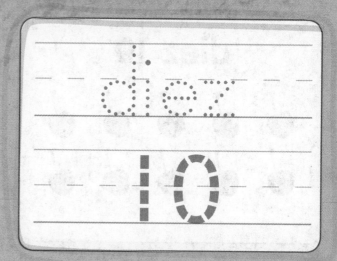

diez

10

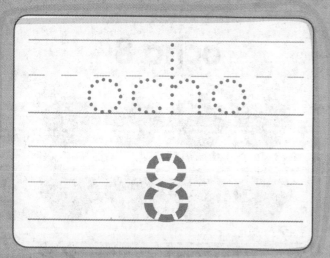

ocho

8

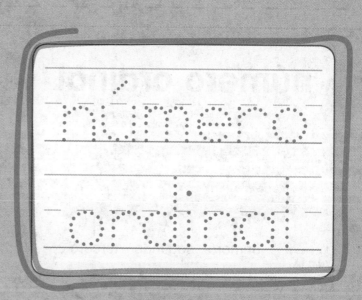

número ordinal

siete

7

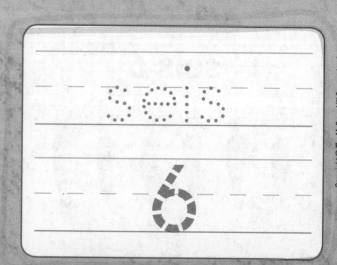

seis

6

Mi modelo de papel

FOLDABLES® Sigue los pasos que aparecen en el reverso para hacer tu modelo de papel.

FOLDABLES®
Ayudas de estudio

1 2 3

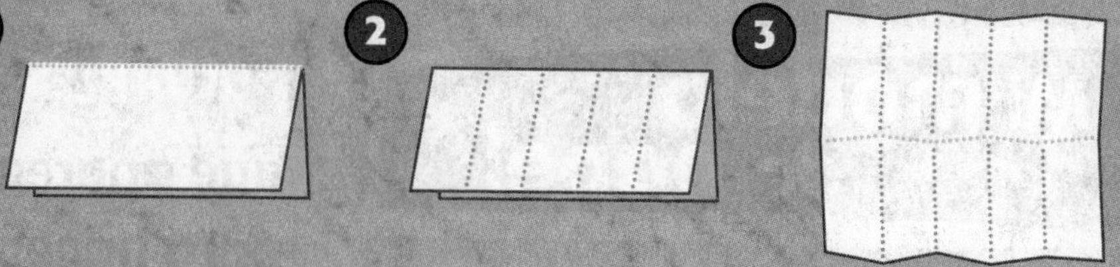

1

2

3

4

5

6

7

8

9

10

Nombre ....

Los números 6 y 7

Lección 1

PREGUNTA IMPORTANTE
¿Qué me dicen los números?

Explorar y explicar

Herramientas Observa

¿Cuántos bocaditos hay?

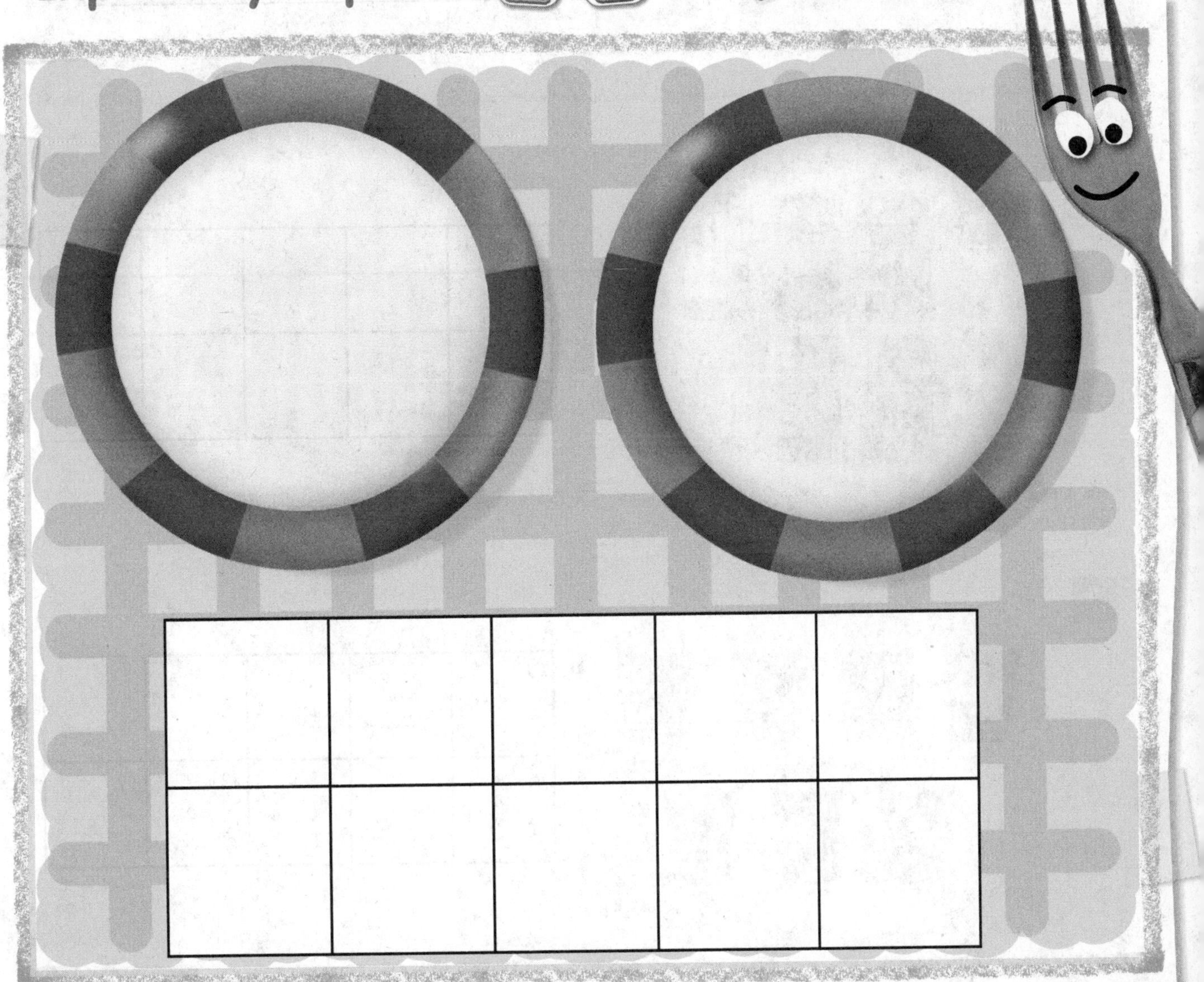

Instrucciones para el maestro: Pida a los niños que muestren el seis en el marco de diez colocando cinco ■ y una ■. Pídales que dibujen seis fichas pequeñas en uno de los platos. Luego, dígales que muestren el siete en el marco de diez, con cinco fichas rojas y las restantes azules. Por último, pídales que dibujen siete fichas pequeñas en el otro plato y que coloreen las casillas para mostrar el siete.

Ver y mostrar

PRÁCTICAS matemáticas

1

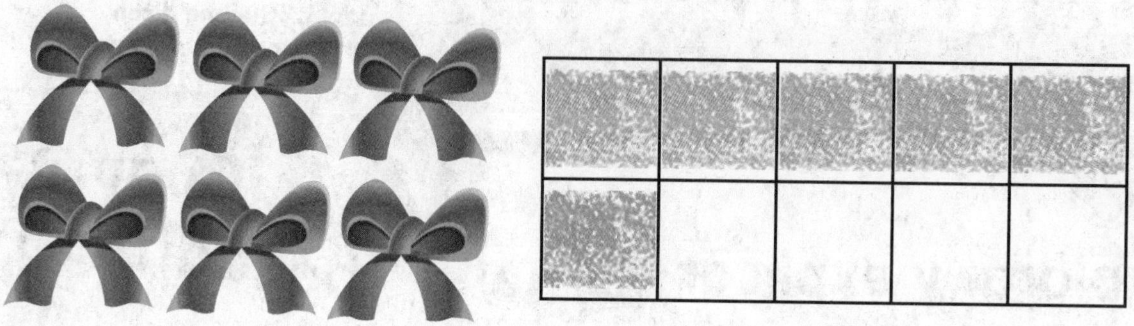

2

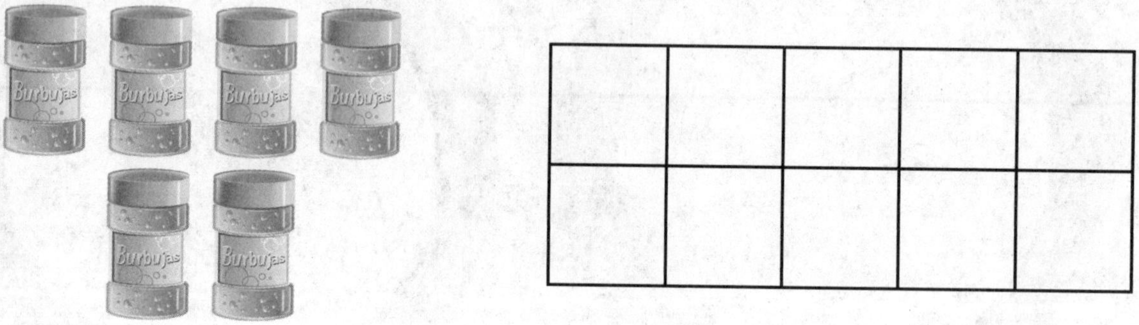

3

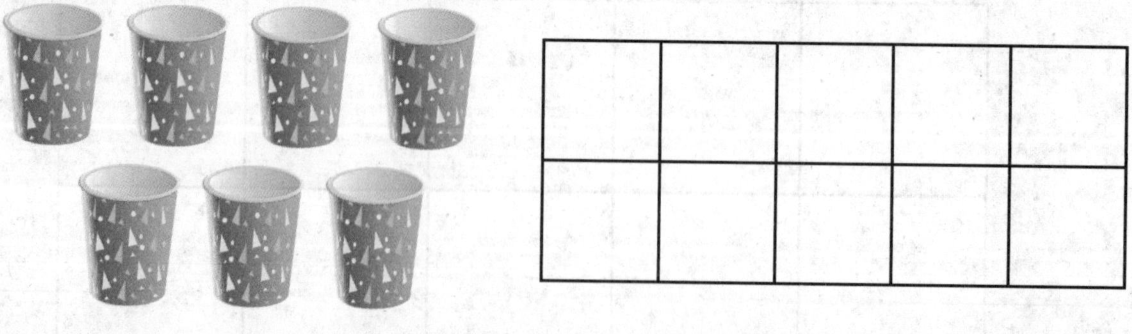

Instrucciones para el maestro: 1–3. Pida a los niños que cuenten los objetos y que digan cuántos hay. Indíqueles que muestren con fichas rojas los primeros cinco objetos que contaron. Dígales que coloreen de rojo una casilla por cada ficha roja que usaron. Luego, pídales que muestren el resto de los objetos que contaron con fichas azules. Por último, dígales que coloreen de azul una casilla por cada ficha azul que usaron.

Nombre

Por mi cuenta

4

5

6

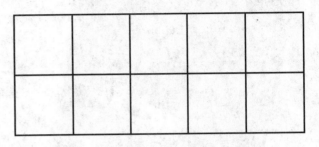

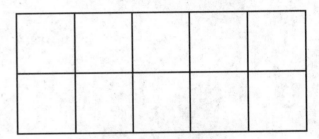

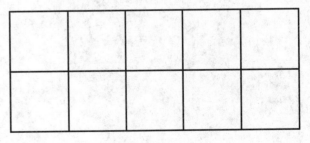

Instrucciones para el maestro: 4–6. Pida a los niños que cuenten los objetos, que digan cuántos hay y, luego, que muestren con fichas rojas los primeros cinco objetos que contaron. Dígales que coloreen de rojo una casilla por cada ficha roja que usaron y que muestren el resto de los objetos que contaron con fichas azules. Por último, pídales que coloreen de azul una casilla por cada ficha azul que usaron.

El mundo real

PRÁCTICAS matemáticas

Resolución de problemas

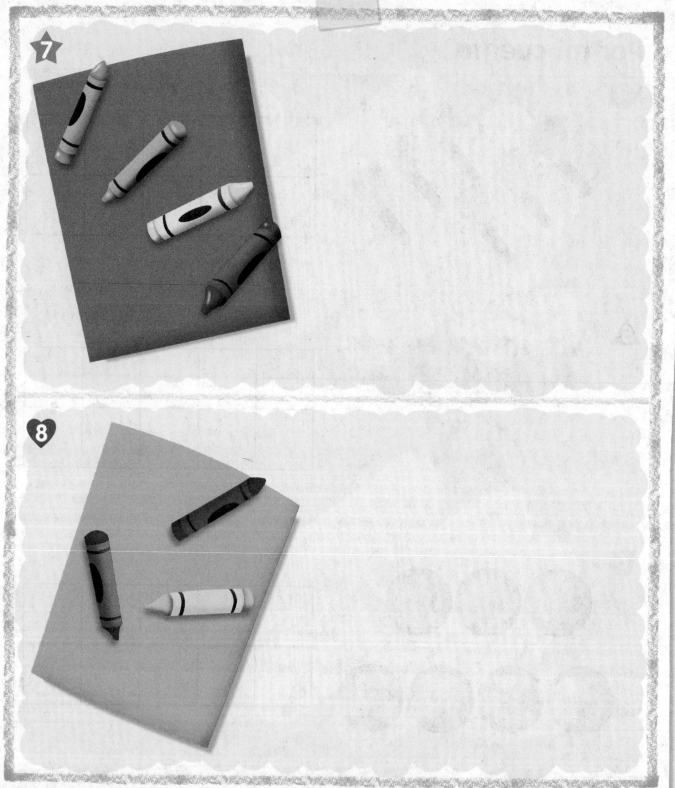

7

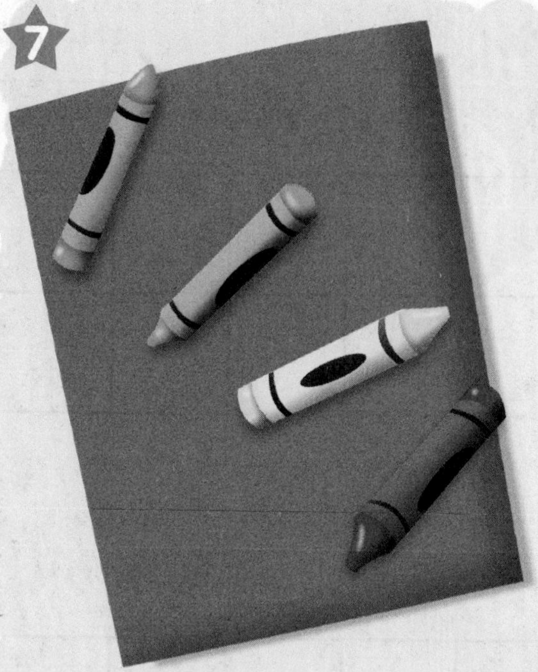

8

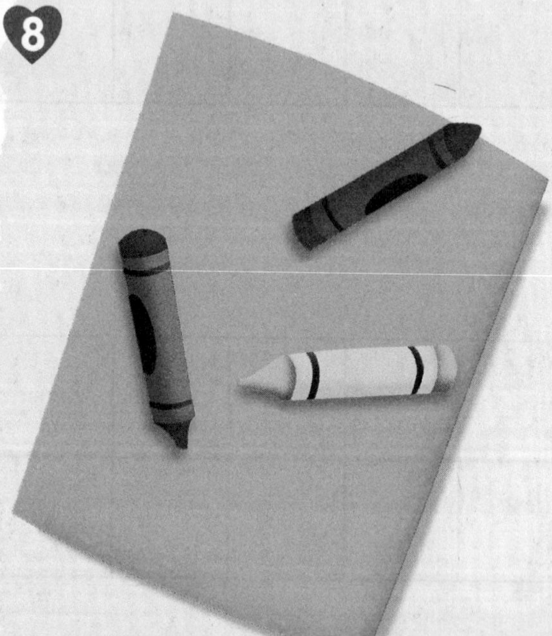

Instrucciones para el maestro: 7. Pida a los niños que cuenten los crayones y que digan cuántos hay. Luego, dígales que dibujen más crayones para mostrar seis. Indíqueles que usen el tablero de trabajo 3 y fichas cuadradas de colores para mostrar cuántos hay. **8.** Pida a los niños que cuenten los crayones y que digan cuántos hay. Dígales que dibujen más crayones para mostrar siete. Indíqueles que usen el tablero de trabajo 3 y fichas cuadradas de colores para mostrar cuántos hay.

Nombre ....

Mi tarea

Lección 1

Los números 6 y 7

Asistente de tareas

Ayuda en línea

¿Necesitas ayuda? **connectED.mcgraw-hill.com**

1

2

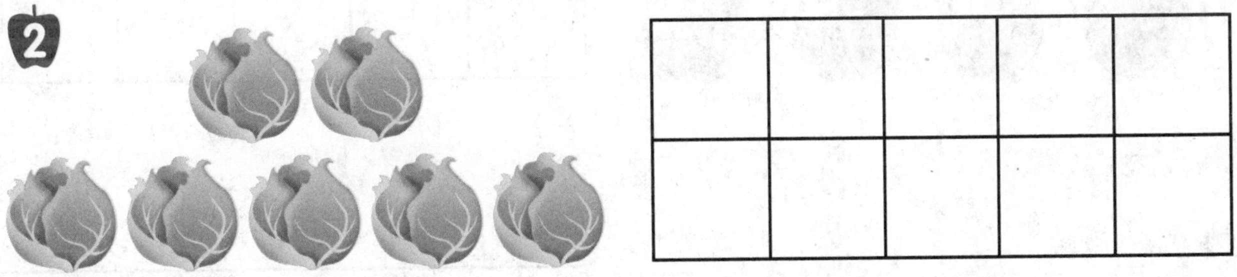

3

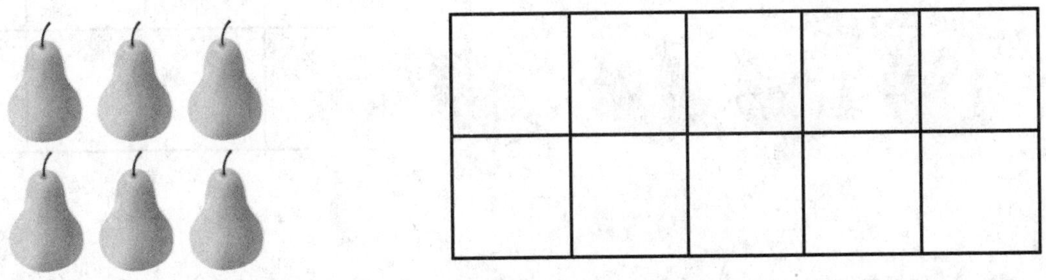

Instrucciones para el maestro: 1–3. Pida a los niños que cuenten los objetos y que digan cuántos hay. Indíqueles que usen monedas de 1¢ para mostrar cuántos hay. Dígales que coloreen una casilla por cada objeto que contaron.

4

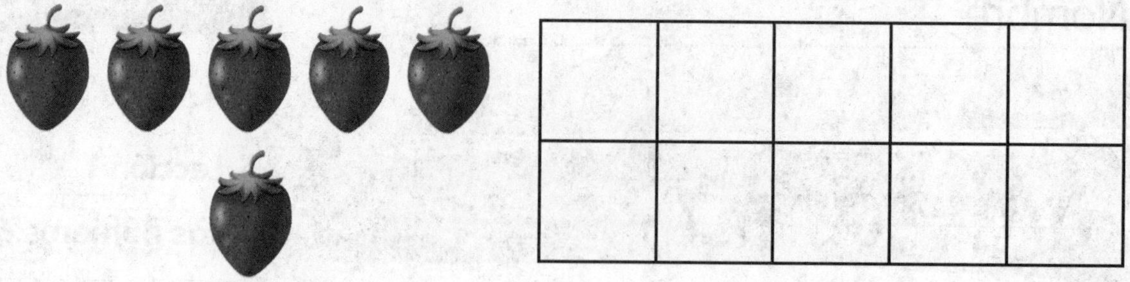

5

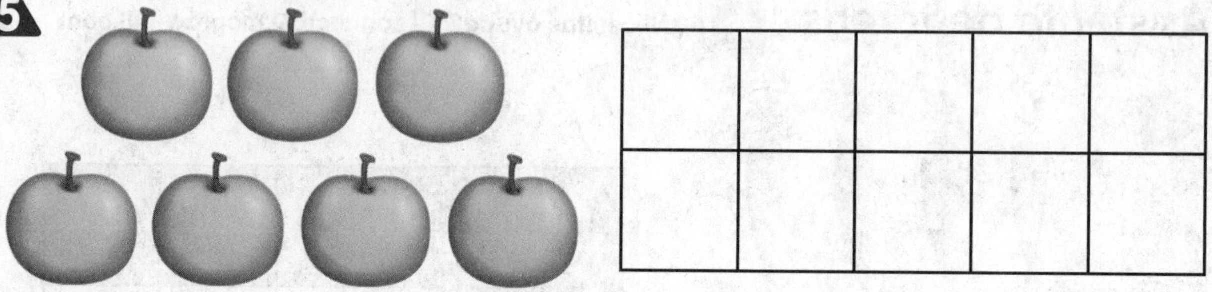

6

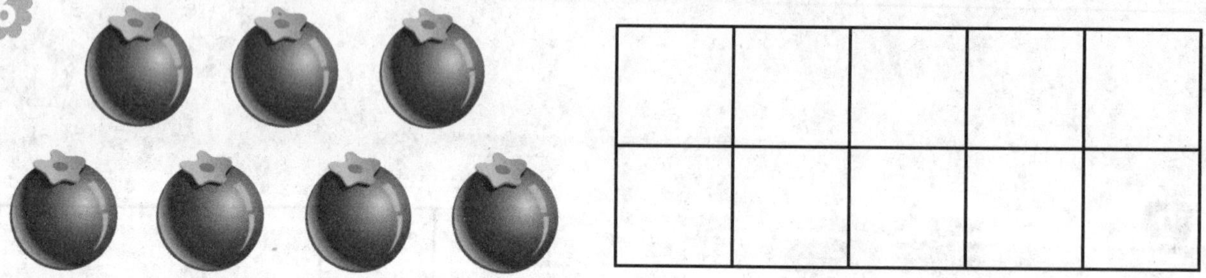

7

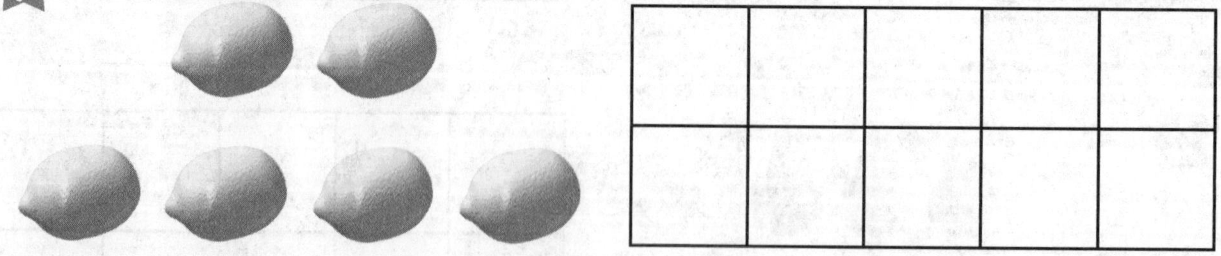

Instrucciones para el maestro: 4–7. Pida a los niños que cuenten los objetos y que digan cuántos hay. Indíqueles que usen monedas de 1¢ para mostrar cuántos hay. Dígales que coloreen una casilla por cada objeto que contaron.

Las mates en casa Salga a caminar con su niño o niña. Busque un grupo de seis o siete objetos, como buzones o casas. Pida a su niño o niña que cuente los objetos.

Nombre ....

El número 8

Lección 2

PREGUNTA IMPORTANTE
¿Qué me dicen los números?

Explorar y explicar

Herramientas Observa

Instrucciones para el maestro: Pida a los niños que cuenten las patas de la araña grande y que cuenten las arañitas. Indíqueles que unan con una línea cada arañita a una pata de la araña grande. Dígales que usen [cubo] para mostrar cinco arañitas en el marco de diez. Luego, pídales que usen [cubo] para mostrar el resto de las arañitas. Pídales que coloreen las casillas para mostrar cuántas arañitas hay.

Ver y mostrar

1

2

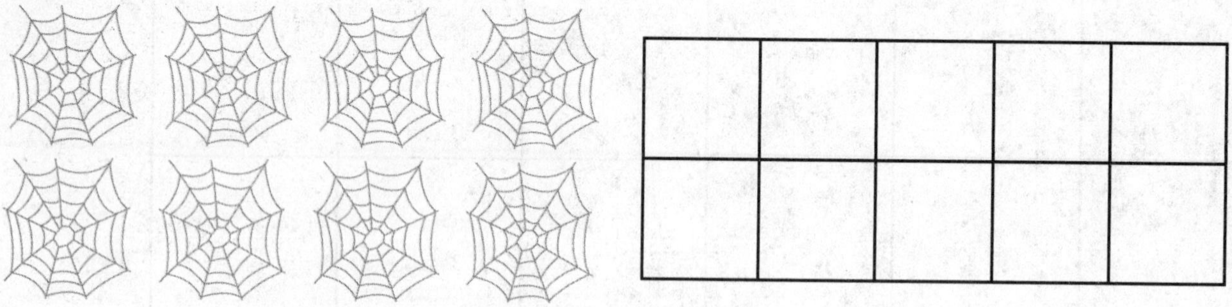

3

Instrucciones para el maestro: 1–3. Pida a los niños que cuenten los objetos y que digan cuántos hay. Dígales que muestren los primeros cinco objetos que contaron con cubos conectables de color verde. Dígales que coloreen de verde una casilla por cada cubo verde. Luego, indíqueles que muestren el resto de los objetos que contaron con cubos conectables de color violeta y que coloreen de violeta una casilla por cada cubo violeta.

CCSS

Nombre ....

Por mi cuenta

4

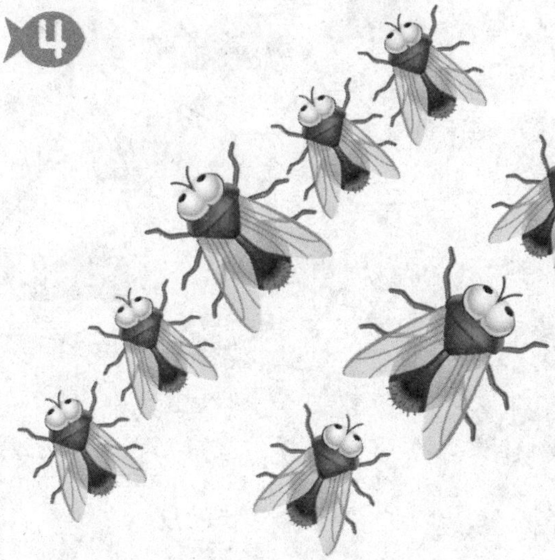

5

6

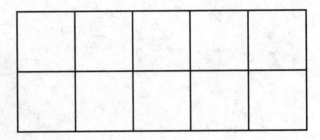

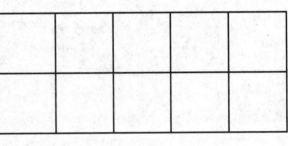

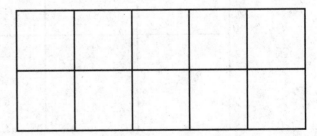

Instrucciones para el maestro: 4–6. Pida a los niños que cuenten los insectos y que digan cuántos hay. Dígales que muestren los primeros cinco insectos que contaron con cubos conectables de color verde. Dígales que coloreen de verde una casilla por cada cubo verde. Luego, indíqueles que muestren el resto de los insectos que contaron con cubos conectables de color violeta y que coloreen de violeta una casilla por cada cubo violeta.

Resolución de problemas

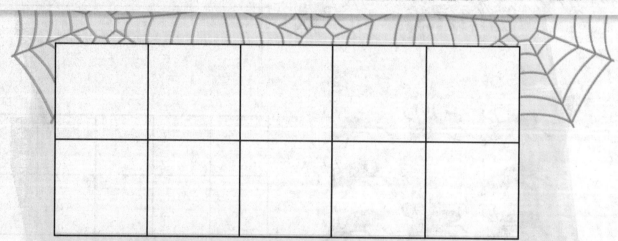

Instrucciones para el maestro: 7. Pida a los niños que cuenten los insectos que hay en cada grupo, que digan cuántos hay y, por último, que encierren en un círculo cada grupo de ocho. Pídales que en los grupos donde no hay ocho insectos, dibujen más para mostrar ocho y que coloreen las casillas para mostrar ocho.

Nombre ....

Mi tarea

Lección 2

El número 8

Asistente de tareas

Ayuda en línea

¿Necesitas ayuda? **connectED.mcgraw-hill.com**

1

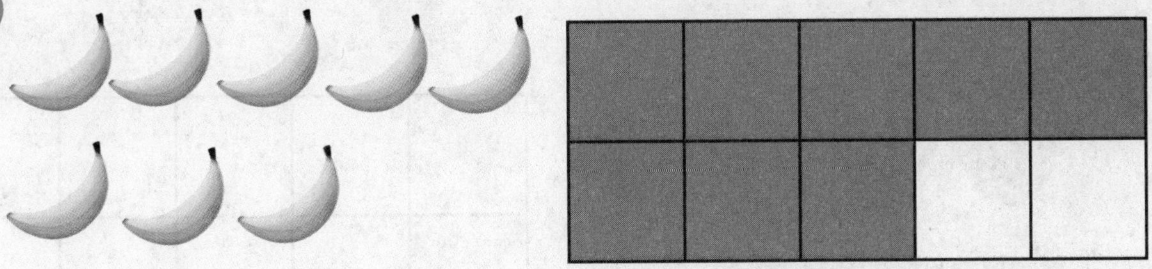

2

3

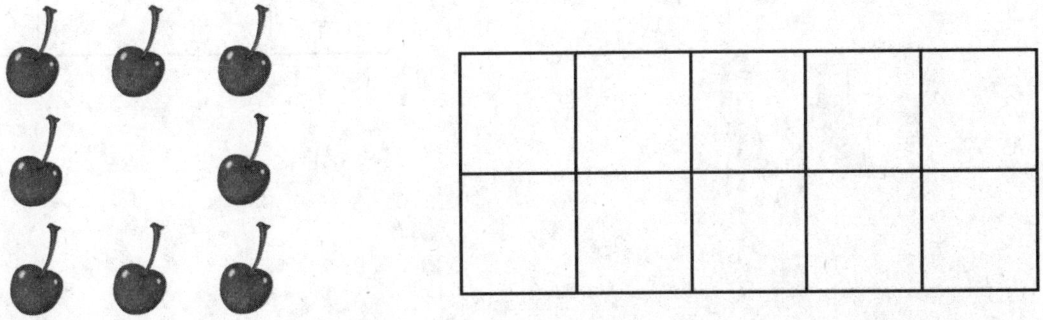

Instrucciones para el maestro: 1–3. Pida a los niños que cuenten los objetos, que digan cuántos hay y, por último, que usen las monedas de 1¢ para mostrar cuántos hay. Dígales que coloreen una casilla por cada objeto que contaron.

4

5

6

Instrucciones para el maestro: 4–6. Pida a los niños que cuenten los objetos, que digan cuántos hay y, por último, que usen monedas de 1¢ para mostrar cuántos objetos hay. Dígales que coloreen una casilla por cada objeto que contaron.

Las mates en casa Pida a su niño o niña que dibuje el contorno de ocho monedas de 1¢ en un papel. Guíelo para que coloree las monedas y las recorte. Dibuje un frasco. Pida a su niño o niña que pegue las monedas de papel en el frasco. Cuenten juntos las monedas de papel.

Conteo y cardinalidad
K.CC.3, K.CC.4, K.CC.4a, K.CC.4c, K.CC.5
CCSS

Nombre ....

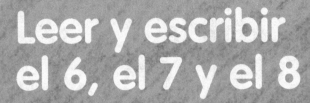

Leer y escribir el 6, el 7 y el 8

Lección 3

PREGUNTA IMPORTANTE
¿Qué me dicen los números?

Explorar y explicar

Herramientas Observa

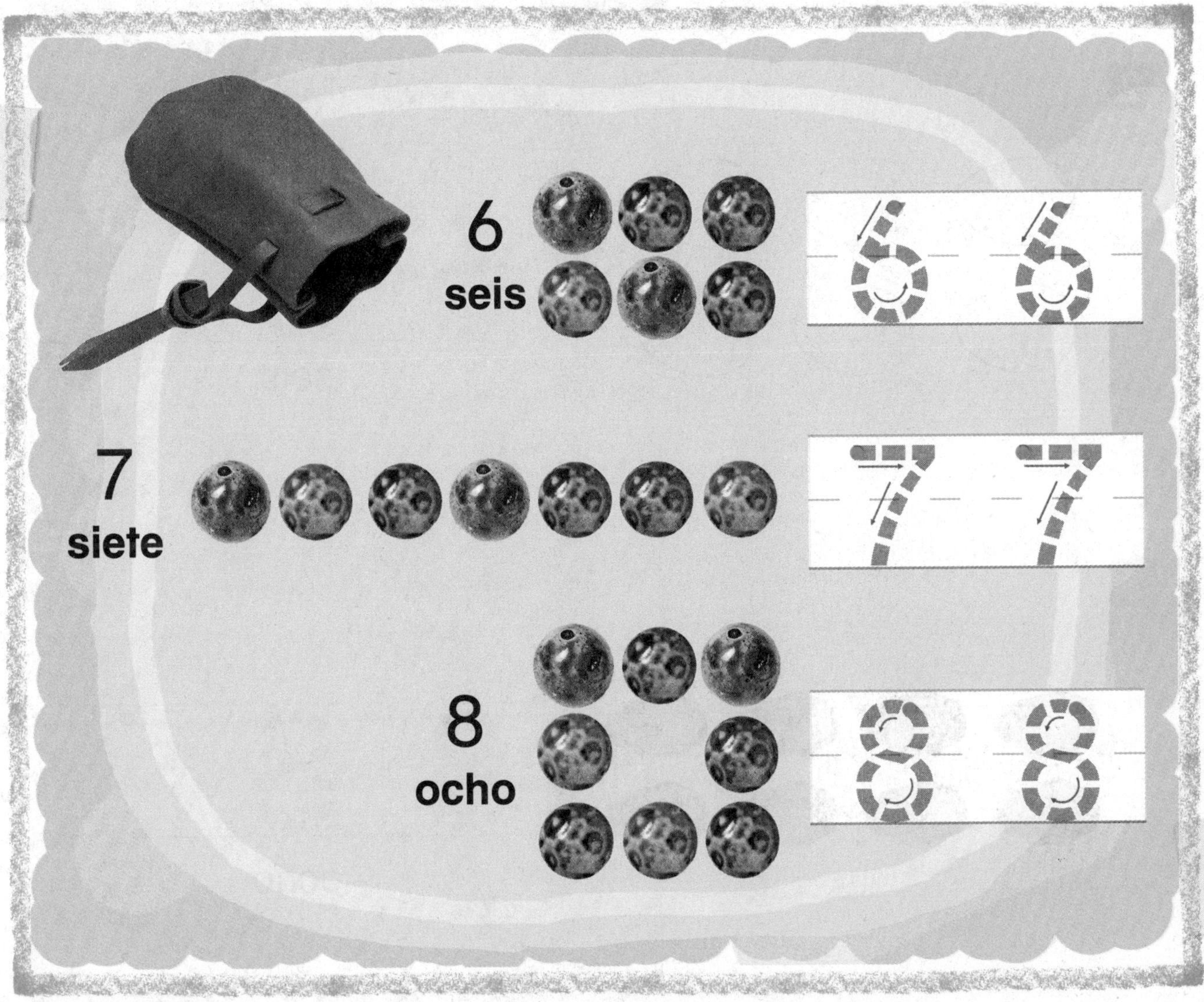

Instrucciones para el maestro: Pida a los niños que cuenten las canicas que hay en cada grupo y que digan cuántas hay. Indíqueles que usen ■ para mostrar cuántas hay. Dígales que tracen los números.

PRÁCTICAS matemáticas

Ver y mostrar

1 **seis 6** **siete 7** **ocho 8**

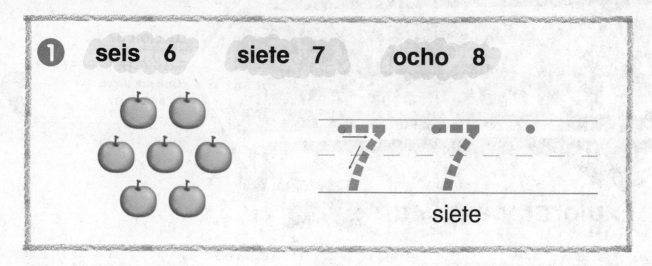

7 7

siete

2

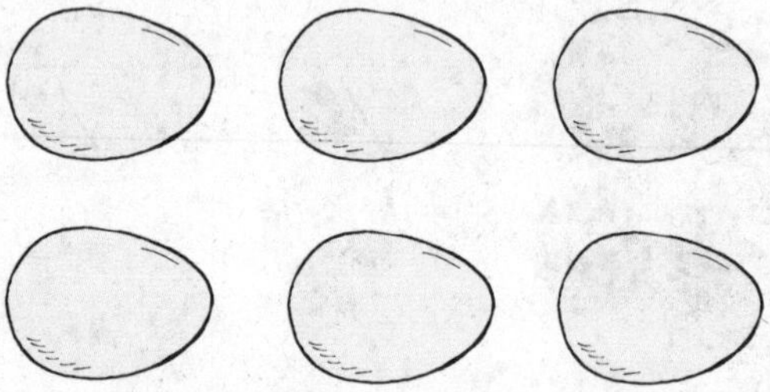

6 6

seis

3

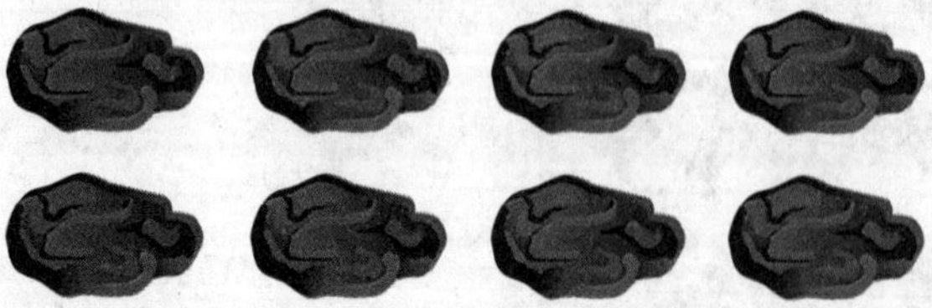

8 8

ocho

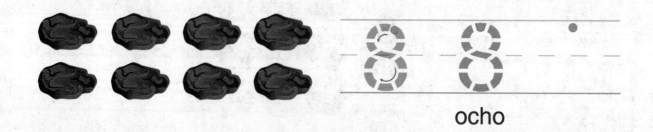

Instrucciones para el maestro: 1–3. Pida a los niños que cuenten los objetos, que digan cuántos hay y, por último, que usen el tablero de trabajo 3 y cubos conectables para mostrar el número. Dígales que tracen los números dos veces y que escriban el número.

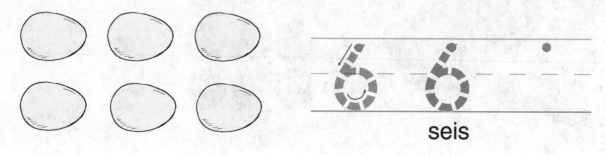

Nombre ....

¡Quiero más palomitas!

Por mi cuenta

4

seis

5

ocho

6

siete

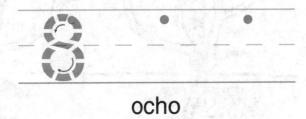

Instrucciones para el maestro: 4–6. Pida a los niños que cuenten los objetos, que digan cuántos hay y que usen el tablero de trabajo 3 y cubos conectables para mostrar el número. Dígales que tracen el número y que escriban el número dos veces.

Resolución de problemas

PRÁCTICAS matemáticas

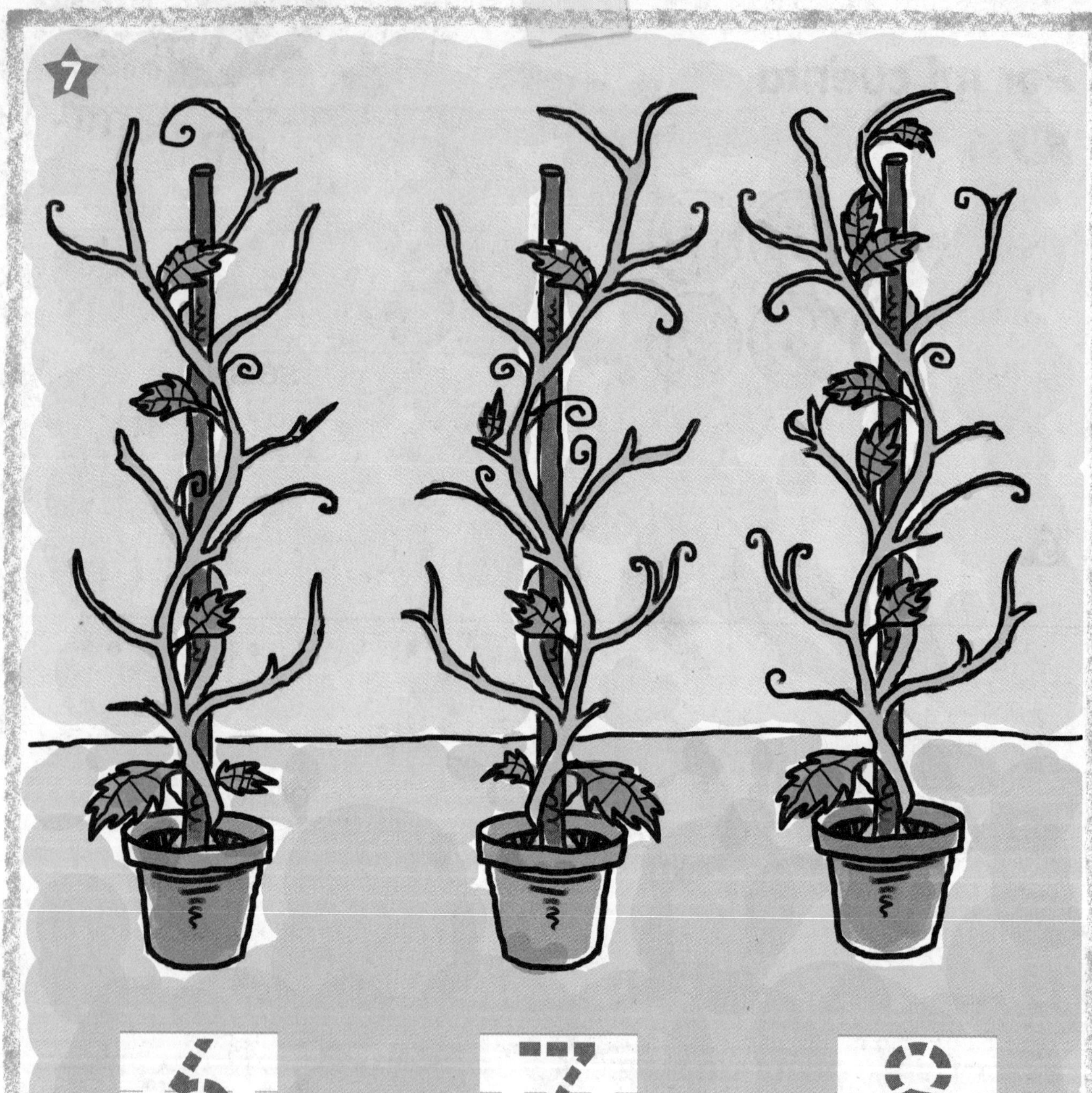

Instrucciones para el maestro: 7. Pida a los niños que tracen los números. Dígales que dibujen tomates en cada planta para mostrar los números y, luego, que digan cuántos tomates hay en cada planta.

Nombre ....

Mi tarea

Lección 3

Leer y escribir el 6, el 7 y el 8

Asistente de tareas

Ayuda en línea

¿Necesitas ayuda? **connectED.mcgraw-hill.com**

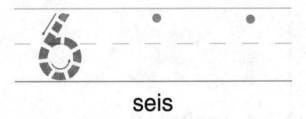

1

8 8 8

ocho

2

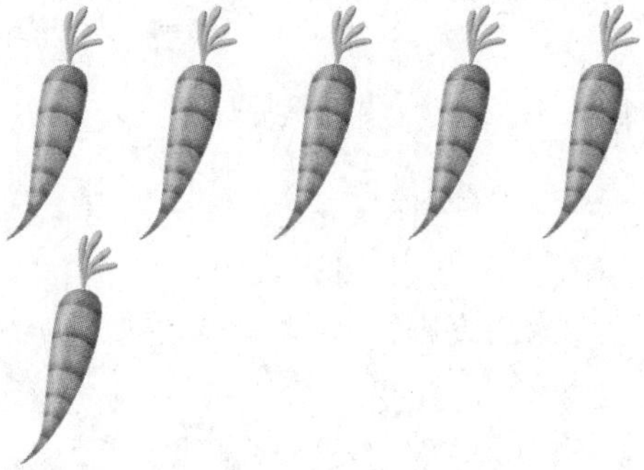

6

seis

3

7

siete

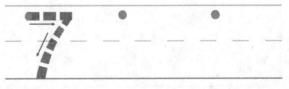

Instrucciones para el maestro: 1–3. Pida a los niños que cuenten los objetos y que digan cuántos hay. Dígales que tracen el número y que escriban el número dos veces.

4

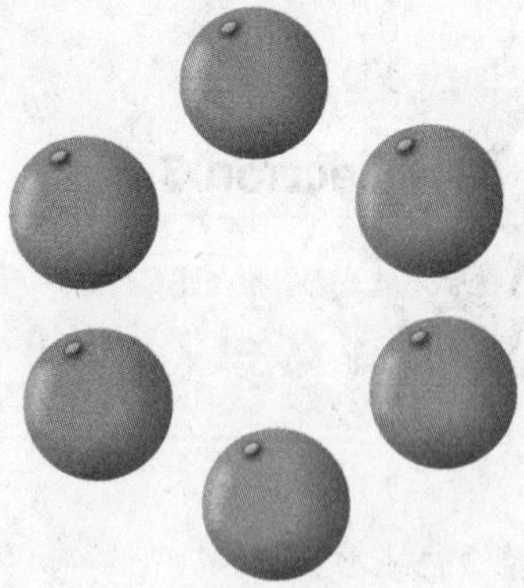

6

seis

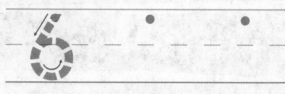

Comprobación del vocabulario

Vocabulario

5 **seis 6**

6 **siete 7**

7 **ocho 8**

Instrucciones para el maestro: 4. Pida a los niños que cuenten los objetos, que digan cuántos hay y, por último, que tracen el número. Dígales que escriban el número dos veces. **5–7.** Pida a los niños que digan la palabra y que dibujen objetos para mostrar cuántos hay.

Las mates en casa Tome seis tarjetas en blanco y ayude a su niño o niña a hacer dos tarjetas con 6 puntos, dos tarjetas con 7 puntos y dos tarjetas con 8 puntos. Pida a su niño o niña que escriba el número de puntos que hay en cada tarjeta. Invente un juego en el que haya que encontrar las dos tarjetas con la misma cantidad de puntos.

Nombre ....

El número 9

Lección 4

PREGUNTA IMPORTANTE
¿Qué me dicen los números?

Explorar y explicar

Herramientas Observa

Instrucciones para el maestro: Pida a los niños que cuenten los pájaros y que digan cuántos hay. Indíqueles que usen para mostrar cinco pájaros en el marco de diez. Luego, pídales que usen para mostrar el resto de los pájaros. Dígales que coloreen las casillas para mostrar cuántos pájaros hay.

Ver y mostrar

1

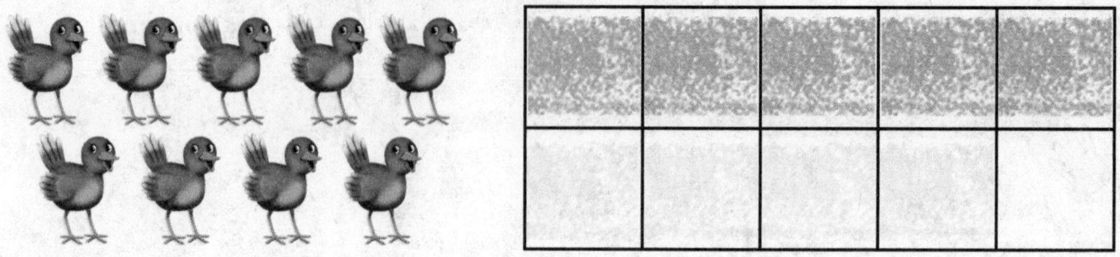

2

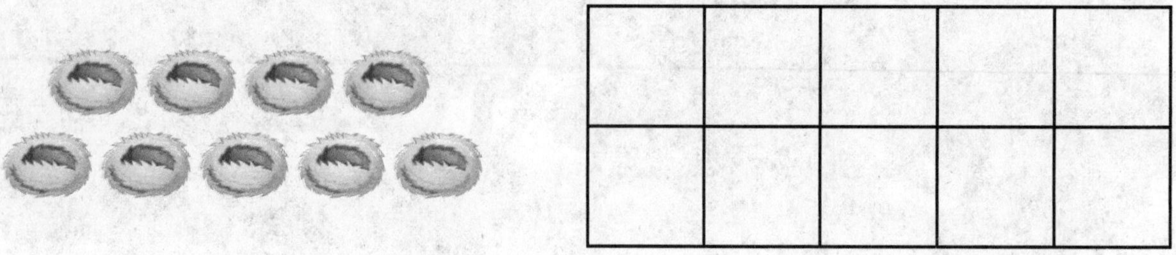

3

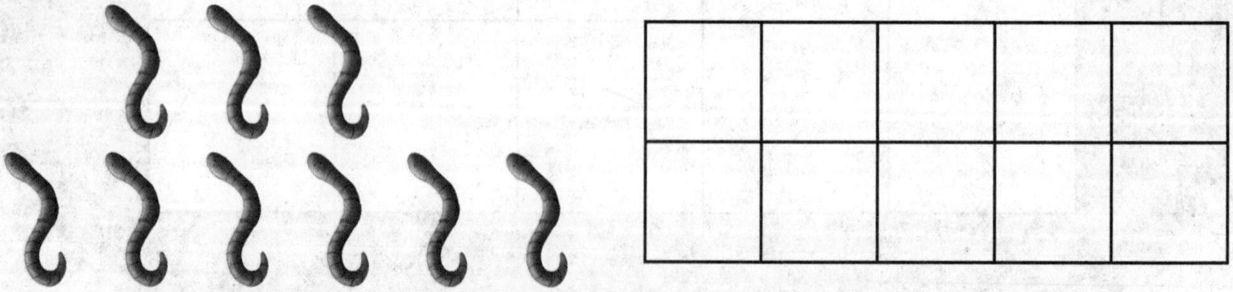

Instrucciones para el maestro: 1–3. Pida a los niños que cuenten los objetos y que digan cuántos hay. Dígales que muestren los cinco primeros objetos que contaron con cubos conectables rojos. Pídales que coloreen de rojo una casilla por cada cubo rojo. Indíqueles que muestren el resto de los objetos que contaron con cubos conectables amarillos y que coloreen de amarillo una casilla por cada cubo amarillo.

Nombre ....

Por mi cuenta

4

5

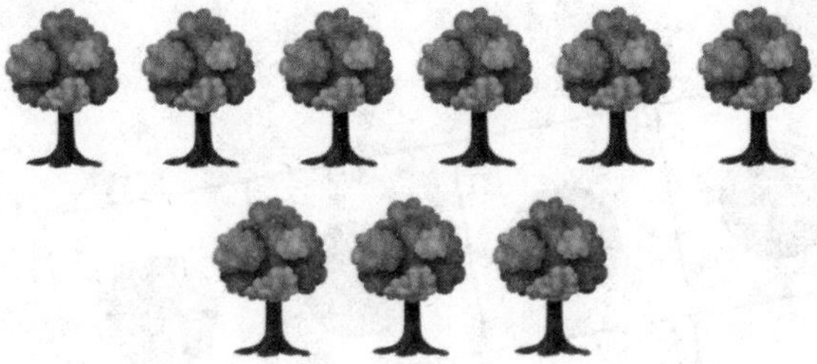

6

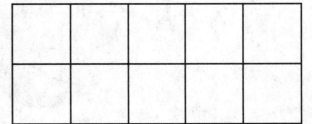

Instrucciones para el maestro: 4–6. Pida a los niños que cuenten los objetos y que digan cuántos hay. Dígales que muestren los primeros cinco objetos que contaron con cubos conectables rojos. Pídales que coloreen de rojo una casilla por cada cubo rojo. Indíqueles que muestren el resto de los objetos que contaron con cubos conectables amarillos y que coloreen de amarillo una casilla por cada cubo amarillo.

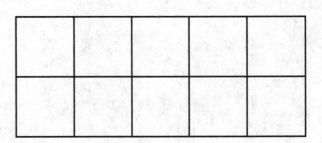

Resolución de problemas

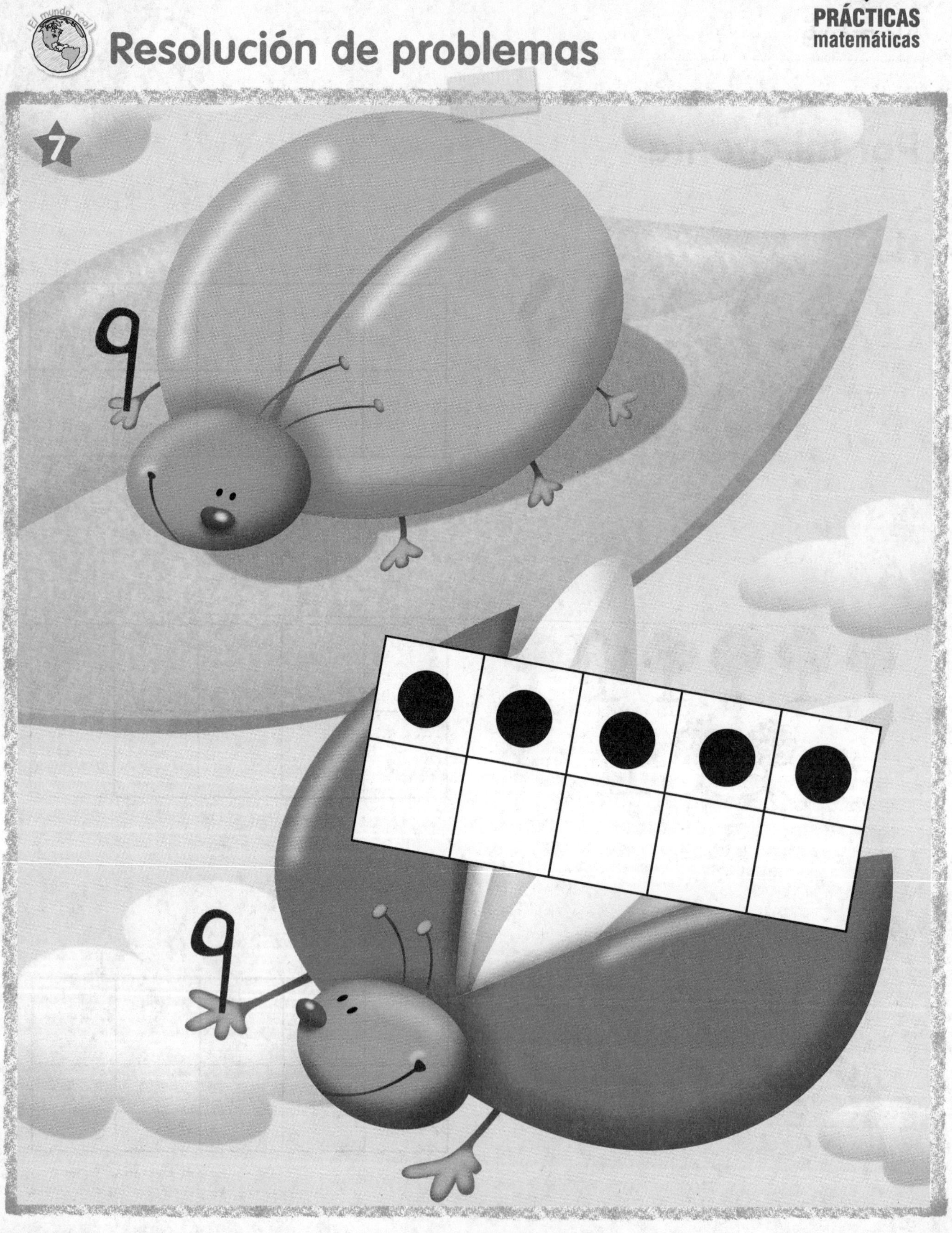

Instrucciones para el maestro: 7. Pida a los niños que señalen la catarina que está sobre la hoja y que dibujen manchitas en las alas de la catarina para mostrar nueve. Dígales que señalen la catarina que está en las nubes y que dibujen más manchitas en las casillas para mostrar nueve.

Nombre ....

Mi tarea

Lección 4
El número 9

Asistente de tareas

Ayuda en línea

¿Necesitas ayuda? **connectED.mcgraw-hill.com**

1

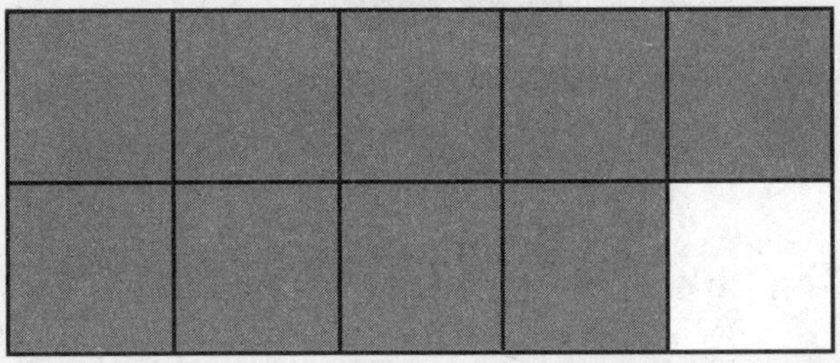

2

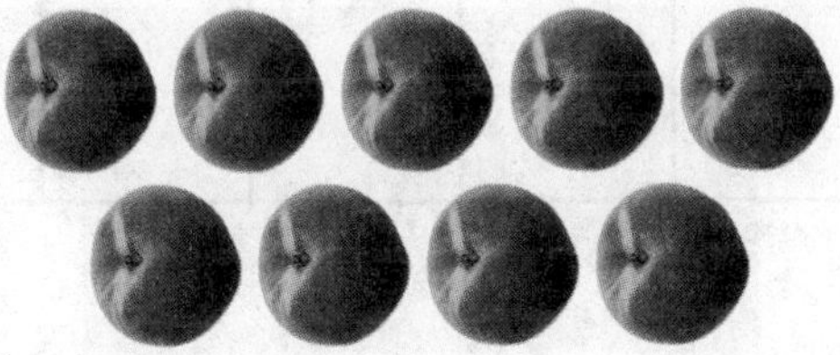

3

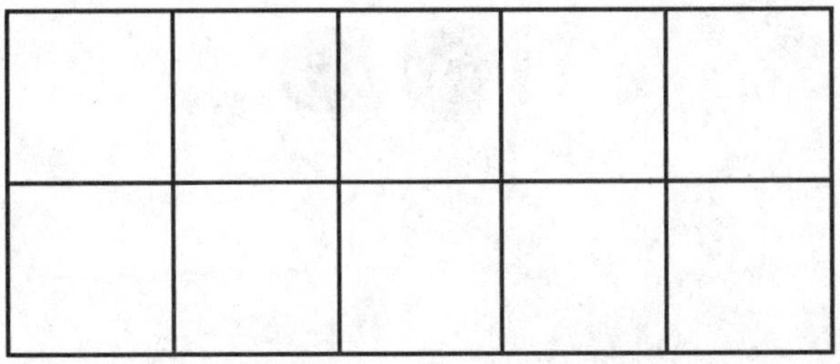

Instrucciones para el maestro: 1–3. Pida a los niños que cuenten los objetos y que digan cuántos hay. Dígales que usen monedas de 1¢ para mostrar cuántos hay. Pídales que coloreen una casilla por cada objeto que contaron.

4

5

6

7

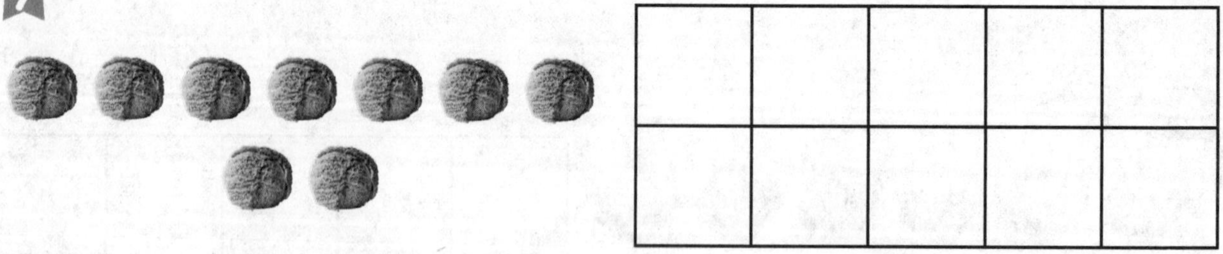

Instrucciones para el maestro: 4–7. Pida a los niños que cuenten los objetos y que digan cuántos hay. Dígales que usen monedas de 1¢ para mostrar cuántos hay. Pídales que coloreen una casilla por cada objeto que contaron.

Las mates en casa Pida a su niño o niña que reúna nueve objetos como, por ejemplo, utensilios, medias o monedas. Cuéntenlos juntos.

Nombre ....

Compruebo mi progreso

Comprobación del vocabulario

Vocabulario

1 **seis** **6**

2 **siete** **7**

3 **ocho** **8**

Comprobación del concepto

4

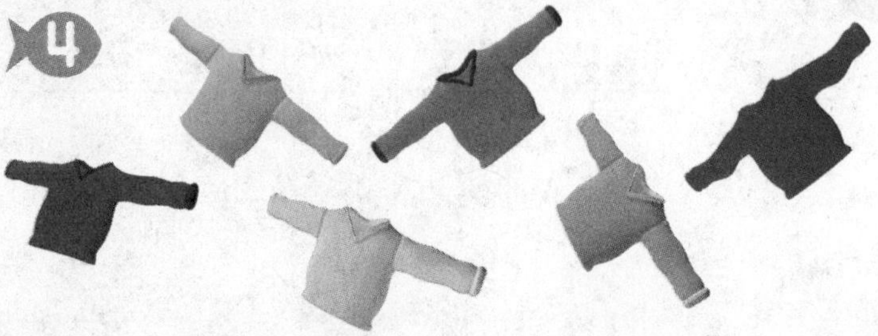

Instrucciones para el maestro: 1. Pida a los niños que encierren en un círculo el grupo de seis fresas. **2–3.** Diga a los niños que dibujen objetos para mostrar el número. **4.** Pida a los niños que cuenten los objetos y que digan cuántos hay. Dígales que coloreen una casilla por cada objeto que contaron para mostrar cuántos hay.

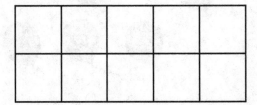

5

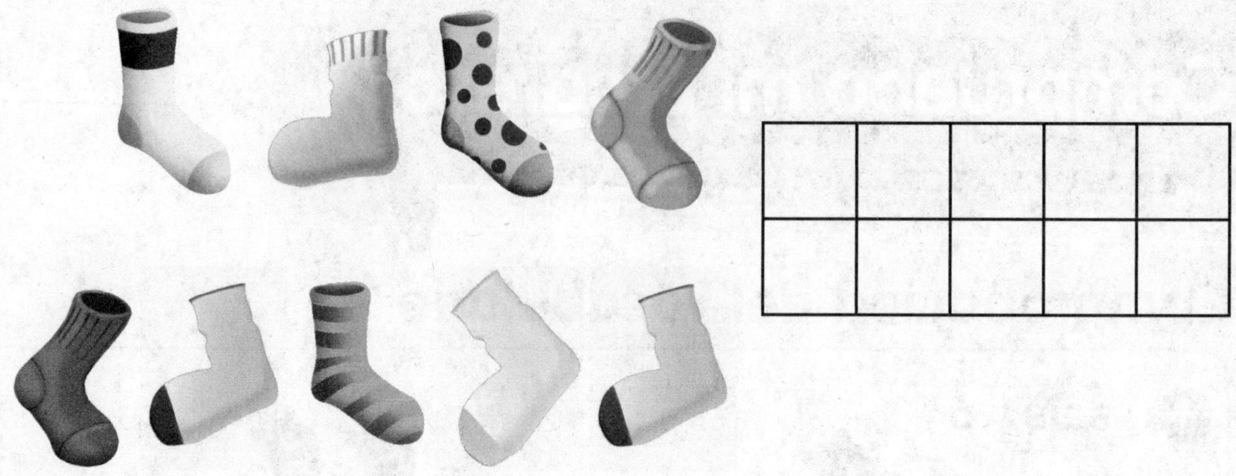

6

7

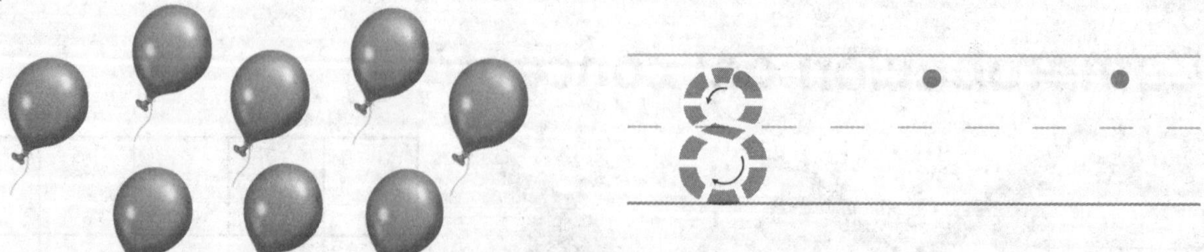

Instrucciones para el maestro: 5. Pida a los niños que cuenten los objetos y que digan cuántos hay. Dígales que coloreen una casilla por cada objeto que contaron para mostrar cuántos hay. **6–7.** Diga a los niños que cuenten los objetos y que tracen el número. Luego, pídales que escriban el número dos veces.

Nombre ....

El número 10

Lección 5

PREGUNTA IMPORTANTE
¿Qué me dicen los números?

Explorar y explicar

Herramientas Observa

Instrucciones para el maestro: Pida a los niños que cuenten las hojas rojas y amarillas y que digan cuántas hay. Pídales que usen 5 ■ y 5 ■. Dígales que coloquen sobre cada hoja una ficha del color correspondiente. Indíqueles que coloquen las fichas en el marco de diez para representar las hojas y que coloreen las casillas para mostrar cuántas hay.

Ver y mostrar

PRÁCTICAS matemáticas

1

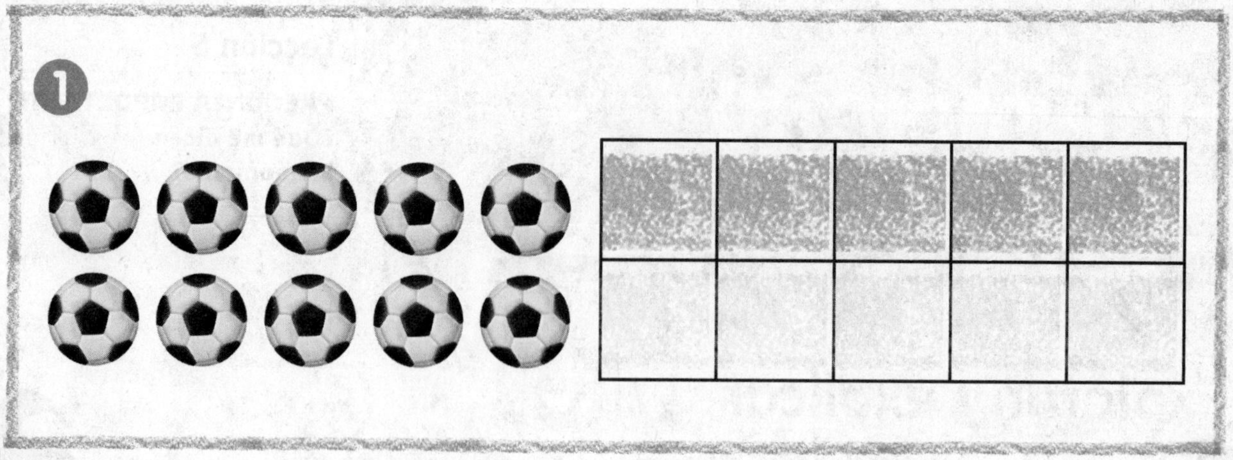

2

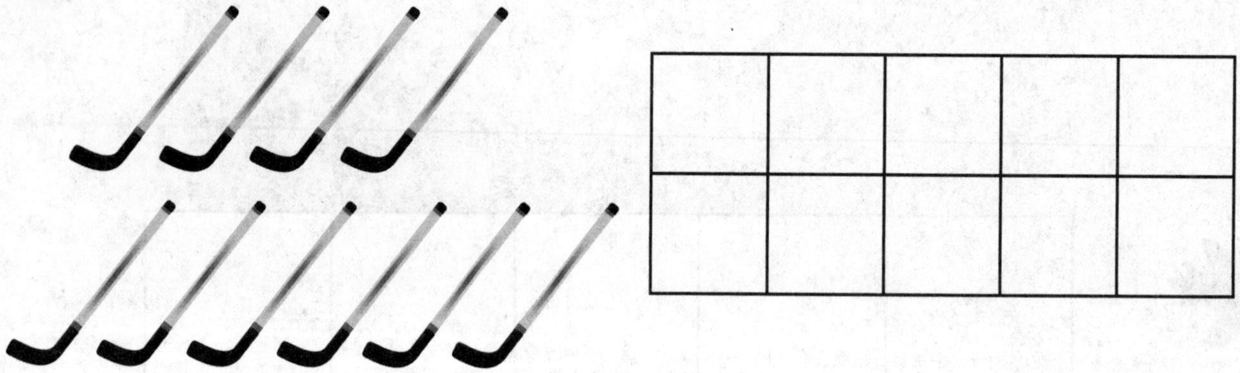

3

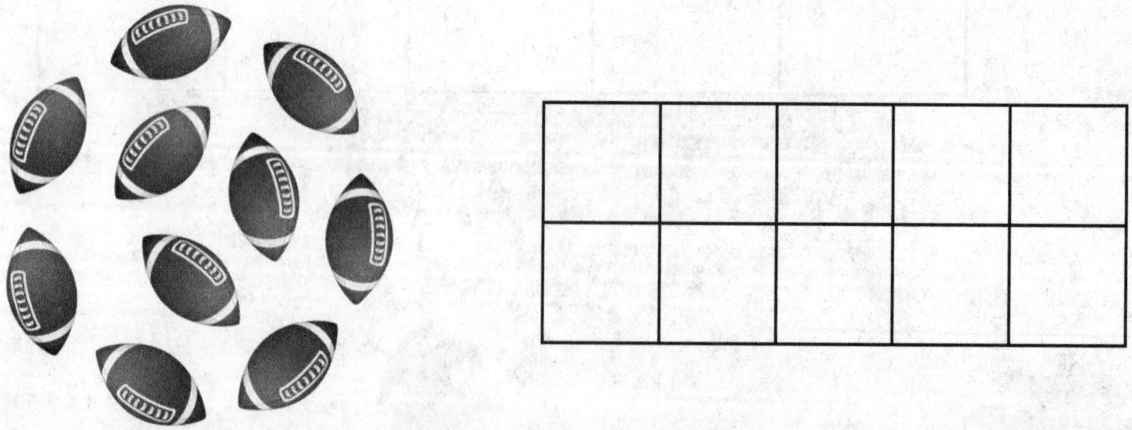

Instrucciones para el maestro: 1–3. Pida a los niños que cuenten los objetos y que digan cuántos hay. Dígales que muestren los cinco primeros objetos que contaron con fichas cuadradas rojas. Pídales que coloreen de rojo una casilla por cada ficha roja y que muestren el resto de los objetos que contaron con fichas cuadradas amarillas. Dígales que coloreen de amarillo una casilla por cada ficha amarilla.

CCSS

Nombre

Por mi cuenta

4

5

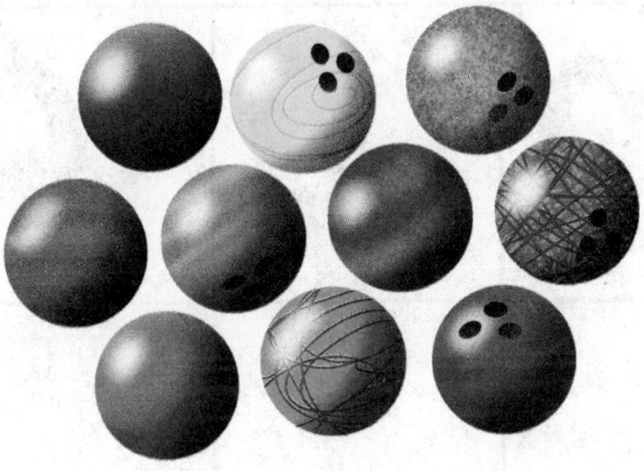

6

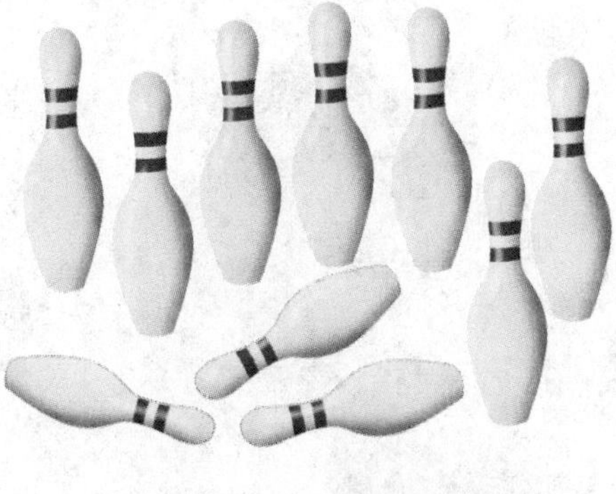

Instrucciones para el maestro: 4–6. Pida a los niños que cuenten los objetos y que digan cuántos hay. Dígales que muestren los cinco primeros objetos que contaron con fichas cuadradas rojas. Pídales que coloreen de rojo una casilla por cada ficha roja y que muestren el resto de los objetos que contaron con fichas cuadradas amarillas. Dígales que coloreen de amarillo una casilla por cada ficha amarilla.

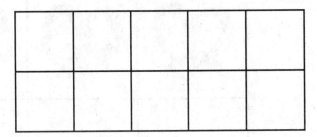

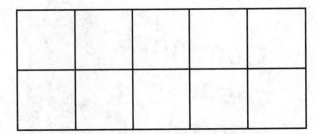

Resolución de problemas

7

8

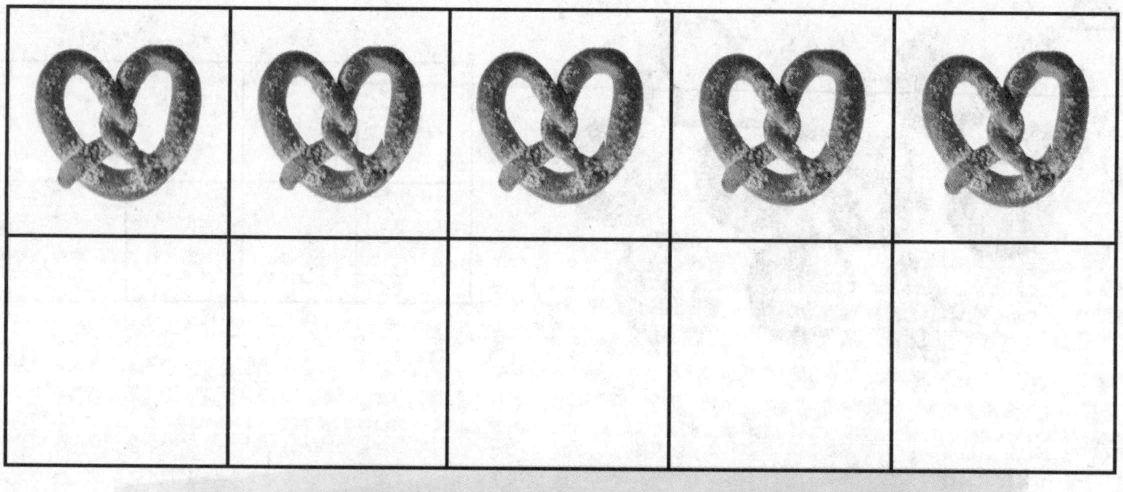

¡Comemos cosas sanas!

Instrucciones para el maestro: 7–8. Pida a los niños que dibujen más objetos para formar un grupo de 10.

Nombre ....

Mi tarea

Lección 5

El número 10

Asistente de tareas

Ayuda en línea

¿Necesitas ayuda? connectED.mcgraw-hill.com

1

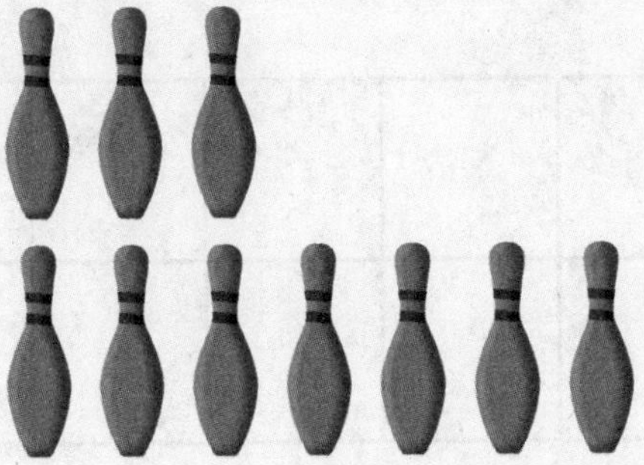

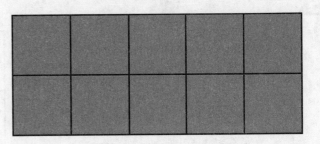

2

3

Instrucciones para el maestro: 1–3. Pida a los niños que cuenten los objetos y que digan cuántos hay. Dígales que usen monedas de 1¢ para mostrar cuántos objetos hay. Dígales que coloreen una casilla por cada objeto que contaron.

4

5

6

Instrucciones para el maestro: 4–6. Pida a los niños que cuenten los objetos y que digan cuántos hay. Dígales que usen monedas de 1¢ para mostrar cuántos objetos hay. Dígales que coloreen una casilla por cada objeto que contaron.

Las mates en casa Ayude a su niño o niña a pegarse un trozo de cinta en cada dedo. Pídale que cuente los trozos de cinta y que diga cuántos hay.

Nombre ....

Leer y escribir el 9 y el 10

Lección 6

PREGUNTA IMPORTANTE
¿Qué me dicen los números?

Explorar y explicar

Herramientas Observa

9
nueve

10
diez

Instrucciones para el maestro: Pida a los niños que cuenten los sombreros que hay en cada grupo y que digan cuántos hay. Pídales que usen ■ para mostrar cuántos hay. Dígales que tracen los números.

Ver y mostrar

1 **nueve 9** **diez 10**

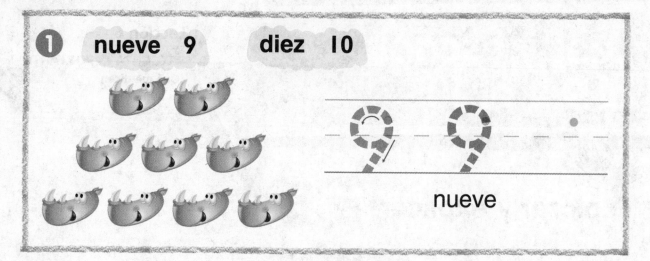

9 9

nueve

2

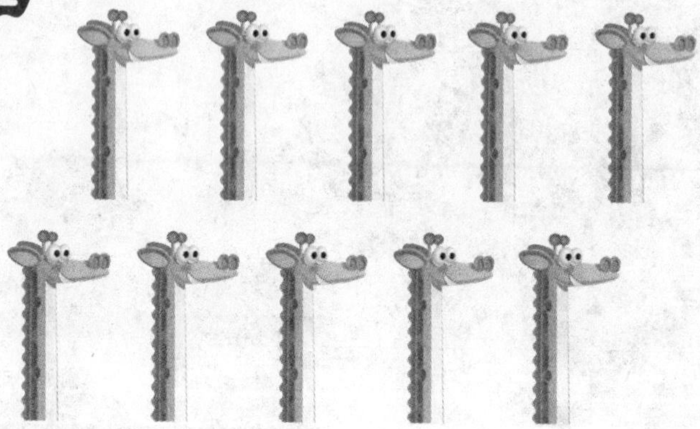

10 10

diez

3

10 10

Instrucciones para el maestro: 1–3. Pida a los niños que cuenten los animales y que digan cuántos hay. Indíqueles que usen el tablero de trabajo 3 y fichas cuadradas de colores para mostrar el número. Dígales que tracen el número dos veces y que escriban el número.

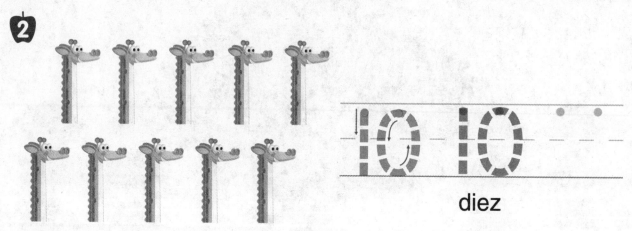

Nombre ....

¡Lo haces muy bien!

CCSS

Por mi cuenta

4

9

5

9

6

10

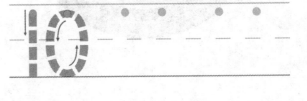

Instrucciones para el maestro: 4–6. Pida a los niños que cuenten los animales y que digan cuántos hay. Indíqueles que usen el tablero de trabajo 3 y fichas cuadradas de colores para mostrar el número. Dígales que tracen el número y que escriban el número dos veces.

Resolución de problemas

7

9

8

10

9

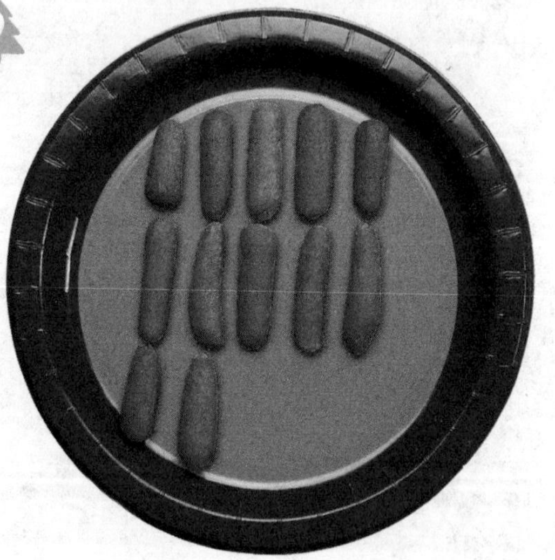

10

Instrucciones para el maestro: 7–8. Pida a los niños que digan, que tracen y que escriban el número. Dígales que dibujen alimentos saludables para mostrar el número. **9.** Pida a los niños que encierren en un círculo las zanahorias para mostrar un grupo de 10. Dígales que escriban el número dos veces. **10.** Pida a los niños que encierren en un círculo las uvas para mostrar un grupo de nueve. Dígales que escriban el número dos veces.

Nombre ....

Mi tarea

Lección 6

Leer y escribir el 9 y el 10

Asistente de tareas

Ayuda en línea

¿Necesitas ayuda? **connectED.mcgraw-hill.com**

1

10 10 10

2

9

3

9

Instrucciones para el maestro: 1–3. Pida a los niños que cuenten los objetos y que digan cuántos hay. Indíqueles que tracen el número. Pídales que escriban el número dos veces.

4

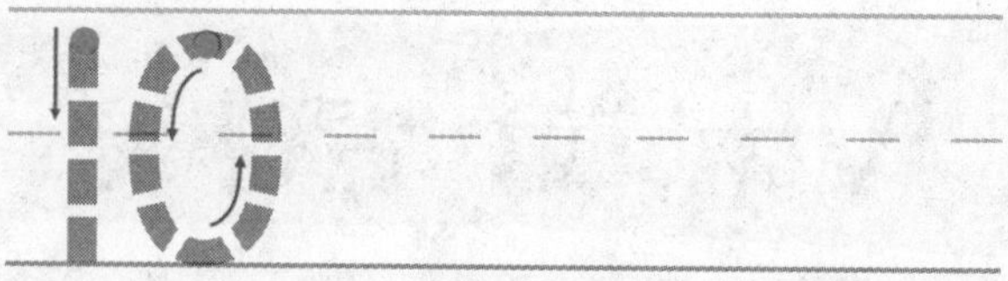

Comprobación del vocabulario

Vocabulario

5 **nueve 9**

6 **diez 10**

Instrucciones para el maestro: 4. Pida a los niños que cuenten los objetos y que digan cuántos hay. Indíqueles que tracen el número. Dígales que escriban el número dos veces. **5–6.** Pida a los niños que digan la palabra y que dibujen objetos para mostrar el número.

Las mates en casa Use un libro con páginas numeradas. Pida a su niño o niña que cuente las páginas hasta la página 9 y que escriba el 9. Luego, pídale que cuente hasta la página 10 y que escriba el 10.

Nombre ....

El mundo real

Resolución de problemas

ESTRATEGIA: Representar

Lección 7

PREGUNTA IMPORTANTE
¿Qué me dicen los números?

¿Cuántas frutas hay?

Representar

1

7

2

10

3

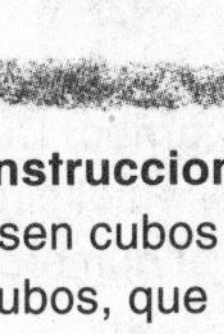

8

4

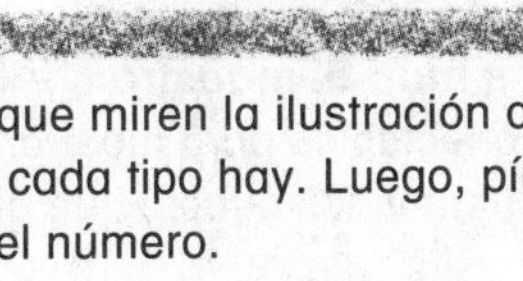

5

Instrucciones para el maestro: 1–4. Pida a los niños que miren la ilustración de arriba. Dígales que usen cubos conectables para mostrar cuántas frutas de cada tipo hay. Luego, pídales que cuenten los cubos, que digan cuántos hay y, por último, que tracen el número.

¿Cuántos hay en el circo?

Representar

1

2

3

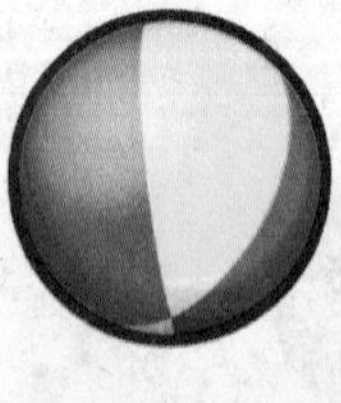

4

Instrucciones para el maestro: 1–4. Pida a los niños que miren la ilustración de arriba. Dígales que usen cubos conectables para mostrar cuántos payasos, osos, monos y pelotas hay en el circo. Luego, pídales que cuenten los cubos, que digan cuántos hay y, por último, que escriban el número.

Nombre

Uno más con números hasta el 10

Lección 9

PREGUNTA IMPORTANTE
¿Qué me dicen los números?

Explorar y explicar

Herramientas

Instrucciones para el maestro: Pida a los niños que usen ● para representar el cuento. Diga: *Una ensalada tiene siete pimientos. Otra ensalada tiene siete pimientos y uno más.* Pídales que cuenten las fichas y que coloreen una casilla por cada ficha. Dígales que escriban los números y que encierren en un círculo el número que muestra uno más que siete.

Ver y mostrar

PRÁCTICAS matemáticas

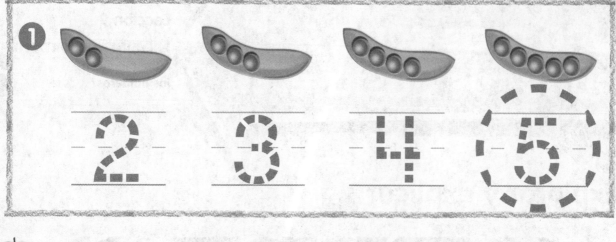

1

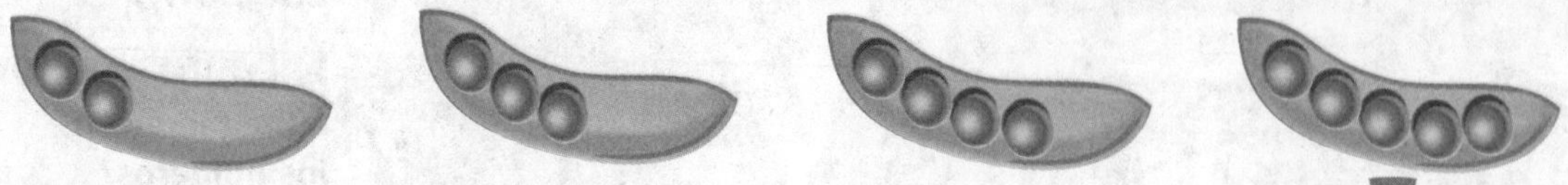

2 3 4 5

2

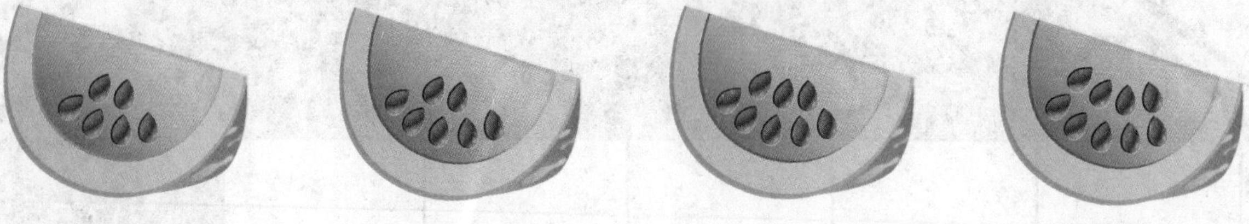

3

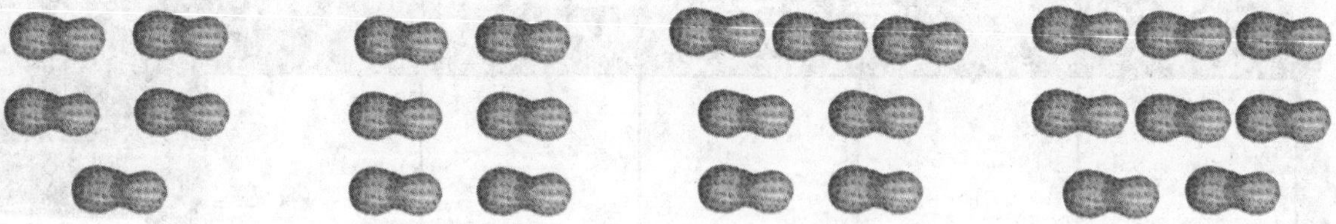

Instrucciones para el maestro: 1. Pida a los niños que cuenten los guisantes de cada vaina, que tracen los números y, por último, que tracen un círculo alrededor del número que es uno más que cuatro. **2.** Diga a los niños que cuenten las semillas de cada sandía, que escriban cuántas hay y que encierren en un círculo el número que es uno más que siete. **3.** Pregunte a los niños cuántos cacahuates hay y pídales que encierren en un círculo el número que es uno más que seis.

Nombre

Por mi cuenta

4

5

6

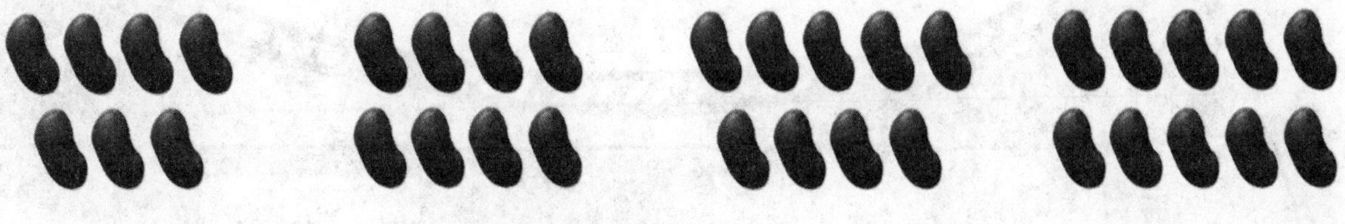

Instrucciones para el maestro: 4. Pida a los niños que cuenten las naranjas, que escriban el número y, por último, que encierren en un círculo el número que es uno más que cinco. **5.** Pida a los niños que cuenten los sándwiches, que escriban el número y, por último, que encierren en un círculo el número que es uno más que uno. **6.** Pida a los niños que cuenten los guisantes, que escriban el número y, por último, que encierren en un círculo el número que es uno más que nueve.

Resolución de problemas

Instrucciones para el maestro: 7. Pida a los niños que cuenten las manzanas y que escriban el número. Dígales que dibujen un grupo de manzanas que muestre una más. Luego, pídales que escriban el número.

Nombre ....

Mi tarea

Lección 9

Uno más con números hasta el 10

Asistente de tareas

Ayuda en línea ¿Necesitas ayuda? connectED.mcgraw-hill.com

1

7 (8) 9 10

2

3

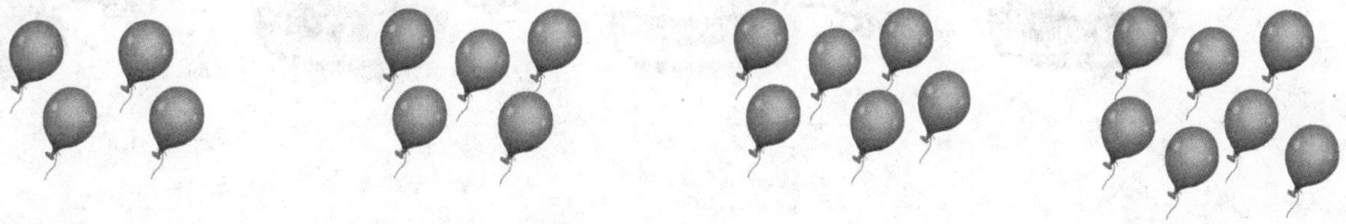

Instrucciones para el maestro: **1.** Pida a los niños que cuenten los adhesivos, que escriban los números y, por último, que encierren en un círculo el número que es uno más que siete. **2.** Pida a los niños que cuenten los sombreros, que escriban los números y, por último, que encierren en un círculo el número que es uno más que cuatro. **3.** Pida a los niños que cuenten los globos, que escriban los números y, por último, que encierren en un círculo el número que es uno más que seis.

4

5

6

Instrucciones para el maestro: 4. Pida a los niños que cuenten las pelotas, que escriban los números y, por último, que encierren en un círculo el número que es uno más que dos. **5.** Pida a los niños que cuenten las pelotas, que escriban los números y, por último, que encierren en un círculo el número que es uno más que siete. **6.** Pida a los niños que cuenten las flores, que escriban los números y, por último, que encierren en un círculo el número que es uno más que cinco.

Las mates en casa Recorte varios cuadrados pequeños. Muestre a su niño o niña un grupo de cuatro. Pídale que le muestre un grupo con un cuadrado más. Repita el ejercicio con otros grupos menores que 10.

Nombre

Números ordinales hasta el quinto

Lección 10

PREGUNTA IMPORTANTE
¿Qué me dicen los números?

Explorar y explicar

Herramientas

Instrucciones para el maestro: Pida a los niños que usen de 5 colores diferentes . Dígales que coloquen un cubo sobre cada casilla junto al tobogán. Indíqueles que coloreen la primera casilla con el mismo color del cubo y luego dígales que hagan lo mismo con la tercera y la quinta. Dígales que repitan el ejercicio con el puesto de perros calientes.

Ver y mostrar

2

Instrucciones para el maestro: 1. Pida a los niños que tracen el círculo alrededor del canguro que llegará tercero a la bolsa, la línea bajo el que llegará segundo y la X sobre el que llegará cuarto. **2.** Pida a los niños que dibujen una línea bajo el gatito que llegará quinto al ovillo, que encierren en un círculo el que llegará cuarto y que tracen una X sobre el que llegará segundo.

Nombre ....

Por mi cuenta

3

4

Instrucciones para el maestro: 3. Pida a los niños que encierren en un cuadrado el camello que llegará tercero al agua, que dibujen una X sobre el que llegará quinto y que tracen una línea bajo el que llegará cuarto. **4.** Pida a los niños que encierren en un cuadrado el segundo tucán que comerá las frutas, que dibujen una X sobre el tercer tucán y que tracen una línea bajo el primer tucán.

El mundo real

Resolución de problemas

PRÁCTICAS matemáticas

5

Instrucciones para el maestro: 5. Pida a los niños que dibujen un sándwich en el primer plato que hallarán las hormigas, que encierren en un círculo el tercer pájaro que vuela hacia el gusano y, por último, que dibujen una X sobre la segunda oruga que comerá de la hoja. Pídales que dibujen una cuarta hormiga en la fila que se dirige al plato.

Nombre ....

Mi tarea

Lección 10
Números ordinales hasta el quinto

Asistente de tareas

Ayuda en línea ¿Necesitas ayuda? connectED.mcgraw-hill.com

1

2

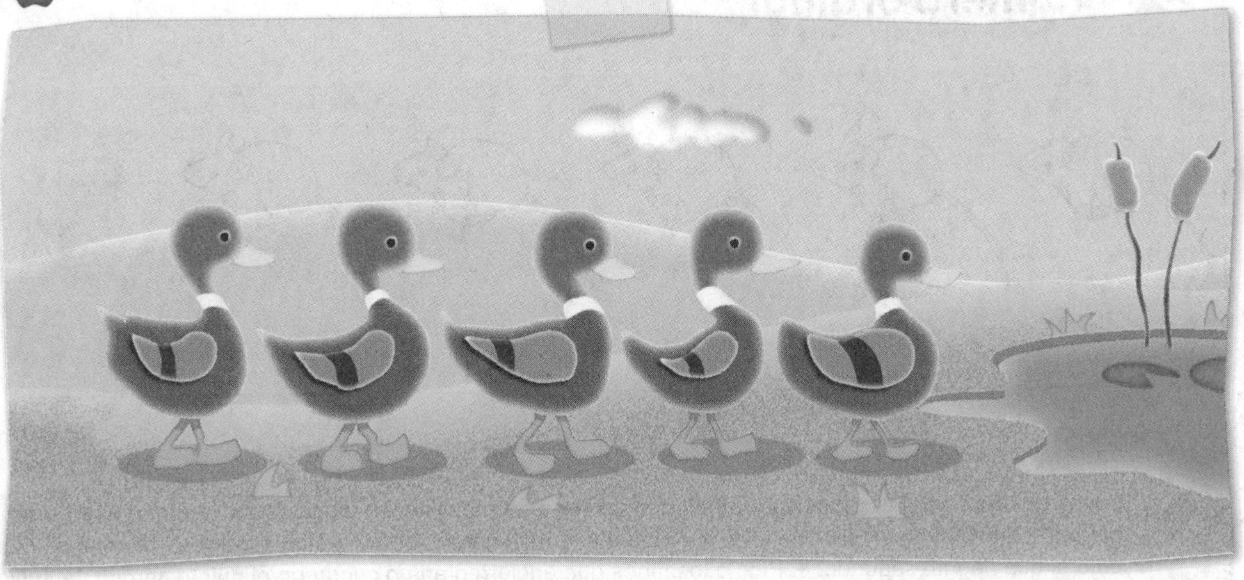

Instrucciones para el maestro: 1. Pida a los niños que encierren en un cuadrado el conejo que llegará primero a la zanahoria, que dibujen una X sobre el que llegará tercero y, por último, que tracen una línea bajo el que llegará quinto. **2.** Pida a los niños que encierren en un cuadrado el segundo pato de la fila, que dibujen una X sobre el cuarto pato y, por último, que tracen una línea bajo el primer pato.

3

4

Comprobación del vocabulario

5 **número ordinal**

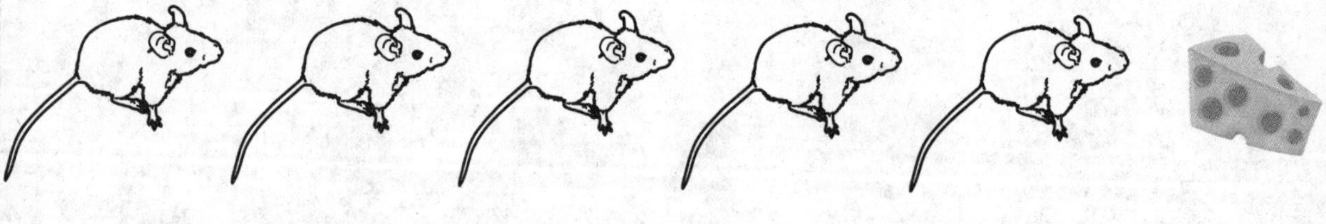

Instrucciones para el maestro: 3. Pida a los niños que encierren en un cuadrado el mono que llegará primero a los plátanos, que dibujen una X sobre el que llegará cuarto y, por último, que tracen una línea bajo el que llegará segundo. **4.** Pida a los niños que encierren en un cuadrado el quinto cerdito de la fila, que dibujen una X sobre el tercero y, por último, que tracen una línea bajo el cuarto. **5.** Pida a los niños que coloreen de azul el ratón que llegará primero al queso, de anaranjado el que llegará quinto y de verde el que llegará tercero.

Las mates en casa Muestre a su niño o niña una fila de cinco copos de cereal junto a un tazón. Pídale que le diga cuál está en primer lugar, cuál está en segundo lugar y cuál está en quinto lugar.

Nombre ....

Números ordinales hasta el décimo

Lección 11

PREGUNTA IMPORTANTE
¿Qué me dicen los números?

Explorar y explicar

Herramientas Observa

Instrucciones para el maestro: Pida a los niños que señalen el primer osito que subirá al barco y que dibujen una línea arriba de ese osito. Indíqueles que dibujen una X sobre el segundo y el décimo. Pídales que encierren en círculos el cuarto y el séptimo.

Ver y mostrar

PRÁCTICAS matemáticas

1

2

Instrucciones para el maestro: 1. Pida a los niños que tracen una línea bajo el primer koala de la fila, que dibujen una X sobre el décimo koala y que dibujen un cuadrado alrededor del séptimo koala. **2.** Pida a los niños que encierren en un cuadrado el mapache que entrará primero en el basurero, que dibujen una X sobre el que entrará sexto y que tracen una línea bajo el que entrará cuarto.

Nombre ....

¿Quién se llevó mi queso?

Por mi cuenta

3

4

Instrucciones para el maestro: 3. Pida a los niños que dibujen una X sobre el séptimo caballo que entrará en el establo, que encierren en un círculo el tercer caballo y que dibujen una línea bajo el primer caballo. **4.** Pida a los niños que dibujen una X sobre el segundo ratón que llegará al queso, que encierren en un círculo el sexto ratón y que dibujen una línea bajo el décimo ratón.

Resolución de problemas

Instrucciones para el maestro: 5. Pida a los niños que dibujen una X sobre el sexto monito que sube por la liana para reunirse con su mamá, que encierren en un círculo el décimo monito que sube por la liana y que encierren en un cuadrado el segundo monito que sube por la liana. **6.** Pida a los niños que dibujen una X sobre el décimo monito que baja por la liana para reunirse con su papá, que encierren en un cuadrado el octavo monito que baja por la liana y que encierren en un círculo el tercer monito que baja por la liana.

Nombre ....

Mi tarea

Lección 11

Números ordinales hasta el décimo

Asistente de tareas

Ayuda en línea

¿Necesitas ayuda? connectED.mcgraw-hill.com

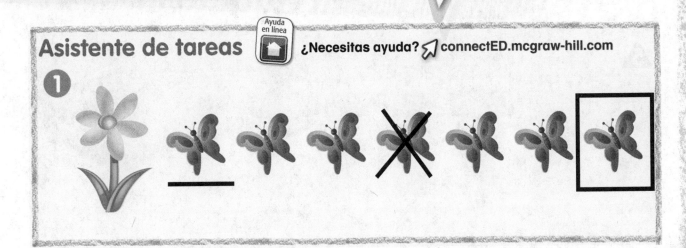

1

2

3

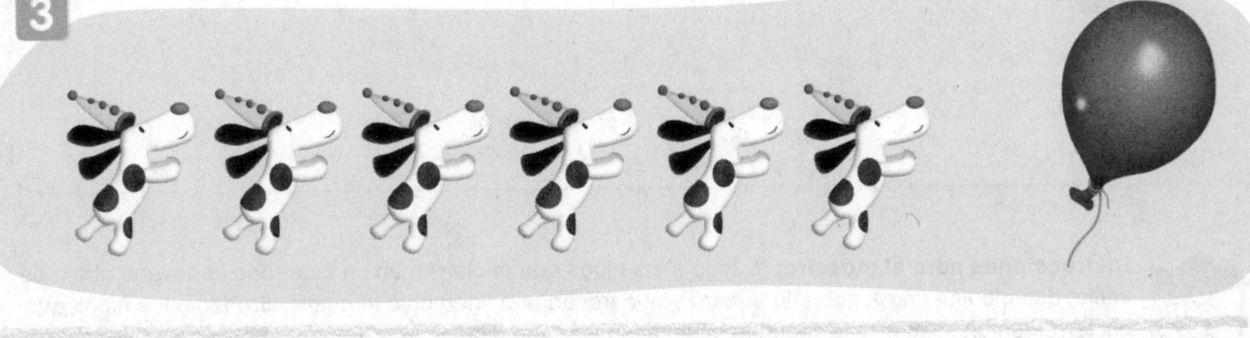

Instrucciones para el maestro: 1. Pida a los niños que encierren en un cuadrado la séptima mariposa que vuela hacia la flor, que dibujen una X sobre la cuarta mariposa y que tracen una línea bajo la primera. **2.** Pida a los niños que subrayen la sexta rana que salta hacia el tronco, que encierren en un cuadrado la segunda rana y que encierren en un círculo la quinta. **3.** Pida a los niños que subrayen el tercer perro de la fila, que encierren en un cuadrado el cuarto perro y que encierren en un círculo el primero.

4

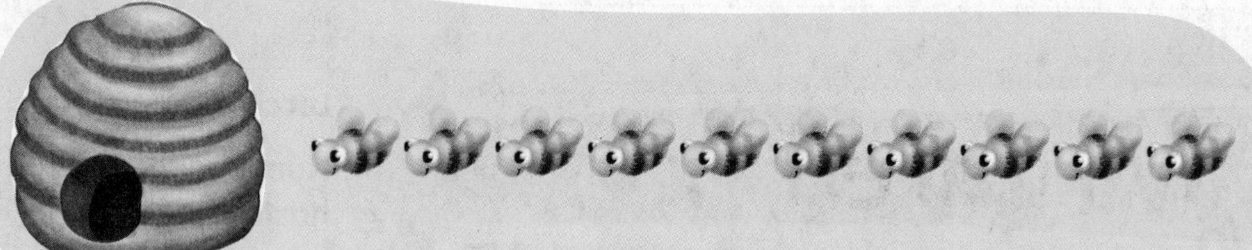

5

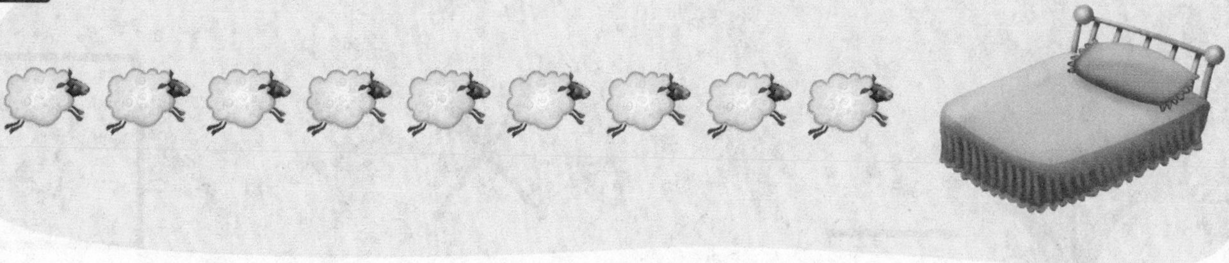

Comprobación del vocabulario

Vocabulario

6 **número ordinal**

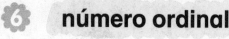

Instrucciones para el maestro: 4. Pida a los niños que encierren en un cuadrado la novena abeja de la fila, que dibujen una X sobre la tercera y que tracen una línea bajo la quinta. **5.** Pida a los niños que encierren en un cuadrado la segunda oveja de la fila, que dibujen una X sobre la novena y que tracen una línea bajo la cuarta. **6.** Pida a los niños que señalen el primer pájaro que vuela hacia el árbol. Dígales que lo coloreen de verde. Luego, pídales que señalen el tercer pájaro y que lo coloreen de azul.

Las mates en casa Alinee 10 crayones junto a una hoja. Pida a su niño o niña que elija el segundo, el quinto, el noveno y el décimo desde la hoja para hacer un dibujo.

Nombre ....

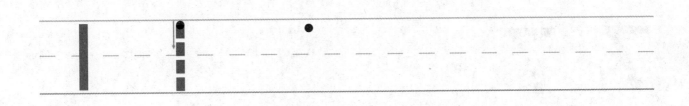

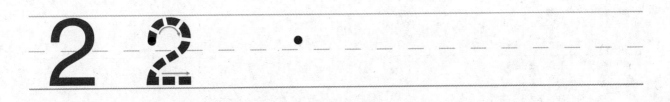

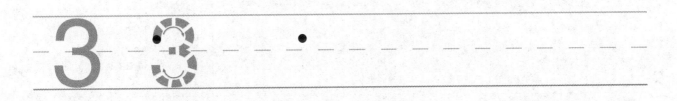

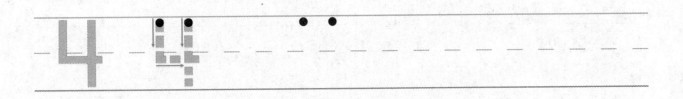

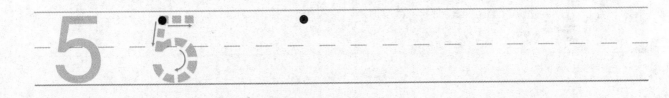

Escribir los números 0 a 5

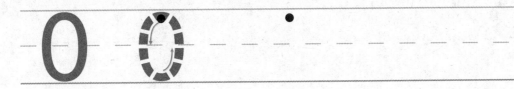

0 0

1 1

2 2

3 3

4 4

5 5

Escribir los números 6 a 10

6 6

7 7

8 8

9 9

10 10

Nombre

Mi repaso

Capítulo 2
Los números hasta el 10

Comprobación del vocabulario

Vocabulario abc

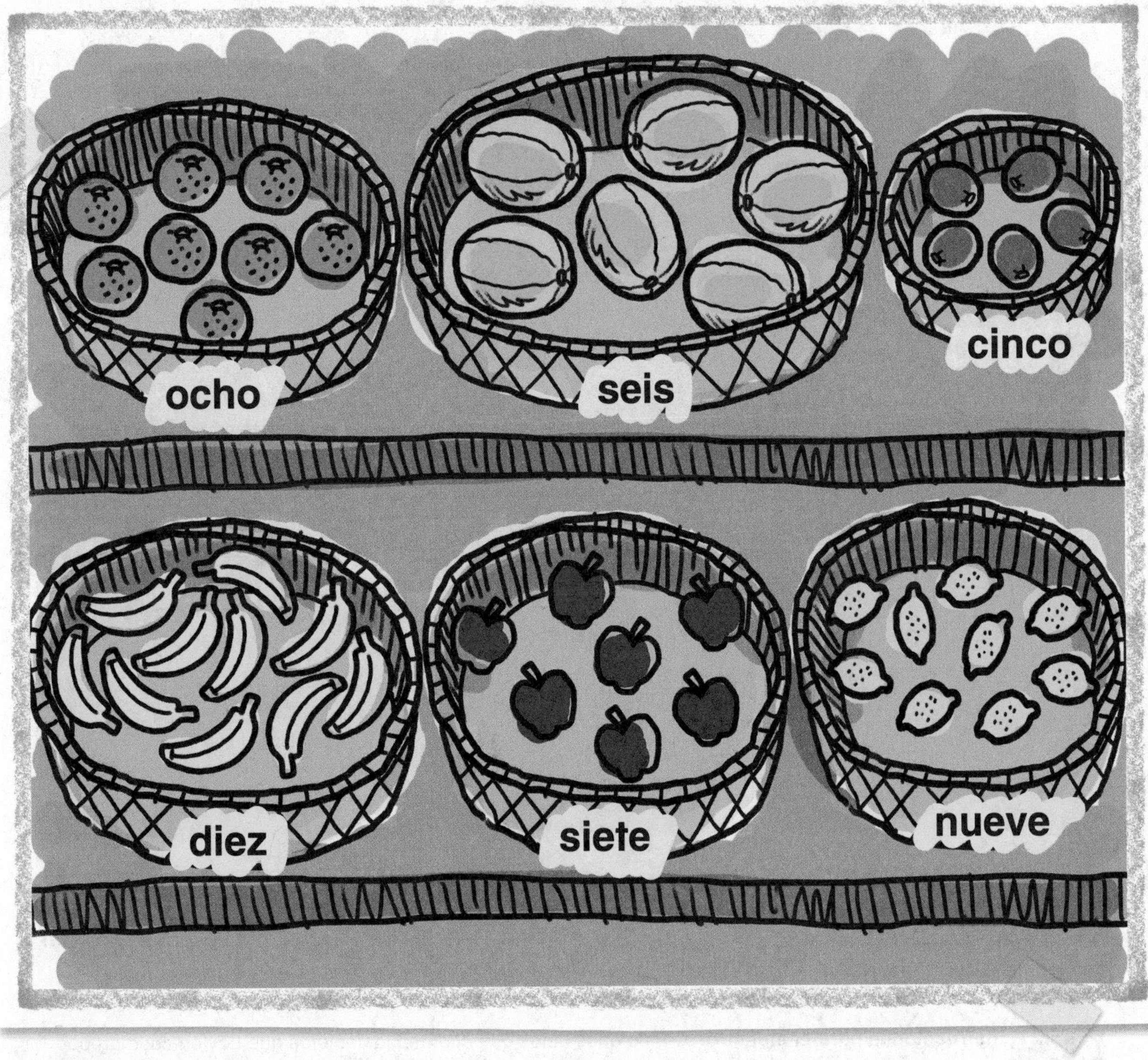

Instrucciones para el maestro: Pida a los niños que encierren en un círculo con crayón negro la canasta que tiene siete frutas, con crayón violeta la canasta que tiene ocho frutas y con crayón verde la canasta que tiene nueve frutas. Pídales que encierren en un círculo con crayón rojo la canasta que tiene diez frutas.

Comprobación del concepto

1

2

Instrucciones para el maestro: 1. Pida a los niños que cuenten los objetos que hay en cada grupo y que unan con líneas los objetos de un grupo con los objetos del otro. Dígales que escriban los números y que encierren en un círculo el número y el grupo que son mayores. Luego, dígales que dibujen una X sobre el grupo y el número que son menores. **2.** Pida a los niños que encierren en un cuadrado el cuarto gallo que se acerca a la comida, que dibujen una X sobre el quinto y que tracen una línea bajo el primero.

Nombre

Resolución de problemas

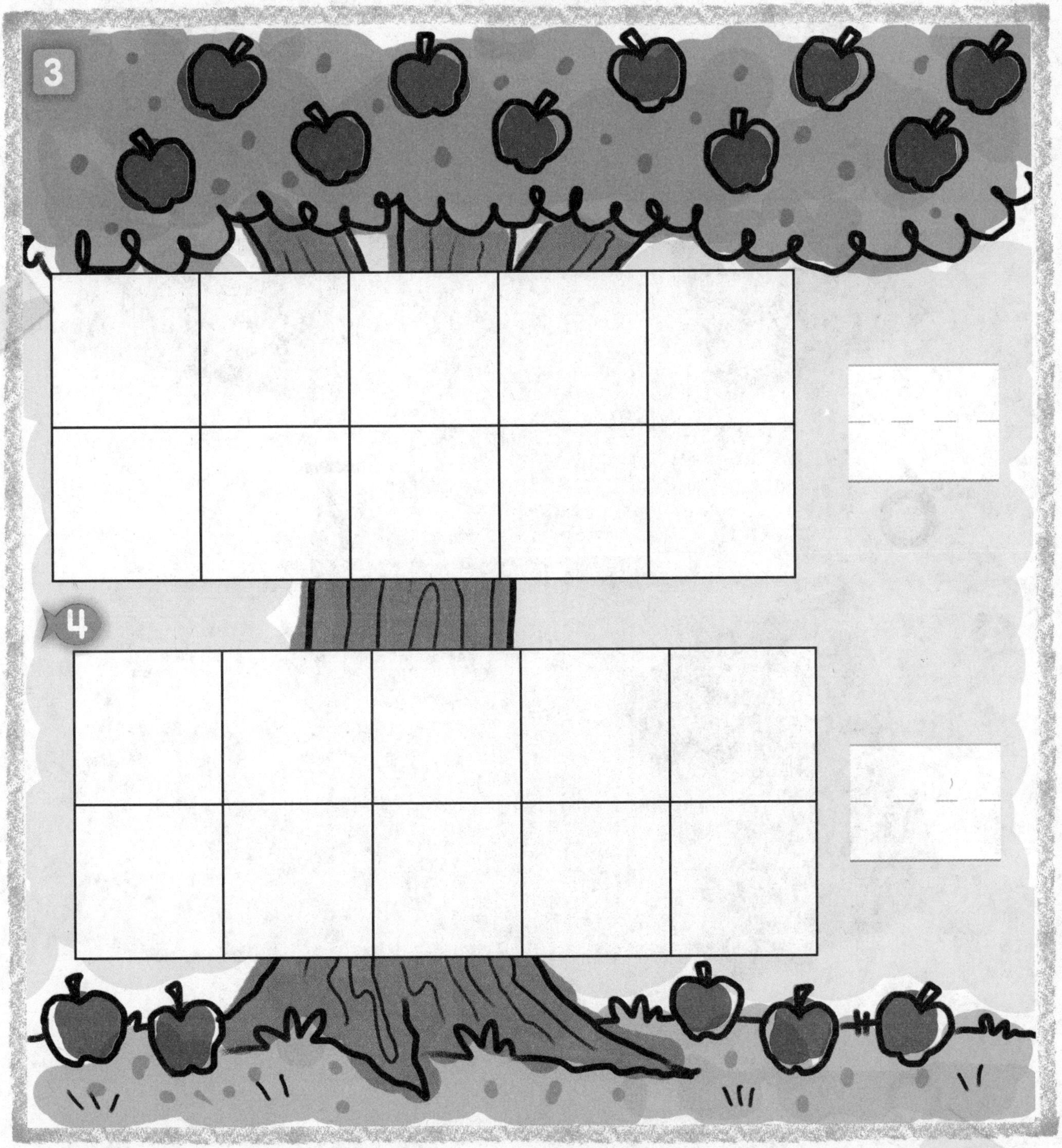

Instrucciones para el maestro: 3. Pida a los niños que cuenten las manzanas que cuelgan del árbol. Luego, dígales que coloreen una casilla por cada manzana que contaron y, por último, que escriban el número. **4.** Pida a los niños que cuenten las manzanas que cayeron al suelo, que coloreen una casilla por cada manzana que contaron y, luego, que escriban el número. Por último, pídales que encierren en un círculo el número y el grupo que son mayores.

Pienso

Capítulo 2

PREGUNTA IMPORTANTE
¿Qué me dicen los números?

1

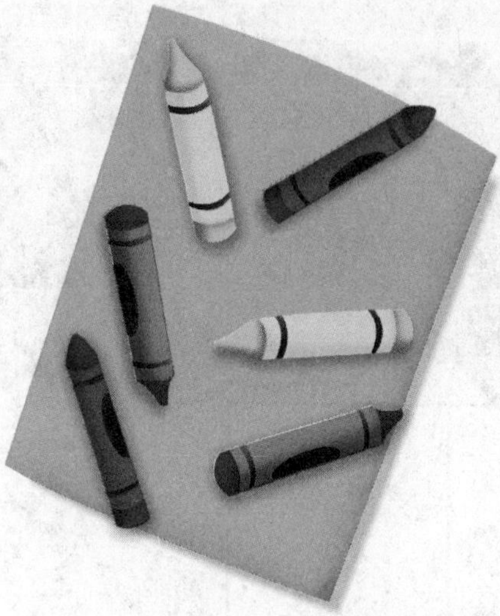

6

2

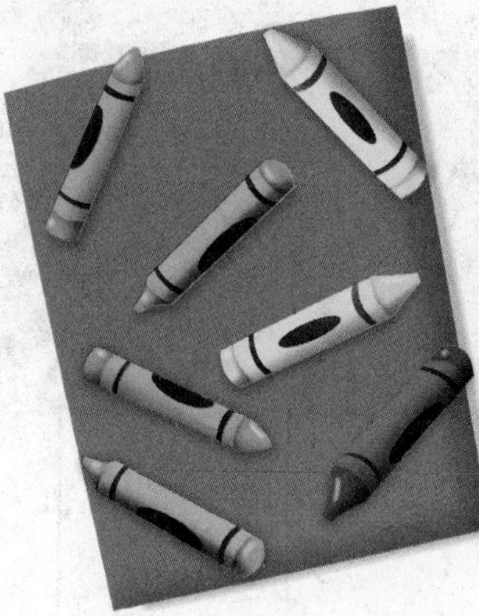

7

3

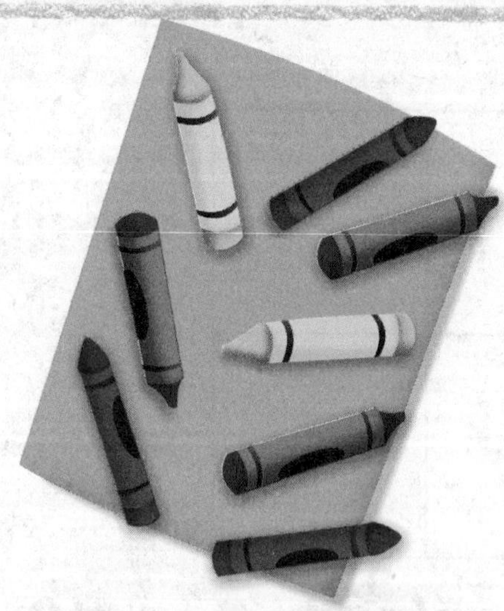

8

4

Instrucciones para el maestro: 1–3. Pida a los niños que cuenten los crayones y que digan cuántos hay. Indíqueles que dibujen un crayón más. Dígales que cuenten cuántos hay y que escriban el número. **4.** Pida a los niños que dibujen puntos para que haya uno más que nueve. Luego, dígales que escriban el número.

Capítulo

3 Números mayores que 10

PREGUNTA IMPORTANTE

¿Cómo puedo mostrar números mayores que 10?

¡Vamos a jugar!

¡Mira el video!

Mis estándares estatales

CCSS

Conteo y cardinalidad

CCSS

K.CC.1 Contar hasta el 100 por unidades y por decenas.

K.CC.2 Contar dentro de la secuencia aprendida comenzando por un número determinado, sin necesidad de comenzar por el 1.

K.CC.3 Escribir los números del 0 al 20. Representar una cantidad de objetos con un número escrito del 0 al 20 (donde el 0 representa la ausencia de objetos para contar).

K.CC.4 Comprender la relación entre números y cantidades; relacionar el conteo con la cardinalidad.

K.CC.4a. Al contar objetos, decir los nombres de los números en el orden convencional, asociando cada objeto con un solo nombre de número, y cada nombre de número con un solo objeto.

K.CC.4b. Comprender que el último nombre de número que se dice indica la cantidad de objetos contados. La cantidad de objetos es la misma, sin importar cuál sea la disposición o el orden en que se contaron los objetos.

K.CC.4c. Comprender que un nombre de número que sucede a otro indica una cantidad que es una unidad más grande.

K.CC.5 Contar hasta 20 objetos dispuestos en fila, en un arreglo rectangular o en círculo, o hasta 10 objetos desordenados, para responder preguntas que comienzan con "cuántos"; dado un número del 1 al 20, contar esa cantidad de objetos.

Estándares para las
PRÁCTICAS matemáticas

1. Entender los problemas y perseverar en la búsqueda de una solución.
2. Razonar de manera abstracta y cuantitativa.
3. Construir argumentos viables y hacer un análisis del razonamiento de los demás.
4. Representar con matemáticas.
5. Usar estratégicamente las herramientas apropiadas.
6. Prestar atención a la precisión.
7. Buscar una estructura y usarla.
8. Buscar y expresar regularidad en el razonamiento repetido.

= Se trabaja en este capítulo.

Nombre ....

Antes de seguir...

Comprueba ✓ ← Conéctate para hacer la prueba de preparación.

1

2

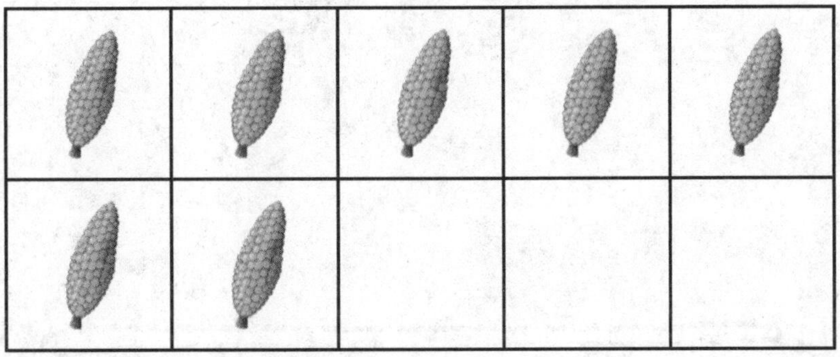

3

4

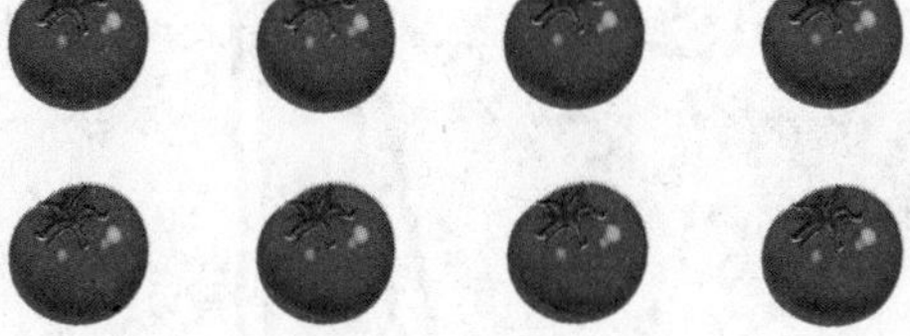

Instrucciones para el maestro: 1. Pida a los niños que cuenten las zanahorias y que escriban el número. **2.** Pida a los niños que cuenten las mazorcas y que escriban el número. **3–4.** Pida a los niños que cuenten los objetos y que escriban el número.

Nombre

Las palabras de mis mates

Vocabulario

Repaso del vocabulario

Instrucciones para el maestro: 1. Pida a los niños que cuenten los animales y que escriban el número. **2.** Pida a los niños que dibujen más columpios para que haya cuatro. Dígales que escriban el número.

Mis tarjetas de vocabulario

Vocabulario

PRÁCTICAS matemáticas

catorce 14

diecinueve 19

dieciocho 18

dieciséis 16

diecisiete 17

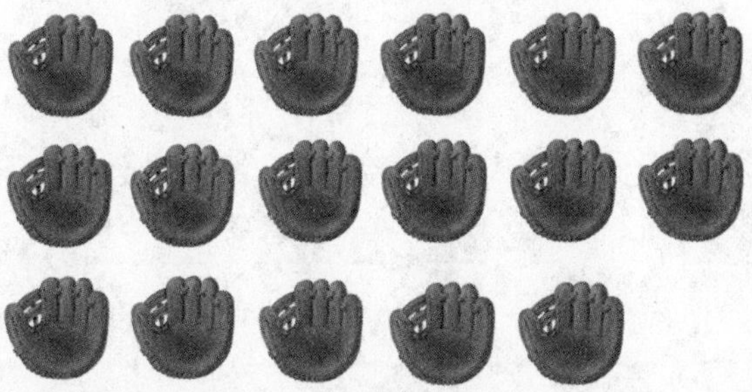

doce 12

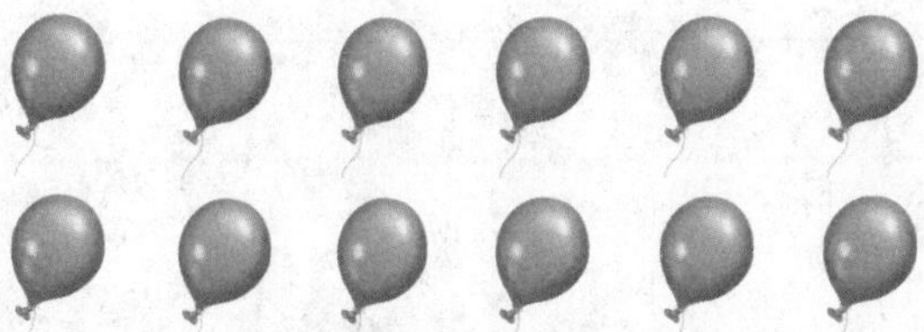

Instrucciones para el maestro: Sugerencias

- Pida a los niños que hagan una X en cada tarjeta cada vez que lean o escriban la palabra en este capítulo. Dígales que traten de hacer al menos 10 marcas en cada tarjeta.
- Pida a los niños que preparen adivinanzas para las palabras. Dígales que le pidan a un compañero o una compañera de la clase que las adivine.

diecinueve

19

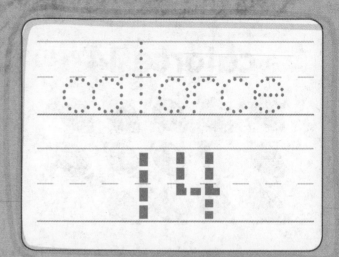

catorce

14

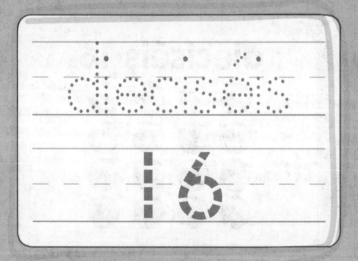

dieciséis

16

dieciocho

18

doce

12

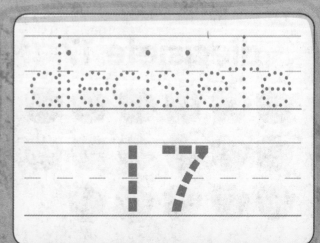

diecisiete

17

Mis tarjetas de vocabulario

Vocabulario abc

PRÁCTICAS matemáticas

once 11

quince 15

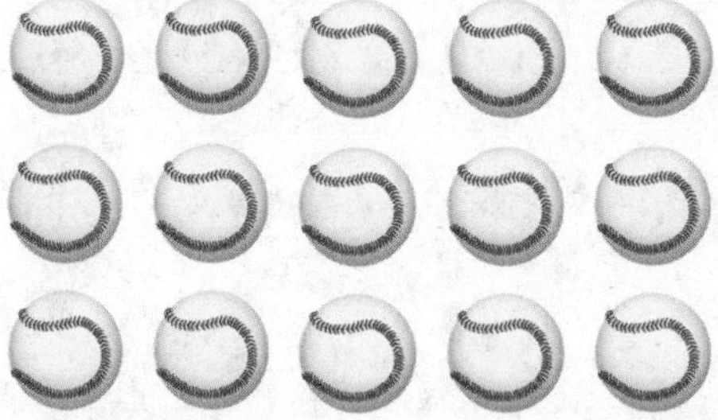

trece 13

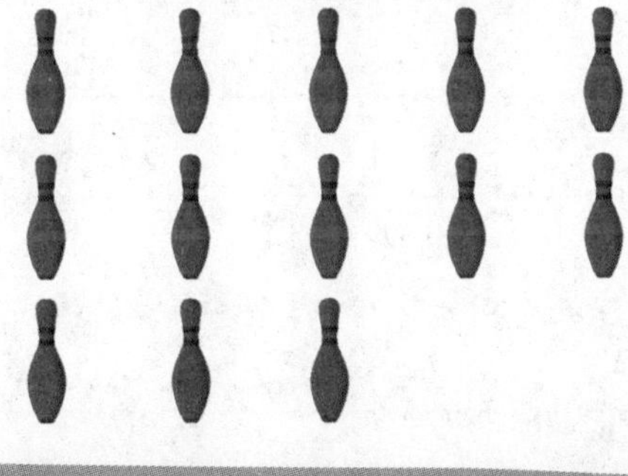

veinte 20

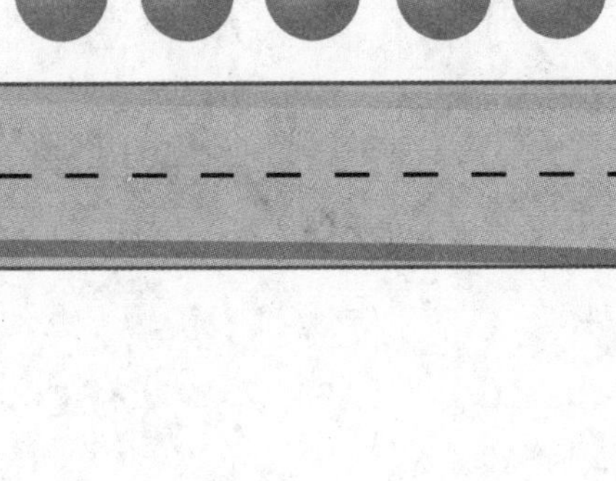

Instrucciones para el maestro: Más sugerencias

1. Pida a los niños que escriban una X en cada tarjeta cada vez que lean o escriban la palabra en este capítulo.

2. Pida a los niños que dibujen objetos en la cantidad que representa cada número. Dígales que le pidan a un compañero o una compañera que cuente los objetos que hay en cada dibujo.

quince

15

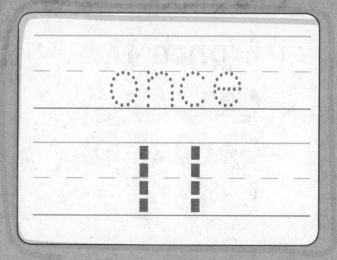

once

11

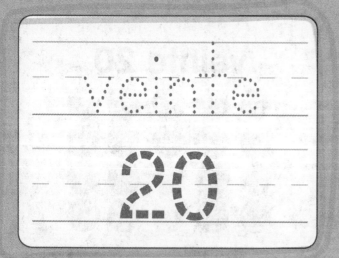

veinte

20

trece

13

Mi modelo de papel

FOLDABLES® Sigue los pasos que aparecen en el reverso para hacer tu modelo de papel.

FOLDABLES®
Ayudas de estudio

1
2
3
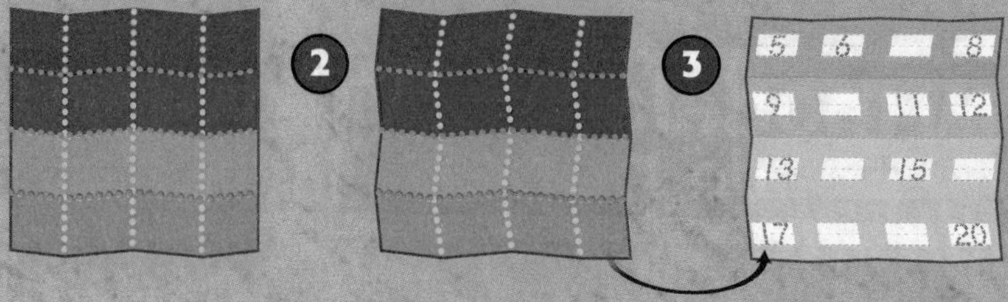

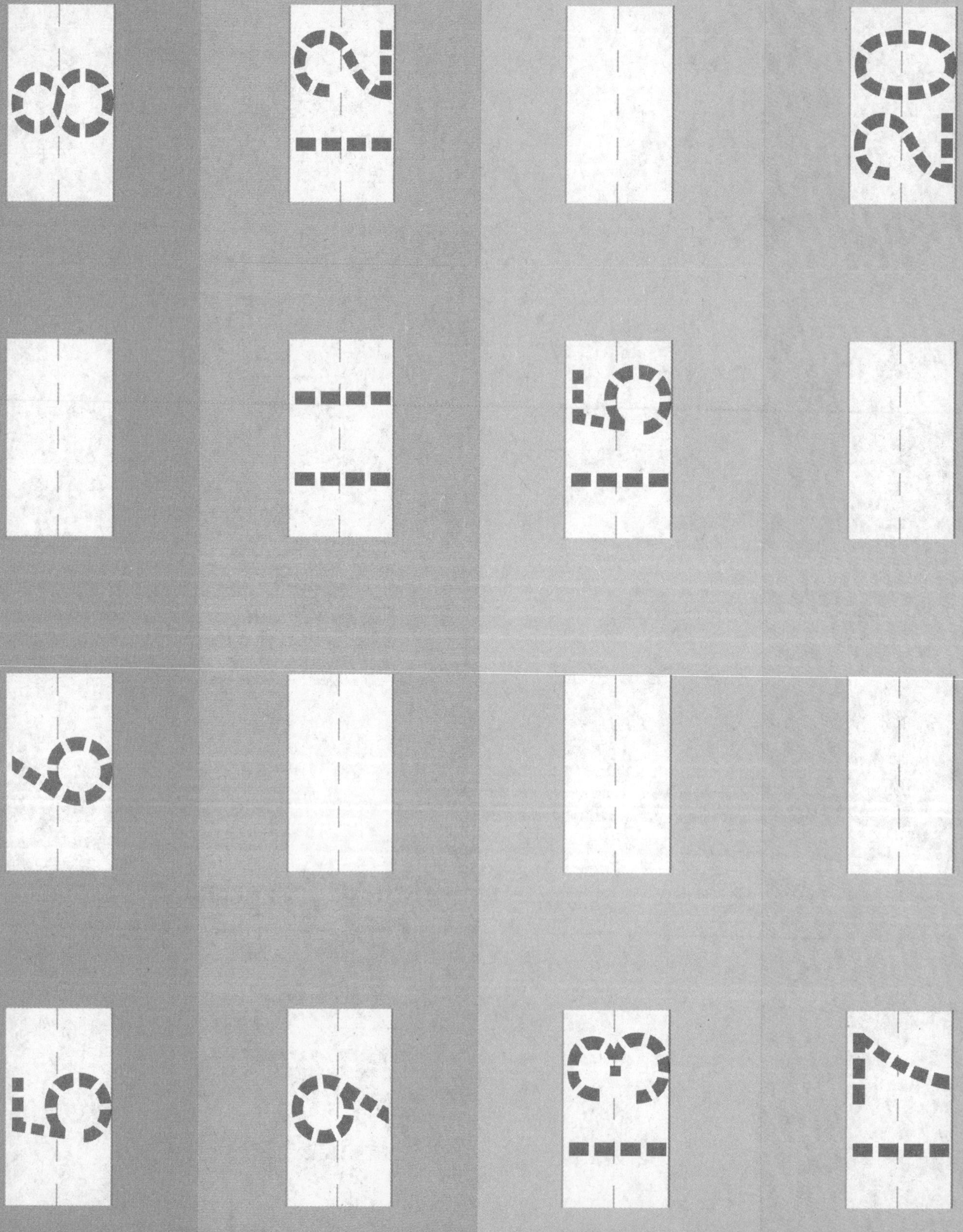

Nombre ....

Los números 11 y 12

Lección 1

PREGUNTA IMPORTANTE
¿Cómo puedo mostrar números mayores que 10?

Explorar y explicar

Herramientas Observa

Instrucciones para el maestro: Pida a los niños que llenen con ● los marcos de diez para mostrar los números 11 y 12, comenzando por el marco de arriba. Dígales que cuenten y digan cuántas fichas hay. Pídales que dibujen una ficha en cada casillero para mostrar el número 12. Indíqueles que tracen el número.

Ver y mostrar

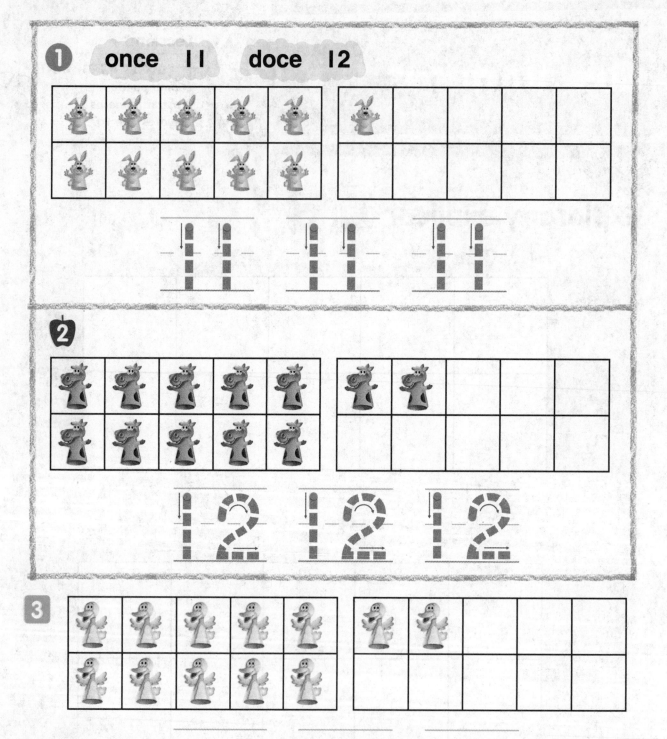

1 once 11 doce 12

11 11 11

2

12 12 12

3

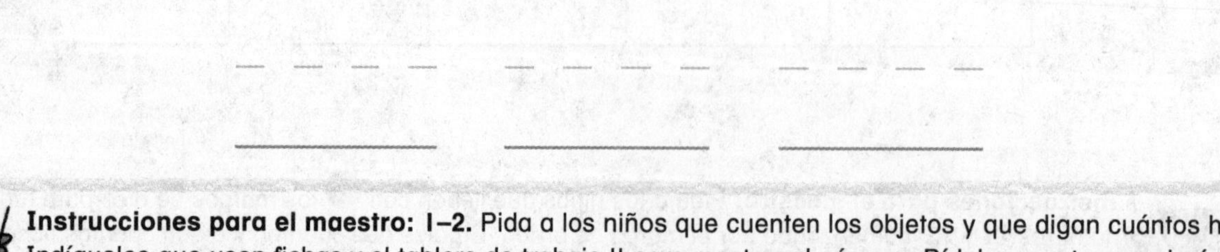

Instrucciones para el maestro: 1–2. Pida a los niños que cuenten los objetos y que digan cuántos hay. Indíqueles que usen fichas y el tablero de trabajo 4 para mostrar el número. Pídales que tracen el número tres veces. **3.** Pida a los niños que cuenten los objetos y que digan cuántos hay. Indíqueles que usen fichas y el tablero de trabajo 4 para mostrar el número. Pídales que tracen el número tres veces.

Nombre ....

Por mi cuenta

4

5

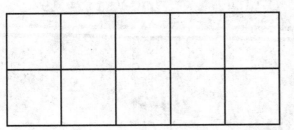

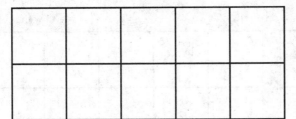

11 11 11

6

12 12 12

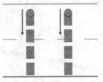

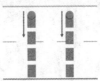

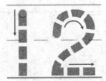

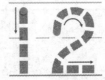

Instrucciones para el maestro: 4. Pida a los niños que cuenten los objetos y que digan cuántos hay. Indíqueles que usen fichas y el tablero de trabajo 4 para mostrar el número. Pídales que escriban el número tres veces. **5–6.** Pida a los niños que tracen el número tres veces y que digan el número. Indíqueles que usen fichas y el tablero de trabajo 4 para mostrar el número. Pídales que dibujen fichas para mostrar el número.

Resolución de problemas

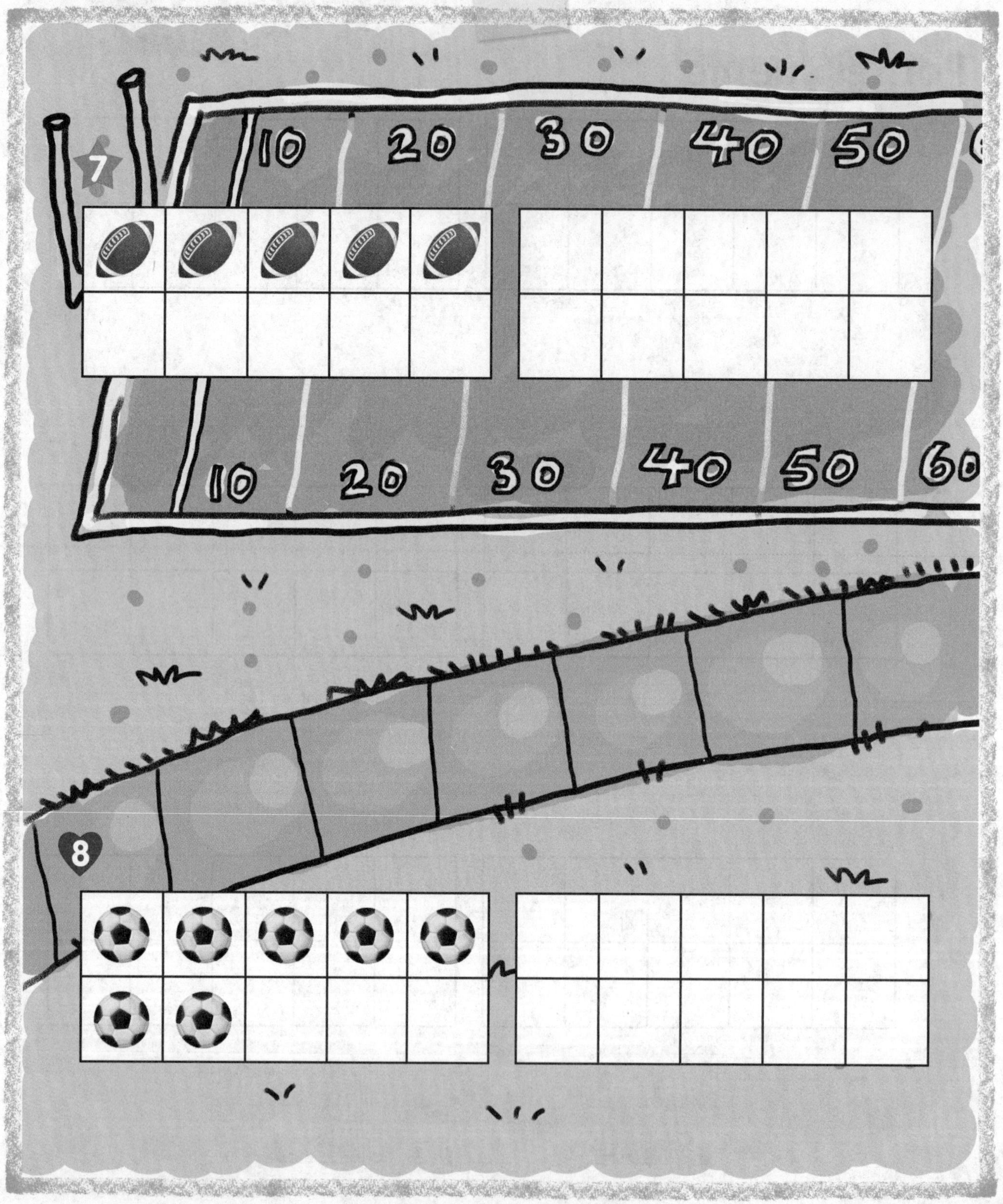

Instrucciones para el maestro: 7. Pida a los niños que cuenten los objetos y que digan cuántos hay. Indíqueles que dibujen más para que haya once. **8.** Pida a los niños que cuenten los objetos y que digan cuántos hay. Indíqueles que dibujen más para que haya doce.

Nombre ....

Mi tarea

Lección 1

Los números 11 y 12

Asistente de tareas

Ayuda en línea

¿Necesitas ayuda? connectED.mcgraw-hill.com

1

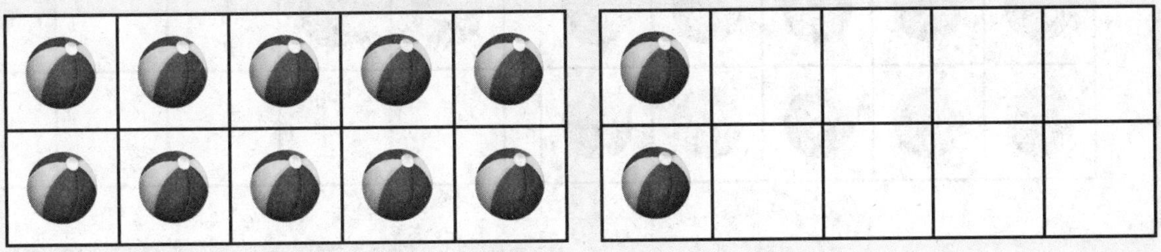

12 12 12

2

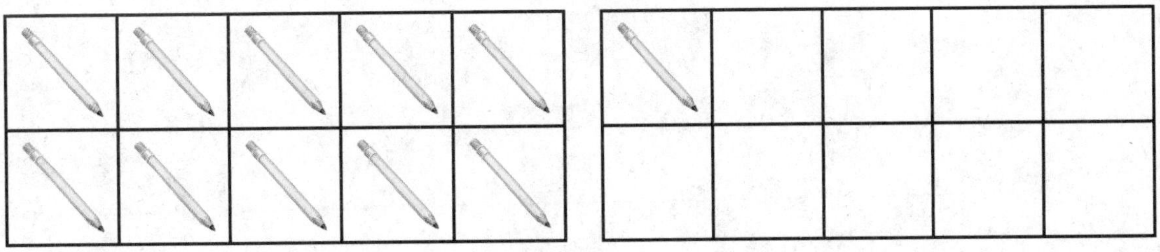

11

Instrucciones para el maestro: 1–2. Pida a los niños que cuenten los objetos y que digan cuántos hay. Indíqueles que tracen el número. Dígales que escriban el número dos veces.

3

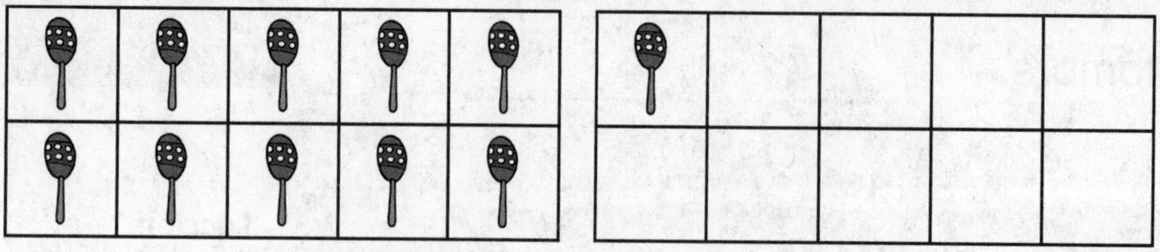

4

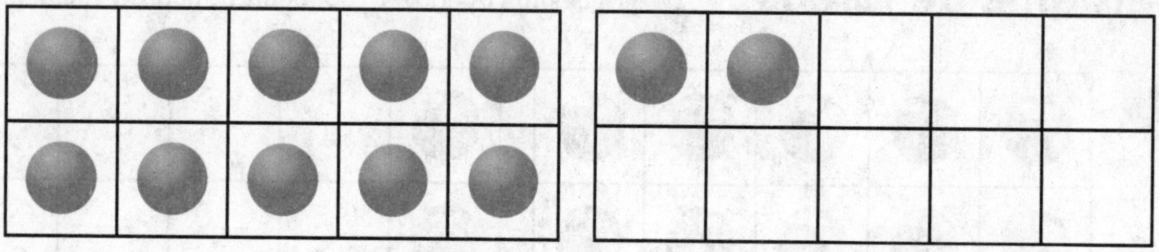

Comprobación del vocabulario

Vocabulario

5 **once 11**

6 **doce 12**

Instrucciones para el maestro: 3–4. Pida a los niños que cuenten los objetos y que digan cuántos hay. Indíqueles que escriban el número tres veces. **5–6.** Pida a los niños que dibujen círculos para mostrar el número.

Las mates en casa Busque un envase de huevos vacío. Pida a su niño o niña que coloque un objeto en cada hueco. Anímelo a crear grupos de 11 y 12 objetos. Pídale que escriba los números.

Nombre ....

Los números 13 y 14

Lección 2

PREGUNTA IMPORTANTE
¿Cómo puedo mostrar números mayores que 10?

Explorar y explicar

Herramientas Observa

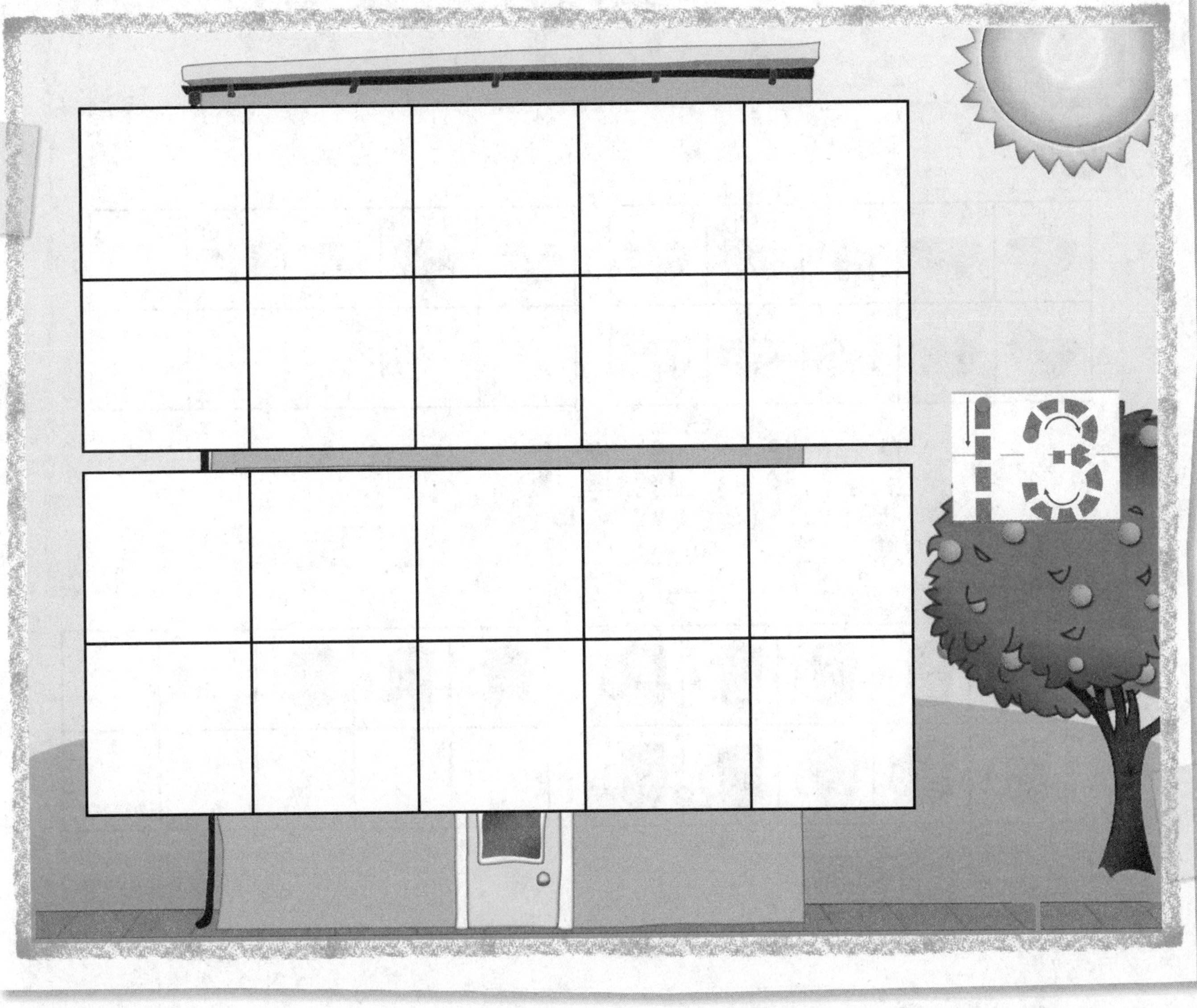

Instrucciones para el maestro: Pida a los niños que tracen el número. Dígales que usen ● para mostrar el número en los marcos de diez. Indíqueles que cuenten los objetos y que digan el número. Pídales que dibujen las fichas para mostrar el número.

Ver y mostrar

PRÁCTICAS matemáticas

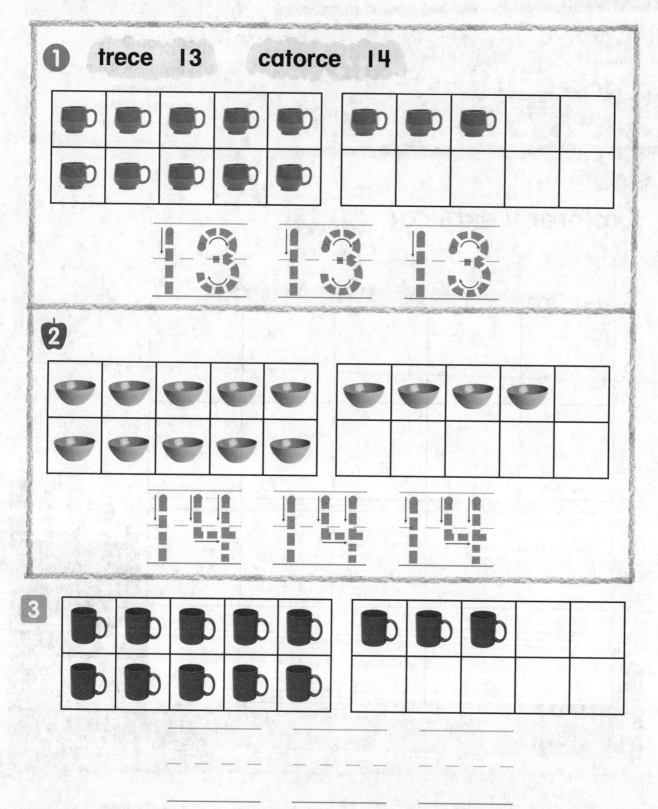

1 **trece 13** **catorce 14**

13 13 13

2

14 14 14

3

Instrucciones para el maestro: 1–2. Pida a los niños que cuenten los objetos y que digan cuántos hay. Indíqueles que usen fichas y el tablero de trabajo 4 para mostrar el número. Dígales que tracen el número tres veces. **3.** Pida a los niños que cuenten los objetos y que digan cuántos hay. Indíqueles que usen fichas y el tablero de trabajo 4 para mostrar el número. Dígales que escriban el número tres veces.

Nombre ....

Por mi cuenta

4

5
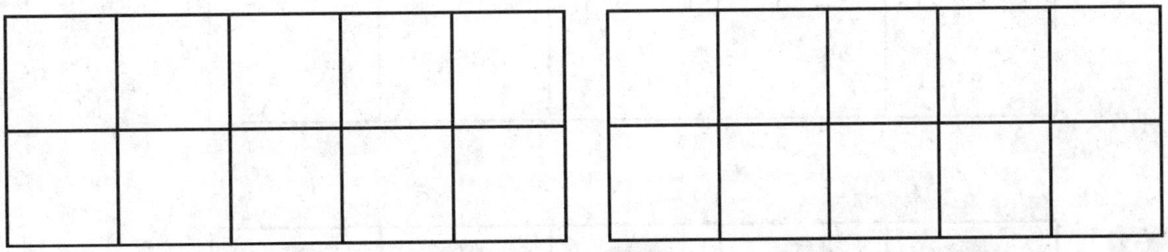

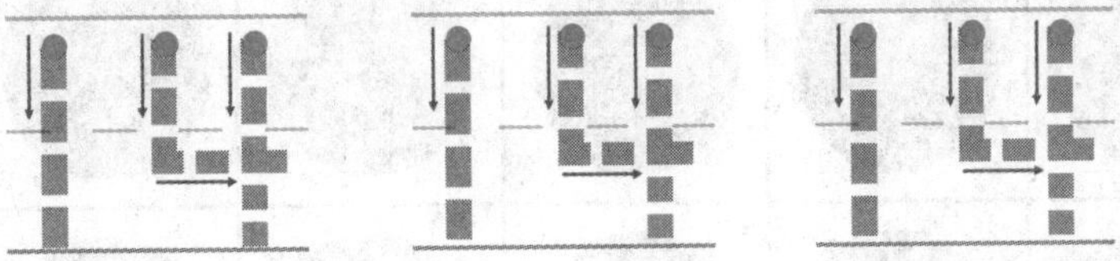

6
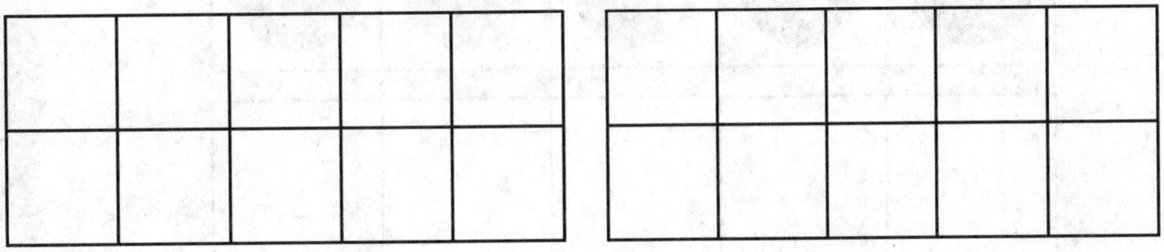

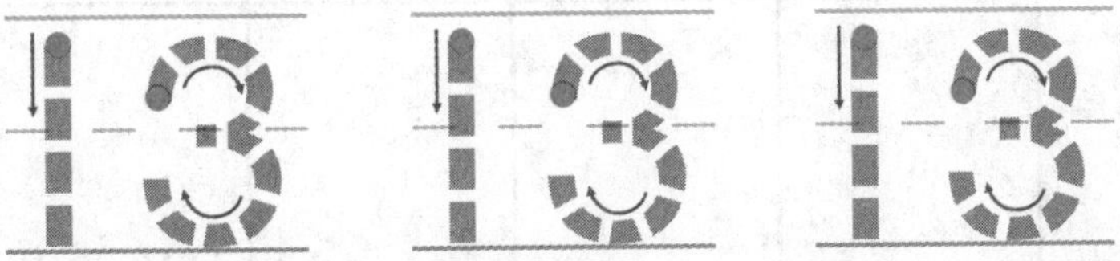

Instrucciones para el maestro: 4. Pida a los niños que cuenten los objetos y que digan cuántos hay. Indíqueles que usen fichas y el tablero de trabajo 4 para mostrar el número. Dígales que escriban el número tres veces. **5–6.** Pida a los niños que tracen el número tres veces y que digan el número. Indíqueles que usen fichas y el tablero de trabajo 4 para mostrar el número. Dígales que dibujen las fichas para mostrar el número.

Resolución de problemas

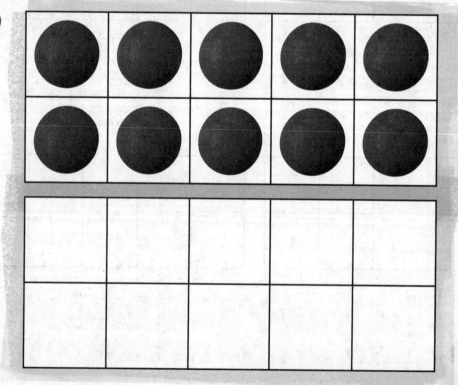

7

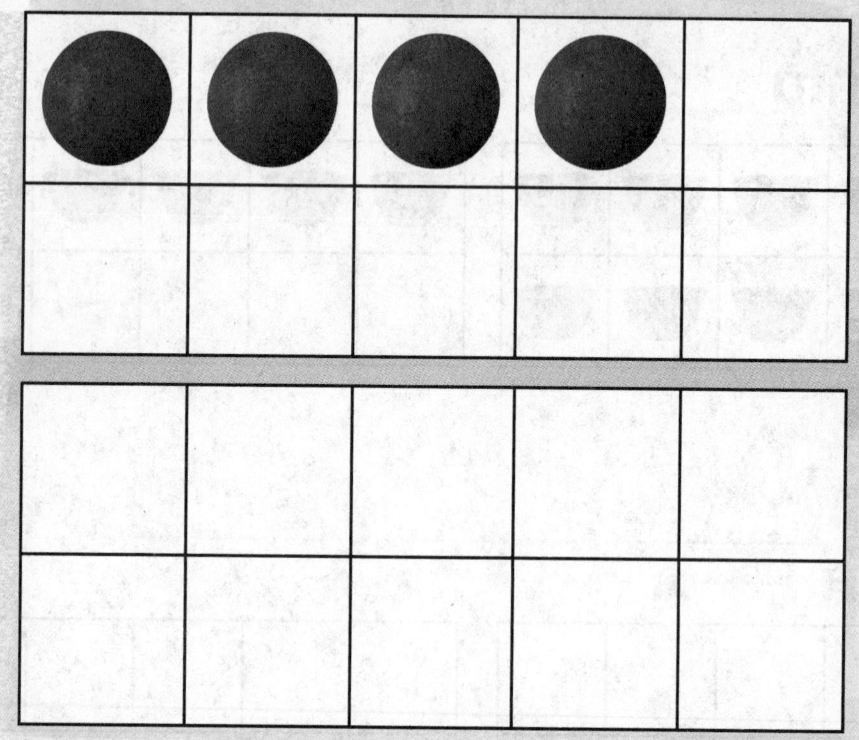

8

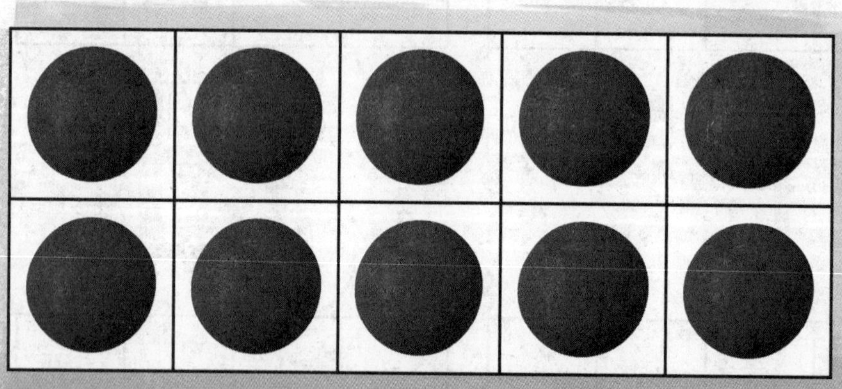

Instrucciones para el maestro: 7. Pida a los niños que cuenten los objetos y que digan cuántos hay. Indíqueles que dibujen más para que haya trece. **8.** Pida a los niños que cuenten los objetos y que digan cuántos hay. Indíqueles que dibujen más para que haya catorce.

Nombre ....

Mi tarea

Lección 2

Los números 13 y 14

Asistente de tareas

Ayuda en línea ¿Necesitas ayuda? connectED.mcgraw-hill.com

1

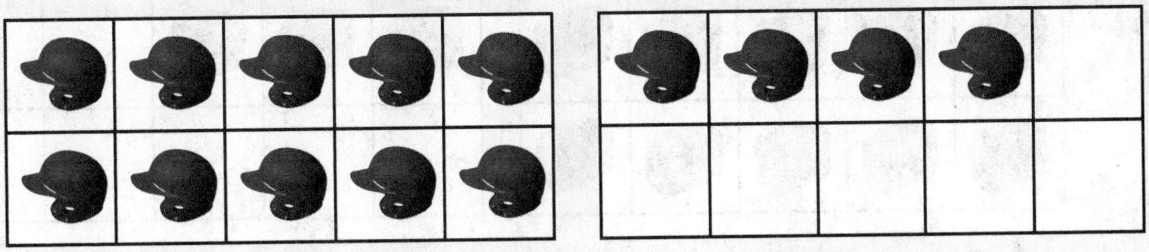

14 14 14

2

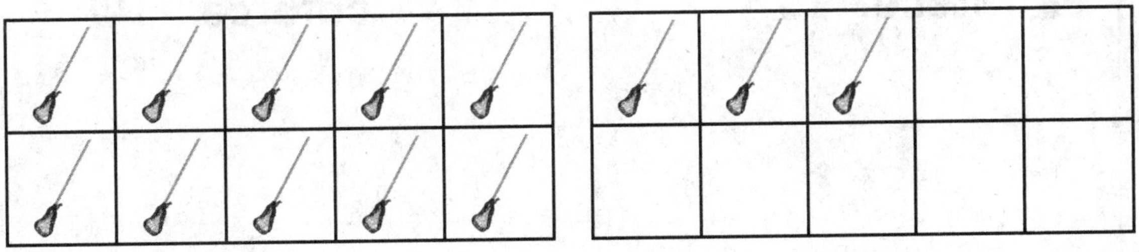

13

Instrucciones para el maestro: 1–2. Pida a los niños que cuenten los objetos y que digan cuántos hay. Indíqueles que tracen el número. Dígales que escriban el número dos veces.

3

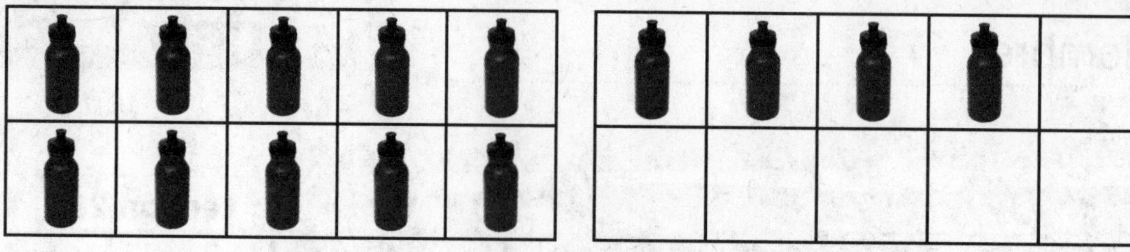

4

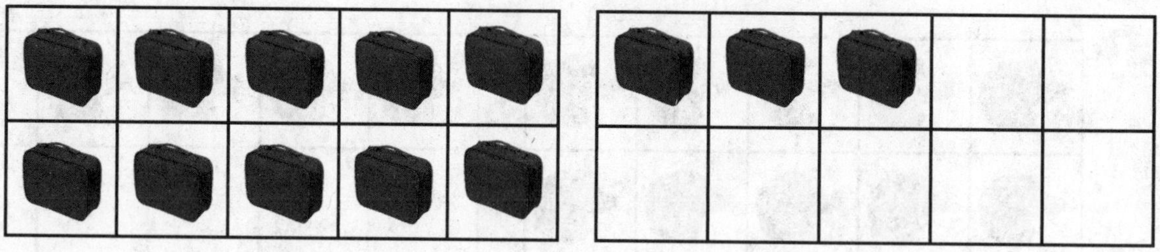

Comprobación del vocabulario

Vocabulario abc

5 **trece 13**

6 **catorce 14**

Instrucciones para el maestro: 3–4. Pida a los niños que cuenten los objetos y que digan cuántos hay. Indíqueles que escriban el número tres veces. **5–6.** Pida a los niños que dibujen círculos para mostrar el número.

Las mates en casa Pida a su niño o niña que dibuje puntos para formar grupos de 13 y 14. Luego, pídale que escriba los números.

Nombre ....

El número 15

Lección 3

PREGUNTA IMPORTANTE
¿Cómo puedo mostrar números mayores que 10?

Explorar y explicar

Herramientas
Observa

Instrucciones para el maestro: Pida a los niños que coloquen un [cubo] sobre cada objeto. Dígales que cuenten los objetos. Indíqueles que digan y tracen el número.

PRÁCTICAS matemáticas

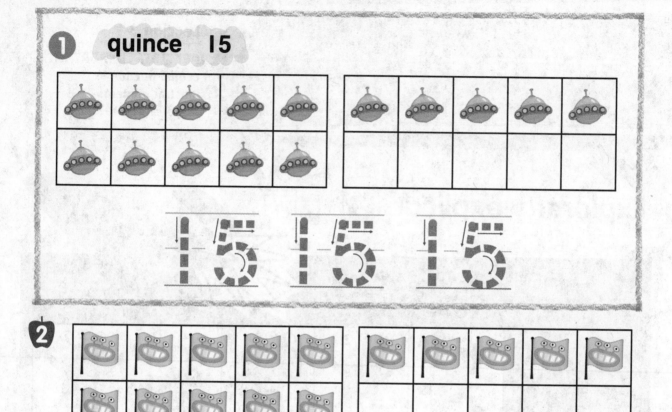

Ver y mostrar

1 **quince 15**

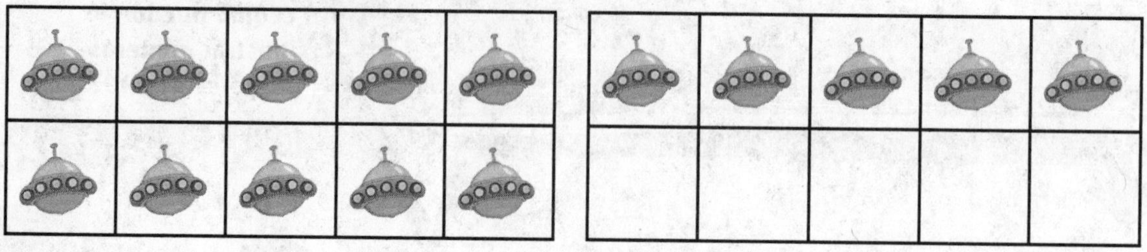

15 15 15

2

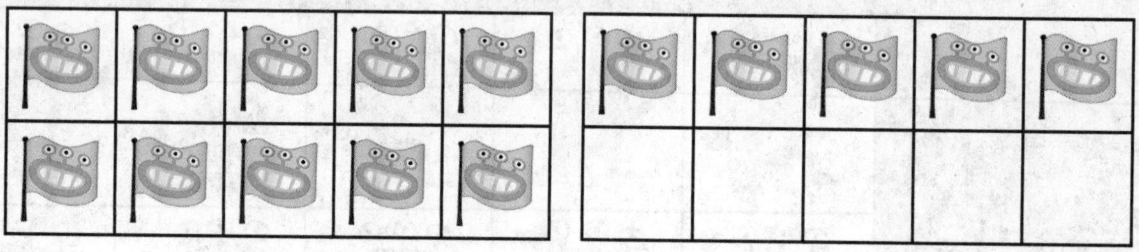

3

Instrucciones para el maestro: 1. Pida a los niños que cuenten los objetos y que digan cuántos hay. Indíqueles que usen fichas y el tablero de trabajo 4 para mostrar el número. Dígales que tracen el número tres veces. **2–3.** Pida a los niños que cuenten los objetos y que digan cuántos hay. Indíqueles que usen fichas y el tablero de trabajo 4 para mostrar el número. Dígales que escriban el número tres veces.

Nombre ....

Por mi cuenta

4

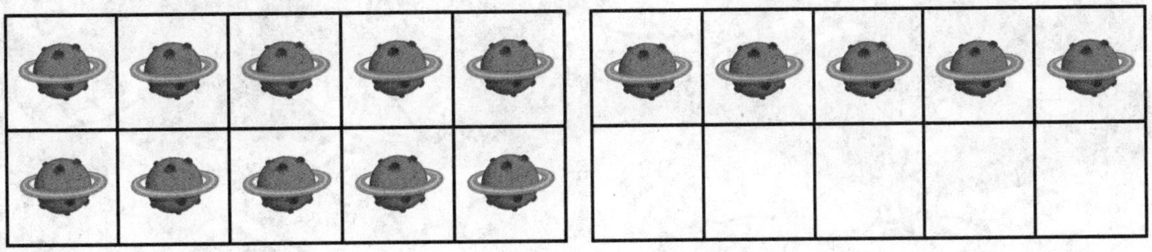

5

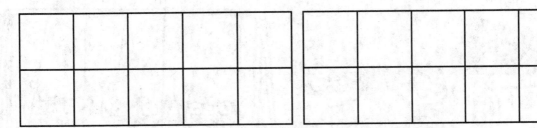

15 15 15

6

15 15 15

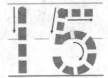

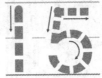

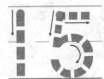

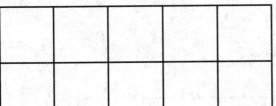

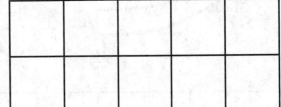

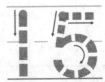

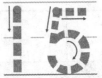

Instrucciones para el maestro: 4. Pida a los niños que cuenten los objetos y que digan cuántos hay. Indíqueles que usen fichas y el tablero de trabajo 4 para mostrar el número. Dígales que escriban el número tres veces. **5–6.** Pida a los niños que tracen el número tres veces y que digan el número. Indíqueles que usen fichas y el tablero de trabajo 4 para mostrar el número. Dígales que dibujen las fichas para mostrar el número.

PRÁCTICAS
matemáticas

Resolución de problemas

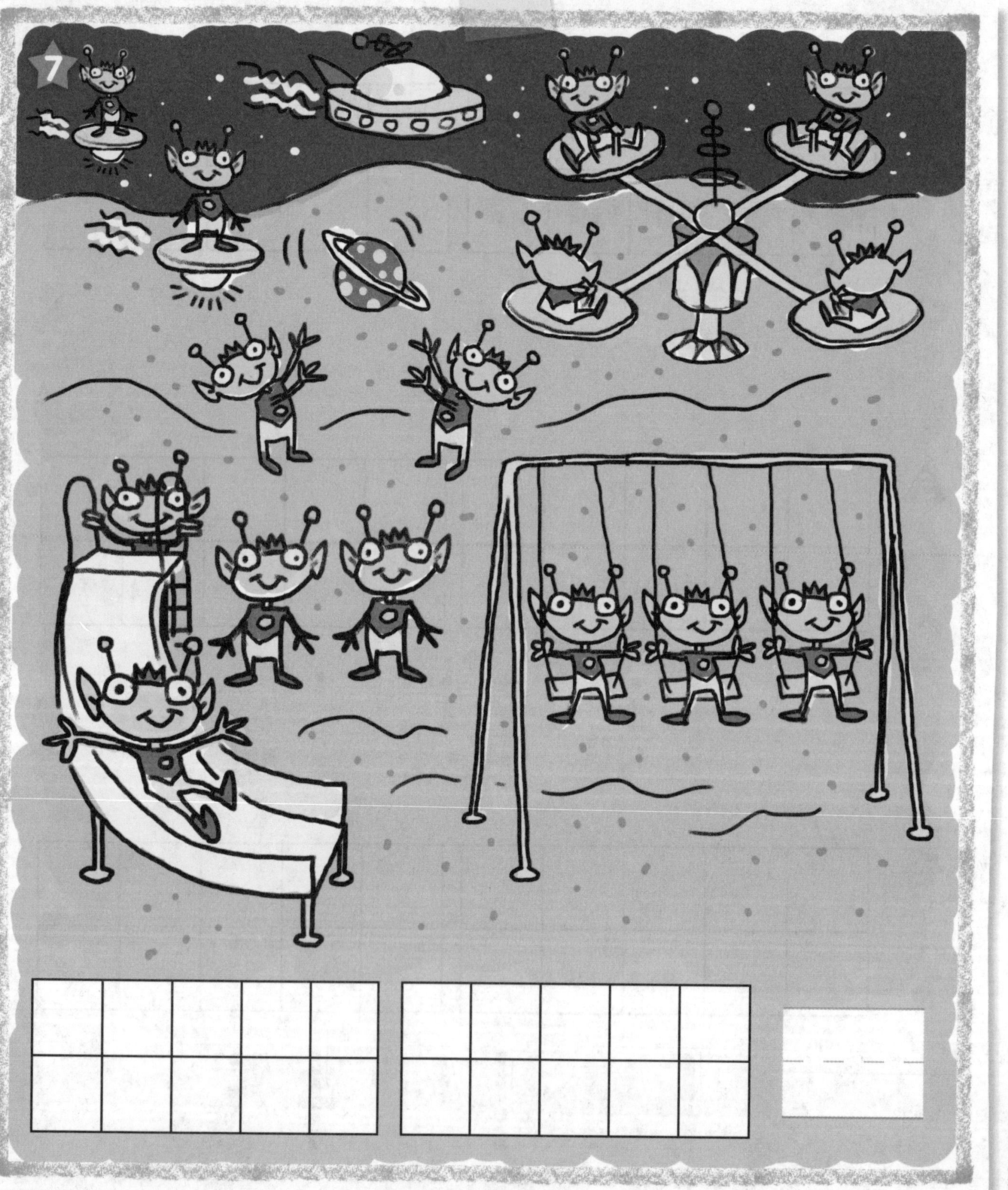

Instrucciones para el maestro: 7. Pida a los niños que usen fichas y el tablero de trabajo 4. Indíqueles que cuenten los extraterrestres que se muestran en la página y que digan cuántos hay. En los marcos de diez, pídales que dibujen un círculo por cada extraterrestre que contaron. Por último, indíqueles que escriban el número.

Nombre ....

Mi tarea

Lección 3

El número 15

Asistente de tareas

Ayuda en línea

¿Necesitas ayuda? connectED.mcgraw-hill.com

1

2

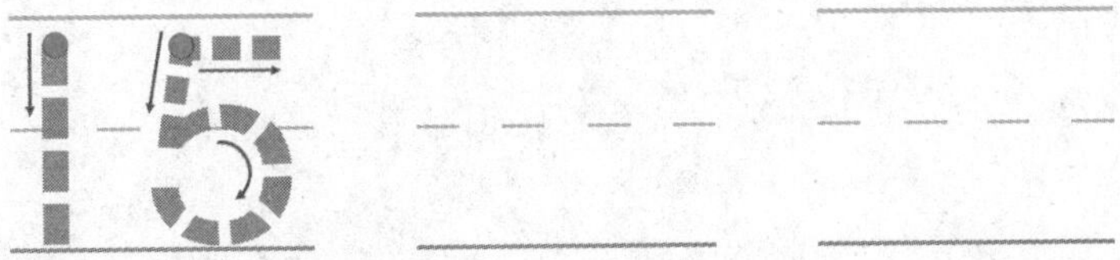

Instrucciones para el maestro: 1–2. Pida a los niños que cuenten los objetos y que digan cuántos hay. Indíqueles que tracen el número. Luego, pídales que escriban el número dos veces.

3

4

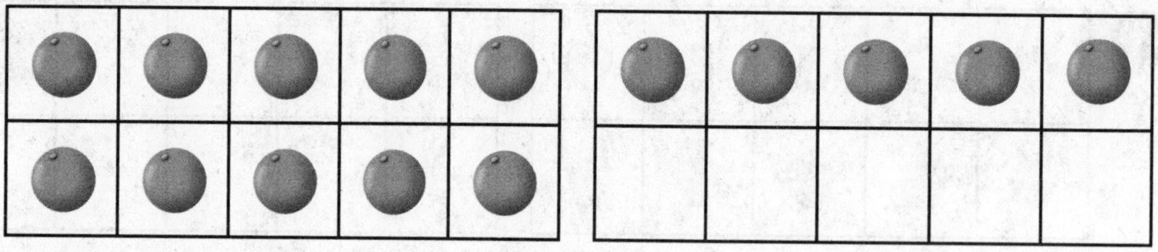

Comprobación del vocabulario

Vocabulario

5 **quince 15**

Instrucciones para el maestro: 3–4. Pida a los niños que cuenten los objetos y que digan cuántos hay. Indíqueles que escriban el número tres veces. **5.** Pida a los niños que dibujen cuadrados para mostrar el número.

Las mates en casa Muestre objetos a su niño o niña, como monedas o copos de cereal. Pídale que los cuente para formar con ellos un grupo de 15.

Nombre ....

Los números 16 y 17

Lección 4

PREGUNTA IMPORTANTE
¿Cómo puedo mostrar números mayores que 10?

Explorar y explicar

Herramientas Observa

¡Anota!

Instrucciones para el maestro: Pida a los niños que coloquen fichas en los marcos de diez para mostrar los números 16 y 17. Indíqueles que cuenten los objetos y que digan el número. Pídales que dibujen círculos en los marcos de diez para mostrar el número 16. Luego, pídales que tracen el número.

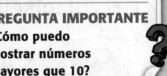

Ver y mostrar

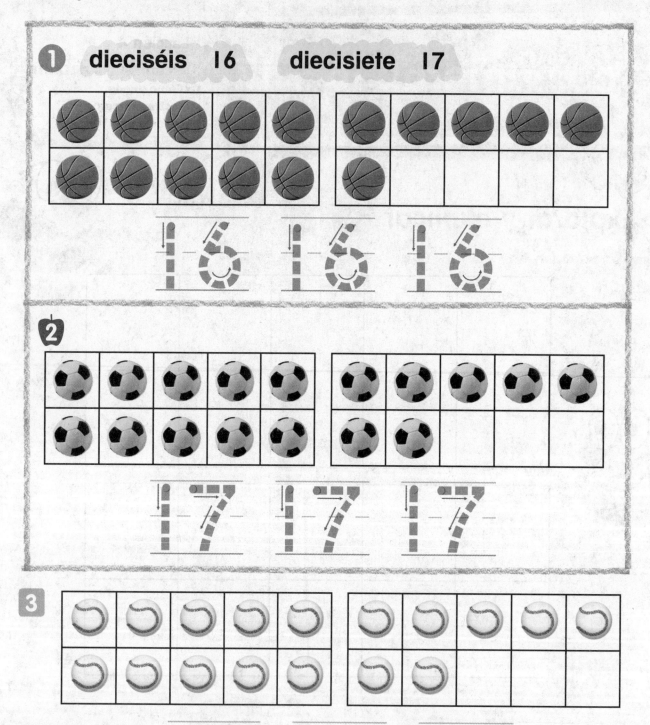

1 **dieciséis 16** **diecisiete 17**

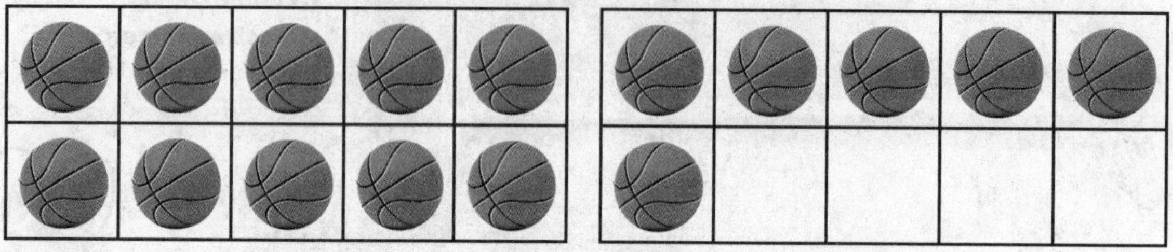

16 16 16

2

17 17 17

3

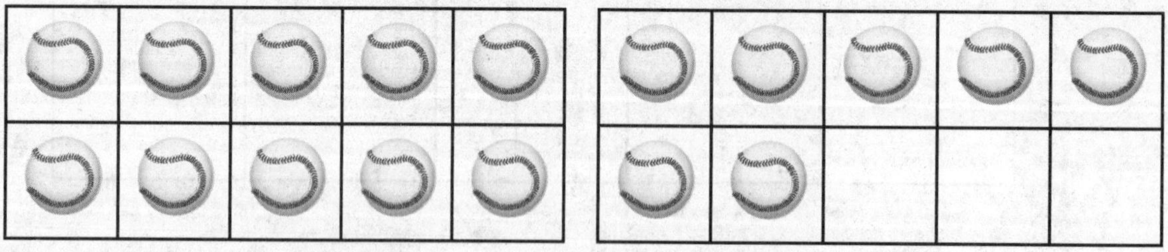

Instrucciones para el maestro: 1–2. Pida a los niños que cuenten los objetos y que digan cuántos hay. Indíqueles que usen fichas y el tablero de trabajo 4 para mostrar el número. Dígales que tracen el número tres veces. **3.** Pida a los niños que cuenten los objetos y que digan cuántos hay. Indíqueles que usen fichas y el tablero de trabajo 4 para mostrar el número. Dígales que escriban el número tres veces.

Nombre

CCSS

Por mi cuenta

4

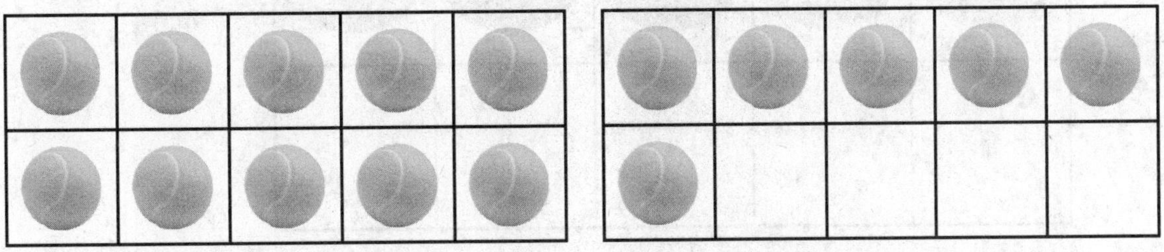

5

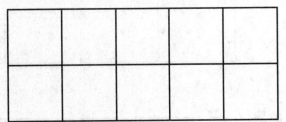

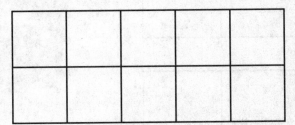

16 16 16

6

17 17 17

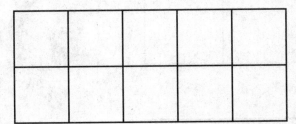

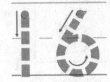

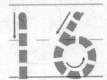

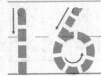

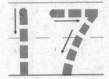

Instrucciones para el maestro: 4. Pida a los niños que cuenten los objetos y que digan cuántos hay. Indíqueles que usen fichas y el tablero de trabajo 4 para mostrar el número. Dígales que escriban el número tres veces. **5–6.** Pida a los niños que tracen el número tres veces y que digan el número. Indíqueles que usen fichas y el tablero de trabajo 4 para mostrar el número. Dígales que dibujen las fichas para mostrar el número.

PRÁCTICAS matemáticas

Resolución de problemas

7

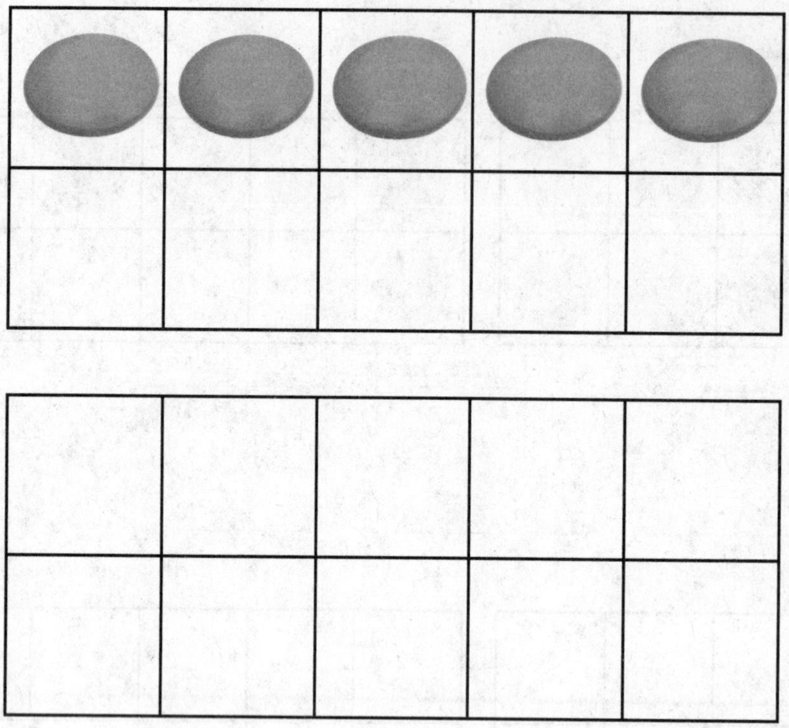

8

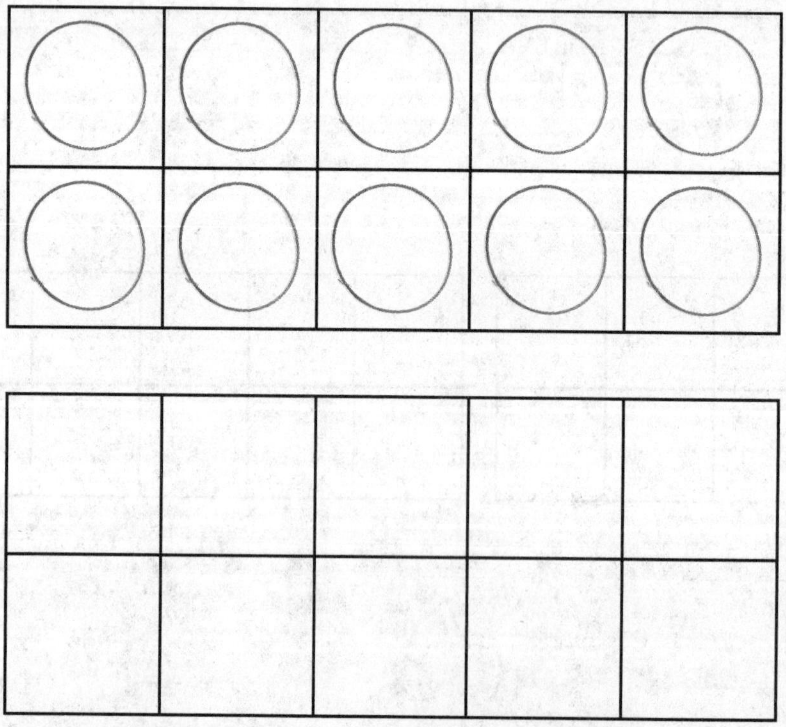

Instrucciones para el maestro: 7. Pida a los niños que cuenten los objetos y que digan cuántos hay. Indíqueles que dibujen más para que haya dieciséis. **8.** Pida a los niños que cuenten los objetos y que digan cuántos hay. Indíqueles que dibujen más para que haya diecisiete.

Nombre ....

Mi tarea

Lección 4

Los números 16 y 17

Asistente de tareas

Ayuda en línea

¿Necesitas ayuda? connectED.mcgraw-hill.com

1

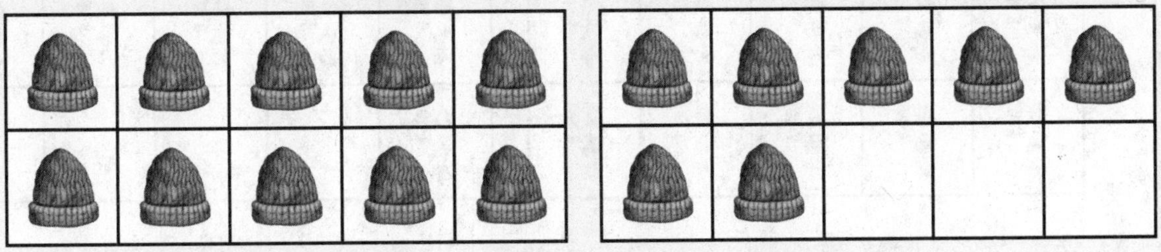

17 17 17

2

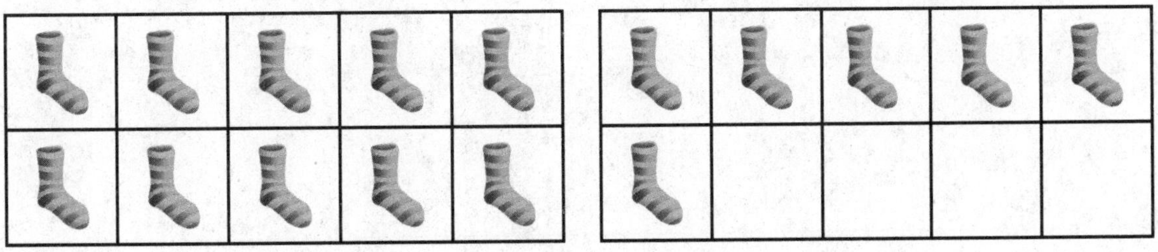

16

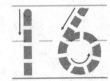

Instrucciones para el maestro: 1–2. Pida a los niños que cuenten los objetos y que digan cuántos hay. Indíqueles que tracen el número. Luego, dígales que escriban el número dos veces.

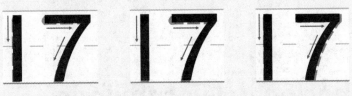

3

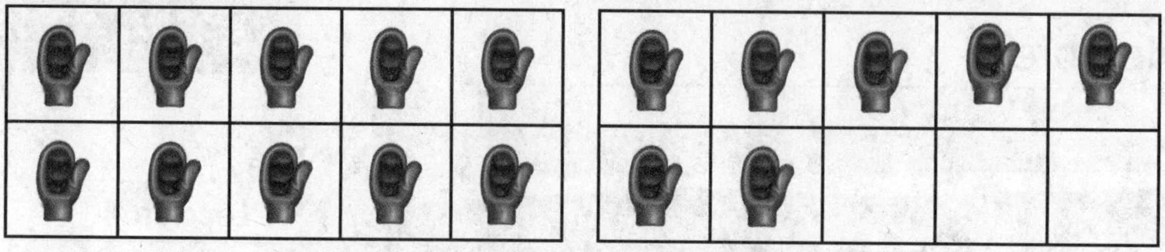

4

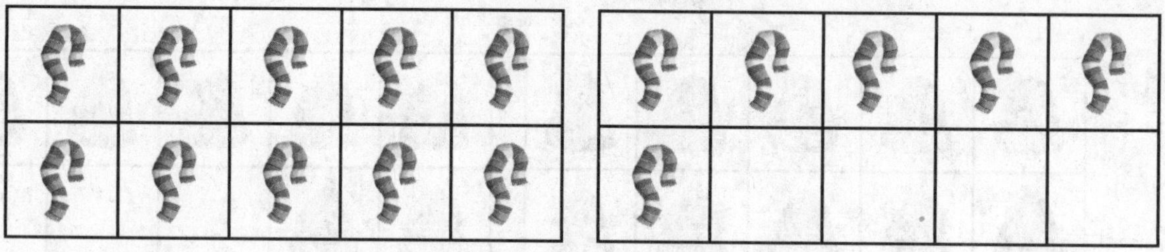

Comprobación del vocabulario

Vocabulario

5 **dieciséis 16**

6 **diecisiete 17**

Instrucciones para el maestro: 3–4. Pida a los niños que cuenten los objetos y que digan cuántos hay. Indíqueles que escriban el número tres veces. **5–6.** Pida a los niños que dibujen estrellas para mostrar el número.

Las mates en casa Pida a su niño o niña que forme grupos de 16 y 17 fideos. Luego, pídale que escriba 16 o 17 al lado de cada grupo, según corresponda.

Nombre ....

Compruebo mi progreso

Comprobación del vocabulario

1 **once 11**

2 **doce 12**

Comprobación del concepto

3

Instrucciones para el maestro: 1. Pida a los niños que dibujen más para que haya once. **2.** Pida a los niños que dibujen más para que haya doce. **3.** Pida a los niños que cuenten los objetos y que digan cuántos hay. Indíqueles que escriban el número tres veces.

4

5

6

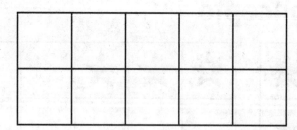

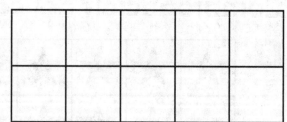

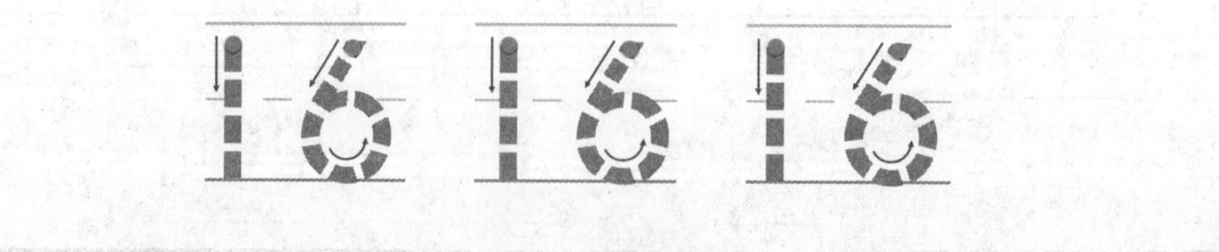

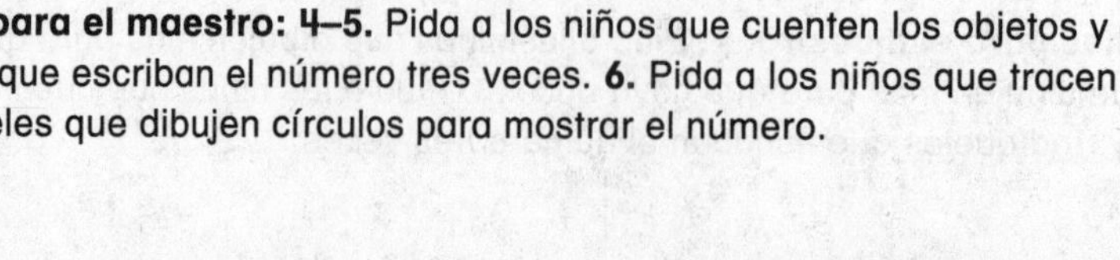

Instrucciones para el maestro: 4–5. Pida a los niños que cuenten los objetos y que digan cuántos hay. Indíqueles que escriban el número tres veces. **6.** Pida a los niños que tracen y que digan el número. Indíqueles que dibujen círculos para mostrar el número.

Nombre ....

Los números 18 y 19

Lección 5

PREGUNTA IMPORTANTE
¿Cómo puedo mostrar números mayores que 10?

Explorar y explicar

Herramientas Observa

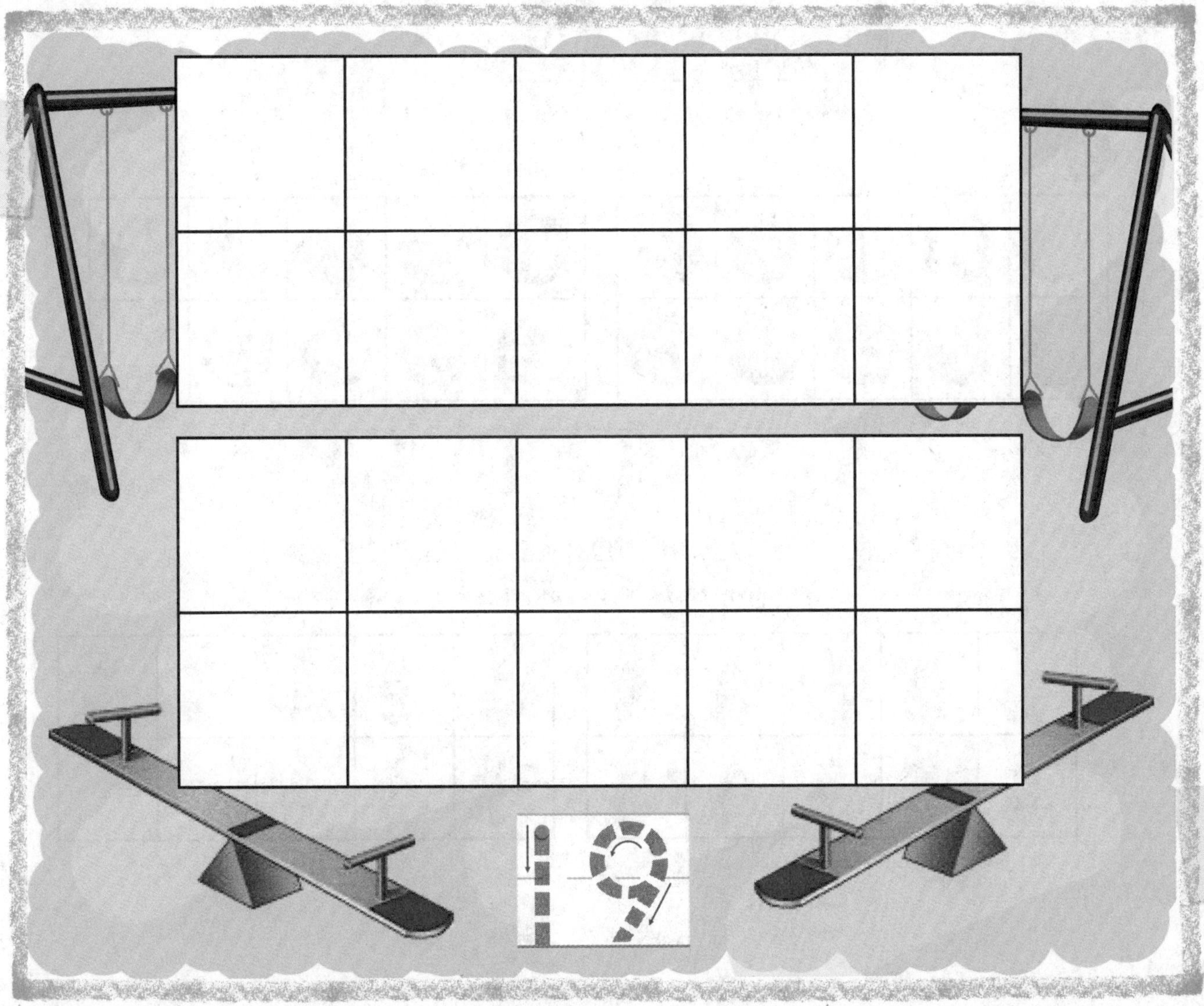

Instrucciones para el maestro: Pida a los niños que coloquen fichas en los marcos de diez para mostrar los números 18 y 19. Indíqueles que digan cuántas hay y que tracen el número. Dígales que dibujen el contorno de las fichas para mostrar el número 19.

PRÁCTICAS matemáticas

Ver y mostrar

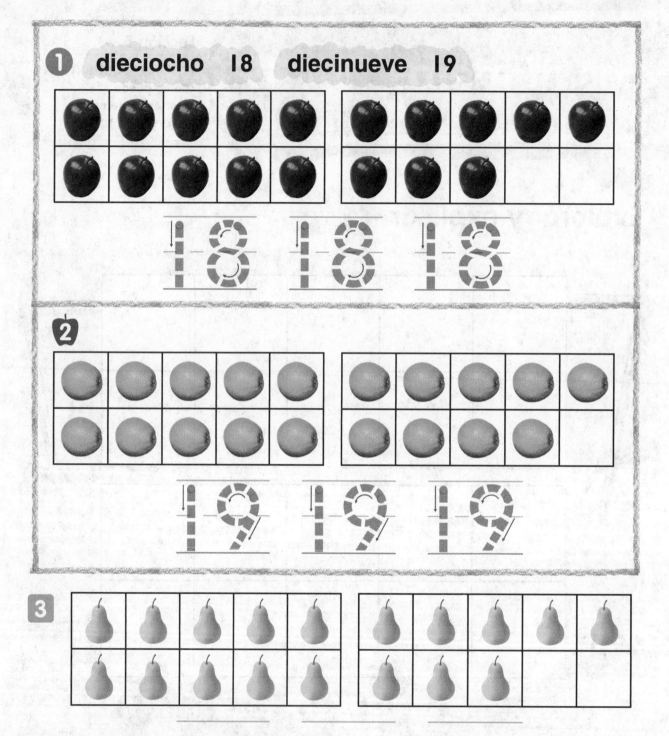

1 dieciocho 18 diecinueve 19

18 18 18

2

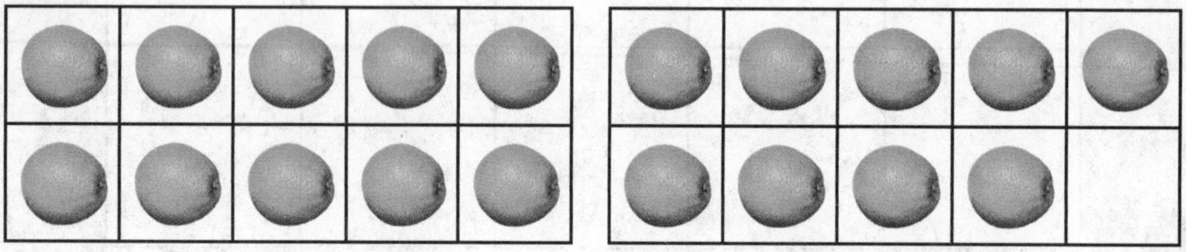

19 19 19

3

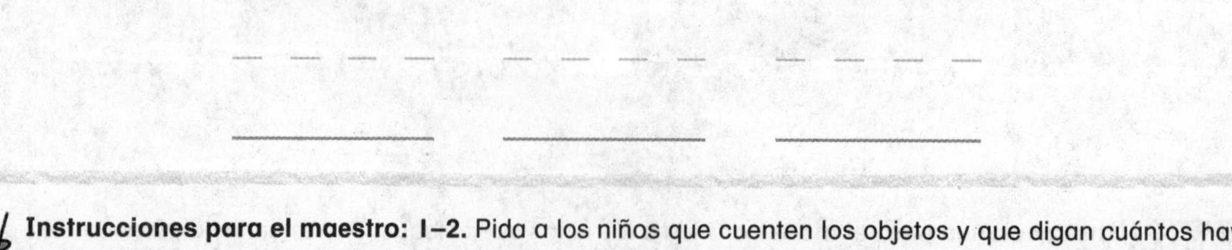

Instrucciones para el maestro: 1–2. Pida a los niños que cuenten los objetos y que digan cuántos hay. Indíqueles que usen fichas y el tablero de trabajo 4 para mostrar el número. Dígales que tracen el número tres veces. **3.** Pida a los niños que cuenten los objetos y que digan cuántos hay. Indíqueles que usen fichas y el tablero de trabajo 4 para mostrar el número. Dígales que escriban el número tres veces.

Nombre ....

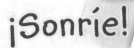

Por mi cuenta

4

5

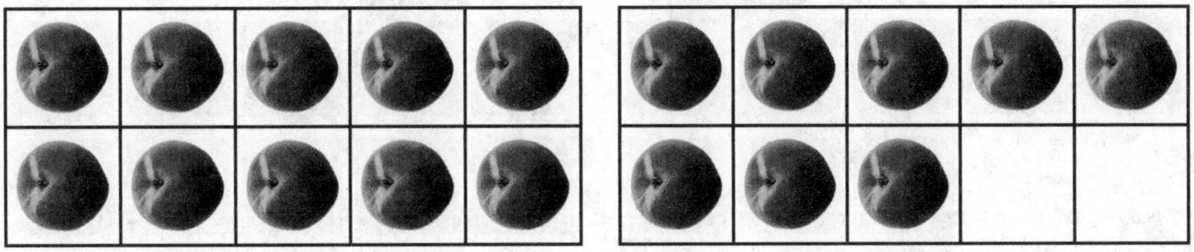

6

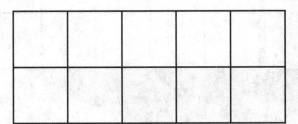

19 19 19

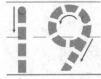

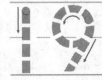

Instrucciones para el maestro: 4–5. Pida a los niños que cuenten los objetos y que digan cuántos hay. Indíqueles que usen fichas y el tablero de trabajo 4 para mostrar el número. Dígales que escriban el número tres veces. **6.** Pida a los niños que tracen el número tres veces y que digan el número. Indíqueles que usen fichas y el tablero de trabajo 4 para mostrar el número. Dígales que dibujen las fichas para mostrar el número.

¡El mundo real!

Resolución de problemas

PRÁCTICAS matemáticas

7

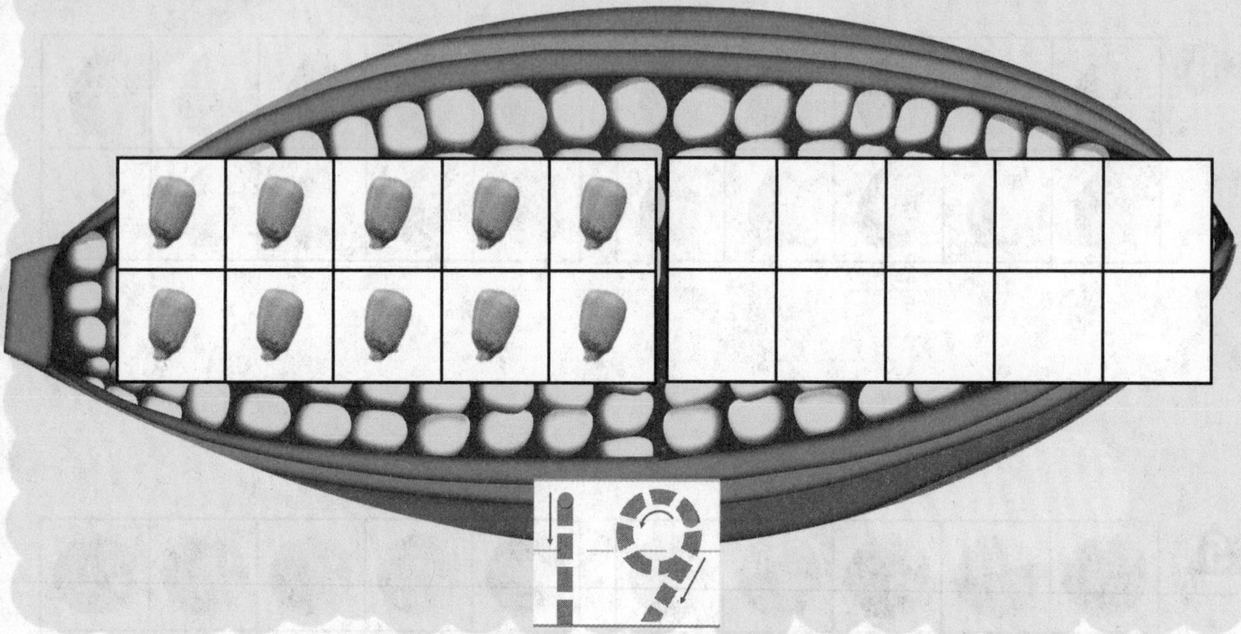

8

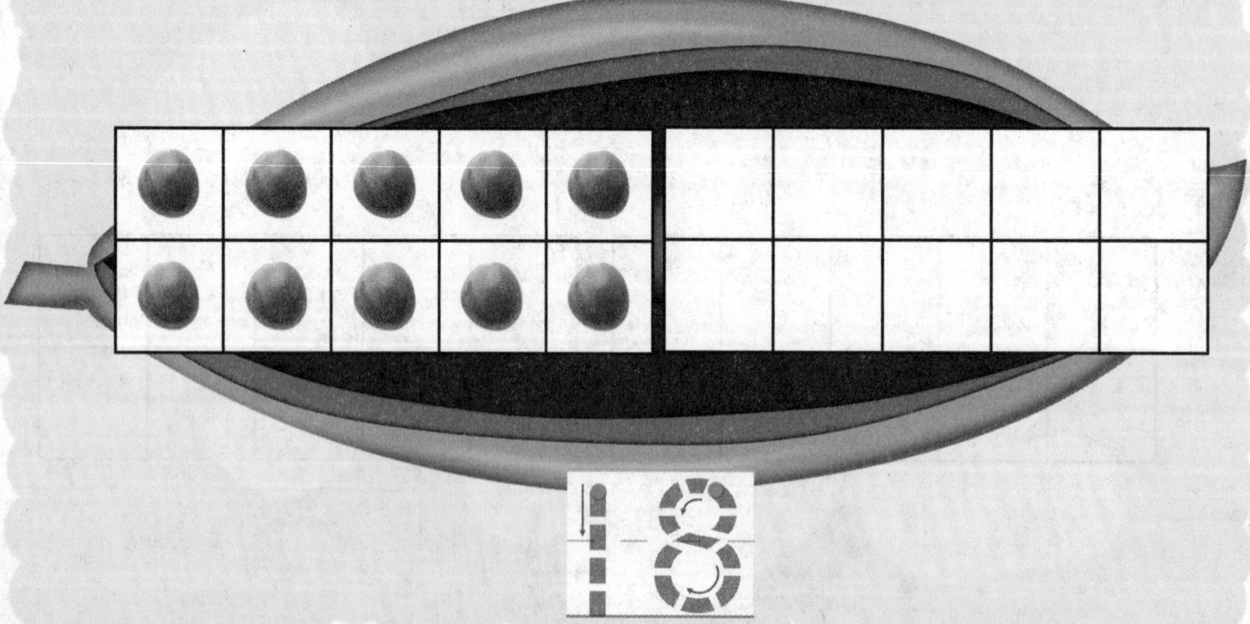

Instrucciones para el maestro: 7. Pida a los niños que tracen el número. Dígales que dibujen más objetos en el marco de diez para mostrar el número. **8.** Pida a los niños que tracen el número. Dígales que dibujen más objetos en el marco de diez para mostrar el número.

Nombre ....

Mi tarea

Lección 5

Los números 18 y 19

Asistente de tareas

Ayuda en línea

¿Necesitas ayuda? connectED.mcgraw-hill.com

1

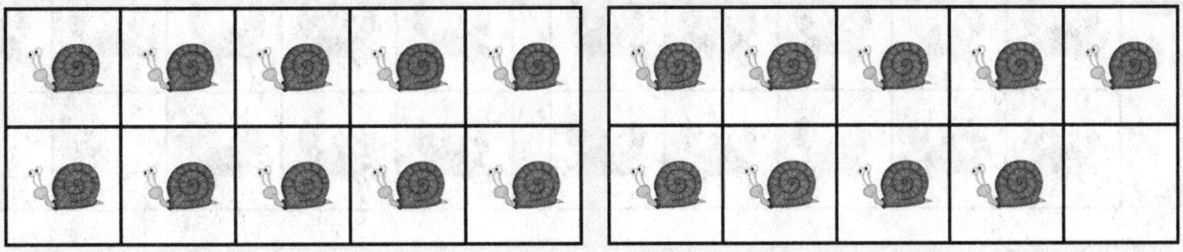

19 19 19

2

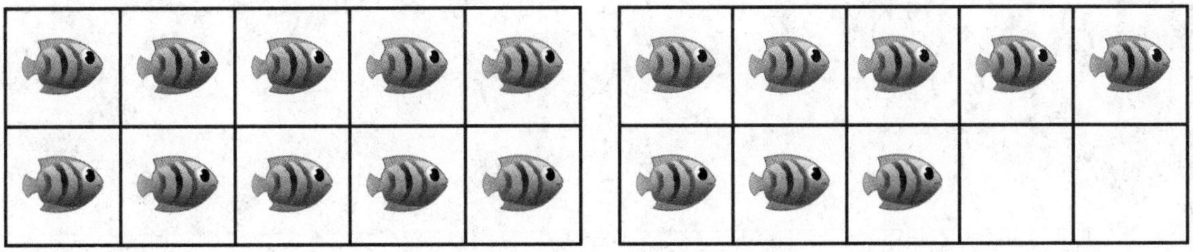

18

Instrucciones para el maestro: 1–2. Pida a los niños que cuenten los objetos y que digan cuántos hay. Indíqueles que tracen el número. Dígales que escriban el número dos veces.

3

4

Comprobación del vocabulario

Vocabulario

5 **dieciocho 18**

6 **diecinueve 19**

Instrucciones para el maestro: 3–4. Pida a los niños que cuenten los objetos y que digan cuántos hay. Indíqueles que escriban el número tres veces. **5–6.** Pida a los niños que dibujen peces para mostrar el número.

Las mates en casa Con su niño o niña, dibujen una alcancía en una hoja. Formen grupos de 18 y 19 monedas de 1¢. Coloquen las monedas sobre la alcancía. Escriban el número. Repitan la actividad con otros números.

Nombre

El número 20

Lección 6

PREGUNTA IMPORTANTE
¿Cómo puedo mostrar números mayores que 10?

Explorar y explicar

Herramientas Observa

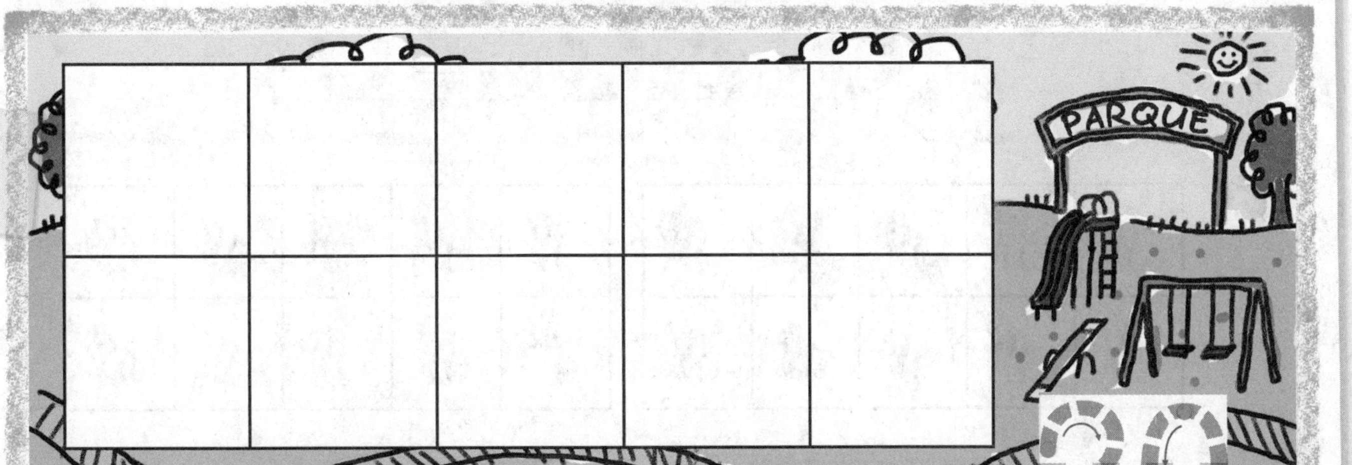

Instrucciones para el maestro: Pida a los niños que cuenten las catarinas que van al cumpleaños. Pídales que usen ● en el primer marco de diez para mostrar el número. Dígales que cuenten los pasteles que hay sobre la mesa. Pídales que coloquen fichas en el segundo marco de diez para mostrar el número. Indíqueles que escriban el número. Dígales que coloreen los recuadros para mostrar el número 20.

PRÁCTICAS
matemáticas

Ver y mostrar

1 **veinte 20**

2

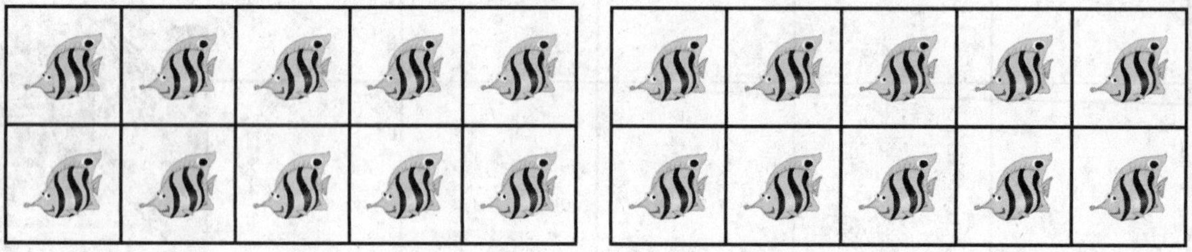

3

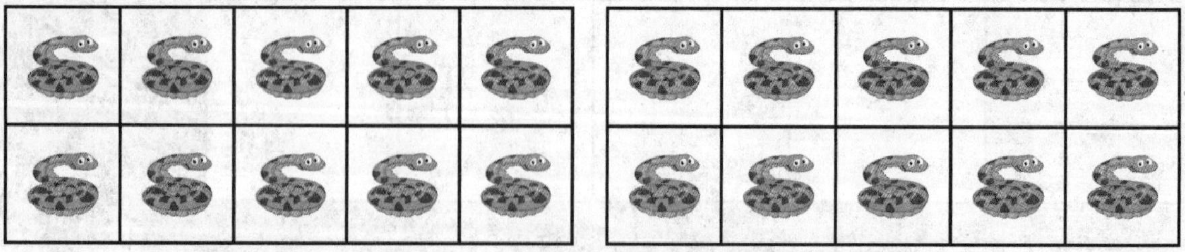

Instrucciones para el maestro: 1. Pida a los niños que cuenten las plantas y que digan cuántas hay. Indíqueles que usen fichas y el tablero de trabajo 4 para mostrar el número. Dígales que tracen el número tres veces. **2–3.** Pida a los niños que cuenten los animales y que digan cuántos hay. Indíqueles que usen fichas y el tablero de trabajo 4 para mostrar el número. Dígales que escriban el número tres veces.

Nombre ____________________

Por mi cuenta

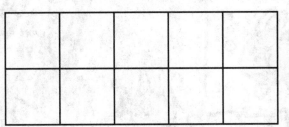

4

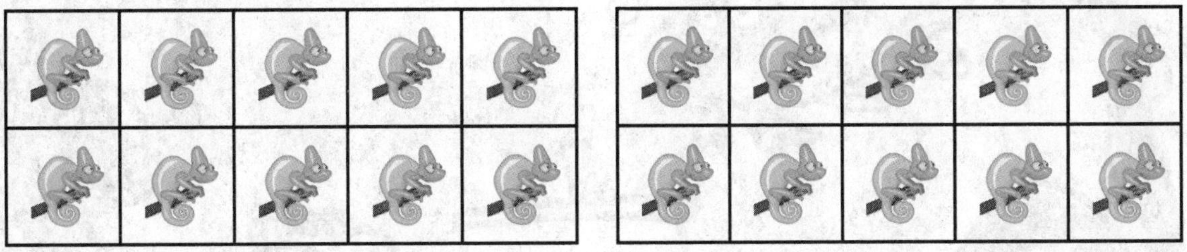

______ ______ ______

5

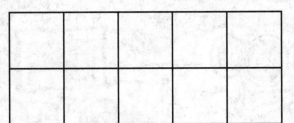

20 20 20

6

20 20 20

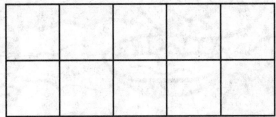

Instrucciones para el maestro: 4. Pida a los niños que cuenten los objetos y que digan cuántos hay. Indíqueles que usen fichas y el tablero de trabajo 4 para mostrar el número. Dígales que escriban el número tres veces. **5–6.** Pida a los niños que tracen el número tres veces. Indíqueles que digan el número. Dígales que usen fichas y el tablero de trabajo 4 para contar hasta ese número. Por último, pídales que dibujen las fichas para mostrar el número.

El mundo real

Resolución de problemas

7

Instrucciones para el maestro: 7. Pida a los niños que cuenten los peces y que digan cuántos hay. Indíqueles que dibujen más peces para que haya veinte. Luego, dígales que escriban el número.

Nombre ....

Mi tarea

Lección 6
El número 20

Asistente de tareas

Ayuda en línea ¿Necesitas ayuda? connectED.mcgraw-hill.com

1
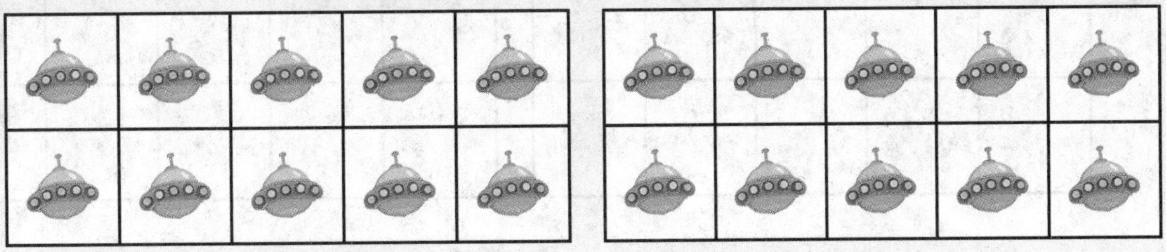

20 20 20

2

20

Instrucciones para el maestro: 1–2. Pida a los niños que cuenten los objetos y que digan cuántos hay. Indíqueles que tracen el número y que luego escriban el número dos veces.

3

4

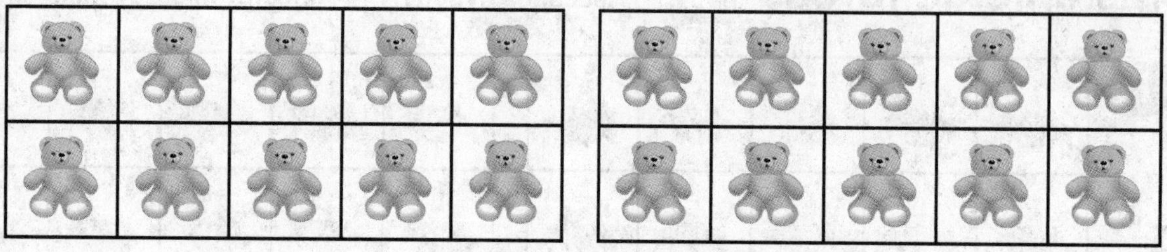

Comprobación del vocabulario

Vocabulario

5 **veinte 20**

Instrucciones para el maestro: 3–4. Pida a los niños que cuenten los objetos y que digan cuántos hay. Indíqueles que escriban el número tres veces. **5.** Pida a los niños que dibujen pelotas de béisbol para mostrar un grupo de veinte.

Las mates en casa Pida a su niño o niña que reúna 10 objetos mientras usted reúne otros 10. Junten todos los objetos para formar un grupo de 20. Pida a su niño o niña que cuente los objetos.

Nombre ....

El mundo real

Resolución de problemas

ESTRATEGIA: Dibujar un diagrama

Lección 7

PREGUNTA IMPORTANTE
¿Cómo puedo mostrar números mayores que 10?

¿Cuántos chicles hay?

Dibujar un diagrama

Instrucciones para el maestro: Pida a los niños que digan y tracen el número. Dígales que cuenten los chicles. Indíqueles que usen cubos para mostrar el número. Pídales que en el recuadro de abajo dibujen una X por cada chicle que contaron. Por último, indíqueles que escriban el número.

¿Cuántos peces hay?

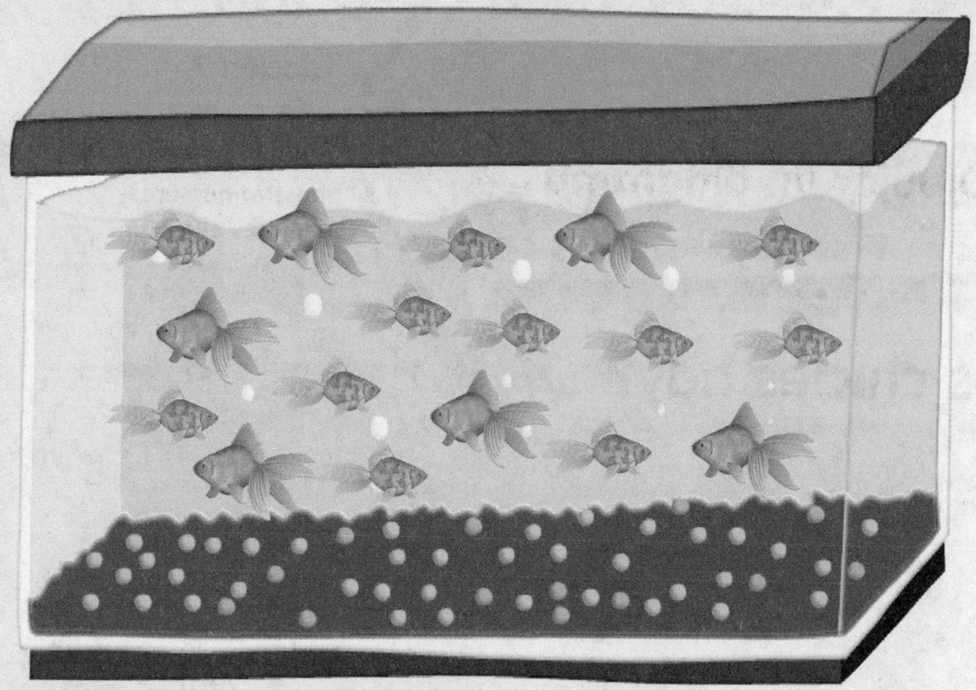

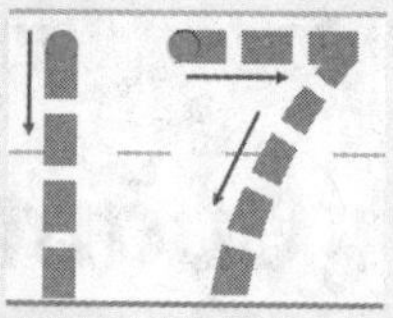

Dibujar un diagrama

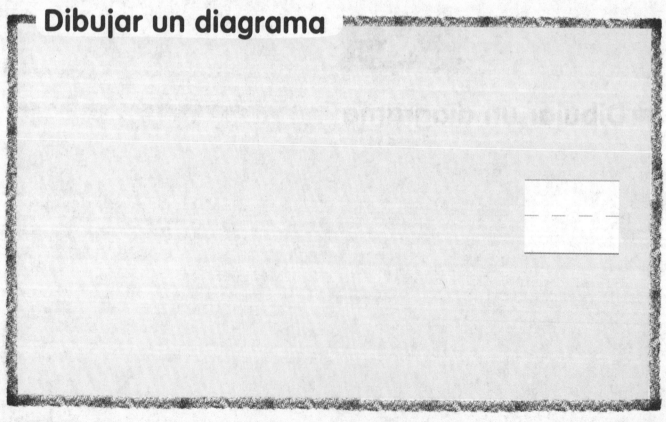

Instrucciones para el maestro: Pida a los niños que digan y tracen el número. Dígales que cuenten los peces. Pídales que usen cubos para mostrar el número. Indíqueles que en el recuadro de abajo dibujen una X por cada pez que contaron. Por último, pídales que escriban el número.

Nombre ....

¿Cuántas manchas tiene?

Dibujar un diagrama

Instrucciones para el maestro: Pida a los niños que digan y tracen el número. Dígales que cuenten las manchas. Pídales que usen cubos para mostrar el número. Indíqueles que en el recuadro de abajo dibujen una X por cada mancha que contaron. Por último, pídales que escriban el número.

¿Cuántas abejas hay?

Dibujar un diagrama

Instrucciones para el maestro: Pida a los niños que digan y tracen el número. Dígales que cuenten las abejas. Pídales que usen cubos para mostrar el número. Indíqueles que en el recuadro de abajo dibujen una X por cada abeja que contaron. Por último, pídales que escriban el número.

Nombre ....

Mi tarea

Lección 7

Resolución de problemas: Dibujar un diagrama

¿Cuántas pelotas hay?

15

Dibujar un diagrama

Instrucciones para el maestro: Pida a los niños que digan y tracen el número. Dígales que cuenten las pelotas. Indíqueles que en el recuadro de abajo dibujen esa cantidad de pelotas. Por último, pídales que escriban el número.

¿Cuántos imanes hay?

18

Dibujar un diagrama

Instrucciones para el maestro: Pida a los niños que digan y tracen el número. Dígales que cuenten los imanes. Indíqueles que en el recuadro de abajo dibujen esa cantidad de imanes. Por último, pídales que escriban el número.

Las mates en casa Aproveche las situaciones diarias en las que es preciso resolver problemas como, por ejemplo, las compras. Pida a su niño o niña que ayude a preparar la lista de las compras dibujando los artículos que se necesitan en la casa. Pídale que cuente los artículos.

Nombre ....

Compruebo mi progreso

Comprobación del vocabulario

Vocabulario

1 diecinueve 19

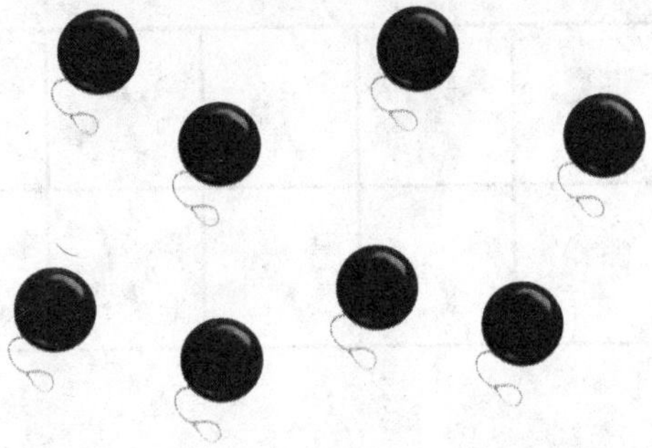

2 veinte 20

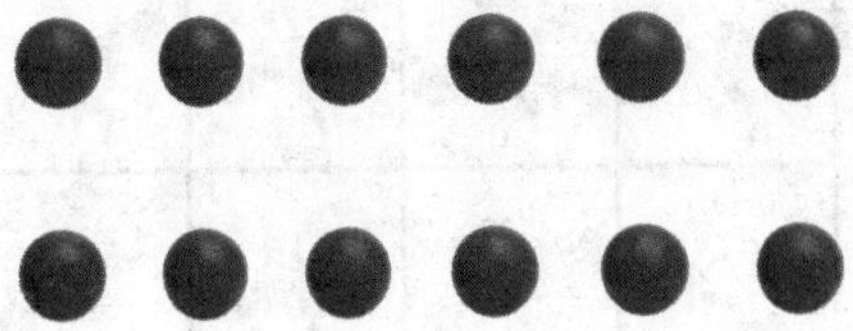

Comprobación del concepto

3

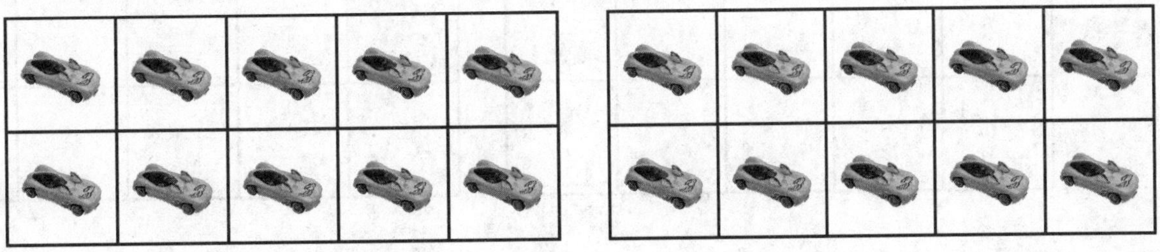

______ ______ ______

______ ______ ______

Instrucciones para el maestro: 1. Pida a los niños que dibujen más para que haya diecinueve. **2.** Pida a los niños que dibujen más para que haya veinte. **3.** Pida a los niños que cuenten los objetos y que digan cuántos hay. Dígales que escriban el número tres veces.

4

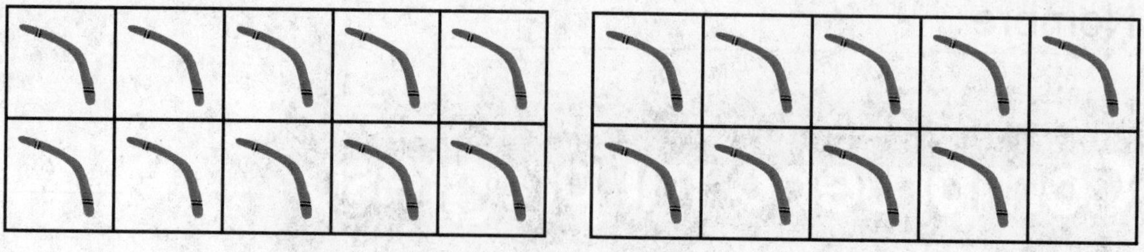

5

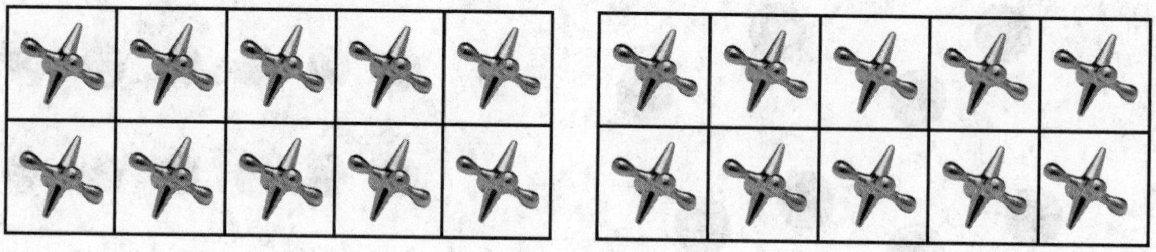

6

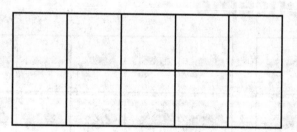

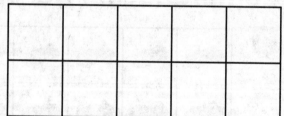

18 18 18

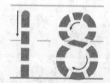

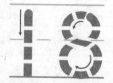

Instrucciones para el maestro: 4–5. Pida a los niños que cuenten los objetos y que digan cuántos hay. Dígales que escriban el número tres veces. **6.** Pida a los niños que tracen el número tres veces y que digan el número. Indíqueles que dibujen círculos para mostrar el número.

Nombre ....

Contar hasta el 50 de uno en uno

Lección 8

PREGUNTA IMPORTANTE
¿Cómo puedo mostrar números mayores que 10?

Explorar y explicar

Herramientas

1	2	3	4	5	6	7	8	9	10
11	12	13	14	15	16	17	18	19	20
21	22	23	24	25	26	27	28	29	30
31	32	33	34	35	36	37	38	39	40
41	42	43	44	45	46	47	48	49	50

Instrucciones para el maestro: Pida a los niños que señalen y cuenten de 1 a 25. Dígales que coloreen esos números de azul. Pídales que señalen y cuenten de 26 a 50. Dígales que coloreen esos números de amarillo.

Ver y mostrar

1	2	3	4	5	6	7	8	9	10
11	12	13	14	15	16	17	18	19	20
21	22	23	24	25	26	27	28	29	30
31	32	33	34	35	36	37	38	39	40
41	42	43	44	45	46	47	48	49	50

Instrucciones para el maestro: Pida a los niños que señalen, cuenten y encierren en un círculo amarillo los números 1 a 10. Indíqueles que señalen, cuenten y encierren en un círculo azul los números 11 a 25. Dígales que señalen, cuenten y encierren en un círculo anaranjado los números 26 a 40. Por último, pídales que señalen, cuenten y encierren en un círculo negro los números 41 a 50.

Nombre ....

Por mi cuenta

1	2	3	4	5	6	7	8	9	10
11	12	13	14	15	16	17	18	19	20
21	22	23	24	25	26	27	28	29	30
31	32	33	34	35	36	37	38	39	40
41	42	43	44	45	46	47	48	49	50

Instrucciones para el maestro: Pida a los niños que señalen, cuenten y coloreen de rojo los números 1 a 10. Indíqueles que señalen, cuenten y coloreen de azul los números 11 a 20. Dígales que señalen, cuenten y coloreen de verde los números 21 a 30. Por último, pídales que señalen, cuenten y coloreen de anaranjado los números 31 a 50.

Resolución de problemas

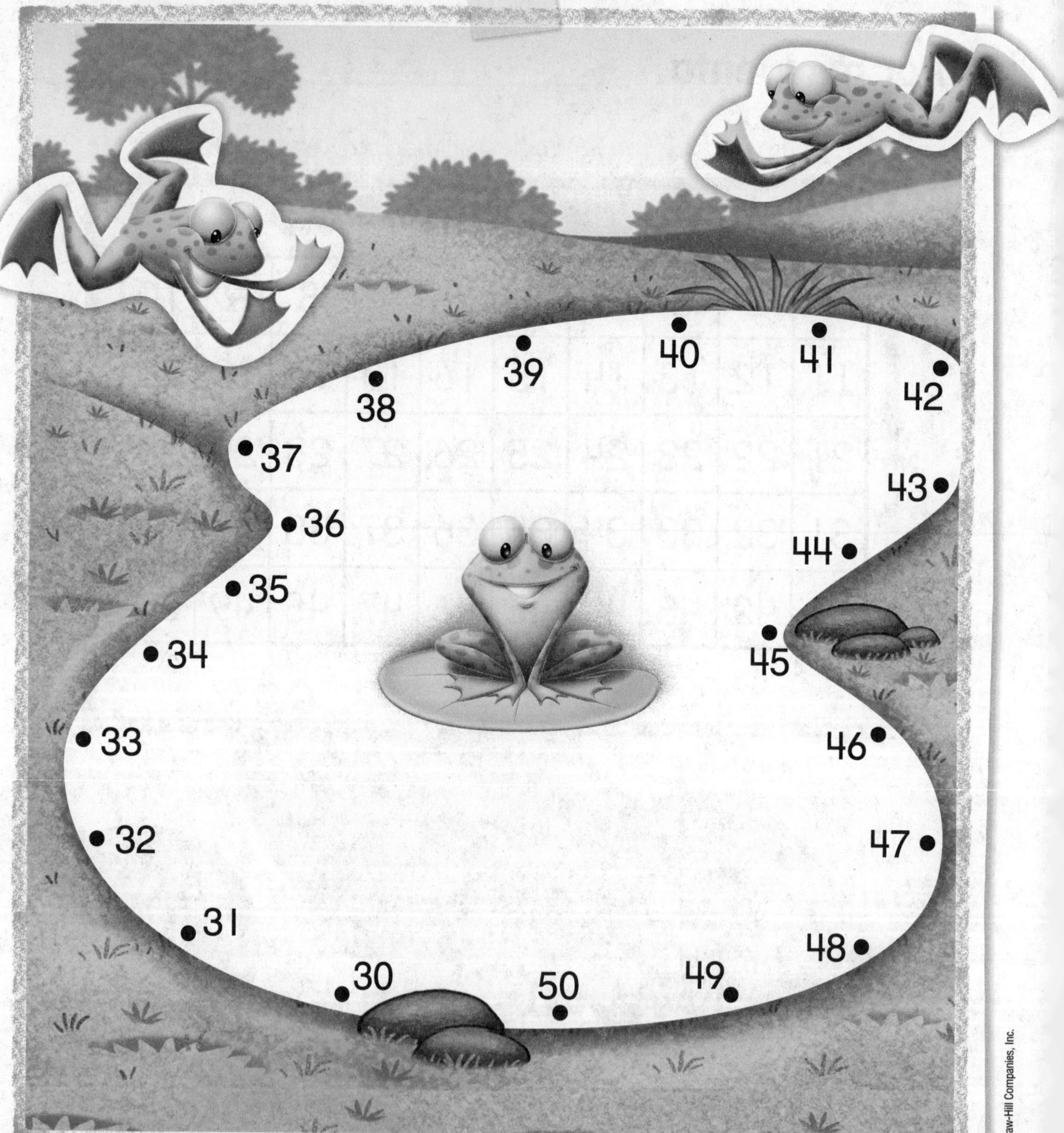

Instrucciones para el maestro: Pida a los niños que empiecen por el 30. Dígales que cuenten en voz alta de 30 a 50 a medida que conectan los puntos. Indíqueles que digan qué dibujo se formó y que coloreen el dibujo.

Nombre ....

Mi tarea

Lección 8

Contar hasta el 50 de uno en uno

Asistente de tareas

Ayuda en línea ¿Necesitas ayuda? connectED.mcgraw-hill.com

1	2	3	4	5	6	7	8	9	10
11	12	13	14	15	16	17	18	19	20
21	22	23	24	25	26	27	28	29	30
31	32	33	34	35	36	37	38	39	40
41	42	43	44	45	46	47	48	49	50

Instrucciones para el maestro: Pida a los niños que señalen, cuenten y coloreen de rojo los números 1 a 9. Dígales que señalen, cuenten y coloreen de azul los números 10 a 19. Indíqueles que señalen, cuenten y coloreen de verde los números 20 a 39. Por último, pídales que señalen, cuenten y coloreen de amarillo los números 40 a 50.

1	2	3	4	5	6	7	8	9	10
11	12	13	14	15	16	17	18	19	20
21	22	23	24	25	26	27	28	29	30
31	32	33	34	35	36	37	38	39	40
41	42	43	44	45	46	47	48	49	50

Instrucciones para el maestro: Pida a los niños que señalen, cuenten y coloreen de violeta los números 1 a 20. Dígales que señalen, cuenten y coloreen de amarillo los números 21 a 32. Por último, pídales que señalen, cuenten y coloreen de anaranjado los números 33 a 50.

Las mates en casa Anime a su niño o niña a contar 50 copos de cereal o 50 bloques. Pídale que coloque los copos de cereal o los bloques sobre esta tabla a medida que los cuenta.

Nombre ....

Contar hasta el 100 de uno en uno

Lección 9

PREGUNTA IMPORTANTE
¿Cómo puedo mostrar números mayores que 10?

Explorar y explicar

Observa

1	2	3	4	5	6	7	8	9	10
11	12	13	14	15	16	17	18	19	20
21	22	23	24	25	26	27	28	29	30
31	32	33	34	35	36	37	38	39	40
41	42	43	44	45	46	47	48	49	50
51	52	53	54	55	56	57	58	59	60
61	62	63	64	65	66	67	68	69	70
71	72	73	74	75	76	77	78	79	80
81	82	83	84	85	86	87	88	89	90
91	92	93	94	95	96	97	98	99	100

Instrucciones para el maestro: Pida a los niños que señalen y cuenten los números 1 a 25. Dígales que coloreen esos números de azul. Pídales que señalen y cuenten los números 26 a 68. Dígales que coloreen esos números de anaranjado. Pídales que señalen y cuenten los números 69 a 100. Dígales que coloreen esos números de amarillo.

PRÁCTICAS
matemáticas

Ver y mostrar

1	2	3	4	5	6	7	8	9	10
11	12	13	14	15	16	17	18	19	20
21	22	23	24	25	26	27	28	29	30
31	32	33	34	35	36	37	38	39	40
41	42	43	44	45	46	47	48	49	50
51	52	53	54	55	56	57	58	59	60
61	62	63	64	65	66	67	68	69	70
71	72	73	74	75	76	77	78	79	80
81	82	83	84	85	86	87	88	89	90
91	92	93	94	95	96	97	98	99	100

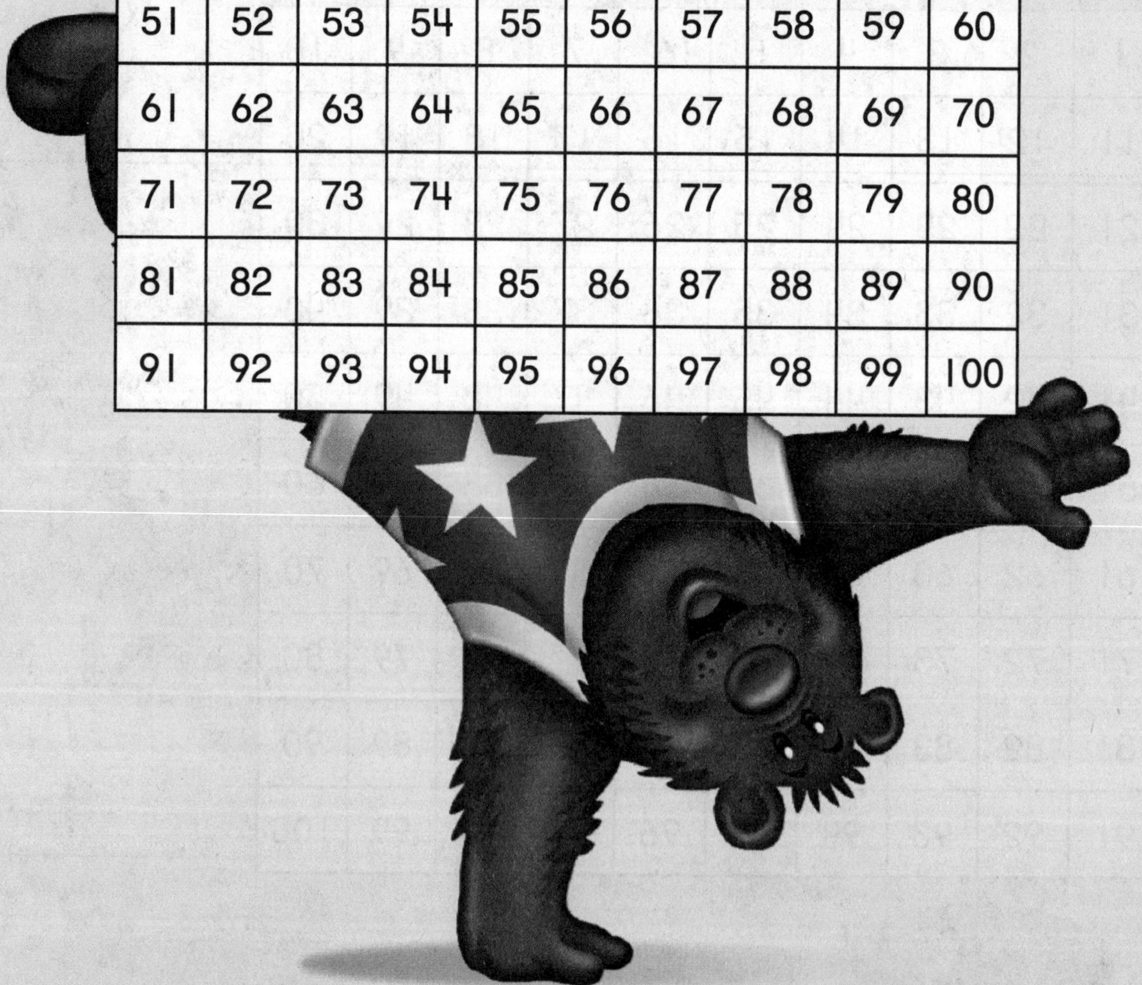

Instrucciones para el maestro: Pida a los niños que señalen, cuenten y encierren en un círculo verde los números 1 a 10. Dígales que señalen, cuenten y encierren en un círculo violeta los números 11 a 35. Indíqueles que señalen, cuenten y encierren en un círculo anaranjado los números 36 a 62. Por último, pídales que señalen, cuenten y encierren en un círculo café los números 62 a 100.

Nombre ....

Por mi cuenta

1	2	3	4	5	6	7	8	9	10
11	12	13	14	15	16	17	18	19	20
21	22	23	24	25	26	27	28	29	30
31	32	33	34	35	36	37	38	39	40
41	42	43	44	45	46	47	48	49	50
51	52	53	54	55	56	57	58	59	60
61	62	63	64	65	66	67	68	69	70
71	72	73	74	75	76	77	78	79	80
81	82	83	84	85	86	87	88	89	90
91	92	93	94	95	96	97	98	99	100

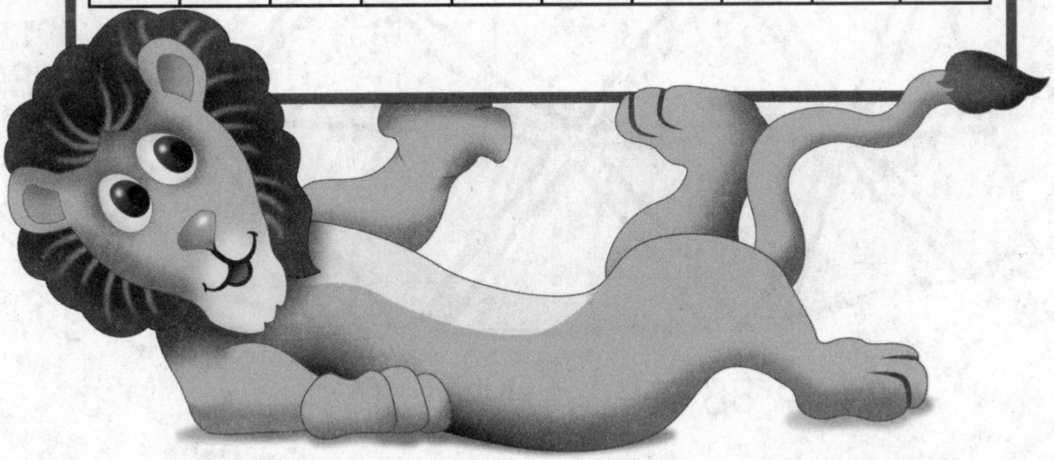

Instrucciones para el maestro: Pida a los niños que señalen, cuenten y encierren en un círculo los números 1 a 15. Dígales que señalen, cuenten y coloreen de rojo los números 16 a 36. Indíqueles que señalen, cuenten y encierren en un círculo los números 37 a 47. Dígales que señalen, cuenten y coloreen de azul los números 48 a 68. Por último, pídales que señalen, cuenten y coloreen de amarillo los números 80 a 100.

Resolución de problemas

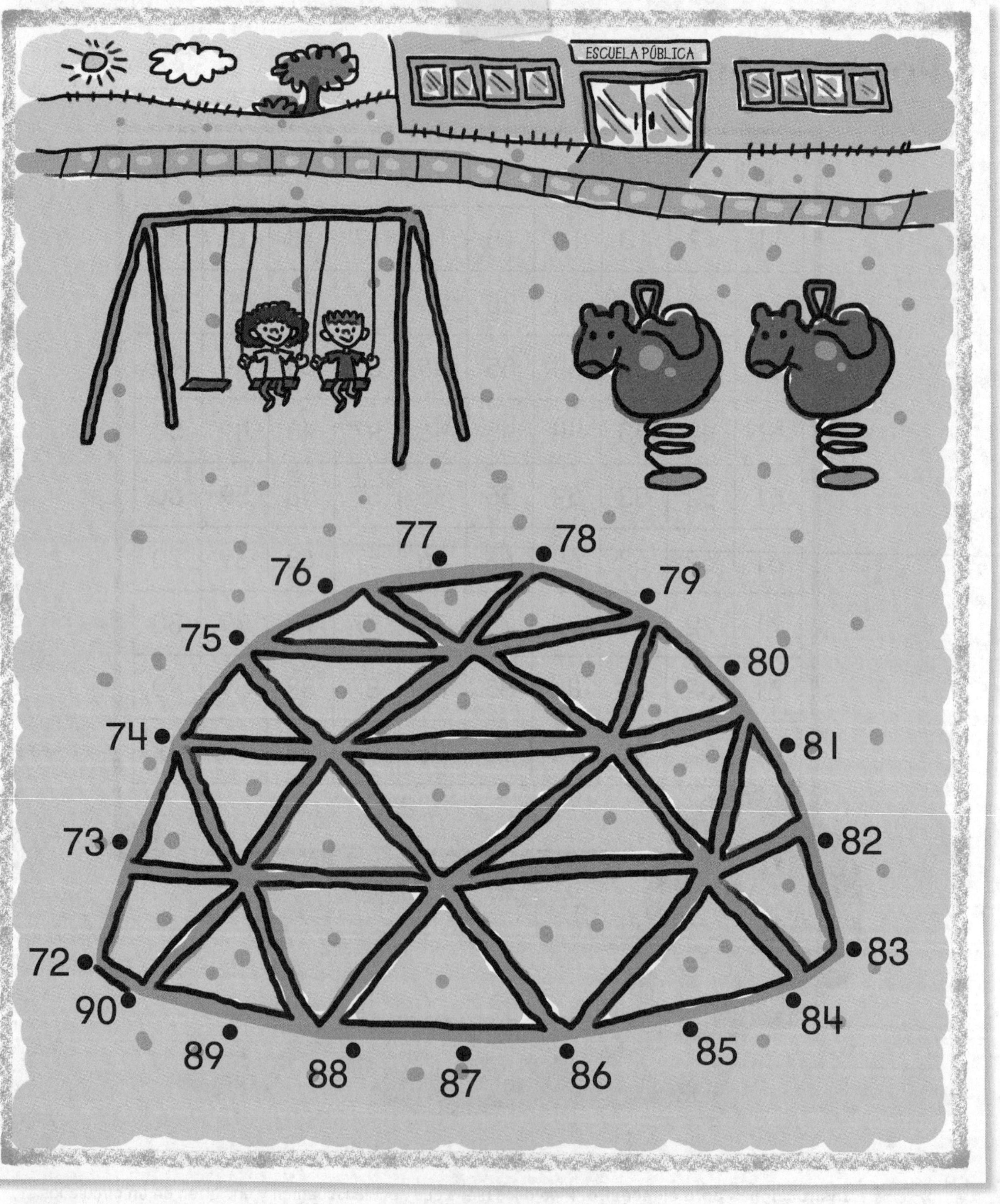

Instrucciones para el maestro: Pida a los niños que comiencen por el 72. Dígales que cuenten en voz alta desde el 72 hasta el 90 a medida que conectan los puntos. Diga: *¿Qué dibujo se formó?*

Nombre ....

Mi tarea

Lección 9

Contar hasta el 100 de uno en uno

Asistente de tareas

Ayuda en línea ¿Necesitas ayuda? connectED.mcgraw-hill.com

1

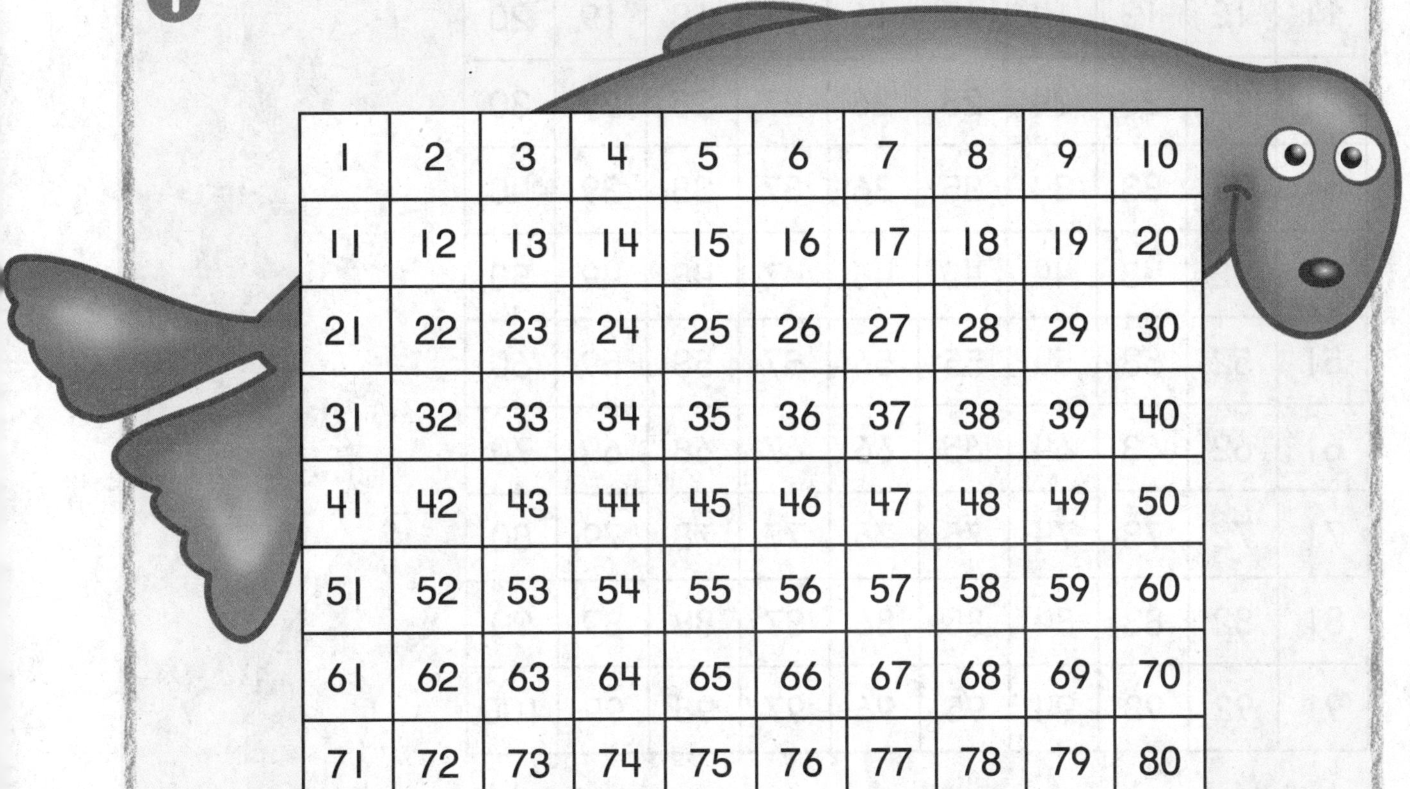

1	2	3	4	5	6	7	8	9	10
11	12	13	14	15	16	17	18	19	20
21	22	23	24	25	26	27	28	29	30
31	32	33	34	35	36	37	38	39	40
41	42	43	44	45	46	47	48	49	50
51	52	53	54	55	56	57	58	59	60
61	62	63	64	65	66	67	68	69	70
71	72	73	74	75	76	77	78	79	80
81	82	83	84	85	86	87	88	89	90
91	92	93	94	95	96	97	98	99	100

Instrucciones para el maestro: Pida a los niños que señalen, cuenten y coloreen de rojo los números 1 a 15. Indíqueles que señalen, cuenten y coloreen de amarillo los números 16 a 33. Dígales que señalen, cuenten y coloreen de violeta los números 34 a 75. Por último, pídales que señalen, cuenten y coloreen de verde los números 76 a 100.

2

1	2	3	4	5	6	7	8	9	10
11	12	13	14	15	16	17	18	19	20
21	22	23	24	25	26	27	28	29	30
31	32	33	34	35	36	37	38	39	40
41	42	43	44	45	46	47	48	49	50
51	52	53	54	55	56	57	58	59	60
61	62	63	64	65	66	67	68	69	70
71	72	73	74	75	76	77	78	79	80
81	82	83	84	85	86	87	88	89	90
91	92	93	94	95	96	97	98	99	100

Instrucciones para el maestro: Pida a los niños que señalen, cuenten y coloreen de azul los números 1 a 24. Indíqueles que señalen, cuenten y coloreen de anaranjado los números 25 a 59. Por último, pídales que señalen, cuenten y coloreen de amarillo los números 60 a 100.

Las mates en casa Pida a su niño o niña que mire esta página y que lea en voz alta los números 1 a 100. Destaque los números que sean especiales para su familia como, por ejemplo, la cantidad de integrantes, la dirección de su casa o sus edades.

Nombre ....

Contar hasta el 100 de diez en diez

Lección 10

PREGUNTA IMPORTANTE
¿Cómo puedo mostrar números mayores que 10?

Explorar y explicar

Observa

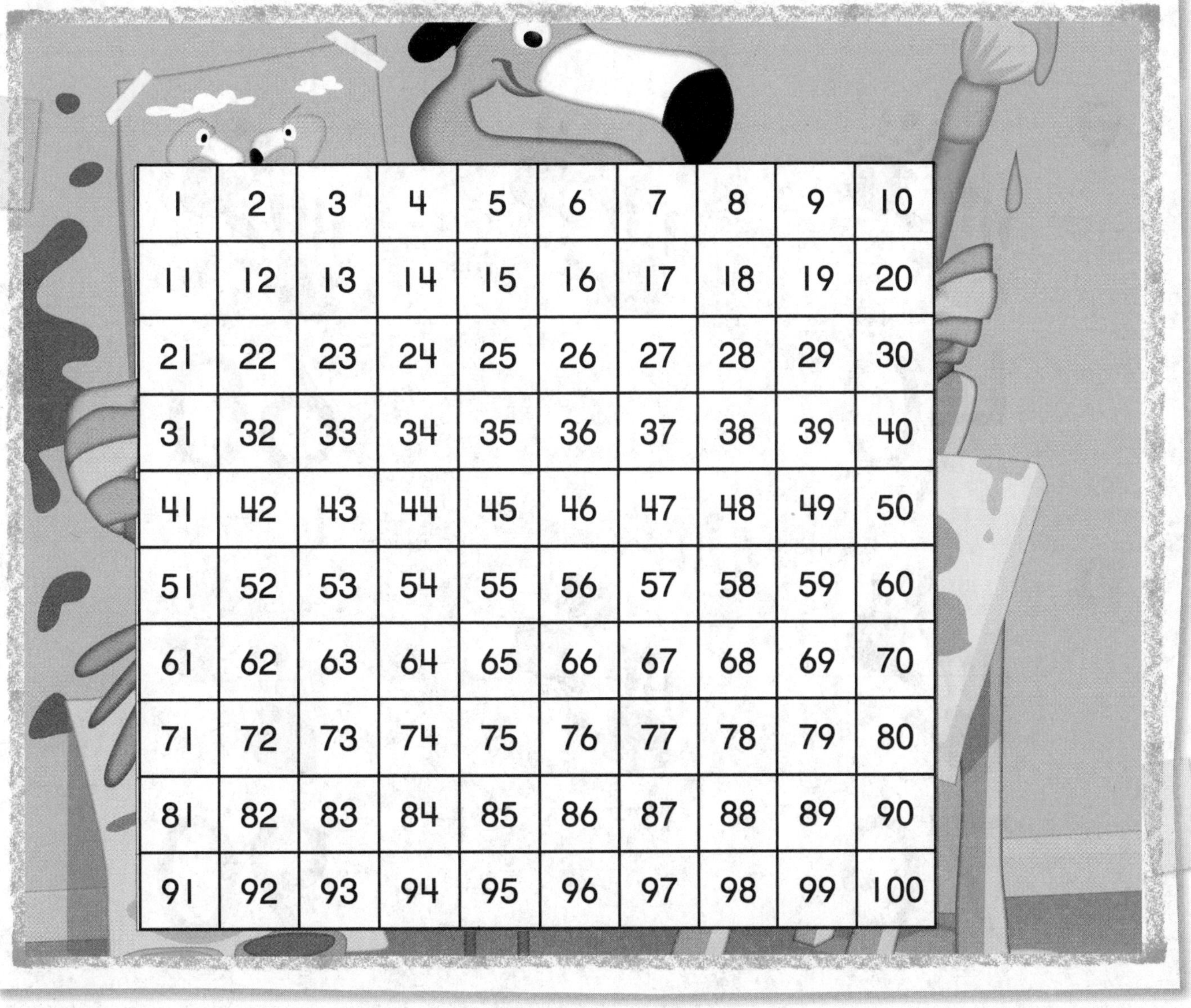

1	2	3	4	5	6	7	8	9	10
11	12	13	14	15	16	17	18	19	20
21	22	23	24	25	26	27	28	29	30
31	32	33	34	35	36	37	38	39	40
41	42	43	44	45	46	47	48	49	50
51	52	53	54	55	56	57	58	59	60
61	62	63	64	65	66	67	68	69	70
71	72	73	74	75	76	77	78	79	80
81	82	83	84	85	86	87	88	89	90
91	92	93	94	95	96	97	98	99	100

Instrucciones para el maestro: Pida a los niños que señalen y cuenten de 10 en 10 los números de 10 a 100. Dígales que coloreen de verde el 10, el 20 y el 30. Pídales que coloreen de amarillo el 40, el 50 y el 60. Indíqueles que coloreen de rojo el 70, el 80, el 90 y el 100.

PRÁCTICAS
matemáticas

Ver y mostrar

1

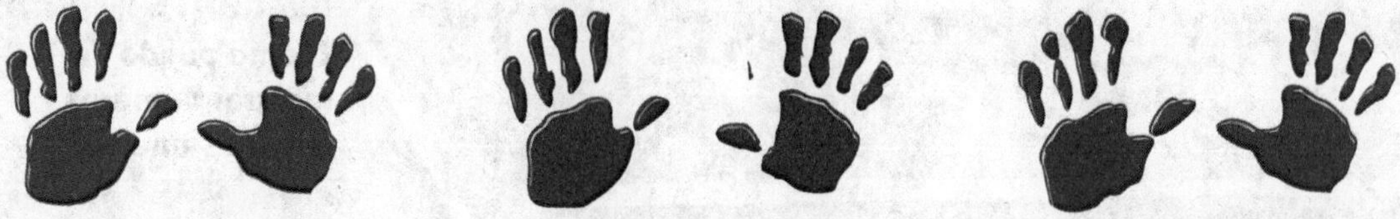

10 20 30

2

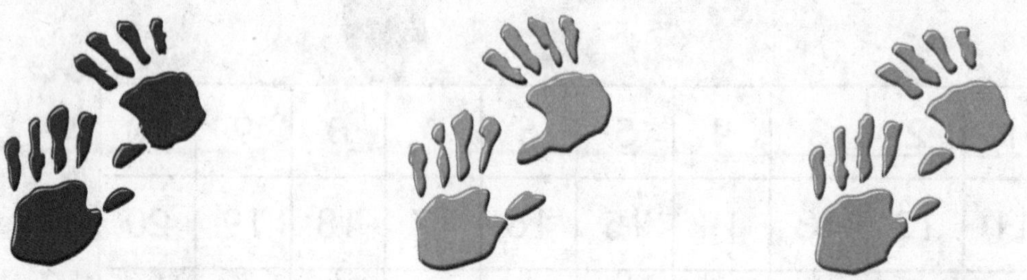

40 ______ 60

3

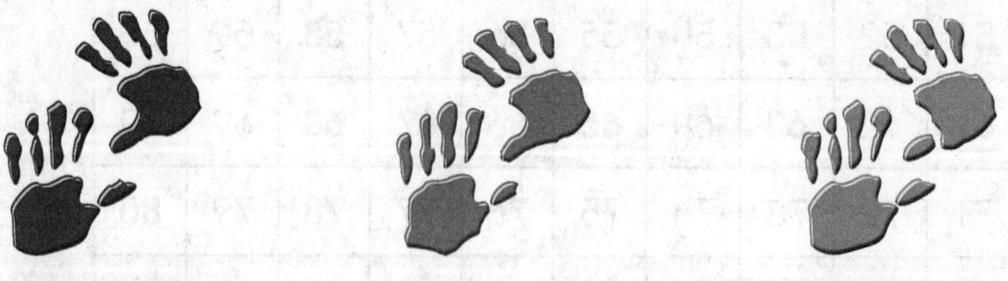

70 ______ 90

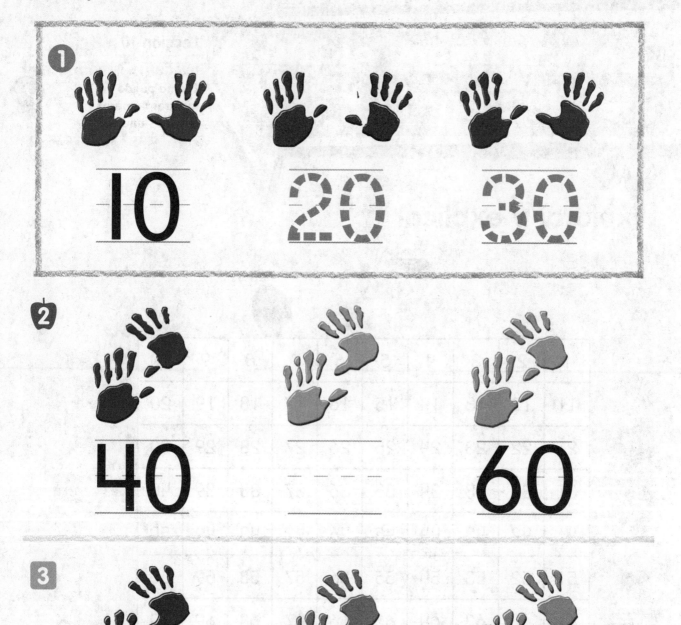

Instrucciones para el maestro: 1–3. Pida a los niños que cuenten de 10 en 10. Indíqueles que usen una tabla de cien para hallar los números que faltan. Dígales que escriban los números que faltan.

Nombre ....

CCSS

Por mi cuenta

4

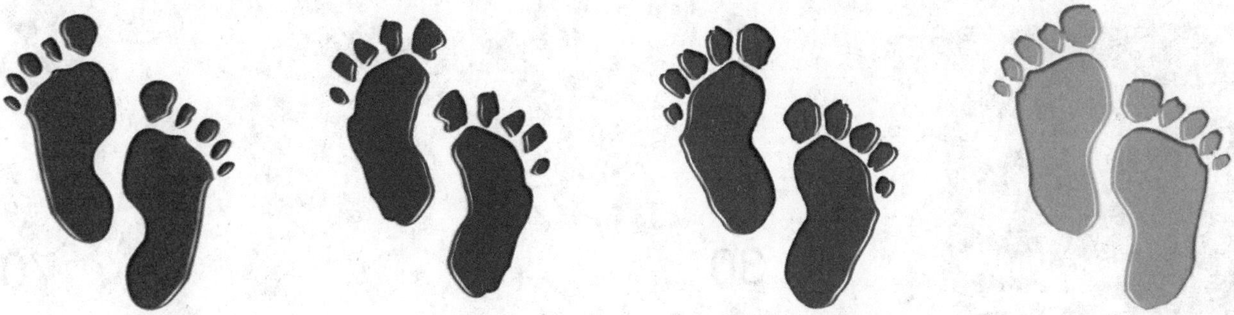

10 ____ 30 ____

5

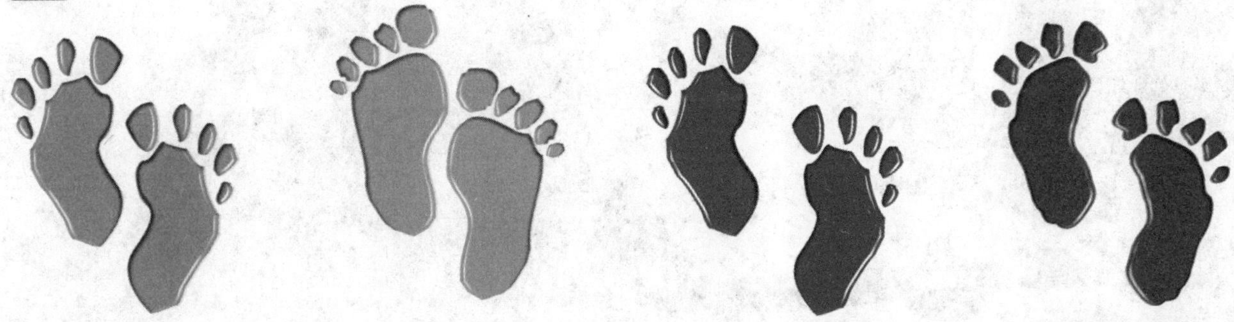

50 ____ 70 80

Instrucciones para el maestro: 4–5. Pida a los niños que cuenten de 10 en 10. Indíqueles que usen una tabla de cien para hallar los números que faltan. Dígales que escriban los números que faltan.

PRÁCTICAS matemáticas

Resolución de problemas

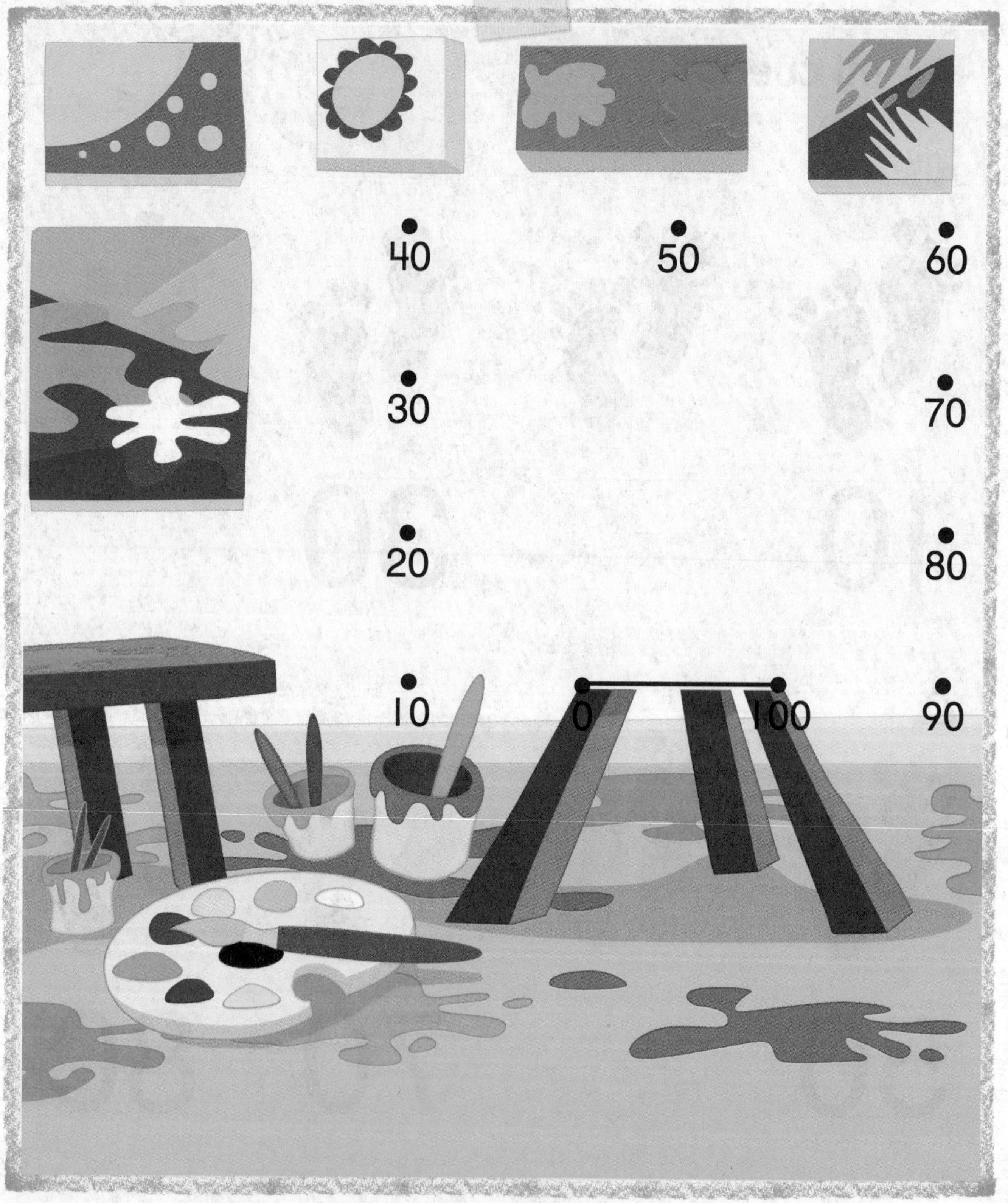

Instrucciones para el maestro: Pida a los niños que empiecen por el 0 y que cuenten de 10 en 10 para conectar los puntos. Diga: *Digan los números. Luego, hagan un dibujo sobre el atril.*

Nombre ....

Mi tarea

Lección 10

Contar hasta el 100 de diez en diez

Asistente de tareas

Ayuda en línea

¿Necesitas ayuda? connectED.mcgraw-hill.com

1

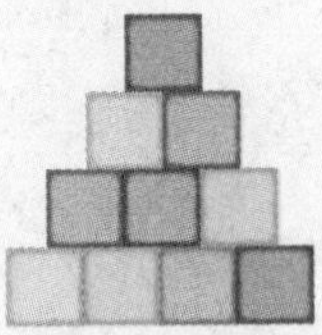

10

20

30

2

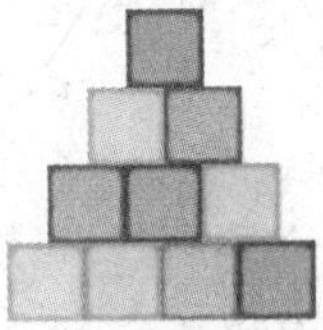

40

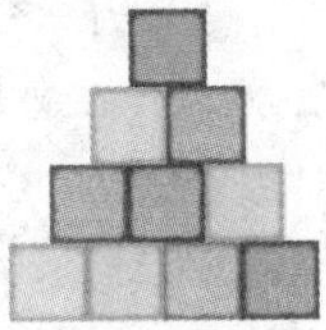

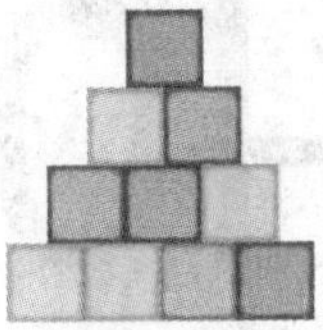

3

70

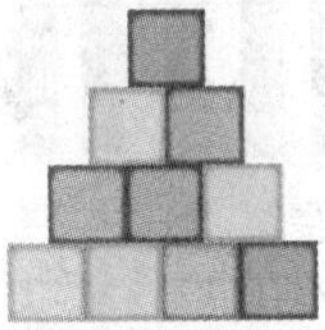

Instrucciones para el maestro: 1–3. Pida a los niños que sigan contando de 10 en 10. Indíqueles que escriban el número que dice cuántos objetos hay en total.

4

10

5

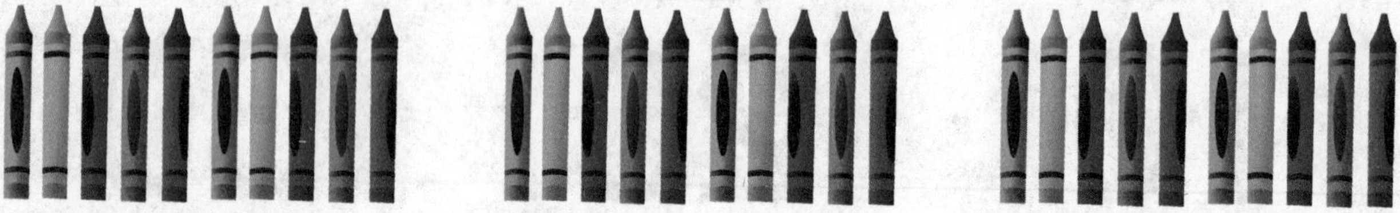

40

6

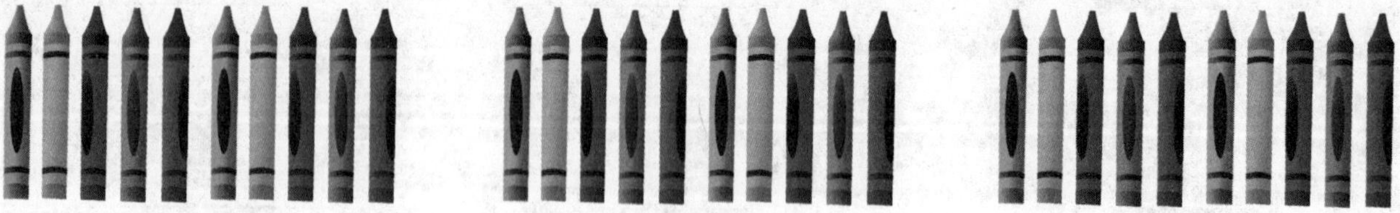

70

Instrucciones para el maestro: 4–6. Pida a los niños que sigan contando de 10 en 10. Indíqueles que escriban el número que dice cuántos objetos hay en total.

Las mates en casa Ayude a su niño o niña a formar grupos de 10 con copos de cereal. Pídale que cuente hasta 100 de diez en diez.

Nombre

Práctica de fluidez

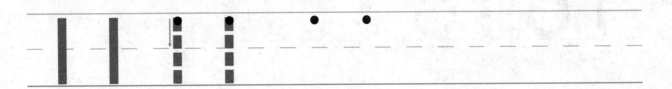

11 11

12 12

13 13

14 14

15 15

Instrucciones para el maestro: Pida a los niños que tracen y escriban cada número sobre la línea correspondiente.

Práctica de fluidez

16 16

17 17

18 18

19 19

20 20

Instrucciones para el maestro: Pida a los niños que tracen y escriban cada número sobre la línea correspondiente.

Nombre ....

Mi repaso

Capítulo 3
Números mayores que 10

Comprobación del vocabulario

Vocabulario abc

Instrucciones para el maestro: 1. Pida a los niños que dibujen una rama en la boca de la jirafa que tiene veinte manchas. 2. Pida a los niños que dibujen quince manchas en la jirafa que no tiene manchas. 3. Pida a los niños que dibujen una corbata en la jirafa que tiene diecisiete manchas. 4. Pida a los niños que adornen con una flor en la oreja la jirafa que tiene dieciocho manchas. 5. Pida a los niños que encierren en un círculo la jirafa que tiene dieciséis manchas. 6. Pida a los niños que marquen con una X la jirafa que tiene diecinueve manchas.

Comprobación del concepto

1

1	2	3	4	5	6	7	8	9	10
11	12	13	14	15	16	17	18	19	20

2

1	2	3	4	5	6	7	8	9	10
11	12	13	14	15	16	17	18	19	20
21	22	23	24	25	26	27	28	29	30
31	32	33	34	35	36	37	38	39	40
41	42	43	44	45	46	47	48	49	50

3

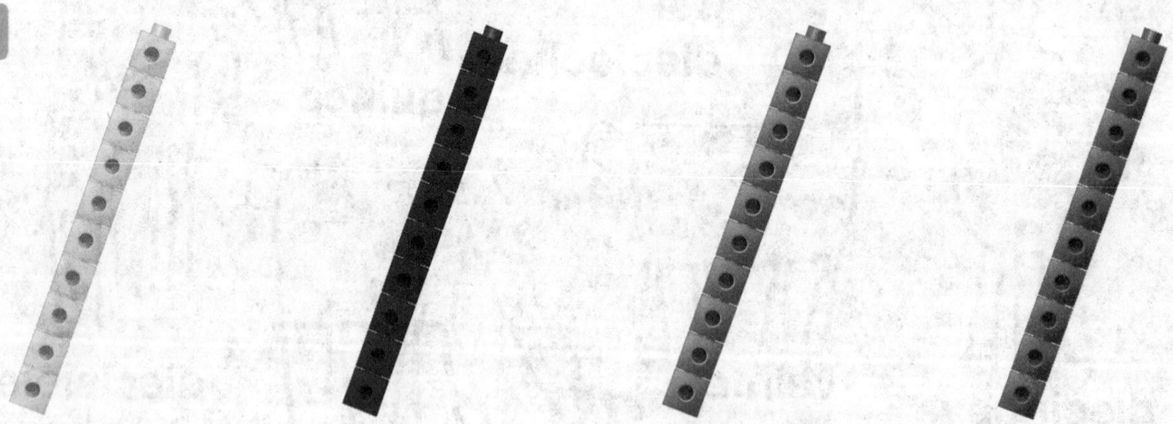

10 ____ 30 ____

Instrucciones para el maestro: 1. Pida a los niños que señalen y coloreen de azul los números 1 a 9. Luego, pídales que señalen y coloreen de amarillo los números 10 a 16. Por último, dígales que señalen y coloreen de rojo los números 17 a 20. **2.** Pida a los niños que señalen y coloreen de verde los números 1 a 15. Luego, pídales que señalen y coloreen de anaranjado los números 16 a 32. Dígales que señalen y coloreen de azul los números 33 a 50. **3.** Pida a los niños que cuenten de 10 en 10 y que escriban los números que faltan.

Nombre ....

El mundo real

Resolución de problemas

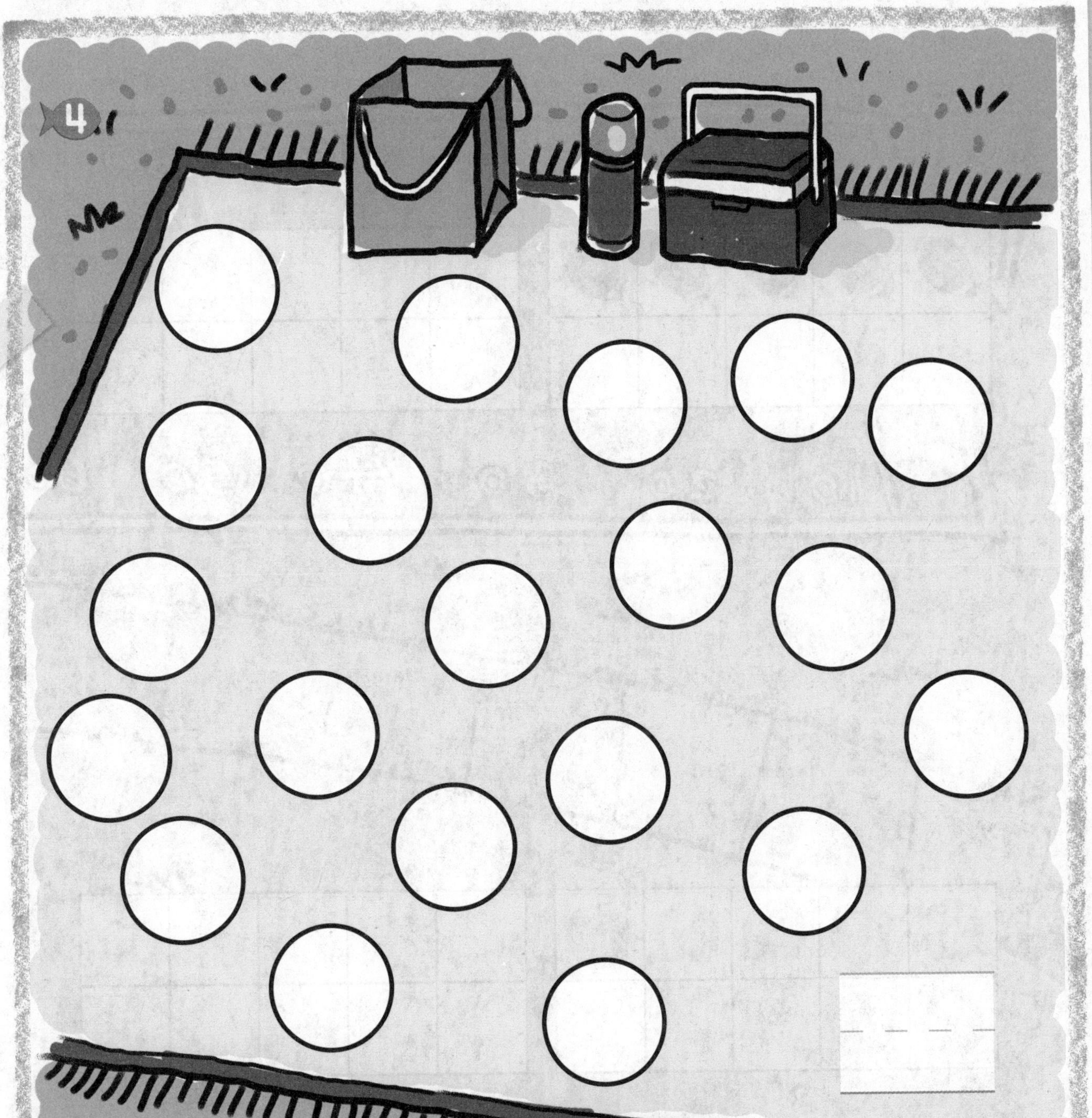

Instrucciones para el maestro: Pida a los niños que coloreen de violeta 10 círculos. Pídales que coloreen de verde otros 10 círculos. Luego, indíqueles que cuenten todos los círculos, que digan cuántos hay y que escriban el número.

Pienso

Capítulo 3

PREGUNTA IMPORTANTE

¿Cómo puedo mostrar números mayores que 10?

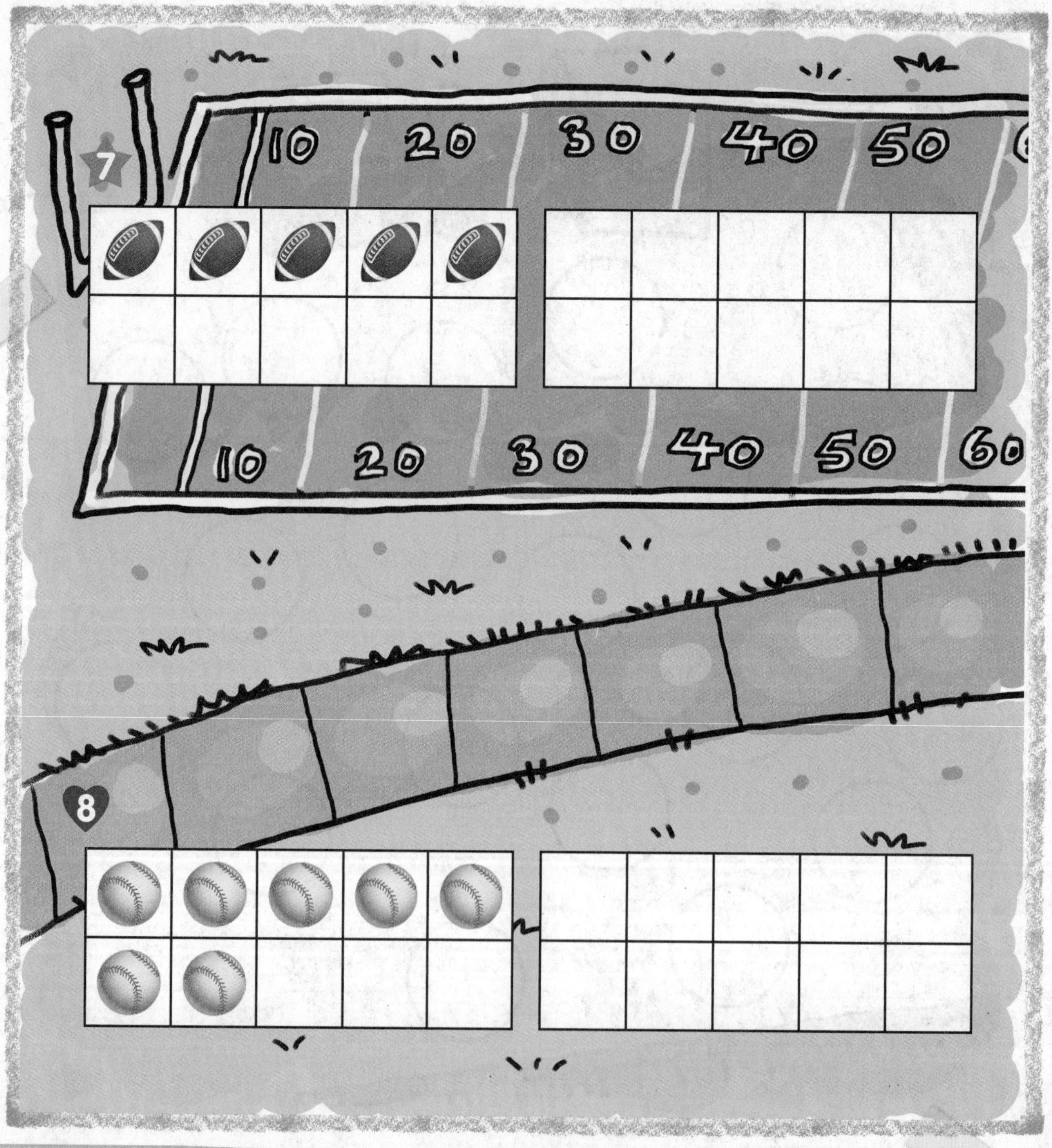

Instrucciones para el maestro: 1. Pida a los niños que cuenten los objetos y que digan cuántos hay. Dígales que dibujen más para que haya diecisiete en el grupo. **2.** Pida a los niños que cuenten los objetos y que digan cuántos hay. Dígales que dibujen más para que haya veinte en el grupo.

Capítulo 4

Componer y descomponer los números hasta el 10

PREGUNTA IMPORTANTE
¿Cómo podemos mostrar un número de otras maneras?

¡Me voy a la ciudad!

Observa

¡Mira el video!

Mis estándares estatales

CCSS

Operaciones y razonamiento algebraico

K.OA.1 Representar sumas y restas con objetos, dedos, imágenes mentales, dibujos, sonidos (por ejemplo, palmadas), expresiones, ecuaciones o explicaciones orales, o representando situaciones.

K.OA.3 Descomponer números menores o iguales a 10 en dos, al menos de dos maneras (por ejemplo, con objetos o dibujos), y registrar cada descomposición con un dibujo o una ecuación (por ejemplo, $5 = 2 + 3$ y $5 = 4 + 1$).

K.OA.4 Dado cualquier número del 1 al 9, hallar el número que da como resultado 10 cuando se lo suma a ese número (por ejemplo, usando objetos o dibujos), y registrar la respuesta con un dibujo o una ecuación.

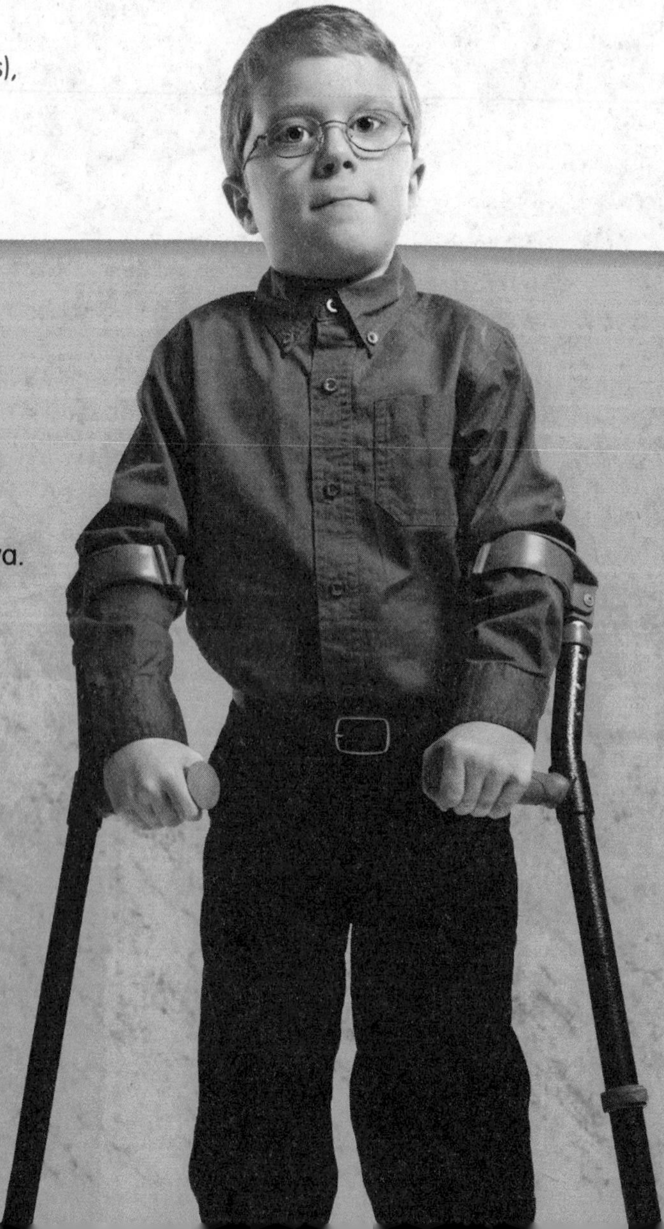

Estándares para las
PRÁCTICAS matemáticas

1. Entender los problemas y perseverar en la búsqueda de una solución.
2. Razonar de manera abstracta y cuantitativa.
3. Construir argumentos viables y hacer un análisis del razonamiento de los demás.
4. Representar con matemáticas.
5. Usar estratégicamente las herramientas apropiadas.
6. Prestar atención a la precisión.
7. Buscar una estructura y usarla.
8. Buscar y expresar regularidad en el razonamiento repetido.

= Se trabaja en este capítulo.

Nombre ....

Antes de seguir...

Comprueba ← Conéctate para hacer la prueba de preparación.

1

2

3

Instrucciones para el maestro: 1–3. Pida a los niños que cuenten los objetos y que escriban el número.

Nombre

Las palabras de mis mates

Vocabulario

Repaso del vocabulario

cuatro 4 cinco 5

Instrucciones para el maestro: Diga: *Tracen las palabras y los números. Hagan una X junto a cada persona que está dentro del autobús. Cuenten las X. Hagan una X junto al número que indica cuántas personas hay en el autobús. Encierren en un círculo a cada persona que está fuera del autobús. Cuenten los círculos. Encierren en un círculo el número que indica cuántas personas hay fuera del autobús.*

Mis tarjetas de vocabulario

Vocabulario

PRÁCTICAS matemáticas

cinco 5

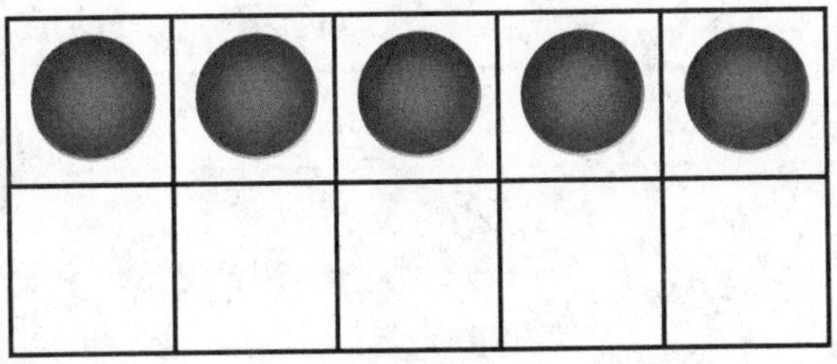

cuatro 4

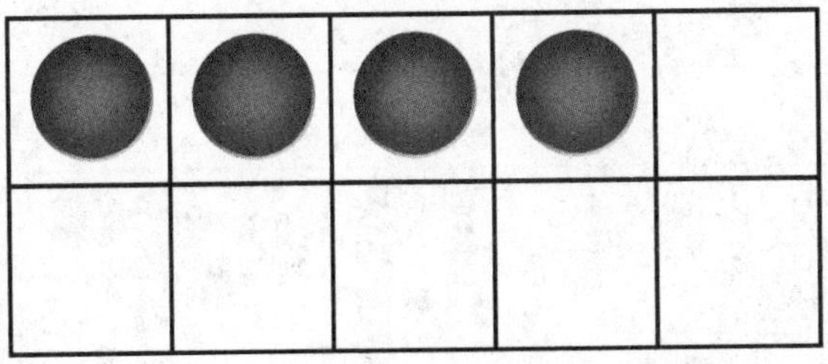

nueve 9

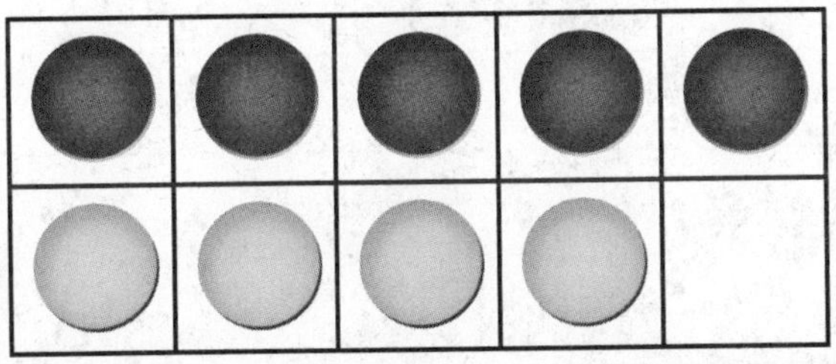

ocho 8

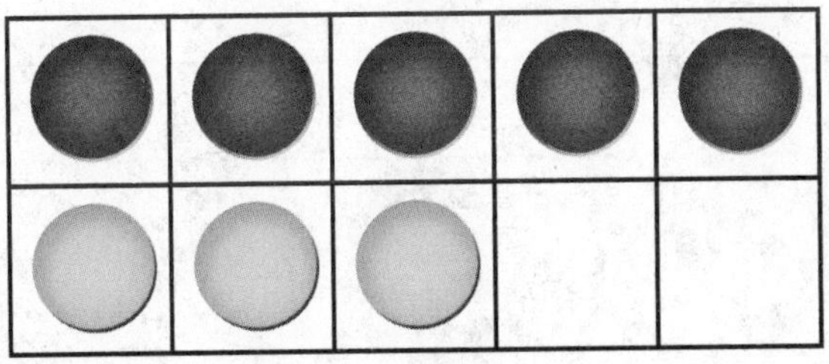

seis 6

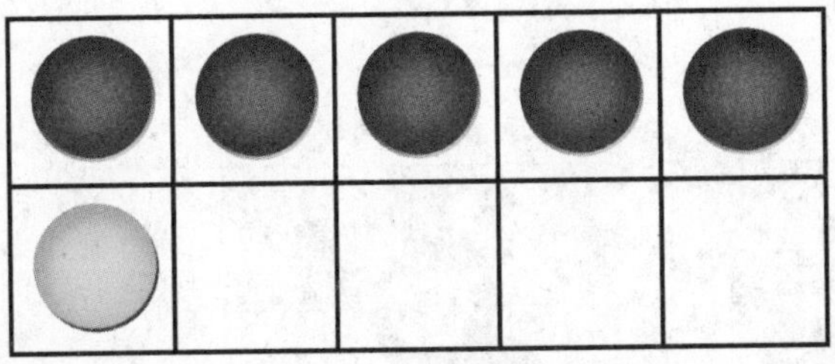

siete 7

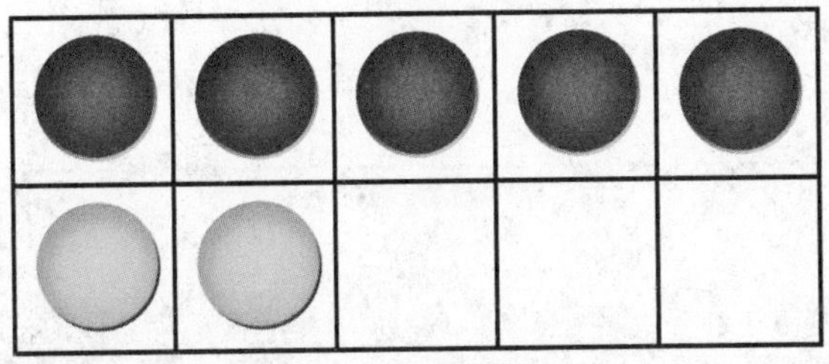

Instrucciones para el maestro: Sugerencias

- Muestre a los niños las tarjetas del seis al nueve. Pídales que comenten cuántas fichas rojas y cuántas fichas amarillas hay en la tarjeta del seis. Repita el ejercicio con las tarjetas del siete al nueve.
- Pida a los niños que elijan una tarjeta y muestren el número con fichas y un marco de diez.

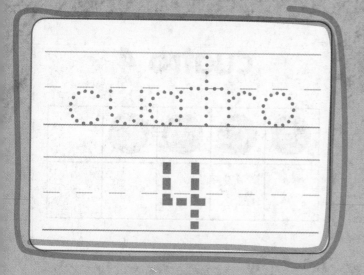

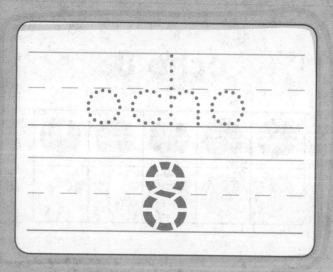

cuatro
4

cinco
5

ocho
8

nueve
9

siete
7

seis
6

Mi modelo de papel

FOLDABLES® Sigue los pasos que aparecen en el reverso para hacer tu modelo de papel.

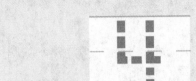

4

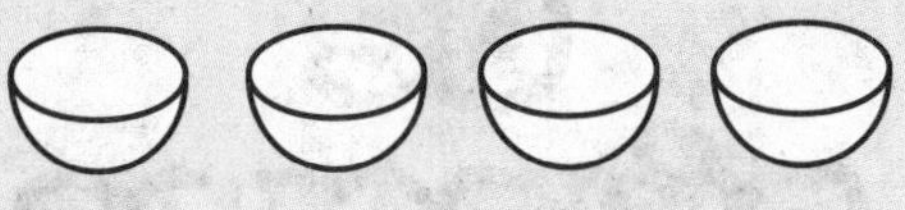

____ y ____

9

____ y ____

6

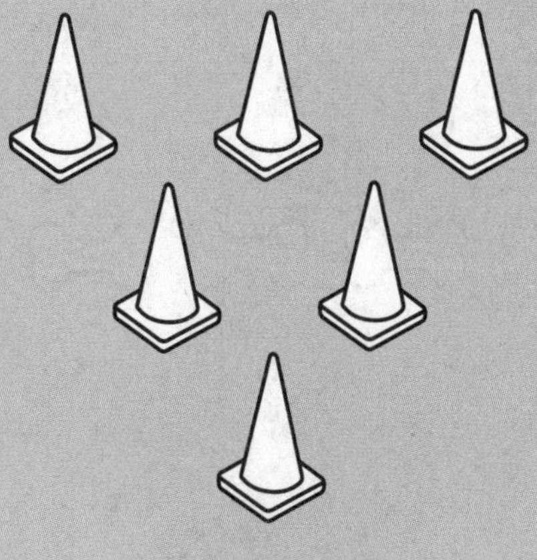

____ y ____

7

____ y ____

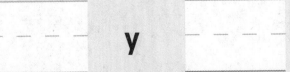

FOLDABLES®
Ayudas de estudio

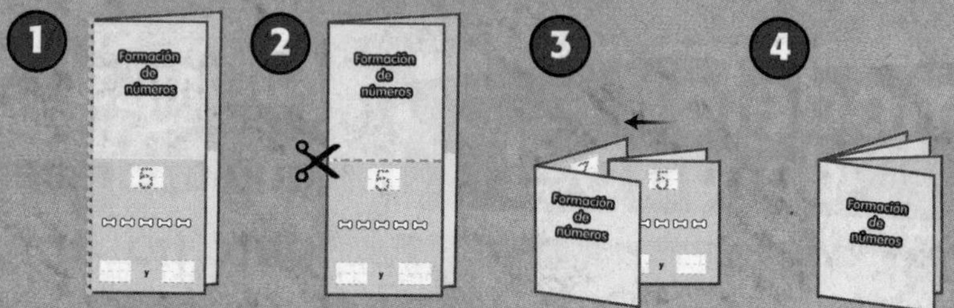

10

_____ y _____

Formación de números

8

_____ y _____

5

_____ y _____

Nombre ....

Formar 4 y 5

Lección 1

PREGUNTA IMPORTANTE
¿Cómo podemos mostrar un número de otras maneras?

Explorar y explicar

Herramientas Observa

¡Un paquete para ti!

1

2

Instrucciones para el maestro: 1. Pida a los niños que usen [oso rojo] y [oso amarillo] para mostrar distintas maneras de formar cuatro. Dígales que coloreen de rojo y amarillo la fila de cuatro osos para mostrar una de esas maneras. **2.** Repita el ejercicio para que los niños muestren maneras de formar cinco. Indíqueles que coloreen de rojo y amarillo la fila de cinco osos para mostrar una manera.

PRÁCTICAS matemáticas

Ver y mostrar

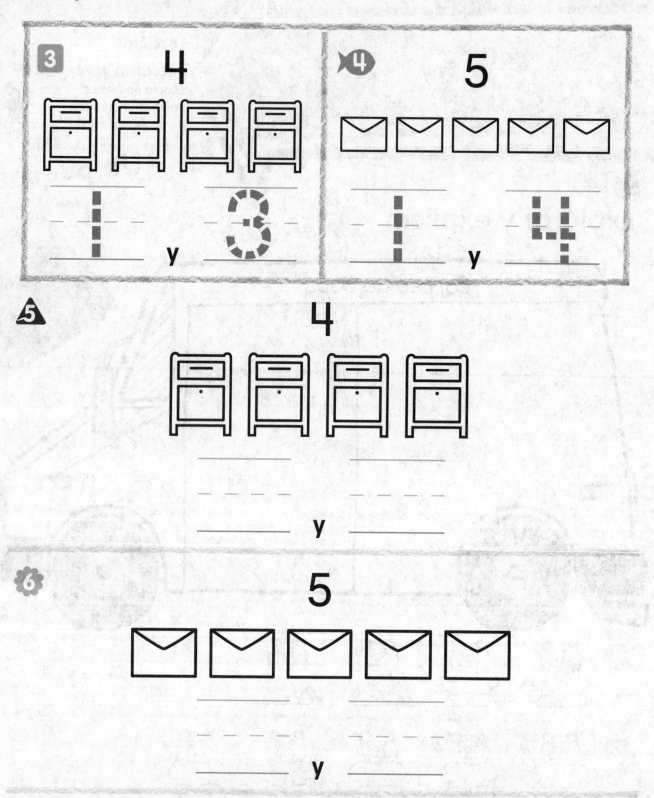

3 4

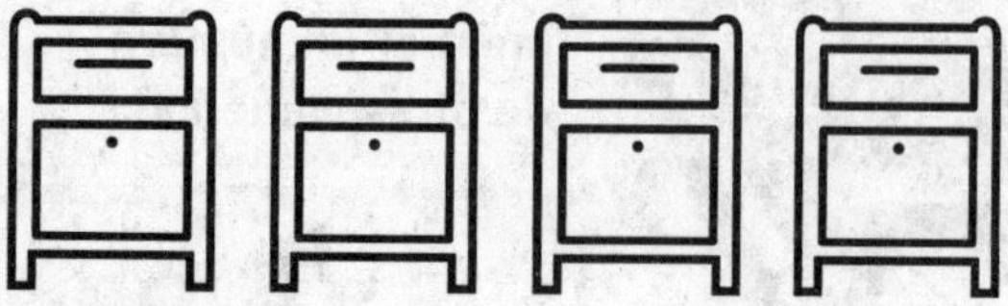

1 y 3

4 5

1 y 4

5 4

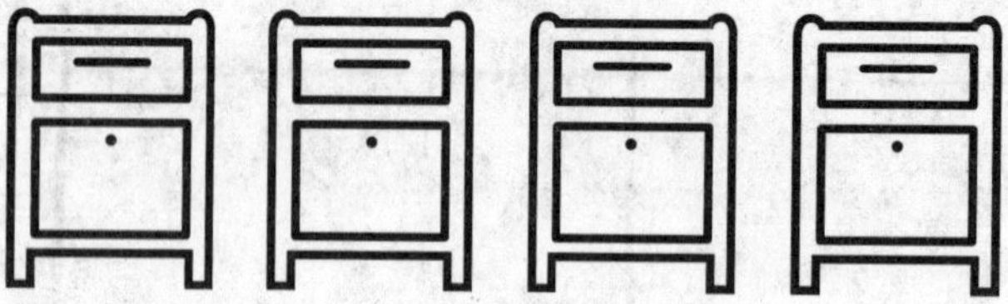

_____ y _____

6 5

_____ y _____

Instrucciones para el maestro: 3–4. Diga a los niños que tracen los números para mostrar una manera de formar cuatro y cinco. Pídales que coloreen los objetos de rojo y amarillo para mostrar esa manera. **5–6.** Pida a los niños que coloreen los objetos de rojo y amarillo para mostrar una manera de formar cuatro y cinco, y que luego escriban los números.

Nombre

Por mi cuenta

7

4

______ y ______

8

5

______ y ______

9

5

______ y ______

Instrucciones para el maestro: 7–9. Diga a los niños que coloreen los objetos de rojo y amarillo para mostrar una manera de formar cuatro y cinco, y que luego escriban los números.

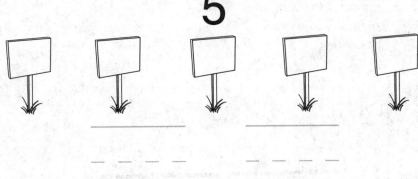

PRÁCTICAS matemáticas

El mundo real

Resolución de problemas

Instrucciones para el maestro: 10. Diga a los niños que dibujen cuatro ventanas y que coloreen las ventanas de azul y amarillo para mostrar una manera de formar cuatro. **11.** Diga a los niños que dibujen cinco ventanas. Luego, indíqueles que coloreen las ventanas de azul y amarillo para mostrar una manera de formar cinco.

Nombre ....

Mi tarea

Lección 1
Formar 4 y 5

Asistente de tareas

Ayuda en línea ¿Necesitas ayuda? connectED.mcgraw-hill.com

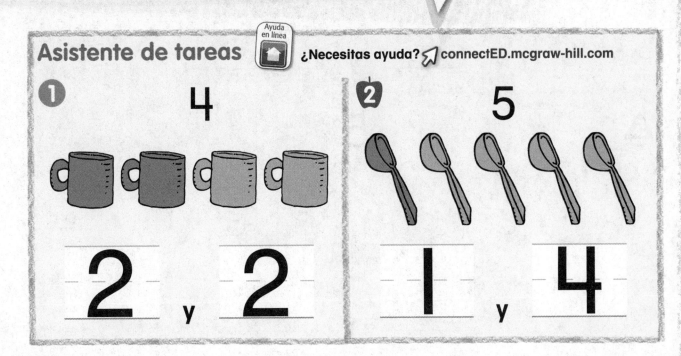

1 4

2 y 2

2 5

1 y 4

3 4

_____ y _____

Instrucciones para el maestro: 1–2. Pida a los niños que coloreen los objetos de rojo y azul para mostrar una manera de formar cuatro y cinco. Luego, dígales que escriban los números. **3.** Pida a los niños que coloreen los objetos de rojo y azul para mostrar una manera de formar cuatro. Luego, dígales que escriban los números.

4

4

________ ________

________ y ________

5

5

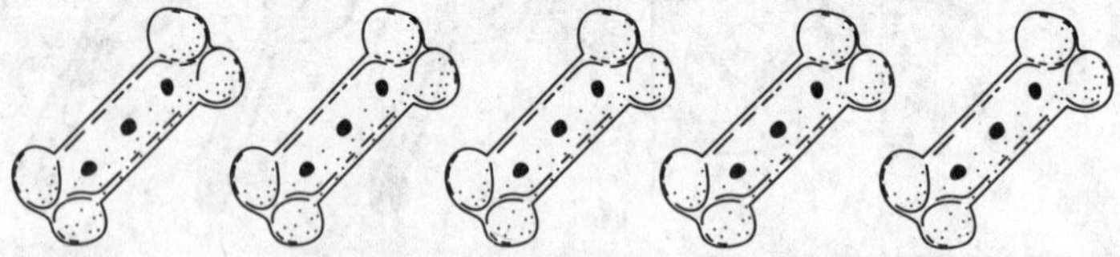

________ ________

________ y ________

6

5

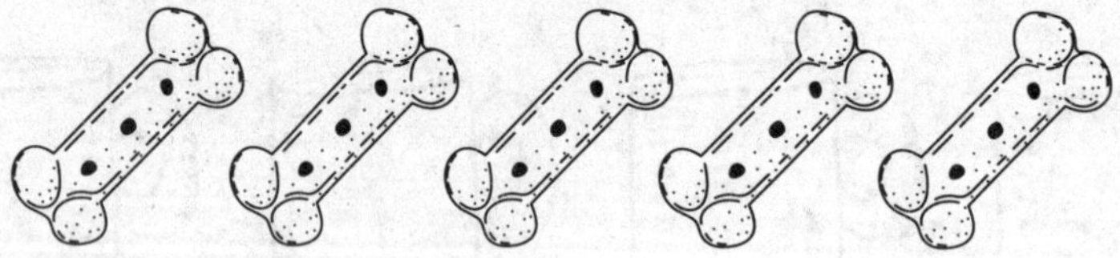

________ ________

________ y ________

Instrucciones para el maestro: 4–6. Diga a los niños que coloreen los objetos de rojo y azul para mostrar una manera de formar cuatro y cinco, y que luego escriban los números.

Las mates en casa Dibuje cuatro objetos, como cuatro tazas o cuatro platos. Pida a su niño o niña que coloree los objetos para mostrar una manera de formar cuatro. Repita el ejercicio con cinco objetos y pídale que los coloree para mostrar una manera de formar cinco.

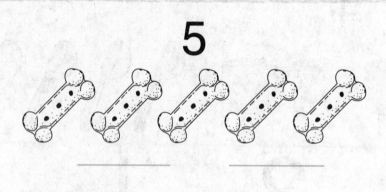

Nombre ....

Descomponer 4 y 5

Lección 2

PREGUNTA IMPORTANTE
¿Cómo podemos mostrar un número de otras maneras?

Explorar y explicar

Herramientas

1 

2 

Instrucciones para el maestro: 1. Indique a los niños que muestren cuatro con [osito]. Pídales que separen los ositos en dos grupos para mostrar una manera de descomponer cuatro. Dígales que encierren en un círculo los ositos para mostrar esa manera. **2.** Repita el ejercicio con maneras de descomponer cinco. Diga a los niños que encierren en un círculo los ositos para mostrar una manera de descomponer cinco.

Ver y mostrar

PRÁCTICAS matemáticas

3

4

2 y 2

4

5

2 y 3

5

4

y

6

5

y

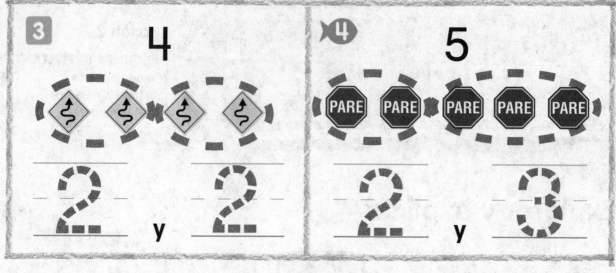

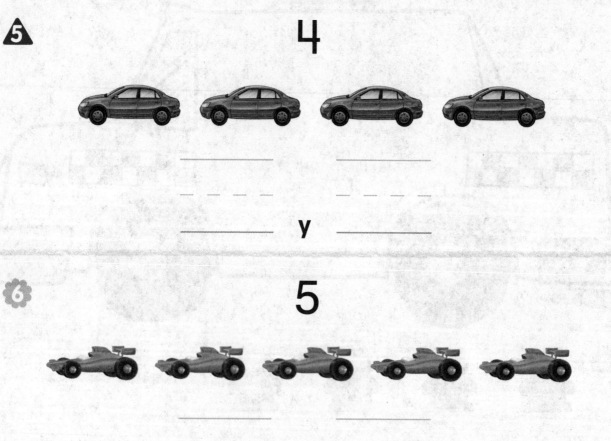

Instrucciones para el maestro: 3–4. Indique a los niños que observen el número y que cuenten los objetos. Dígales que tracen los círculos para mostrar una manera de descomponer el número, y que luego tracen los números. **5–6.** Diga a los niños que observen el número y que cuenten los objetos. Pídales que encierren en un círculo los objetos para mostrar una manera de descomponer el número. Por último, indíqueles que escriban los números.

Nombre ....

CCSS

Por mi cuenta

7

5

______ y ______

8

4

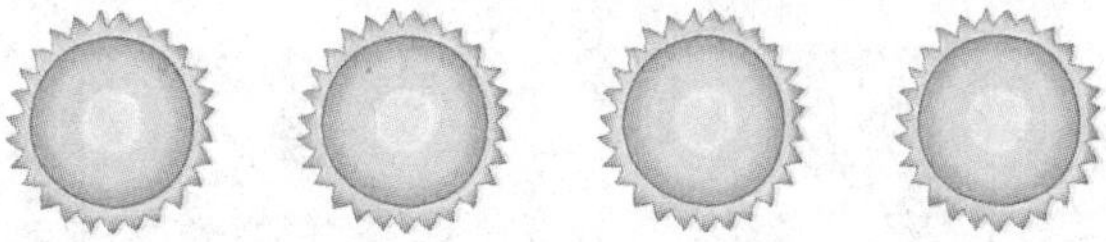

______ y ______

9

5

______ y ______

Instrucciones para el maestro: 7–9. Pida a los niños que observen el número y que luego cuenten los objetos. Indíqueles que encierren en un círculo los objetos para mostrar una manera de descomponer el número. Por último, dígales que escriban los números.

Resolución de problemas

PRÁCTICAS matemáticas

10

y

11

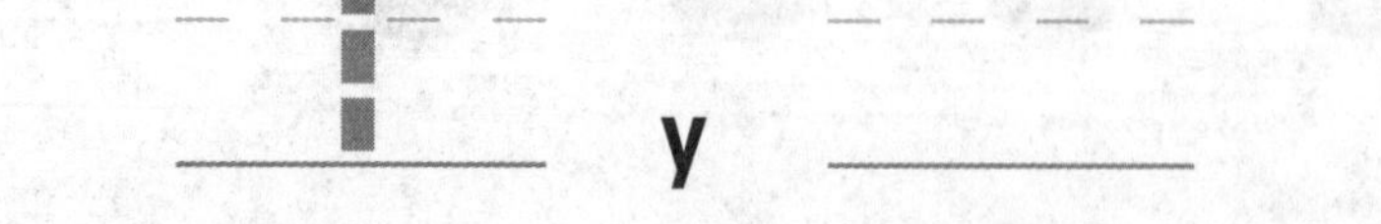

y

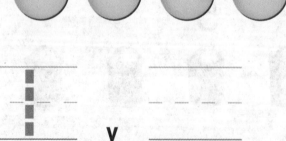

Instrucciones para el maestro: 10–11. Diga: *Cuenten las fichas. Escriban el número arriba de las fichas. Usen fichas para mostrar el número. Separen un grupo de una ficha. Tracen el número uno. Cuenten las fichas del otro grupo. Escriban el número. Encierren en un círculo las fichas para mostrar cada grupo.*

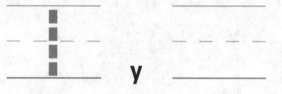

Nombre ....

Mi tarea

Lección 2

Descomponer 4 y 5

Asistente de tareas

Ayuda en línea

¿Necesitas ayuda? connectED.mcgraw-hill.com

1

4

3 y 1

2

4

____ y ____

3

5

____ y ____

Instrucciones para el maestro: 1–3. Pida a los niños que observen el número y que cuenten los objetos. Dígales que encierren en un círculo los objetos para mostrar una manera de descomponer el número. Por último, pídales que escriban los números.

4

4

______ ______

______ y ______

5

5

______ ______

______ y ______

6

4

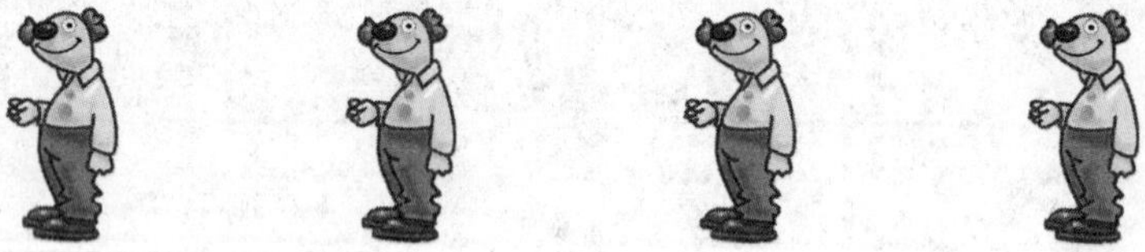

______ ______

______ y ______

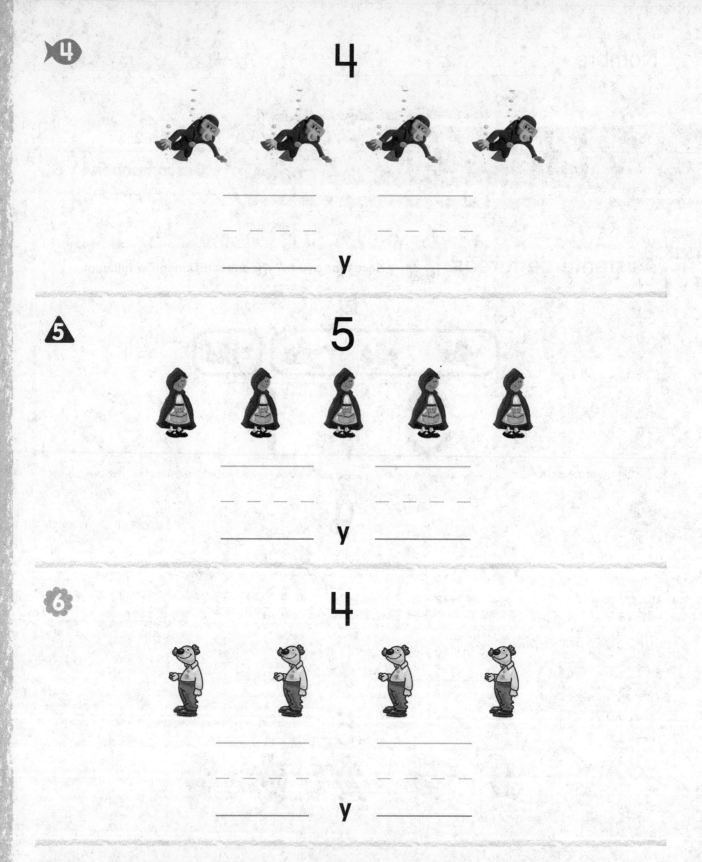

Instrucciones para el maestro: 4–6. Diga a los niños que observen el número y que cuenten los objetos. Pídales que encierren en un círculo los objetos para mostrar una manera de descomponer el número. Indique a los niños que escriban los números.

Las mates en casa Muestre a su niño o niña un grupo de cuatro vasos. Pídale que separe los vasos en dos grupos para mostrar una manera de descomponer cuatro. Ayúdelo a escribir los números para indicar cuántos objetos hay en cada grupo. Repita el ejercicio con cinco vasos.

Nombre ....

Formar 6 y 7

Lección 3

PREGUNTA IMPORTANTE
¿Cómo podemos mostrar un número de otras maneras?

Explorar y explicar

Herramientas Observa

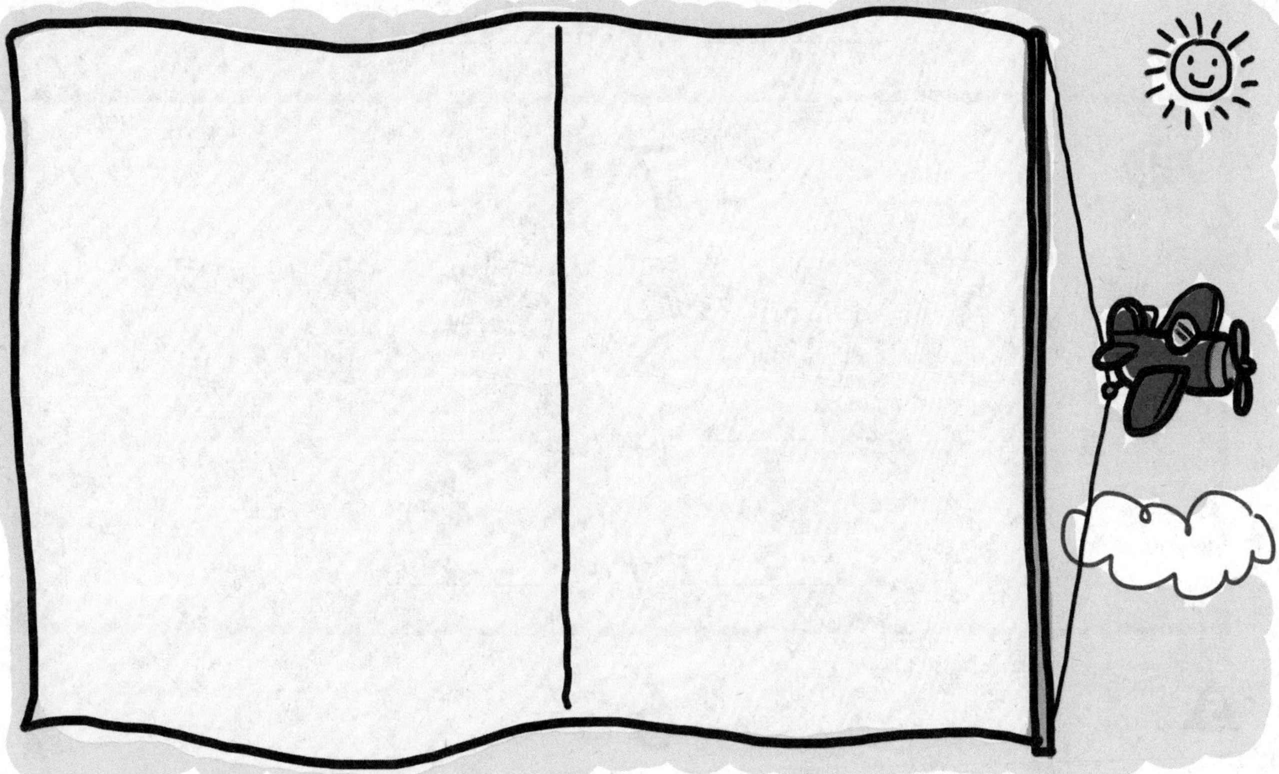

1 ◯ ◯ ◯ ◯ ◯ ◯

2 ◯ ◯ ◯ ◯ ◯ ◯ ◯

Instrucciones para el maestro: 1. Indique a los niños que usen ● y ○ para mostrar distintas maneras de formar seis. Dígales que coloreen de rojo y amarillo la fila de seis fichas para mostrar una manera. **2.** Repita el ejercicio con maneras de formar siete. Pida a los niños que coloreen de rojo y amarillo la fila de fichas para mostrar una manera de formar siete.

PRÁCTICAS matemáticas

Ver y mostrar

3 6

1 y 5

4 7

4 y 3

5 6

y

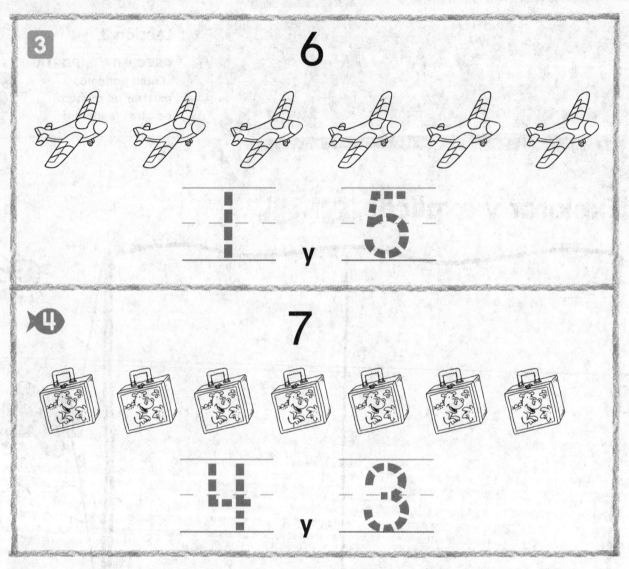

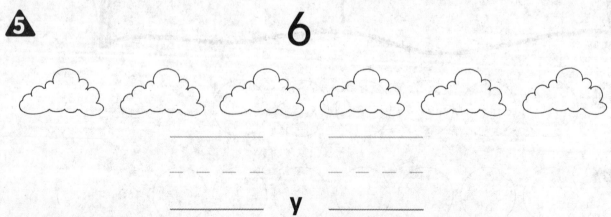

Instrucciones para el maestro: 3–4. Diga a los niños que tracen los números para mostrar una manera de formar seis y siete. Pídales que coloreen los objetos de rojo y azul para mostrar esa manera. **5.** Diga a los niños que coloreen los objetos de rojo y azul para mostrar una manera de formar seis. Luego, indíqueles que escriban los números.

Nombre ....

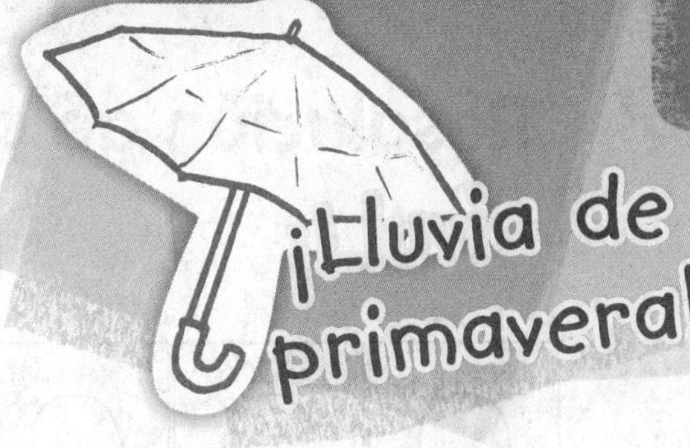

Por mi cuenta

6

6

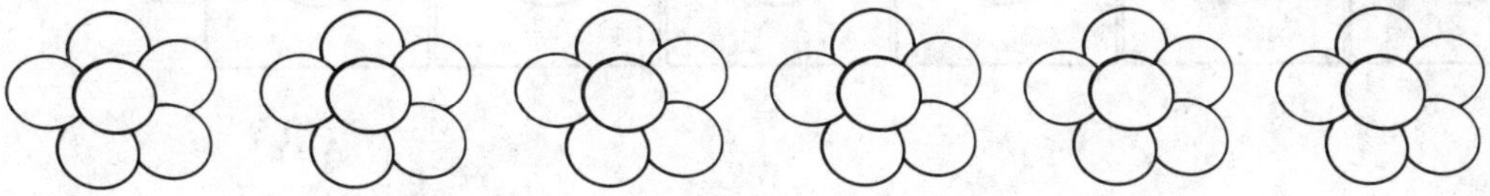

________ y ________

7

7

________ y ________

8

7

________ y ________

Instrucciones para el maestro: 6–8. Diga a los niños que coloreen los objetos de rojo y azul para mostrar una manera de formar seis y siete. Pídales que escriban los números.

PRÁCTICAS matemáticas

¡El mundo real! Resolución de problemas

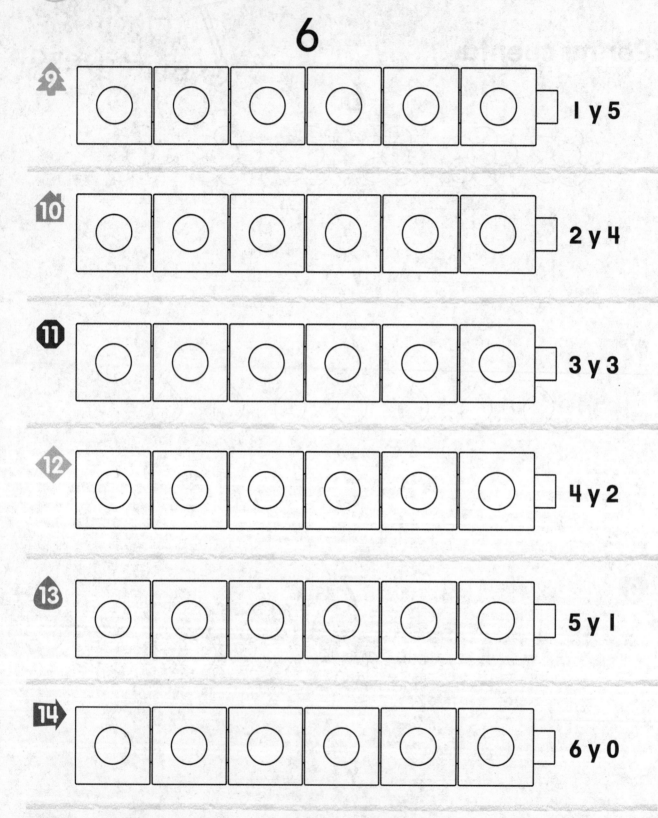

6

9

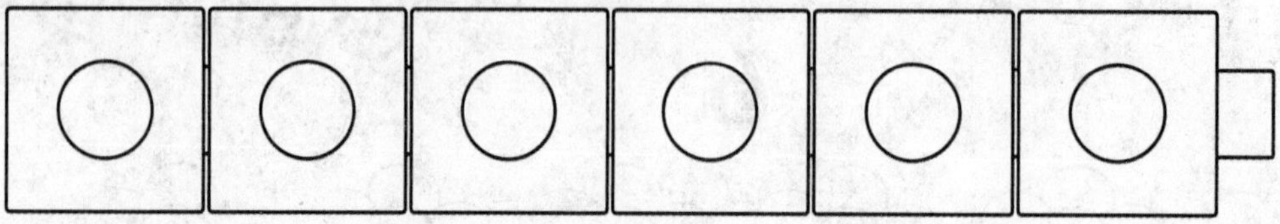

1 y 5

10

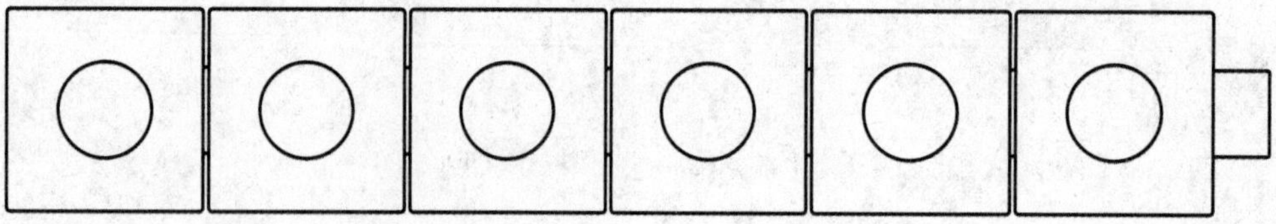

2 y 4

11

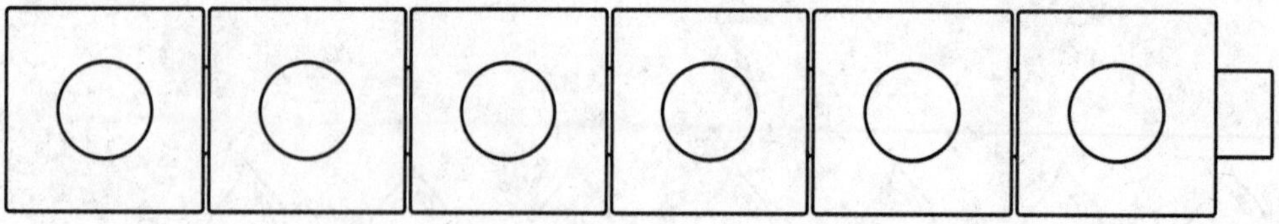

3 y 3

12

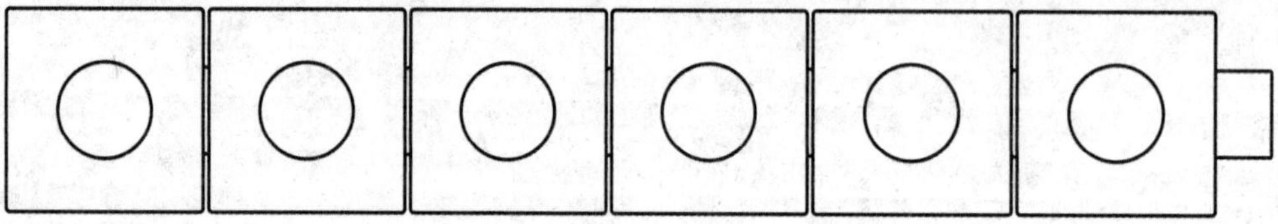

4 y 2

13

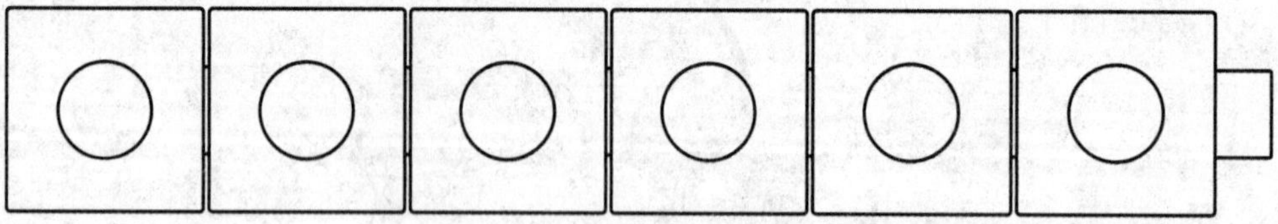

5 y 1

14

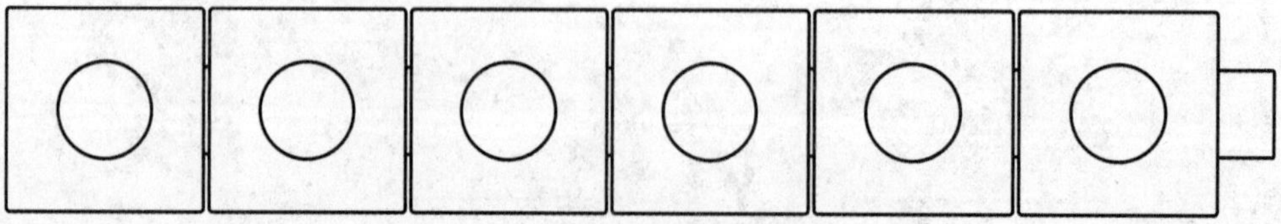

6 y 0

Instrucciones para el maestro: 9–14. Indique a los niños que digan los números que muestran una manera de formar seis. Luego, pídales que coloreen los cubos de verde y violeta para mostrar esa manera de formar seis.

Nombre ....

Mi tarea

Lección 3

Formar 6 y 7

Asistente de tareas

Ayuda en línea

¿Necesitas ayuda? connectED.mcgraw-hill.com

1

6

3 y 3

2

6

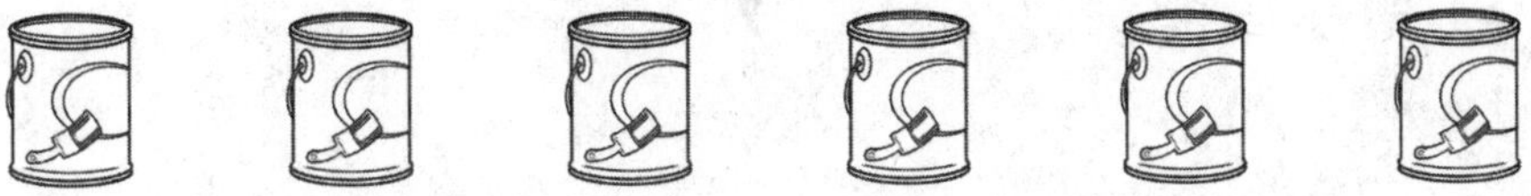

_____ y _____

3

7

_____ y _____

Instrucciones para el maestro: 1–3. Indique a los niños que coloreen los objetos de anaranjado y violeta para mostrar una manera de formar seis y siete. Pídales que escriban los números.

4

6

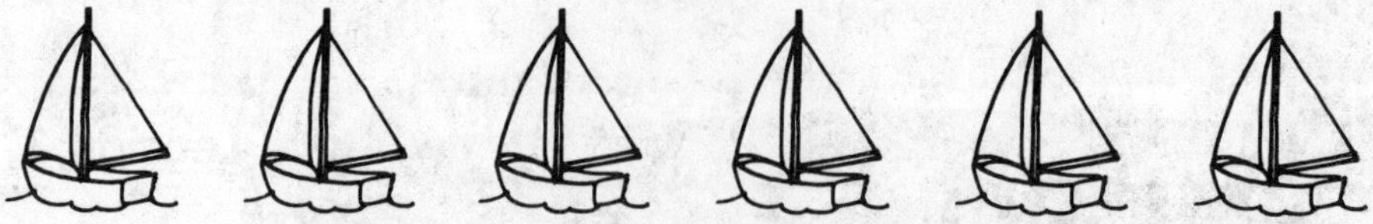

_____ y _____

5

7

_____ y _____

6

7

_____ y _____

Instrucciones para el maestro: 4–6. Pida a los niños que coloreen los objetos de anaranjado y violeta para mostrar una manera de formar seis y siete. Indíqueles que escriban los números.

Las mates en casa Dibuje seis objetos, como seis libros o seis crayones. Pida a su niño o niña que coloree los objetos para mostrar una manera de formar seis. Repita el ejercicio con siete objetos para que muestre una manera de formar siete.

Nombre ....

Descomponer 6 y 7

Lección 4

PREGUNTA IMPORTANTE
¿Cómo podemos mostrar un número de otras maneras?

Explorar y explicar

Herramientas

1

2

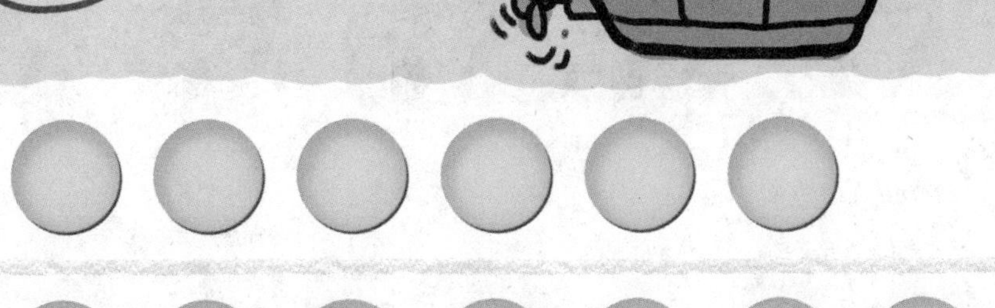

Instrucciones para el maestro: **1.** Pida a los niños que a usen ◯ para mostrar seis. Indíqueles que separen las fichas en dos grupos para descomponer seis. Dígales que encierren en un círculo las fichas para mostrar una manera de descomponer seis. **2.** Repita el ejercicio con maneras de descomponer siete. Pida a los niños que encierren en un círculo las fichas para mostrar una manera de descomponer siete.

Ver y mostrar

3 6

3 y 3

4 7

5 y 2

5 7

____ y ____

Instrucciones para el maestro: 3–4. Diga: *Observen el número. Cuenten los objetos. Tracen las líneas punteadas para mostrar una manera de descomponer el número. Tracen los números.*
5. Diga: *Observen el número. Cuenten los objetos. Encierren en un círculo los objetos para mostrar una manera de descomponer el número. Escriban los números.*

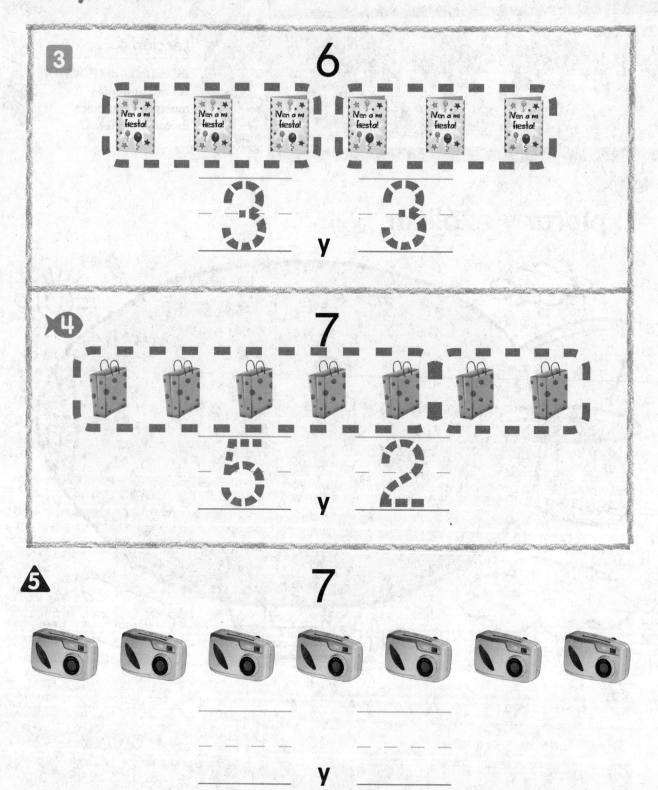

CCSS

Nombre

Por mi cuenta

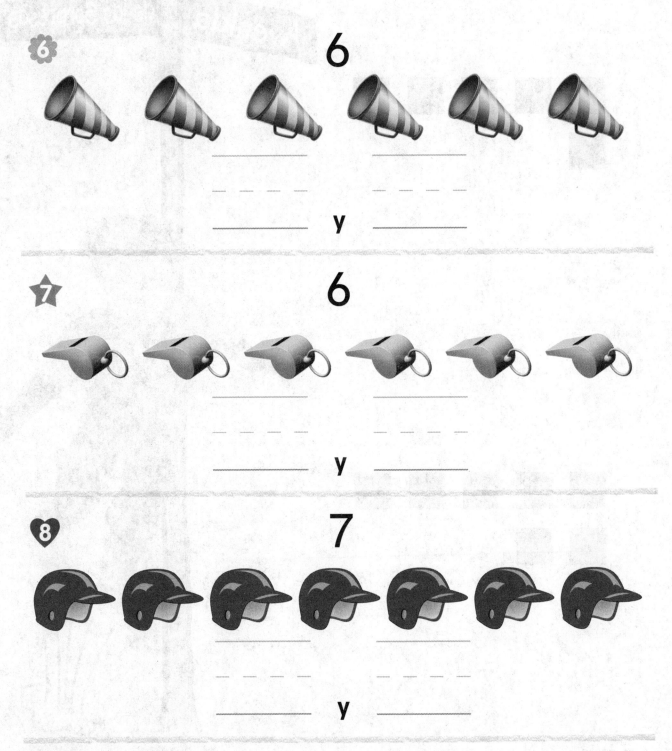

6

6

y

7

6

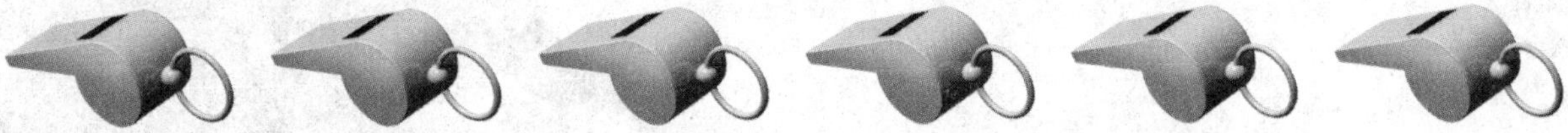

y

8

7

y

Instrucciones para el maestro: 6–8. Indique a los niños que observen el número y que cuenten los objetos. Pídales que encierren en un círculo los objetos para mostrar una manera de descomponer el número. Por último, dígales que escriban los números.

Resolución de problemas

El mundo real

9

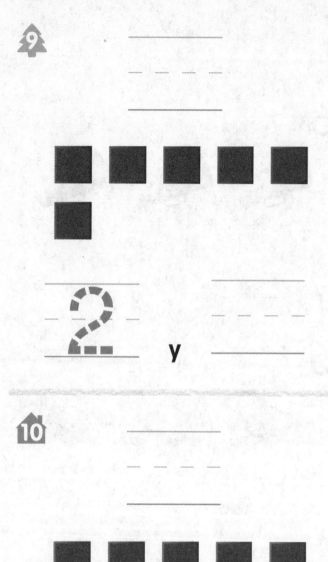

2 y

10

2 y

Avenida de las Sorpresas
¡Qué divertic
es la ciudad

Instrucciones para el maestro: 9–10. Diga: *Cuenten las fichas. Escriban el número arriba de las fichas. Muestren el número con fichas. Separen un grupo de dos fichas. Tracen el número dos. Cuenten las fichas del otro grupo. Escriban el número. Encierren en un círculo las fichas para mostrar cada grupo.*

Nombre ....

Mi tarea

Lección 4

Descomponer 6 y 7

Asistente de tareas

Ayuda en línea ¿Necesitas ayuda? connectED.mcgraw-hill.com

1

6

5 y 1

2

7

____ y ____

3

6

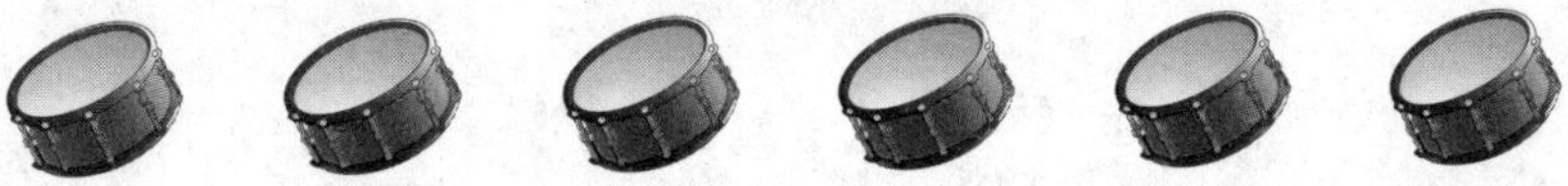

____ y ____

Instrucciones para el maestro: 1–3. Diga a los niños que observen el número y que cuenten los objetos. Pídales que encierren en un círculo los objetos para mostrar una manera de descomponer el número. Por último, dígales que escriban los números.

4

7

________ ________

________ y ________

5

6

________ ________

________ y ________

6

7

________ ________

________ y ________

Instrucciones para el maestro: 4–6. Indique a los niños que observen el número y que cuenten los objetos. Dígales que encierren en un círculo los objetos para mostrar una manera de descomponer seis y siete. Pídales que escriban los números.

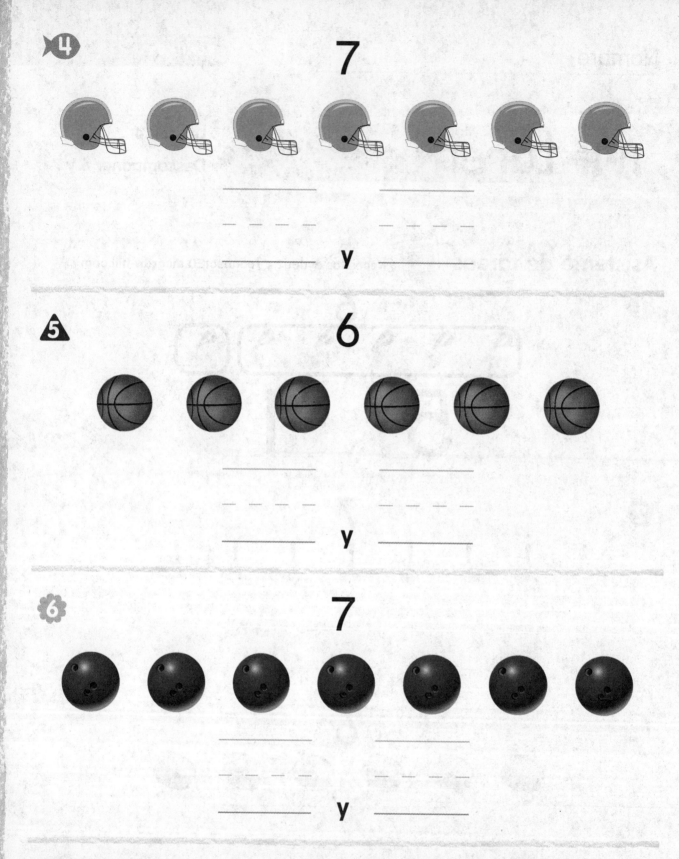

Las mates en casa Muestre a su niño o niña un grupo de seis monedas de 1¢. Pídale que las separe en dos grupos para mostrar una manera de descomponer seis. Guíelo para que escriba los números que indican cuántas monedas hay en cada grupo. Repita el ejercicio con siete monedas de 1¢.

Nombre ....

El mundo real

Resolución de problemas

ESTRATEGIA: Representar

Lección 5

PREGUNTA IMPORTANTE
¿Cómo podemos mostrar un número de otras maneras?

¿Cómo formas el número?

Representar

5

3 y 2

Instrucciones para el maestro: Pida a los niños que miren los botones de atributos. Dígales que usen ▲ y ▲ para mostrar el ejercicio. Indíqueles que cuenten los botones y que digan el número. Pídales que tracen ese número en el renglón de arriba. Por último, dígales que tracen los números que muestran una manera de formar ese número.

¿Cómo formas el número?

Representar

y

Instrucciones para el maestro: Diga: *Miren los cubos conectables. Usen* y *para mostrar el ejercicio. Cuenten los cubos. Digan el número. Escriban el número en el renglón de arriba. Muestren una manera de formar ese número escribiendo el número de cubos violetas y el número de cubos anaranjados.*

Nombre ....

¿Cómo formas el número?

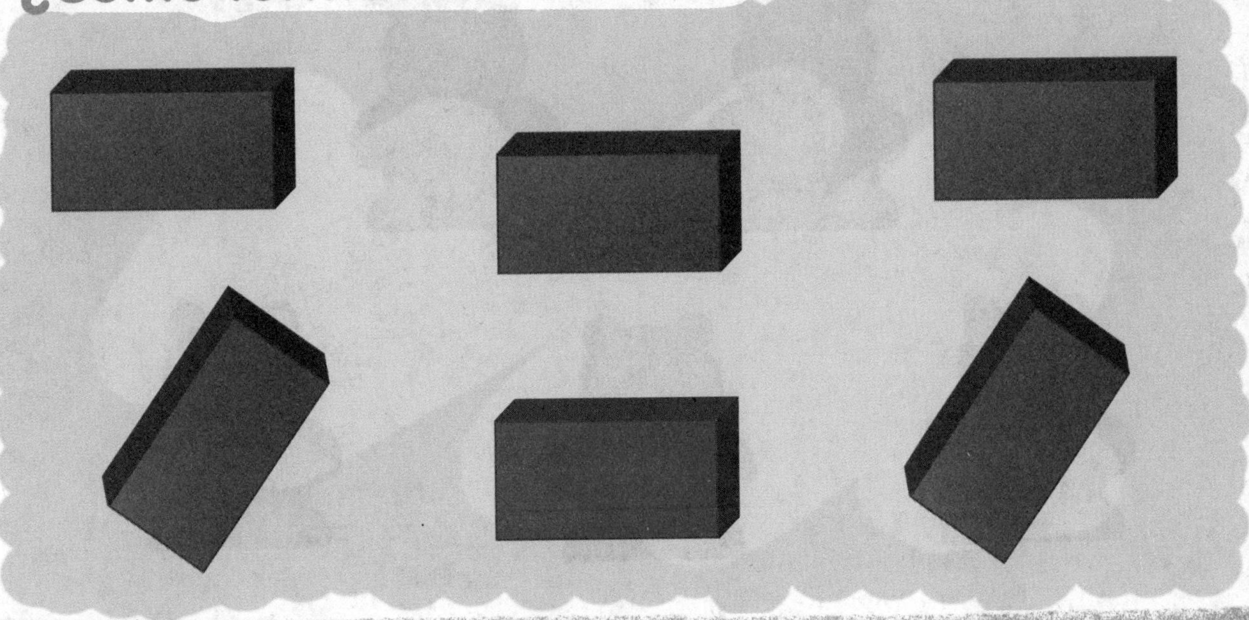

Representar

______

______ y ______

Instrucciones para el maestro: Diga: *Miren los bloques de atributos. Usen* [bloque] *y* [bloque] *para mostrar el ejercicio. Cuenten los bloques. Digan el número. Escriban el número en el renglón de arriba. Muestren una manera de formar ese número escribiendo el número de bloques azules y el número de bloques rojos.*

¿Cómo formas el número?

Representar

_____

_____ y _____

Instrucciones para el maestro: Diga: *Miren los ositos. Usen* *y* *para mostrar el ejercicio. Cuenten los ositos. Digan el número. Escriban el número en el renglón de arriba. Muestren una manera de formar ese número escribiendo el número de ositos verdes y el número de ositos azules.*

Nombre ....

Mi tarea

Lección 5

Resolución de problemas: Representar

¿Cómo formas el número?

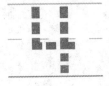

Representar

4

1 y 3

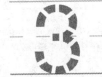

Instrucciones para el maestro: Diga: *Miren los crayones. Usen crayones para mostrar el ejercicio. Cuenten los crayones. Digan el número. Tracen el número en el renglón de arriba. Tracen los números que muestran una manera de formar ese número.*

¿Cómo formas el número?

Representar

y

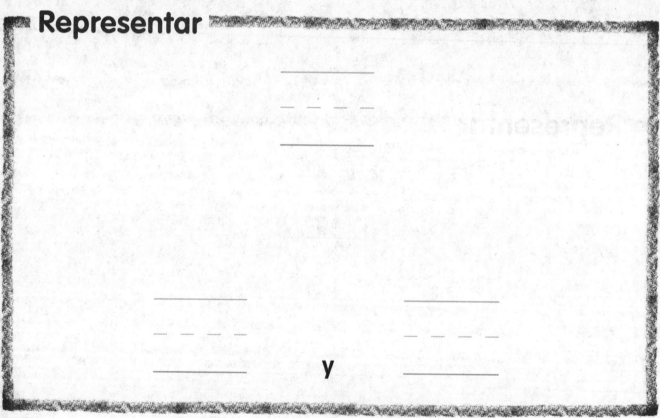

Instrucciones para el maestro: Diga: *Miren los crayones. Usen crayones para mostrar el ejercicio. Cuenten los crayones. Digan el número. Escriban el número en el renglón de arriba. Muestren una manera de formar ese número escribiendo el número de crayones rojos y el número de crayones azules.*

Las mates en casa Aproveche las situaciones diarias en las que es preciso resolver problemas como, por ejemplo, cuando cocinan en familia. Use cucharitas de té y cucharas de sopa para mostrar maneras de formar un número.

Nombre ....

Compruebo mi progreso

Comprobación del vocabulario

1 **seis 6**

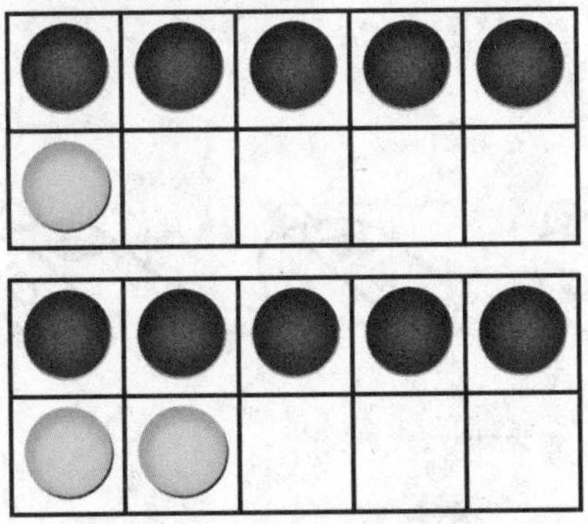

2 **siete 7**

Comprobación del concepto

3 4

_______ _______

_______ y _______

Instrucciones para el maestro: **1.** Pida a los niños que cuenten los objetos en cada marco de diez. Dígales que encierren en un círculo el marco de diez que muestra seis. **2.** Indique a los niños que dibujen más objetos para mostrar siete. **3.** Diga a los niños que coloreen los objetos de violeta y anaranjado para mostrar una manera de formar cuatro, y que luego escriban los números.

4

5

y

5

6

y

6

7

y

Instrucciones para el maestro: 4. Diga a los niños que coloreen los objetos de verde y amarillo para mostrar una manera de formar cinco, y que luego escriban los números. **5.** Pida a los niños que coloreen los objetos de rojo y azul para mostrar una manera de formar seis, y que luego escriban los números. **6.** Pida a los niños que observen el número y que cuenten los objetos. Dígales que encierren en un círculo los objetos para mostrar una manera de descomponer el número. Indíqueles que escriban los números.

Nombre ....

Formar 8 y 9

Lección 6

PREGUNTA IMPORTANTE
¿Cómo podemos mostrar un número de otras maneras?

Explorar y explicar

Herramientas Observa

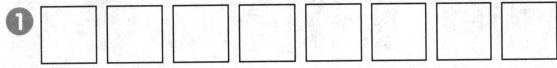

1

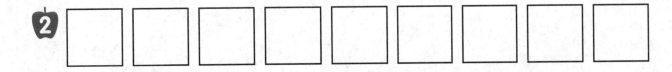

2

Instrucciones para el maestro: 1. Diga a los niños que usen ■ y ■ para mostrar maneras de formar ocho. Pídales que coloreen de rojo y amarillo la fila de ocho fichas para mostrar una manera. **2.** Repita el ejercicio con maneras de formar nueve. Indique a los niños que coloreen de rojo y amarillo la fila de nueve fichas para mostrar una manera.

Ver y mostrar

3

8

1 y 7

4

9

6 y 3

5

9

_____ y _____

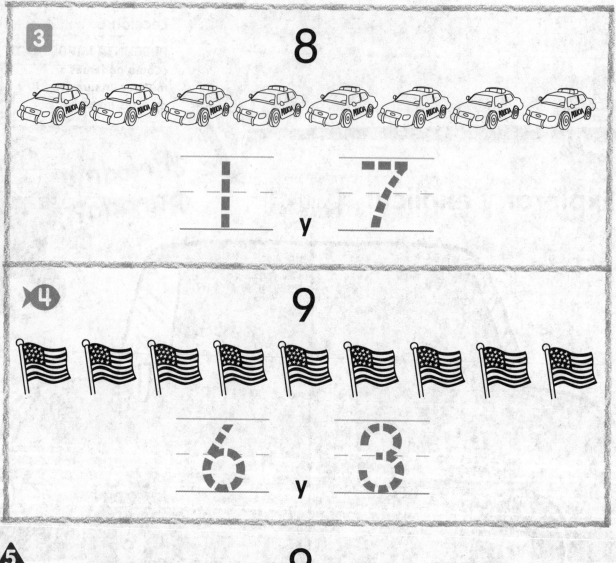

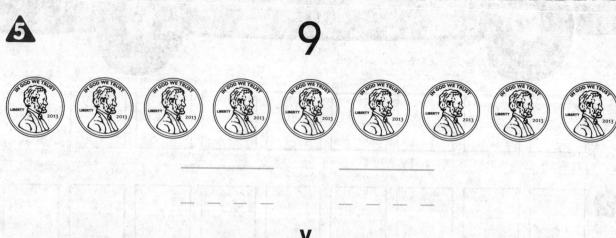

Instrucciones para el maestro: 3–4. Diga a los niños que tracen los números para mostrar una manera de formar ocho y nueve. Pídales que coloreen los objetos de violeta y verde para mostrar esa manera. **5.** Diga a los niños que coloreen los objetos de violeta y verde para mostrar una manera de formar nueve, y que luego escriban los números.

Nombre ....

Por mi cuenta

6

8

______ ______

y

7

8

______ ______

y

8

9

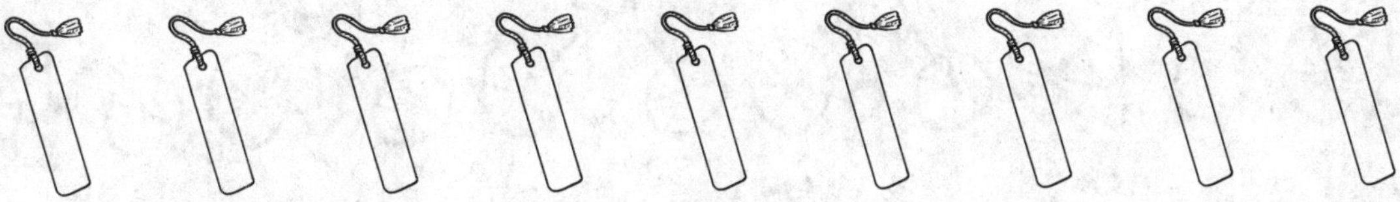

______ ______

y

Instrucciones para el maestro: 6–8. Diga a los niños que coloreen los objetos de violeta y verde para mostrar una manera de formar ocho y nueve. Luego, pídales que escriban los números.

PRÁCTICAS matemáticas

El mundo real

Resolución de problemas

9

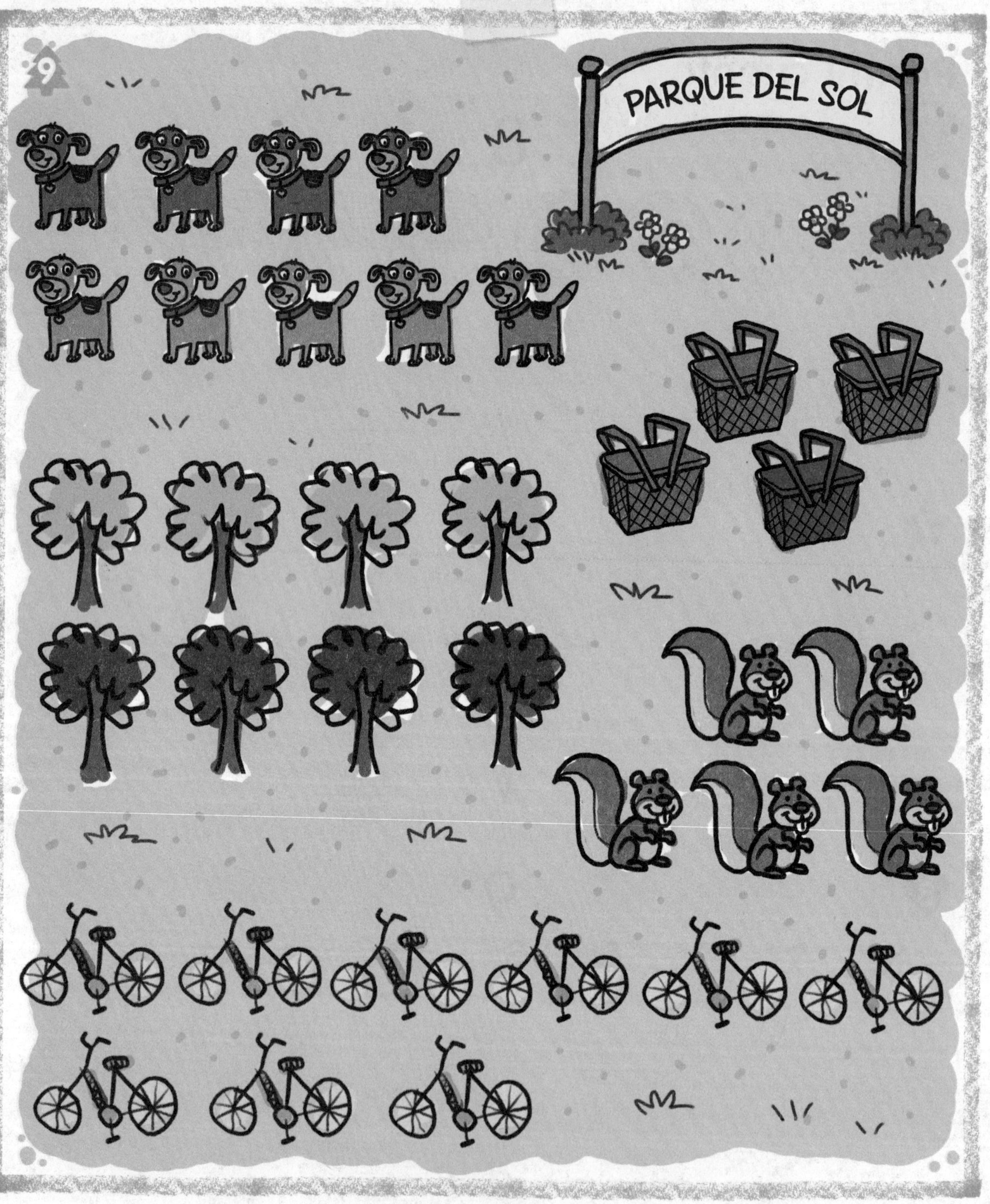

Instrucciones para el maestro: 9. Indique a los niños que encierren en un círculo los grupos que muestran una manera de formar ocho. Pídales que hagan una X sobre los grupos que muestran una manera de formar nueve.

Nombre ....

Mi tarea

Lección 6

Formar 8 y 9

Asistente de tareas

Ayuda en línea

¿Necesitas ayuda? connectED.mcgraw-hill.com

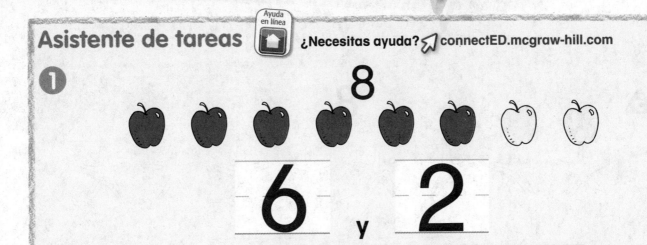

1

8

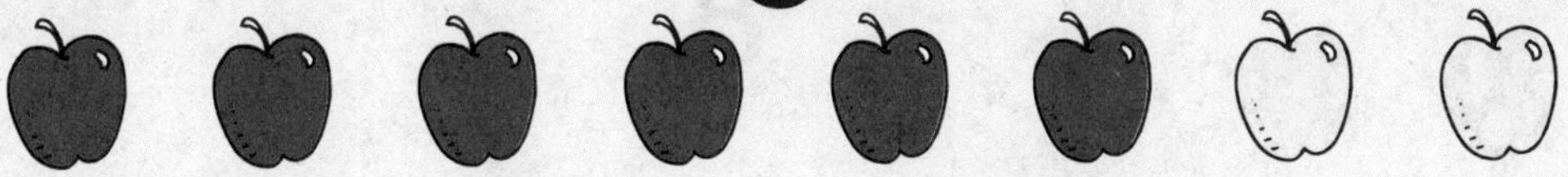

6 y 2

2

8

_____ y _____

3

9

_____ y _____

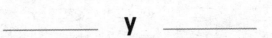

Instrucciones para el maestro: 1–3. Diga a los niños que coloreen los objetos de rojo y amarillo para mostrar una manera de formar ocho y nueve. Pídales que escriban los números.

4

9

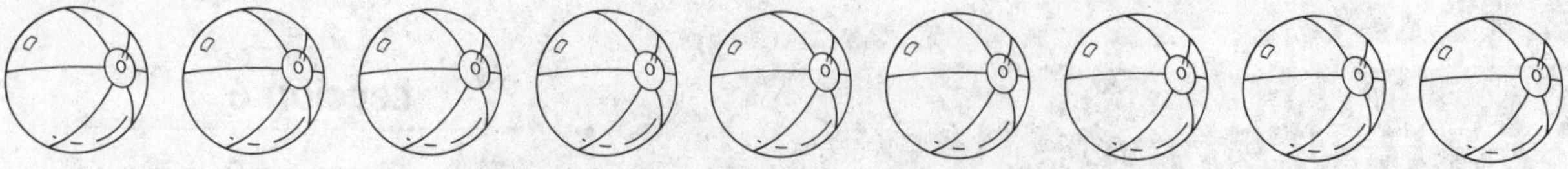

_____ _____

_____ y _____

5

8

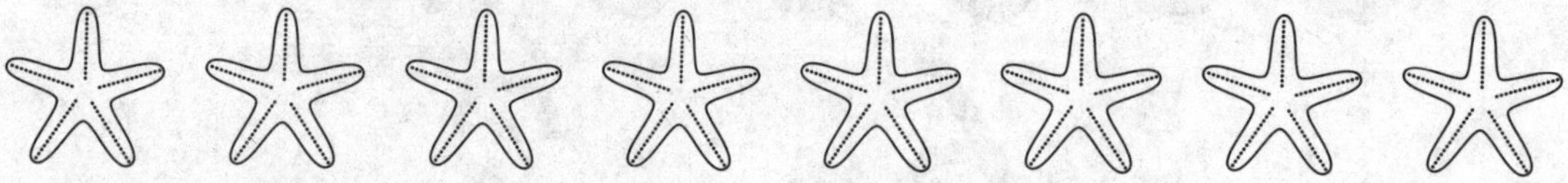

_____ _____

_____ y _____

6

9

_____ _____

_____ y _____

Instrucciones para el maestro: 4–6. Diga a los niños que coloreen los objetos de rojo y amarillo para mostrar una manera de formar ocho y nueve. Pídales que escriban los números.

Las mates en casa Dibuje ocho objetos, como muñecas o cepillos de dientes. Pida a su niño o niña que coloree los objetos para mostrar una manera de formar ocho. Repita el ejercicio con nueve objetos y pídale que muestre una manera de formar nueve.

Nombre ....

Descomponer 8 y 9

Lección 7

PREGUNTA IMPORTANTE
¿Cómo podemos mostrar un número de otras maneras?

Explorar y explicar

Herramientas

¡Se venden perros calientes!

1

2

Instrucciones para el maestro: 1. Diga: *Usen* ■ *para mostrar ocho. Separen las fichas en dos grupos para descomponer ocho. Encierren en un círculo las fichas para mostrar una manera de descomponer ocho.* **2.** Repita el ejercicio con maneras de descomponer nueve. Diga: *Encierren en un círculo las fichas para mostrar una manera de descomponer nueve.*

Ver y mostrar

PRÁCTICAS matemáticas

3

8

4 y 4

4

9

8 y 1

5

8

____ y ____

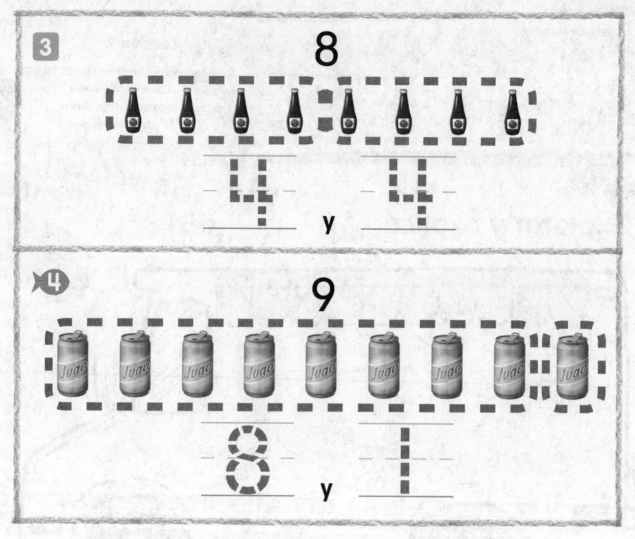

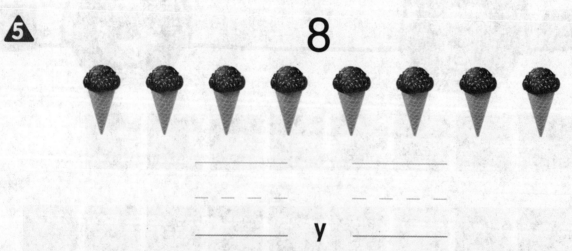

Instrucciones para el maestro: 3–4. Pida a los niños que observen el número y cuenten los objetos. Dígales que tracen los círculos para mostrar una manera de descomponer el número. Indíqueles que tracen los números. **5.** Pida a los niños que observen el número y cuenten los objetos. Dígales que encierren en un círculo los objetos para mostrar una manera de descomponer el número, y que luego escriban los números.

Nombre ....

Por mi cuenta

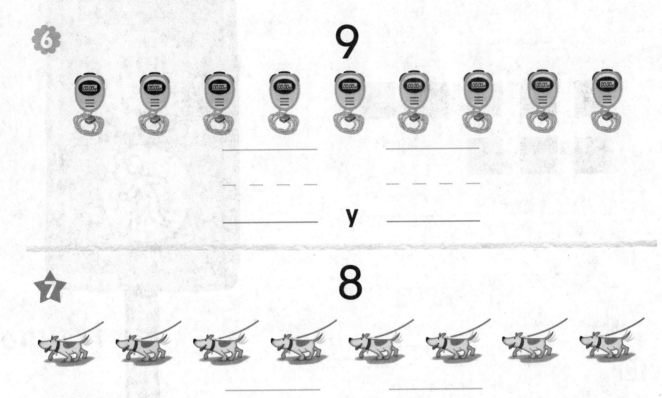

6

9

________ y ________

7

8

________ y ________

8

9

________ y ________

Instrucciones para el maestro: 6–8. Pida a los niños que observen el número y cuenten los objetos. Dígales que encierren en un círculo los objetos para mostrar una manera de descomponer el número, y que luego escriban los números.

PRÁCTICAS matemáticas

El mundo real

Resolución de problemas

9

6 y

10

6 y

Instrucciones para el maestro: 9–10. Diga: *Cuenten las fichas. Escriban el número arriba de las fichas. Usen fichas para mostrar el número. Aparten un grupo de seis fichas. Tracen el número seis. Cuenten las fichas del otro grupo. Escriban el número. Encierren en un círculo las fichas para mostrar cada grupo.*

Nombre ....

Mi tarea

Lección 7

Descomponer 8 y 9

Asistente de tareas

Ayuda en línea ¿Necesitas ayuda? connectED.mcgraw-hill.com

1 8

7 y 1

2 8

______ y ______

3 9

______ y ______

Instrucciones para el maestro: 1–3. Diga a los niños que observen el número y que cuenten los objetos. Pídales que encierren en un círculo los objetos para mostrar una manera de descomponer el número. Indique a los niños que escriban los números.

4

9

______ ______

_ _ _ _ _ _ _ _

______ y ______

5

8

______ ______

_ _ _ _ _ _ _ _

______ y ______

6

9

______ ______

_ _ _ _ _ _ _ _

______ y ______

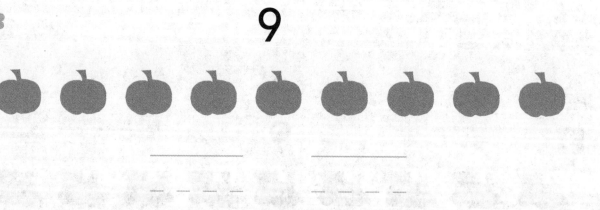

Instrucciones para el maestro: 4–6. Diga a los niños que observen el número y que cuenten los objetos. Pídales que encierren en un círculo los objetos para mostrar una manera de descomponer el número. Indique a los niños que escriban los números.

Las mates en casa Muestre a su niño o niña un grupo de ocho botones. Pídale que los separe en dos grupos para mostrar una manera de descomponer el ocho. Guíelo para que escriba los números que indican cuántos botones hay en cada grupo. Repita el ejercicio usando nueve botones.

Nombre ....

Formar 10

Lección 8

PREGUNTA IMPORTANTE
¿Cómo podemos mostrar un número de otras maneras?

Explorar y explicar

Herramientas Observa

¡Vamos a la escuela!

1 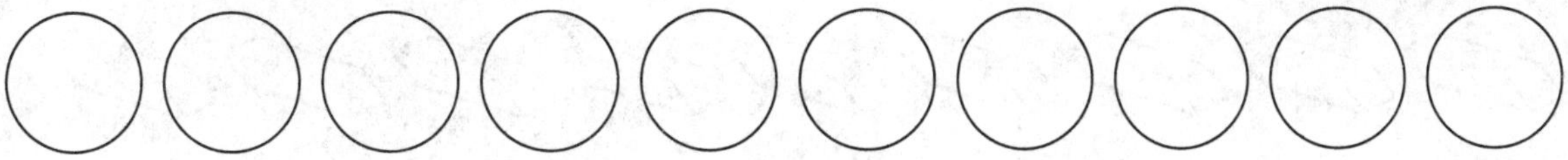

2 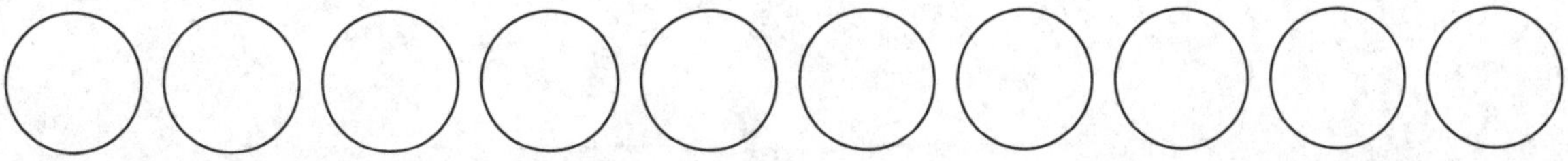

Instrucciones para el maestro: **1.** Pida a los niños que usen (rojo) y (amarillo) para mostrar maneras de formar 10. Indíqueles que coloreen la fila de fichas de rojo y amarillo para mostrar una manera de formar 10. **2.** Repita el ejercicio con otra manera de formar 10. Pida a los niños que coloreen de rojo y amarillo la fila de fichas para mostrar esa manera de formar 10.

Ver y mostrar

3

10

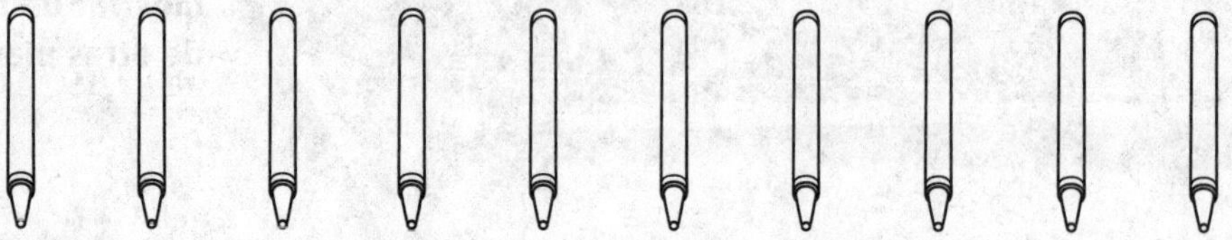

1 y 9

4

10

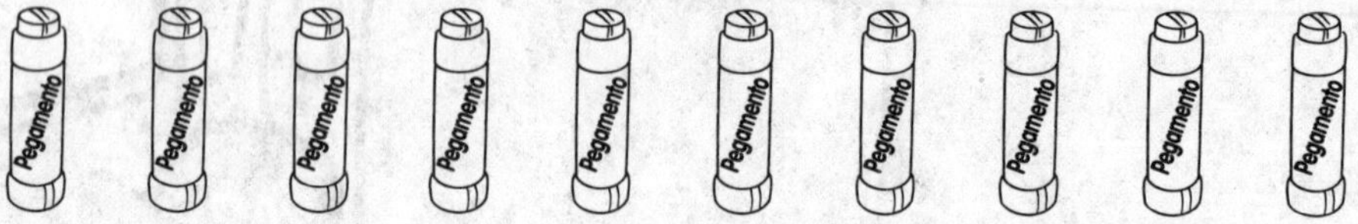

y

5

10

y

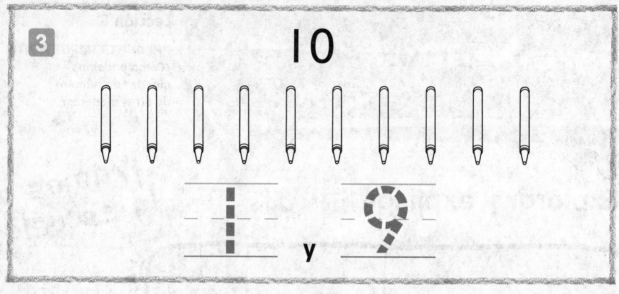

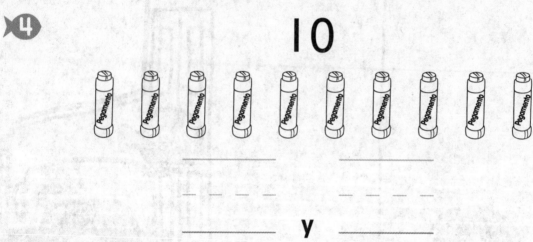

Instrucciones para el maestro: 3. Diga a los niños que tracen los números para mostrar una manera de formar 10. Indíqueles que coloreen los objetos de verde y azul para mostrar esa manera de formar 10. **4–5.** Diga a los niños que coloreen los objetos de verde y azul para mostrar una manera de formar 10, y que luego escriban los números.

Nombre ....

Por mi cuenta

6

10

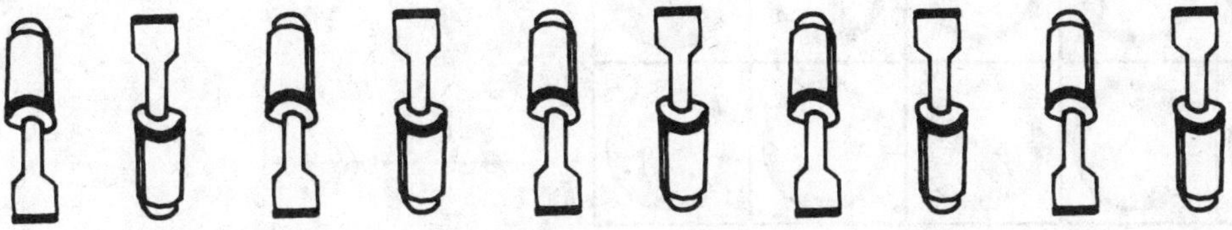

______ ______

______ y ______

7

10

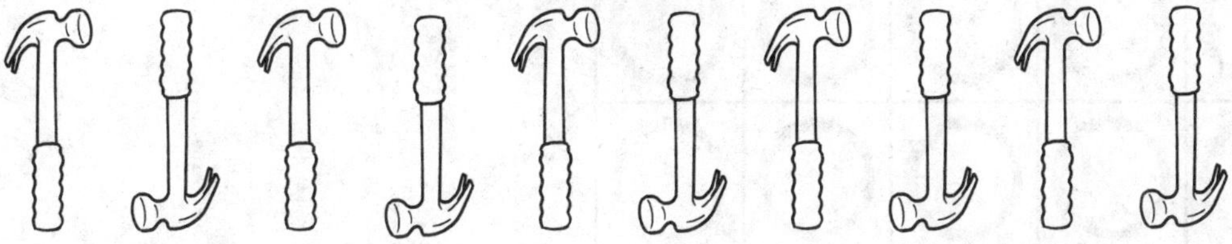

______ ______

______ y ______

8

10

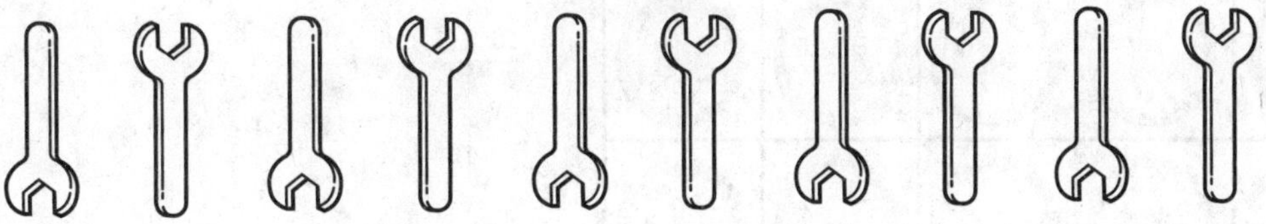

______ ______

______ y ______

Instrucciones para el maestro: 6–8. Pida a los niños que coloreen los objetos de anaranjado y violeta para mostrar una manera de formar 10. Luego, dígales que escriban los números.

Resolución de problemas

PRÁCTICAS matemáticas

9

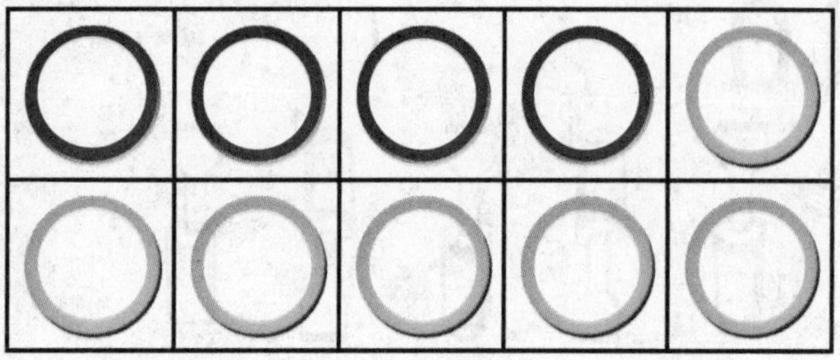

1 y 9

10

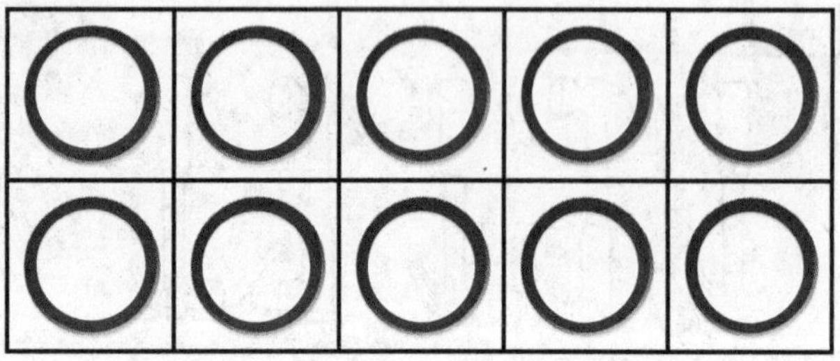

4 y 6

11

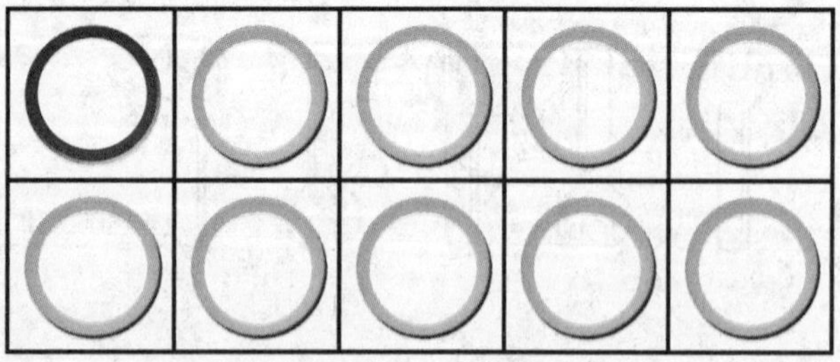

10 y 0

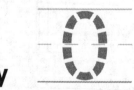

Instrucciones para el maestro: 9–11. Diga: *Tracen una línea desde los marcos de diez que muestran una manera de formar 10 hasta los números que correspondan. Tracen los números. Coloreen las fichas de rojo y amarillo para mostrar una manera de formar 10.*

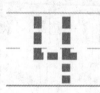

Nombre ....

Mi tarea

Lección 8
Formar 10

Asistente de tareas

Ayuda en línea

¿Necesitas ayuda? connectED.mcgraw-hill.com

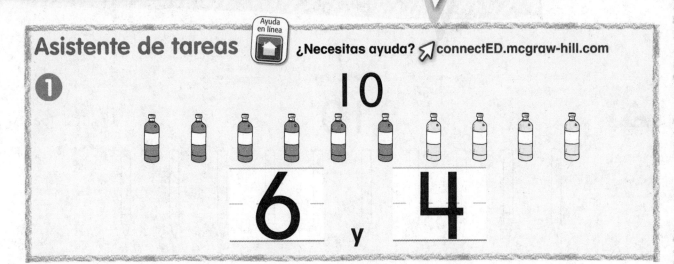

1

10

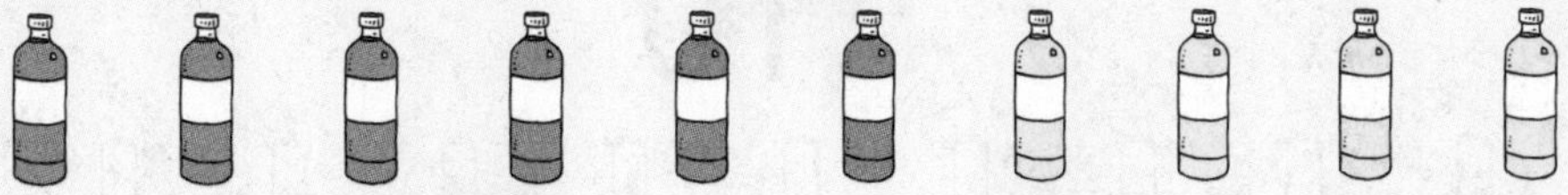

6 y 4

2

10

____ y ____

3

10

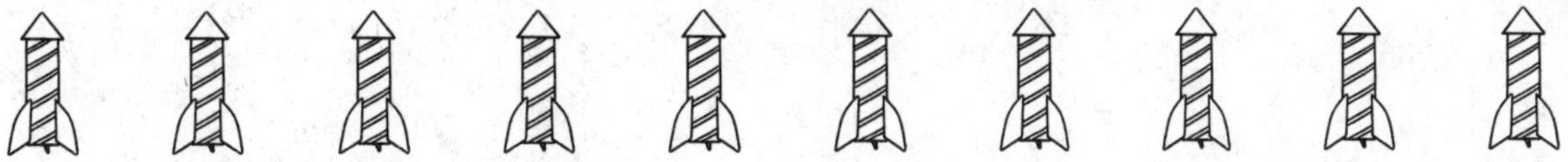

____ y ____

Instrucciones para el maestro: 1–3. Diga a los niños que coloreen los objetos de anaranjado y amarillo para mostrar una manera de formar 10. Luego, pídales que escriban los números.

4

10

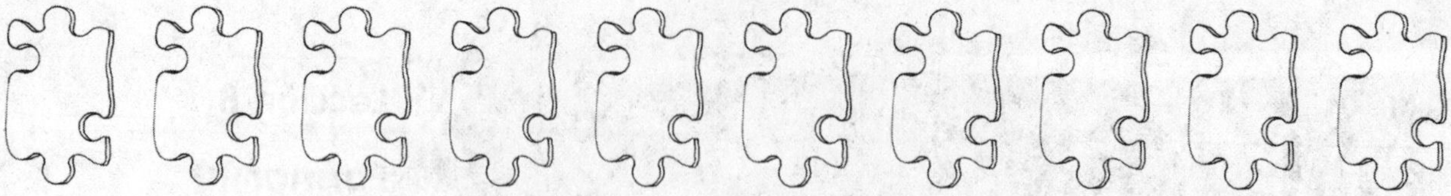

______ y ______

5

10

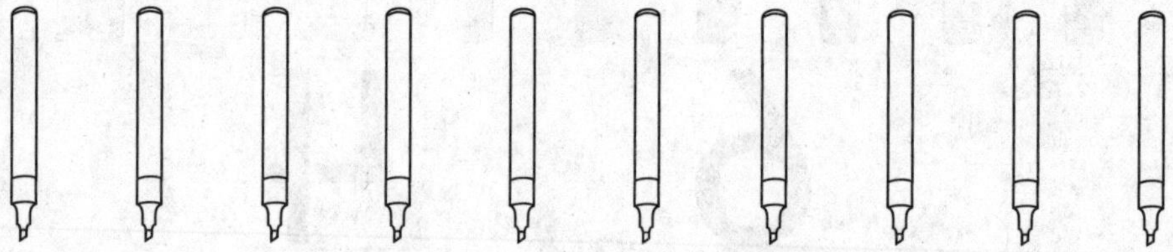

______ y ______

6

10

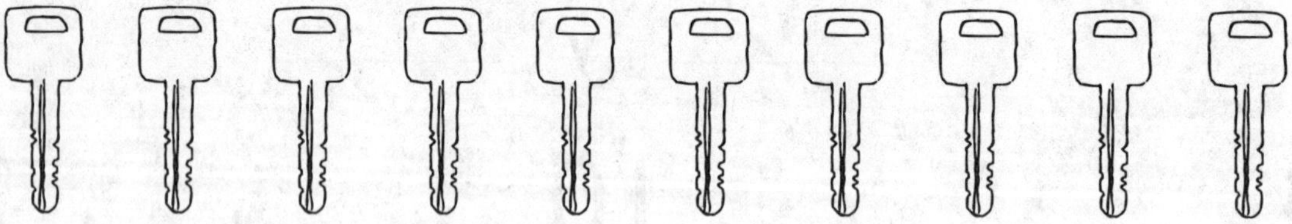

______ y ______

Instrucciones para el maestro: 4–6. Diga a los niños que coloreen los objetos de anaranjado y amarillo para mostrar una manera de formar 10. Luego, pídales que escriban los números.

Las mates en casa Dibuje 10 objetos, como cucharas o plátanos. Pida a su niño o niña que coloree los objetos para mostrar una manera de formar 10. Repita el ejercicio con otros objetos y pídale que muestre otra manera de formar 10.

Nombre ....

Descomponer 10

Lección 9

PREGUNTA IMPORTANTE
¿Cómo podemos mostrar un número de otras maneras?

Explorar y explicar

Herramientas

1 

2 

Instrucciones para el maestro: Indique a los niños que usen ● para mostrar 10. Pídales que separen las fichas en dos grupos para mostrar una manera de descomponer 10. Dígales que encierren en un círculo las fichas para mostrar una manera de descomponer 10. **2.** Repita el ejercicio con otra manera de descomponer 10. Pida a los niños que encierren en un círculo las fichas para mostrar esa manera.

Ver y mostrar

3

10

1 y 9

4

10

______ y ______

5

10

______ y ______

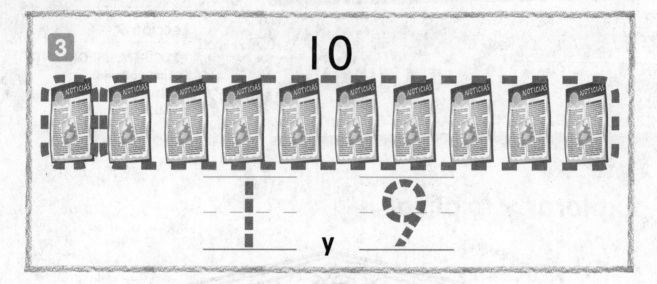

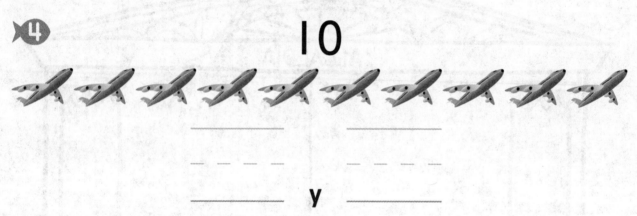

Instrucciones para el maestro: 3. Pida a los niños que observen el número y que cuenten los objetos. Dígales que tracen los círculos para mostrar una manera de descomponer el número, y que luego tracen los números. **4–5.** Pida a los niños que observen los números y cuenten los objetos. Dígales que encierren en un círculo los objetos para mostrar una manera de descomponer 10. Indíqueles que escriban los números.

Nombre ....

¡Te sale muy bien!

CCSS

Por mi cuenta

6

10

______ y ______

7

10

______ y ______

8

10

______ y ______

Instrucciones para el maestro: 6–8. Diga a los niños que observen el número y cuenten los objetos. Pídales que encierren en un círculo los objetos para mostrar una manera de descomponer 10, y que luego escriban los números.

Resolución de problemas

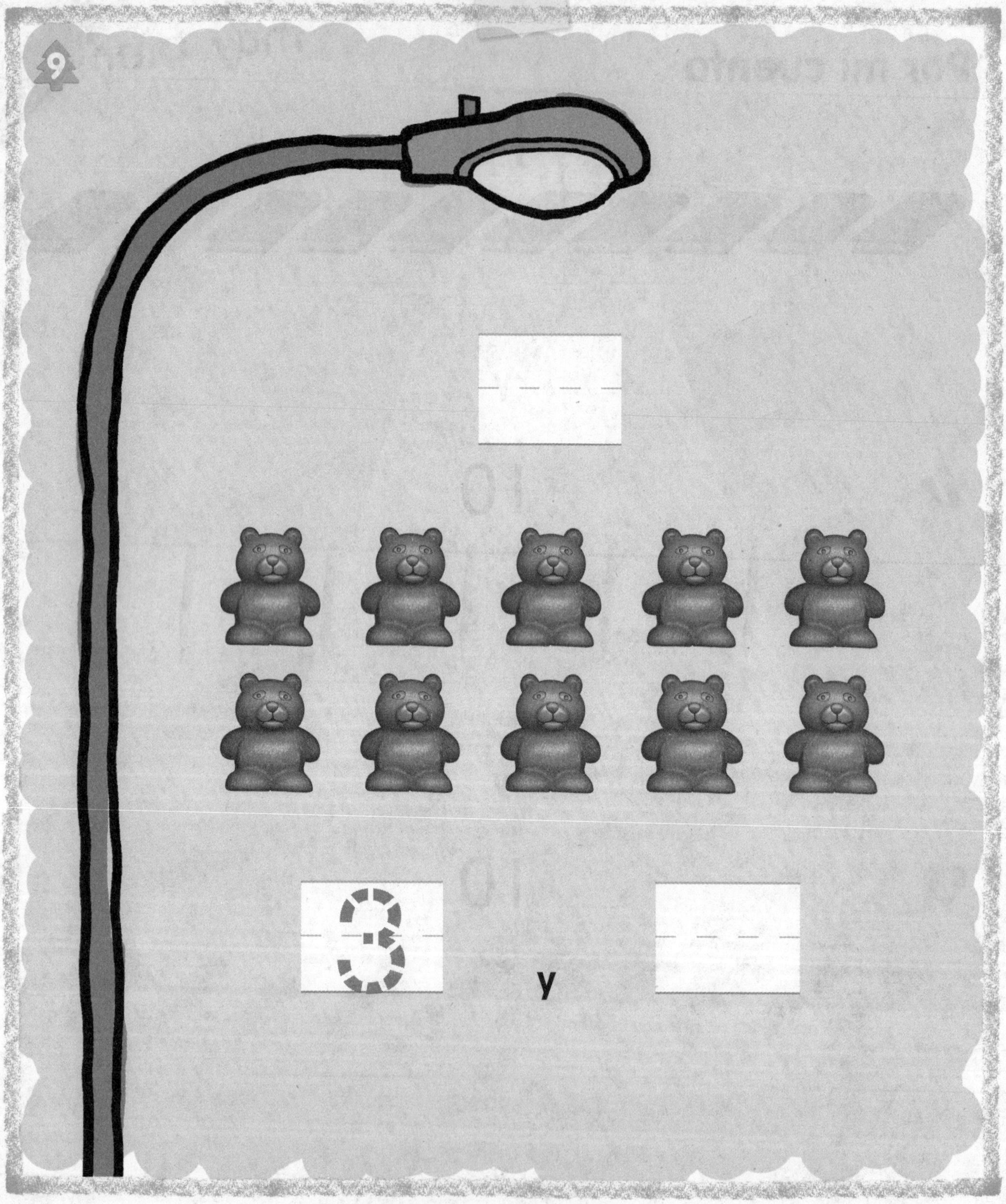

Instrucciones para el maestro: 9. Diga: *Cuenten los ositos. Escriban el número arriba de los ositos. Usen ositos para mostrar 10. Separen un grupo de tres ositos. Tracen el tres. Cuenten los ositos del otro grupo. Escriban el número. Encierren en un círculo los ositos para mostrar cada grupo.*

Nombre ....

Mi tarea

Lección 9

Descomponer 10

Asistente de tareas

Ayuda en línea ¿Necesitas ayuda? connectED.mcgraw-hill.com

1

10

2 y 8

2

10

____ y ____

3

10

____ y ____

Instrucciones para el maestro: 1–3. Diga a los niños que observen el número y cuenten los objetos. Pídales que encierren en un círculo los objetos para mostrar una manera de descomponer 10. Por último, indíqueles que escriban los números.

4

10

_____ y _____

5

10

_____ y _____

6

10

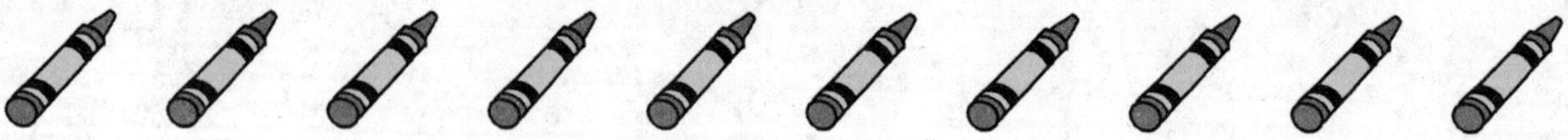

_____ y _____

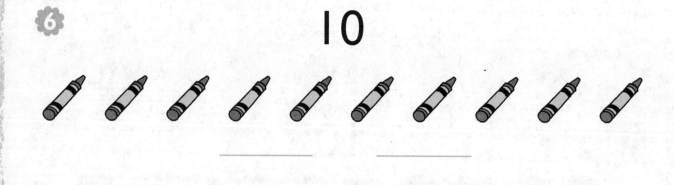

Instrucciones para el maestro: 4–6. Diga a los niños que observen el número y cuenten los objetos. Pídales que encierren en un círculo los objetos para descomponer 10, y que luego escriban los números.

Las mates en casa Muestre a su niño o niña un grupo de 10 cucharas. Pídale que las separe en dos grupos para mostrar una manera de descomponer 10. Guíelo para que escriba los números que indican cuántas cucharas hay en cada grupo.

Nombre

Mi repaso

Capítulo 4

Componer y descomponer los números hasta el 10

Comprobación del vocabulario

Instrucciones para el maestro: Pida a los niños que coloreen de amarillo el grupo de cuatro gotas, de anaranjado el grupo de ocho gotas y de violeta el grupo de 10 gotas.

Comprobación del concepto

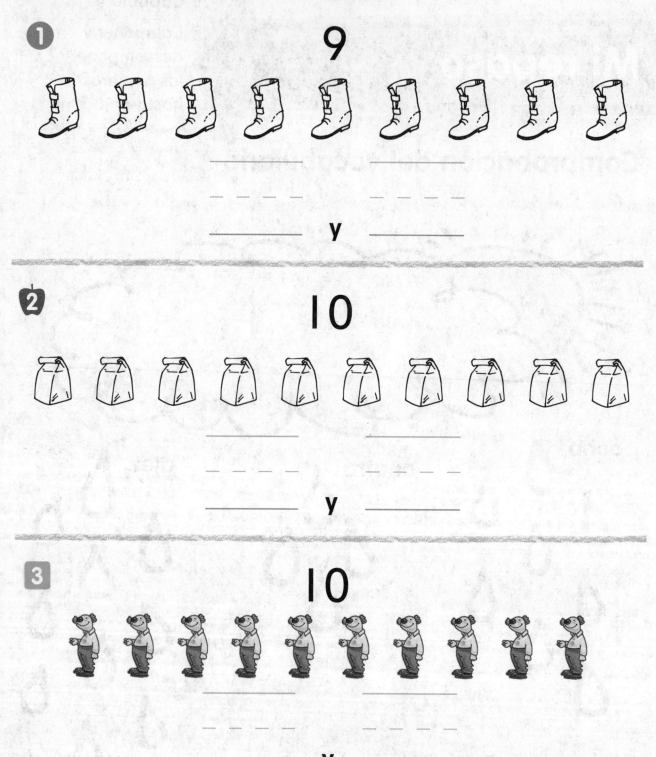

1 9

________ ________

________ y ________

2 10

________ ________

________ y ________

3 10

________ ________

________ y ________

Instrucciones para el maestro: 1–2. Diga a los niños que coloreen los objetos de rojo y amarillo para mostrar una manera de formar nueve y 10, y que luego escriban los números. **3.** Pida a los niños que observen el número y cuenten los objetos. Luego, indíqueles que encierren en un círculo los objetos para mostrar una manera de descomponer 10, y que por último escriban los números.

Nombre

Resolución de problemas

4

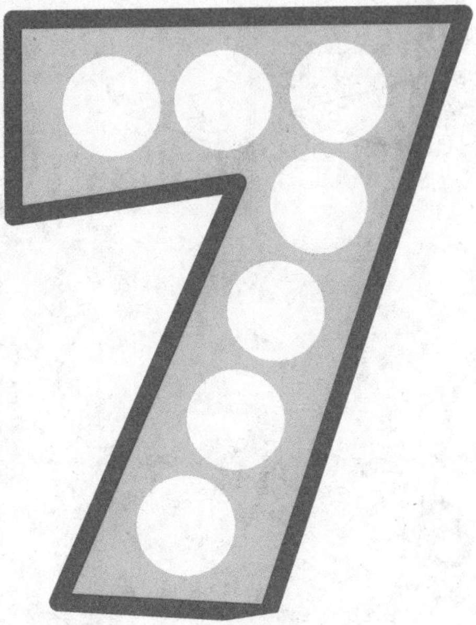

_____ y _____

5

_____ y _____

Instrucciones para el maestro: 4. Diga: *Usen fichas rojas y amarillas para mostrar una manera de formar siete. Coloreen las fichas para mostrar esa manera. Escriban los números.* **5.** Diga: *Usen fichas rojas y amarillas para mostrar otra manera de formar siete. Coloreen las fichas para mostrar esa manera. Escriban los números.*

Pienso

Capítulo 4

PREGUNTA IMPORTANTE
¿Cómo podemos mostrar un número de otras maneras?

1

4

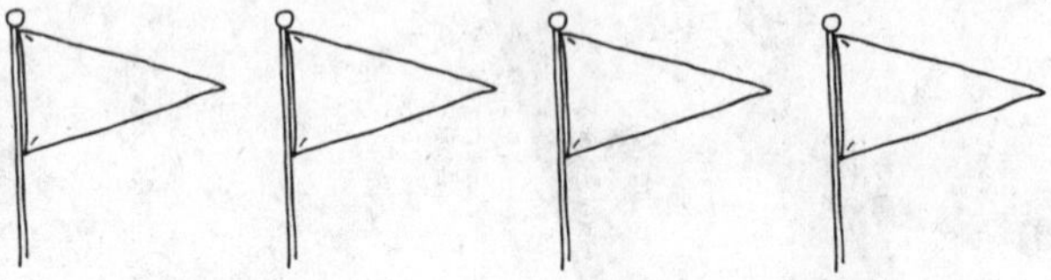

______ y ______

2

6

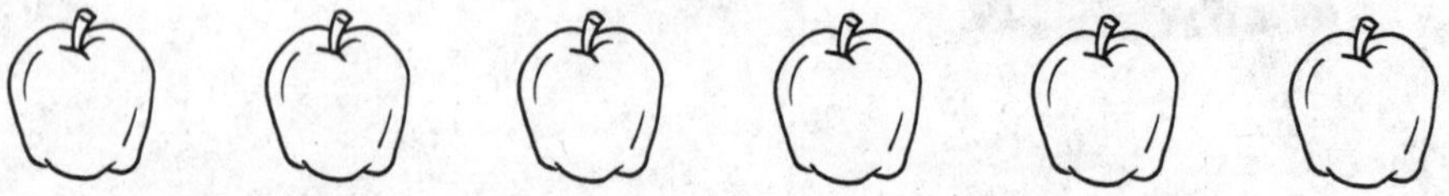

______ y ______

3

9

______ y ______

Instrucciones para el maestro: 1–2. Diga: *Coloreen los objetos de rojo y amarillo para mostrar una manera de formar el número. Escriban los números.* **3.** Diga: *Observen el número. Cuenten los objetos. Encierren en un círculo los objetos para mostrar una manera de descomponer nueve. Escriban los números.*

Capítulo

5 La suma

PREGUNTA IMPORTANTE

¿Cómo puedo usar objetos para sumar?

¡Tenemos mucho que celebrar!

Observa

¡Mira el video!

Mis estándares estatales

CCSS

Operaciones y razonamiento algebraico

CCSS

K.OA.1 Representar sumas y restas con objetos, dedos, imágenes mentales, dibujos, sonidos (por ejemplo, palmadas), expresiones, ecuaciones o explicaciones orales, o representando situaciones.

K.OA.2 Resolver problemas contextualizados de suma y de resta, y sumar y restar hasta el 10; por ejemplo, representando el problema con objetos o dibujos.

K.OA.4 Dado cualquier número del 1 al 9, hallar el número que da como resultado 10 cuando se lo suma a ese número (por ejemplo, usando objetos o dibujos), y registrar la respuesta con un dibujo o una ecuación.

K.OA.5 Sumar y restar hasta el 5 de manera fluida.

Estándares para las
PRÁCTICAS matemáticas

1. Entender los problemas y perseverar en la búsqueda de una solución.
2. Razonar de manera abstracta y cuantitativa.
3. Construir argumentos viables y hacer un análisis del razonamiento de los demás.
4. Representar con matemáticas.
5. Usar estratégicamente las herramientas apropiadas.
6. Prestar atención a la precisión.
7. Buscar una estructura y usarla.
8. Buscar y expresar regularidad en el razonamiento repetido.

= Se trabaja en este capítulo.

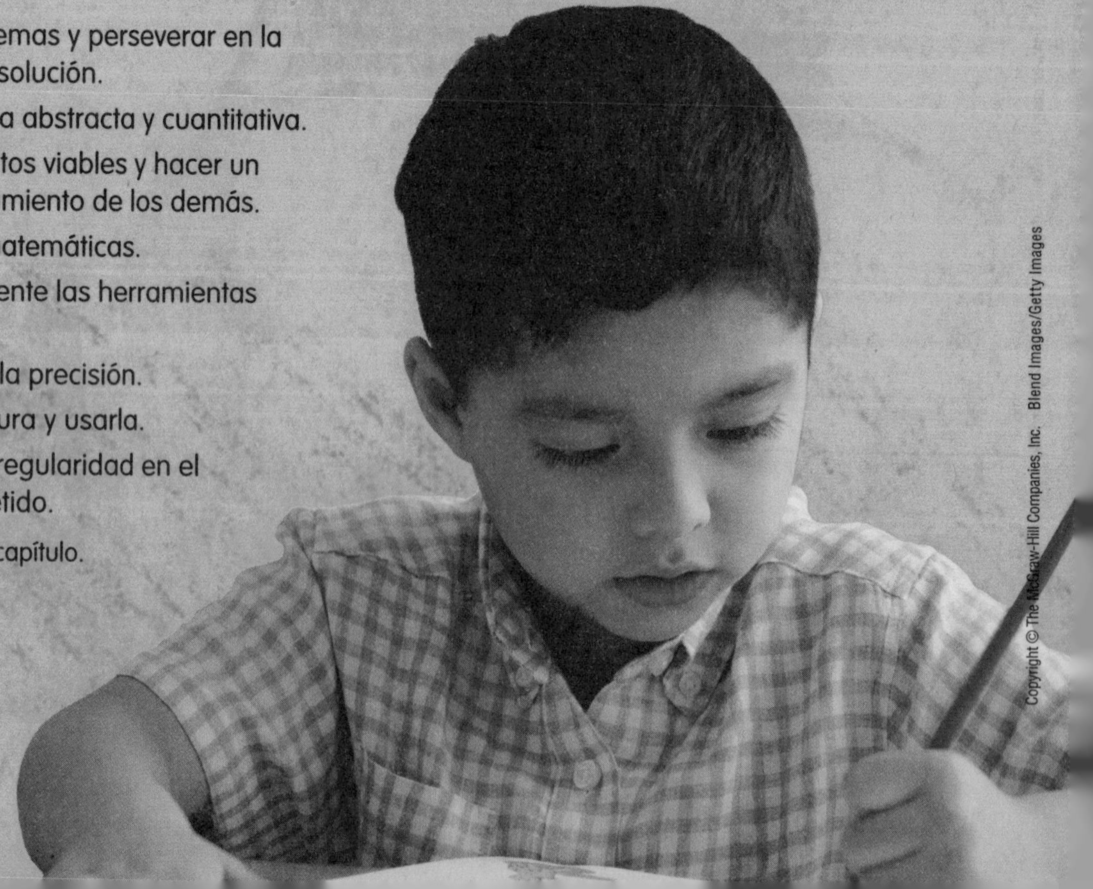

Nombre

Antes de seguir...

Comprueba ← Conéctate para hacer la prueba de preparación.

1

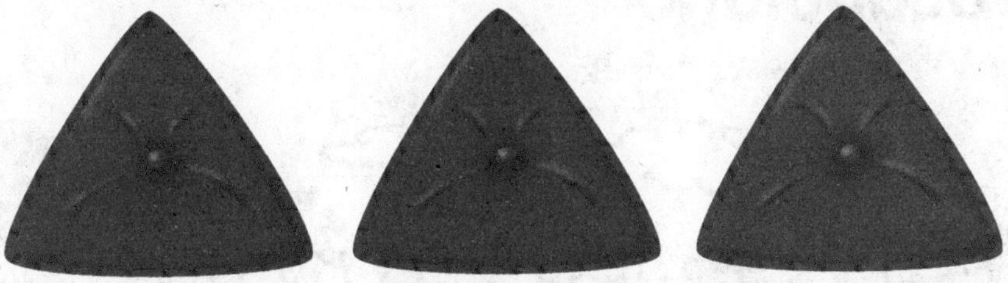

2

3

5

4

10

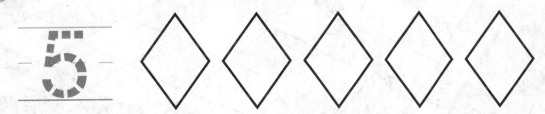

Instrucciones para el maestro: 1–2. Diga a los niños que cuenten los objetos y que escriban el número. **3–4.** Pida a los niños que digan el número y que lo tracen. Luego, indíqueles que coloreen los objetos para mostrar una manera de formar el número.

Nombre

Las palabras de mis mates

Vocabulario

Repaso del vocabulario

Instrucciones para el maestro: Indique a los niños que cuenten las hormigas. Pídales que tracen el número y la palabra. Luego, dígales que dibujen más manzanas para mostrar diez.

Mis tarjetas de vocabulario

Vocabulario

PRÁCTICAS matemáticas

en total

2 1

3 **en total**

signo igual (=)

3 + 2 = 5

signo más (+)

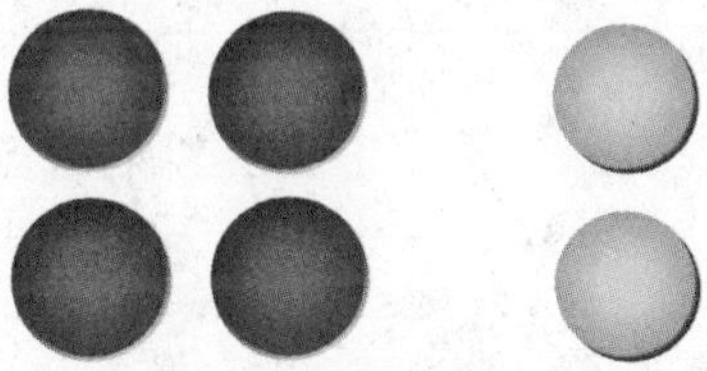

4 + 2 es 6.

sumar

3 2

5 en total

unir

Instrucciones para el maestro:
Sugerencias

- Diga a los niños que busquen palabras que rimen con algunas de estas palabras.
- Pida a los niños que nombren las letras de cada palabra.
- Pida a los niños que inventen un cuento relacionado con una suma y lo ilustren en su tarjeta en blanco. Luego, dígales que elijan un compañero o una compañera para representar el cuento.

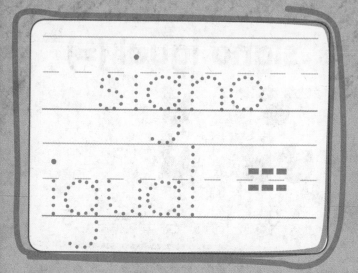

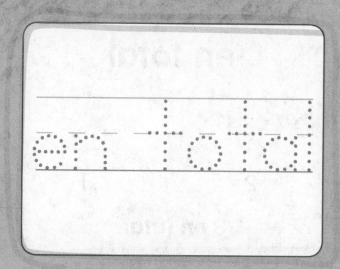

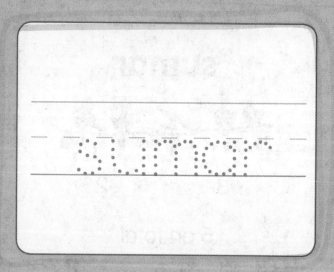

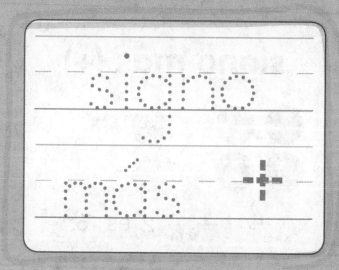

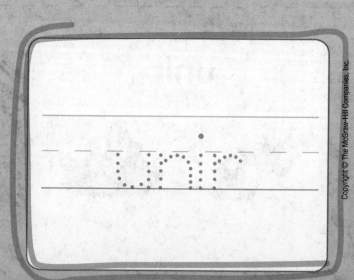

signo igual =

en total

sumar

signo más +

unir

Mi modelo de papel

FOLDABLES® Sigue los pasos que aparecen en el reverso para hacer tu modelo de papel.

___ + ___ = ___

___ + ___ = ___

___ + ___ = ___

___ + ___ = ___

___ + ___ = ___

FOLDABLES®
Ayudas de estudio

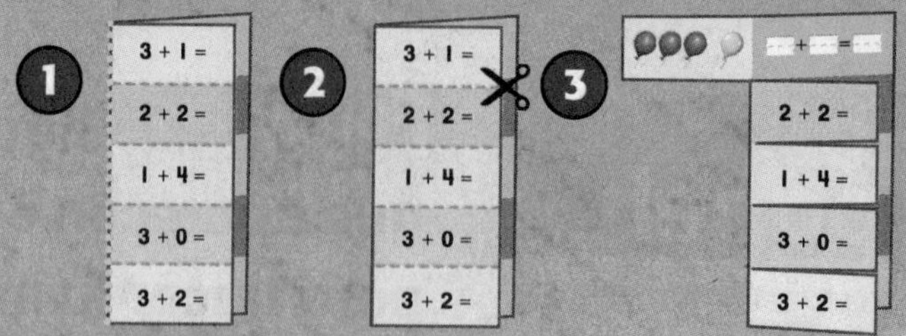

3 + 1 =

2 + 2 =

1 + 4 =

3 + 0 =

3 + 2 =

Nombre

Cuentos de suma

Lección 1

PREGUNTA IMPORTANTE
¿Cómo puedo usar objetos para sumar?

Explorar y explicar

Herramientas Observa

¡A volar!

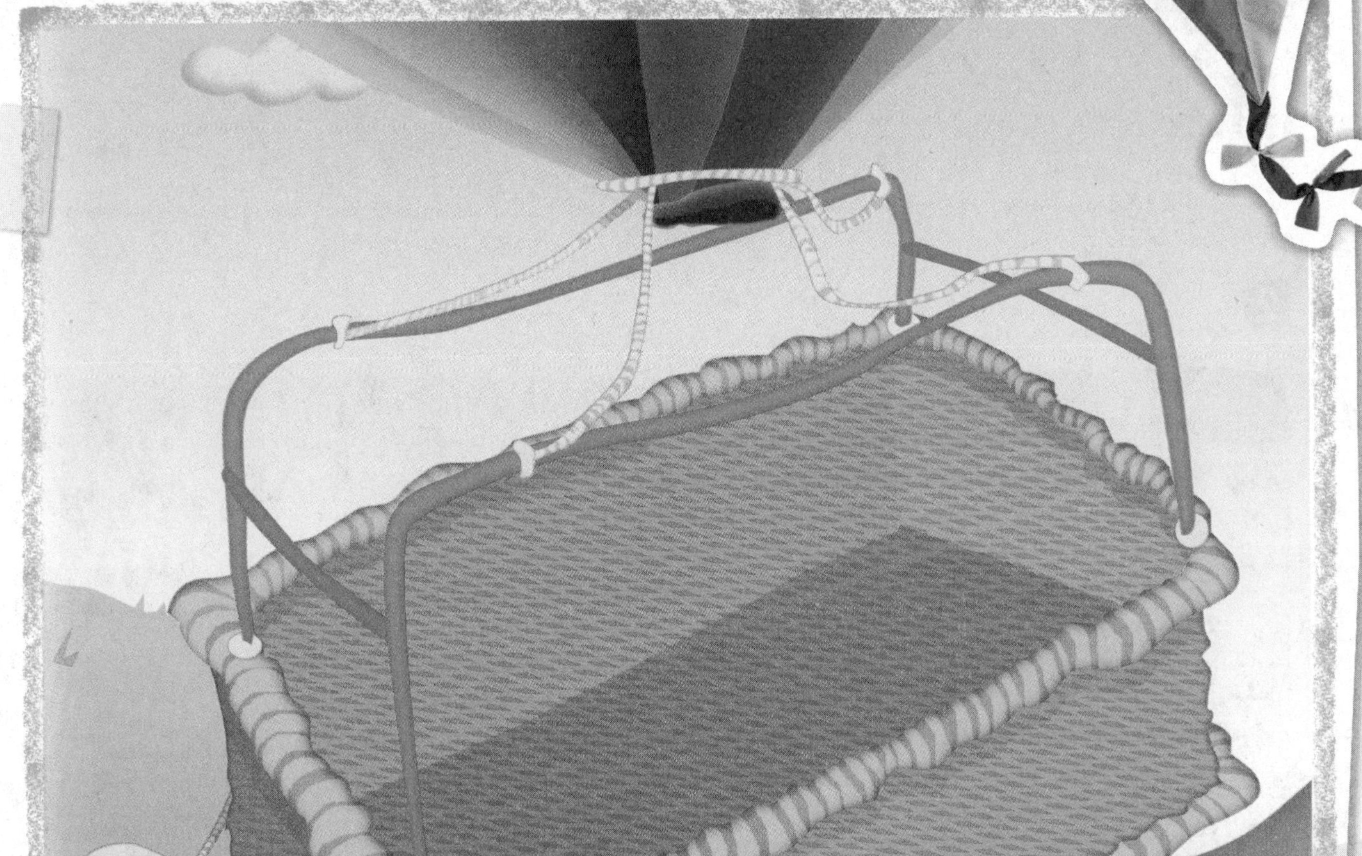

Instrucciones para el maestro: Indique a los niños que usen ◯ para representar el cuento de suma. Diga: *Hay dos personas en la barquilla del globo. Luego se les unen tres personas más.* Pídales que dibujen el contorno de las fichas para representar el cuento. Pregunte: *¿Cuántas personas hay en total?*

Ver y mostrar

1 unir en total

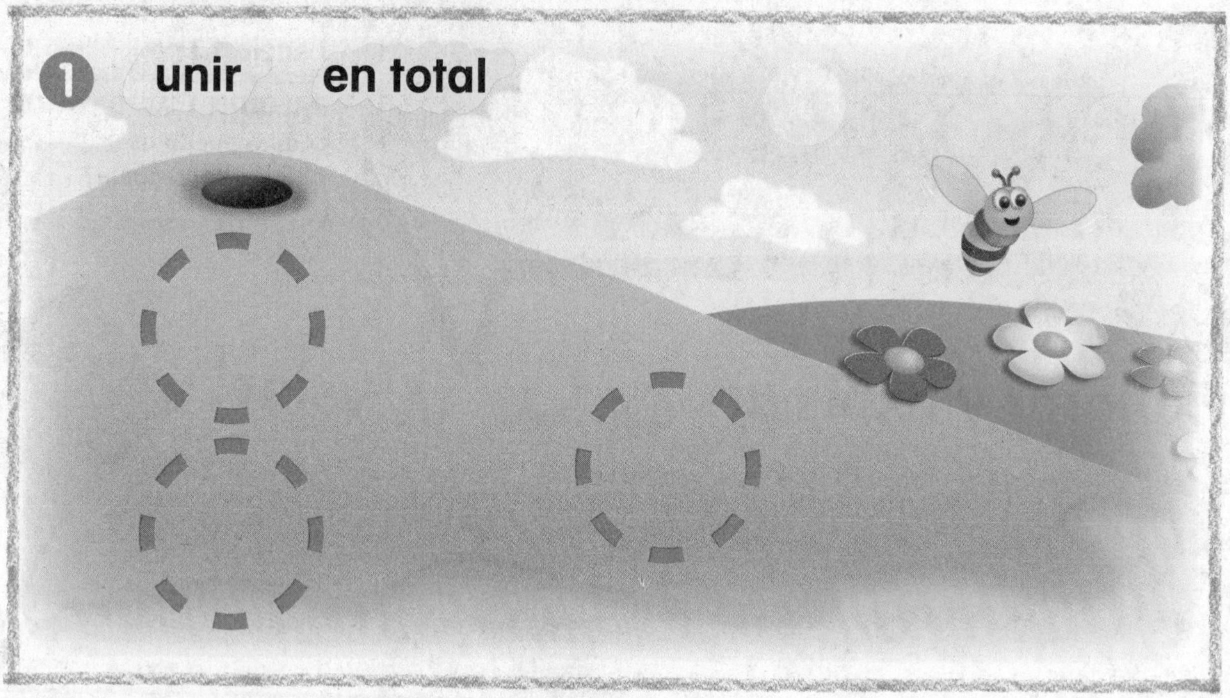

2

Instrucciones para el maestro: Pida a los niños que usen fichas para representar los cuentos de suma y que dibujen el contorno de las fichas. **1.** Diga: *Dos hormigas rojas suben la colina. Una hormiga amarilla se les une.* Pregunte: *¿Cuántas hormigas hay en total?* **2.** Diga: *Hay tres platos rojos sobre la mesa. También hay tres platos amarillos sobre la mesa.* Pregunte: *¿Cuántos platos hay en total?*

Nombre

CCSS

Por mi cuenta

3

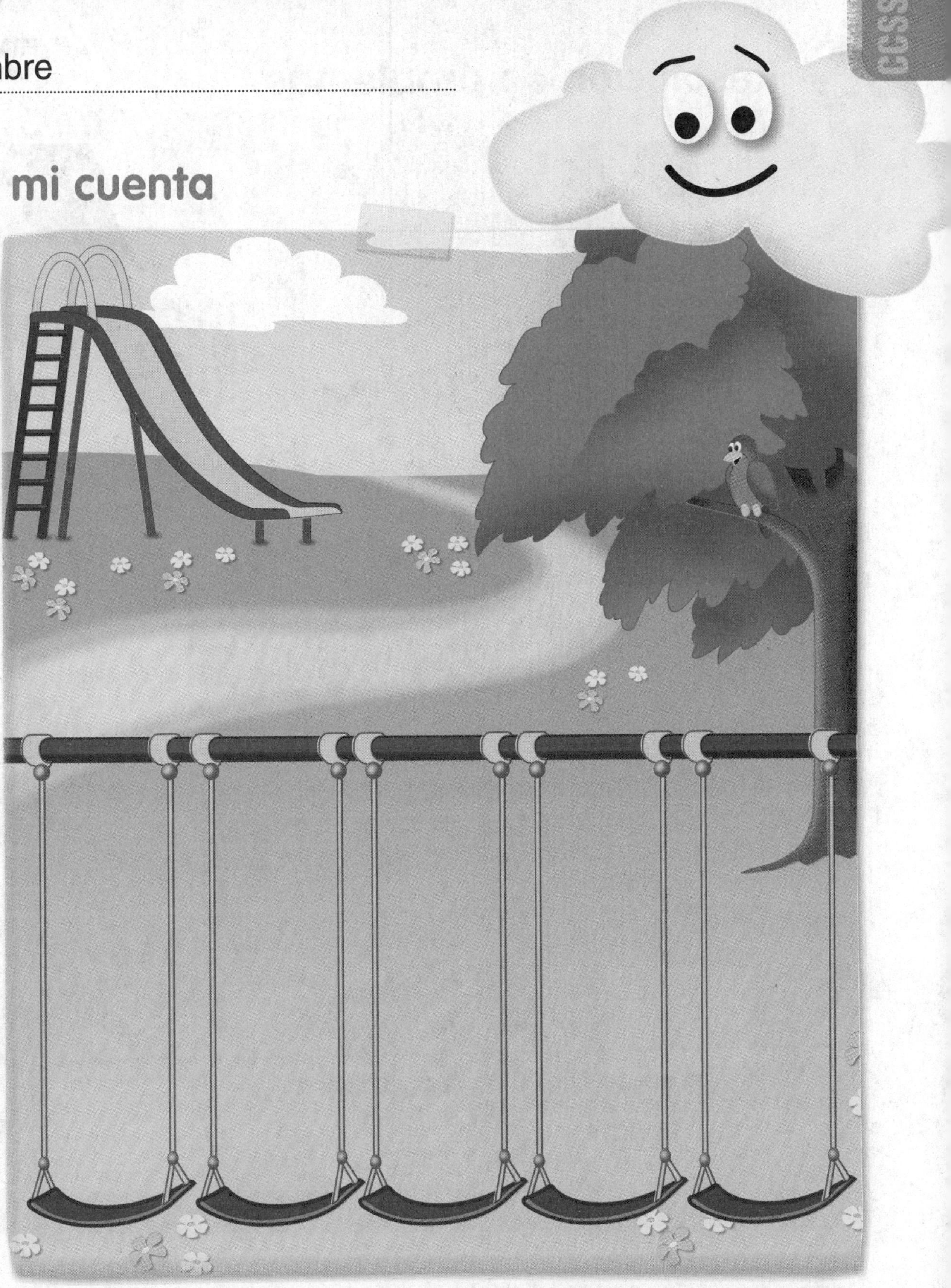

4

Instrucciones para el maestro: Pida a los niños que usen fichas para representar los cuentos de suma. Indíqueles que dibujen el contorno de las fichas para mostrar su trabajo. **3.** Diga: *Hay cuatro niños junto al tobogán. Se les unen dos niños más.* Pregunte: *¿Cuántos niños hay en total?* **4.** Diga: *Hay tres niños en los columpios. Se les unen dos niños más.* Pregunte: *¿Cuántos niños hay en total?*

PRÁCTICAS matemáticas

Resolución de problemas

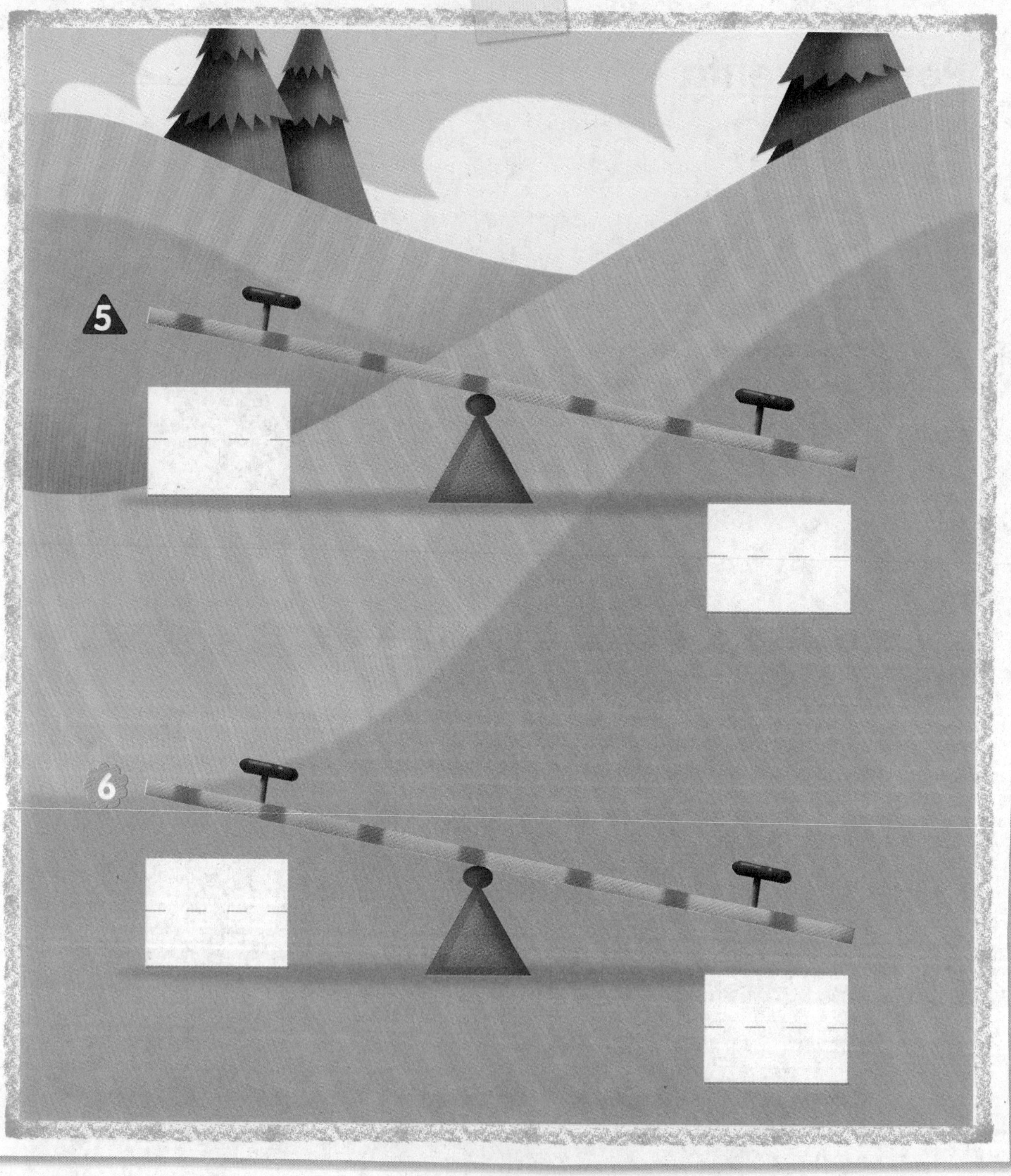

Copyright © The McGraw-Hill Companies, Inc.

Instrucciones para el maestro: Pida a los niños que usen fichas para representar los cuentos de suma y que luego dibujen el contorno de las fichas para mostrar su trabajo. **5.** Diga: *Hay dos niños en el subibaja. Se les unen dos niños más.* Pida a los niños que escriban los números. Pregunte: *¿Cuántos niños hay en total?* **6.** Diga: *Hay tres niños en el subibaja. Se les une un niño más.* Pida a los niños que escriban los números. Pregunte: *¿Cuántos niños hay en total?*

Nombre ....

Mi tarea

Lección 1
Cuentos de suma

Asistente de tareas

Ayuda en línea ¿Necesitas ayuda? connectED.mcgraw-hill.com

1

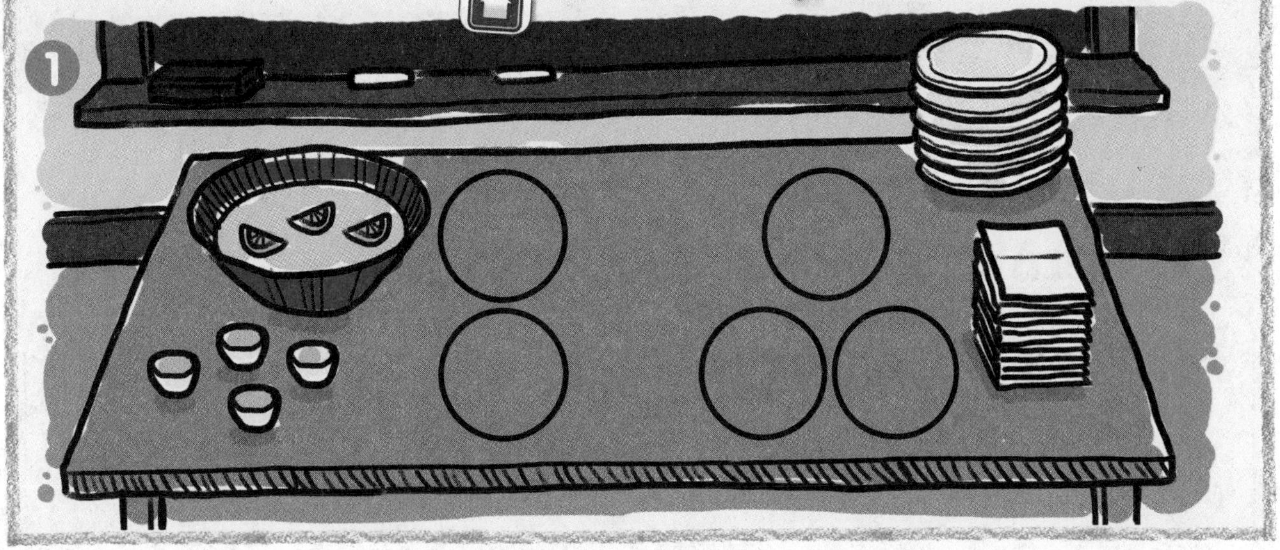

2

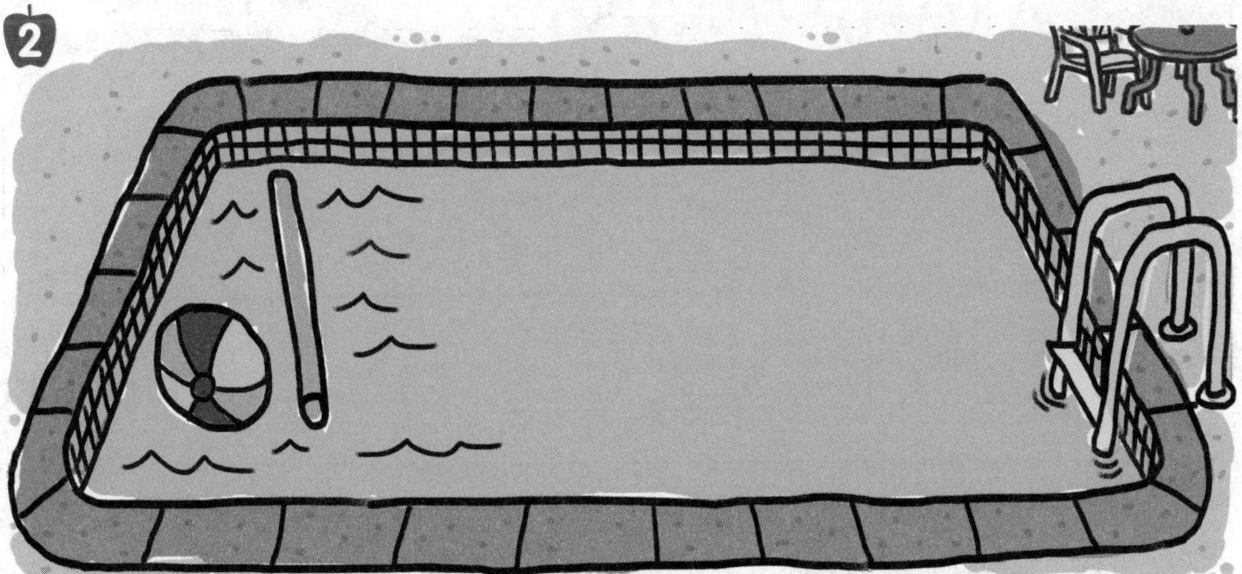

Instrucciones para el maestro: Indique a los niños que usen monedas de 1¢ para representar los cuentos de suma. Pídales que dibujen el contorno de las monedas. **1.** Diga: *Hay dos pizzas sobre la mesa. Unos niños ponen tres pizzas más sobre la mesa.* Pregunte: *¿Cuántas pizzas hay en total?* **2.** Diga: *Cuatro niños se meten en la piscina. Luego, se meten tres niños más.* Pregunte: *¿Cuántos niños hay en total en la piscina?*

3

Comprobación del vocabulario

4 **unir** **en total**

____

_ _ _ _

_______ en total

Instrucciones para el maestro: 3. Pida a los niños que usen monedas de 1¢ para representar el cuento de suma. Indíqueles que dibujen el contorno de las monedas. Diga: *Cinco niños juegan al voleibol. Se les unen dos niños más.* Pregunte: *¿Cuántos niños hay en total?* **4.** Diga: *Dibujen un grupo de tres globos azules. Dibujen un grupo de cinco globos rojos. Unan los dos grupos. ¿Cuántos globos hay en total? Escriban el número.*

Las mates en casa Cuente un cuento de suma a su niño o niña. Indíquele que use monedas de 1¢ para representar el cuento. Pídale que diga cuántas hay en total.

Nombre ....

Usar objetos para sumar

Lección 2

PREGUNTA IMPORTANTE
¿Cómo puedo usar objetos para sumar?

Explorar y explicar

Herramientas Observa

____ en total

Instrucciones para el maestro: Pida a los niños que usen ● para representar el cuento de suma. Diga: *Hay cuatro hamburguesas en una parrilla. En la otra parrilla hay cinco salchichas.* Indique a los niños que escriban el número que dice cuántas hamburguesas y salchichas hay en total.

Ver y mostrar

1 sumar

3 2 5 en total

2

2 1 ___ en total

3

1 3 ___ en total

Instrucciones para el maestro: 1. Pida a los niños que usen fichas para representar. Diga: *Hay tres pajaritos en un árbol. Se les unen dos pajaritos más. ¿Cuántos pajaritos hay en total? Tracen el número.* **2–3.** Pida a los niños que usen fichas para representar los grupos que se unen. Indíqueles que escriban el número que dice cuántos hay en total.

Nombre ....

Por mi cuenta

4

4 2 ______ ______ ______ en total

5

3 5 ______ ______ ______ en total

6

4 3 ______ ______ ______ en total

Instrucciones para el maestro: 4–6. Diga a los niños que usen fichas para representar los grupos que se unen. Pídales que escriban el número que dice cuántos hay en total.

PRÁCTICAS matemáticas

Resolución de problemas

7

en total

2 3

8

en total

5 4

9

en total

1 3

Instrucciones para el maestro: 7–9. Pida a los niños que escriban el número que dice cuántos hay en total.

Nombre ....

Mi tarea

Lección 2

Usar objetos para sumar

Asistente de tareas

Ayuda en línea

¿Necesitas ayuda? connectED.mcgraw-hill.com

1

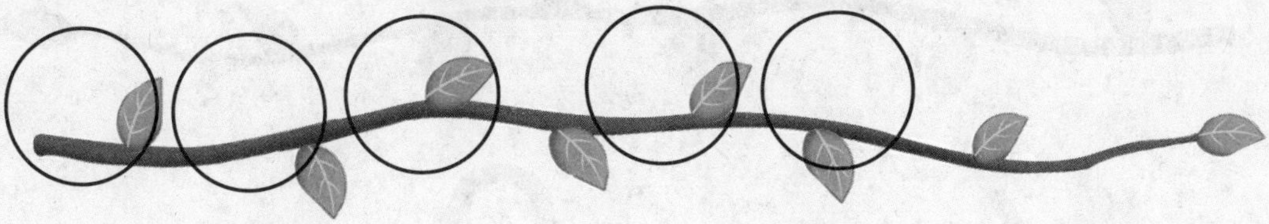

3 2 5 en total

2

1 3 ______ en total

3

4 3 ______ en total

Instrucciones para el maestro: 1. Pida a los niños que usen monedas de 1¢ para representar. Indíqueles que dibujen el contorno de las monedas. Diga: *Hay tres insectos en una rama. Se les unen dos insectos más. ¿Cuántos insectos hay en total? Escriban el número.* **2-3.** Diga a los niños que usen monedas de 1¢ para representar los grupos que se unen y que escriban el número que dice cuántos hay.

4

5 4 ____ en total

5

6 2 ____ en total

Comprobación del vocabulario

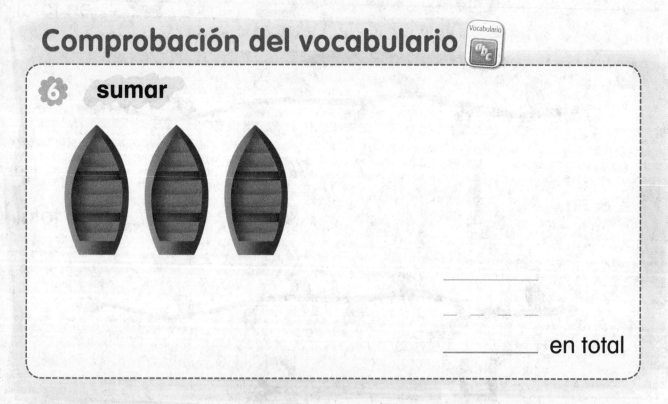

Vocabulario abc

6 **sumar**

____ en total

Instrucciones para el maestro: 4–5. Pida a los niños que usen monedas de 1¢ para representar los grupos que se unen y que escriban el número que dice cuántos hay en total. **6.** Diga: *Cuenten los botes. Dibujen tres más. Escriban el número que dice cuántos hay en total.*

Las mates en casa Cuente un cuento de suma a su niño o niña. Pídale que represente el cuento con botones o monedas de 1¢. Indíquele que diga cuántos hay en total.

Nombre

Compruebo mi progreso

Comprobación del vocabulario

Vocabulario

1 unir en total

Comprobación del concepto

2

Instrucciones para el maestro: 1. Diga: *Dibujen un grupo de dos pelotas. Dibujen un grupo de cuatro pelotas. Unan los dos grupos. ¿Cuántas pelotas hay en total? Escriban el número.* **2.** Pida a los niños que usen fichas para representar el cuento de suma. Diga: *Hay dos pececitos nadando en el lago. Se les unen tres pececitos más. ¿Cuántos pececitos hay en total? Escriban el número.*

3

4 2 ______ en total

4

1 6 ______ en total

5

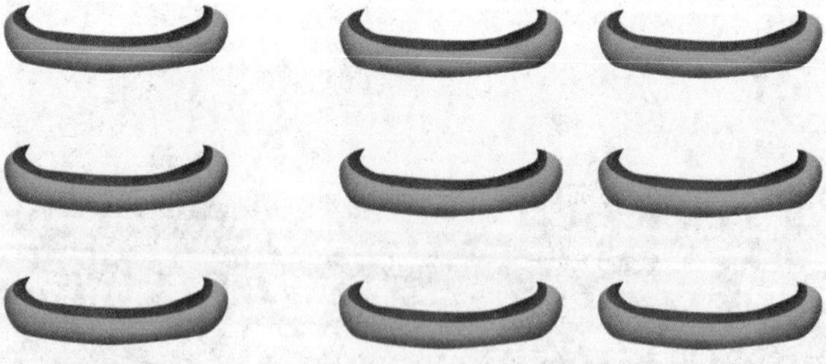

3 6 ______ en total

Instrucciones para el maestro: Pida a los niños que usen fichas para representar. **3.** Diga: *Hay cuatro veleros. Se les unen dos veleros más. ¿Cuántos veleros hay en total? Escriban el número.* **4–5.** Indique a los niños que usen fichas para representar los grupos que se unen. Pídales que escriban el número que dice cuántos hay en total.

Nombre ....

Usar el signo +

Lección 3

PREGUNTA IMPORTANTE
¿Cómo puedo usar objetos para sumar?

Explorar y explicar

Herramientas Observa

___ + ___ es ___.

Instrucciones para el maestro: Diga a los niños que cuenten los perros del primer grupo y escriban el número. Pídales que tracen el signo más. Indíqueles que cuenten los perros del segundo grupo y escriban el número. Luego, diga a los niños que usen ● para representar cada grupo. Por último, pídales que unan los dos grupos y escriban cuántos perros hay en total.

PRÁCTICAS matemáticas

Ver y mostrar

1 

signo más (+)

1 + 2 es 3.

2 

___ + ___ es ___.

3 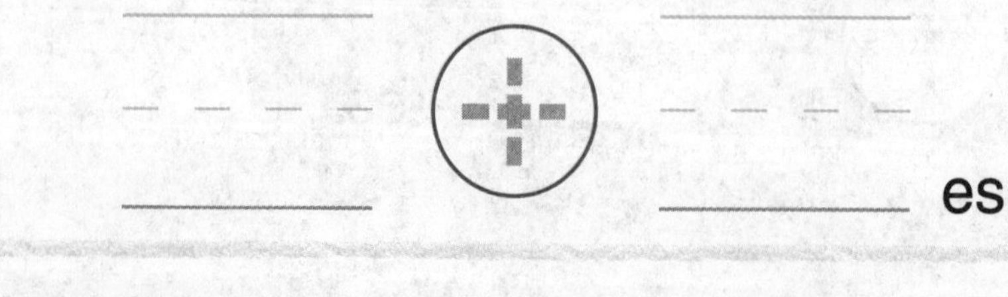

___ + ___ es ___.

Instrucciones para el maestro: 1. Diga: *Cuenten los ositos que hay en cada grupo. Tracen los números y el signo más. Encierren en un círculo los grupos para unirlos. Tracen el número que dice cuántos ositos hay en total.* **2–3.** Diga: *Cuenten los ositos que hay en cada grupo. Escriban los números y tracen el signo más. Encierren en un círculo los grupos para unirlos. Escriban cuántos ositos hay en total.*

Nombre ....

¡Me disfracé!

CCSS

Por mi cuenta

4

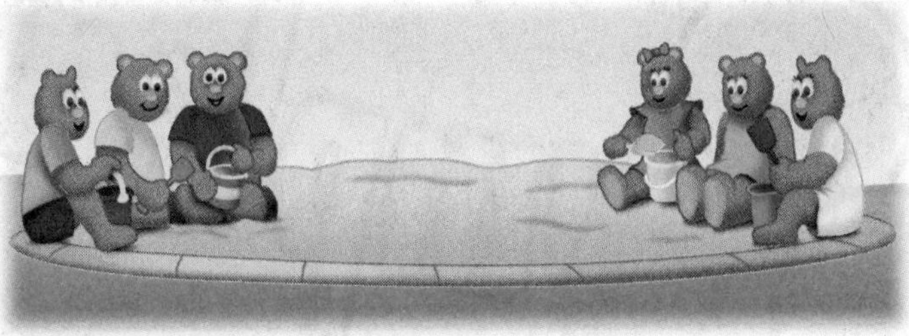

______ + ______ es ______.

5

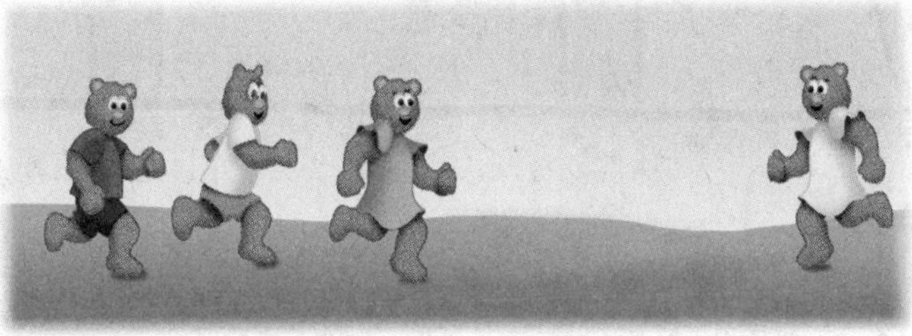

______ + ______ es ______.

6

______ + ______ es ______.

Instrucciones para el maestro: 4–6. Diga: *Cuenten los grupos de ositos. Escriban los números y tracen el signo más. Encierren en un círculo los grupos para unirlos y luego escriban cuántos ositos hay en total.*

Resolución de problemas

El mundo real

7

_____ + _____ es _____.

Instrucciones para el maestro: 7. Diga: *Cuenten los panecillos. Escriban el número en el renglón que está bajo los panecillos. Tracen el signo más. Dibujen un grupo de menos de seis panecillos. Escriban el número. Escriban cuántos objetos hay en total.*

Nombre ....

Mi tarea

Lección 3
Usar el signo +

Asistente de tareas

Ayuda en línea ¿Necesitas ayuda? connectED.mcgraw-hill.com

1

2 + 2 es 4.

2

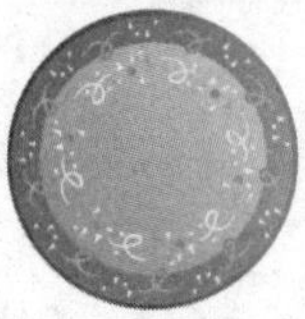

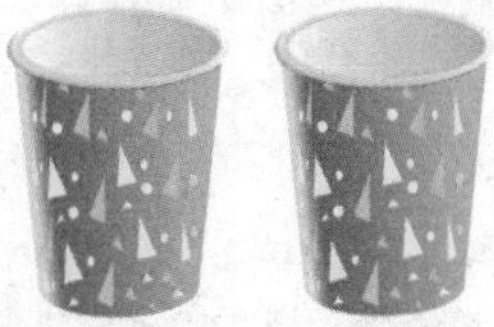

____ + ____ es ____.

3

____ + ____ es ____.

Instrucciones para el maestro: 1–3. Diga: *Cuenten los objetos que hay en cada grupo. Escriban los números y tracen el signo más. Encierren en un círculo los grupos para unirlos. Escriban cuántos objetos hay en total.*

4

___ ➕ ___ es ___.

5

___ ➕ ___ es ___.

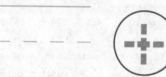

Comprobación del vocabulario

Vocabulario abc

6 **signo más (+)**

6 + 3 es 9.

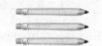

Instrucciones para el maestro: 4–5. Diga: *Cuenten los objetos que hay en cada grupo. Escriban los números y tracen el signo más. Encierren en un círculo los grupos para unirlos. Escriban cuántos objetos hay en total.* **6.** Pida a los niños que encierren en un círculo el signo más y que luego lo tracen.

Las mates en casa Escriba las palabras *Oso grande.* Pida a su niño o niña que cuente las letras de cada palabra y que escriba los números. Indíquele que escriba un signo más entre los números. Luego, pídale que escriba cuántas letras hay en total.

Nombre ....

Usar el signo =

Lección 4

PREGUNTA IMPORTANTE
¿Cómo puedo usar objetos para sumar?

¡Fiesta!

Explorar y explicar

Herramientas Observa

____ + ____ = ____

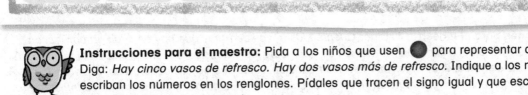

Instrucciones para el maestro: Pida a los niños que usen ● para representar cada grupo. Diga: *Hay cinco vasos de refresco. Hay dos vasos más de refresco.* Indique a los niños que escriban los números en los renglones. Pídales que tracen el signo igual y que escriban cuántos vasos de refresco hay en total.

PRÁCTICAS matemáticas

Ver y mostrar

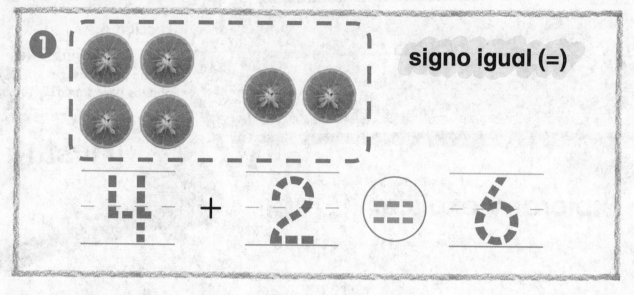

1 **signo igual (=)**

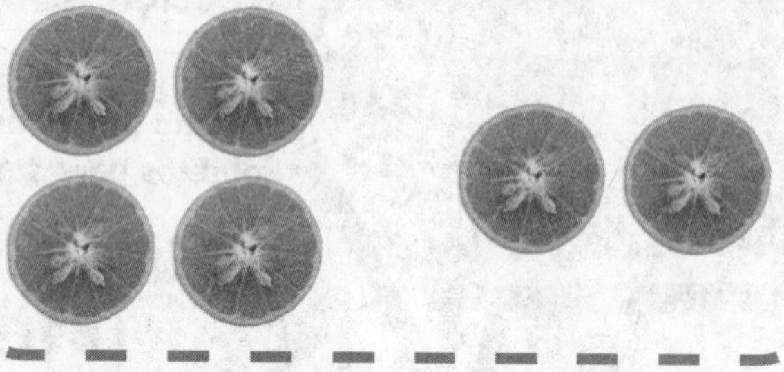

4 + 2 = 6

2

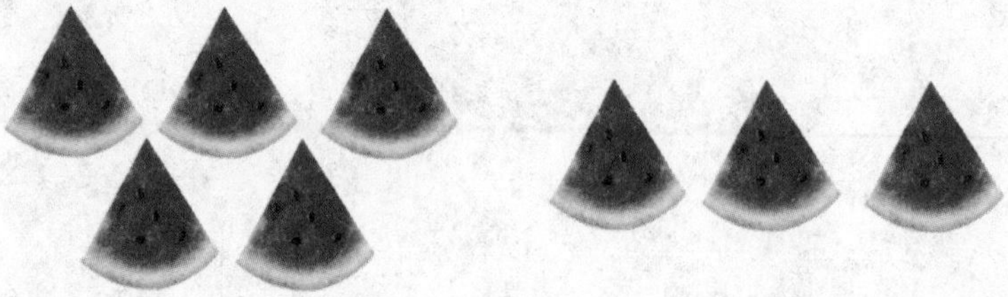

___ + ___ = ___

3

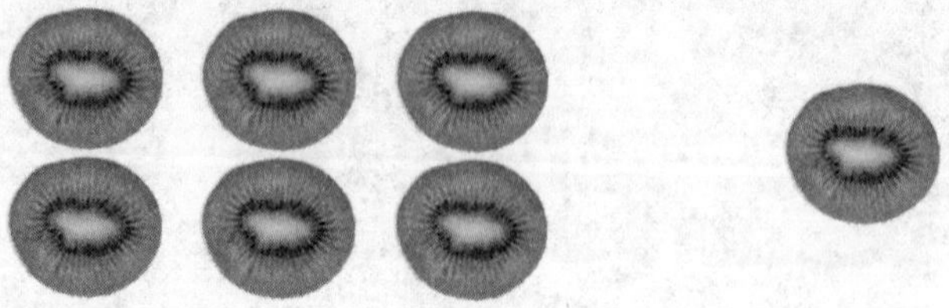

___ + ___ = ___

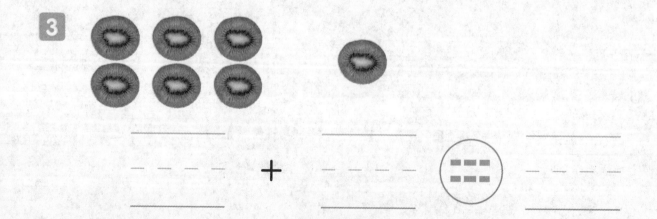

Instrucciones para el maestro: 1. Diga: *Cuenten los trozos de frutas que hay en cada grupo. Tracen los números y tracen el signo igual. Encierren en un círculo los grupos para unirlos. Tracen el número total de trozos de frutas.* **2–3.** Diga: *Cuenten los trozos de frutas que hay en cada grupo. Escriban los números y tracen el signo igual. Encierren en un círculo los grupos para unirlos. Escriban cuántos trozos de fruta hay en total.*

Nombre

Por mi cuenta

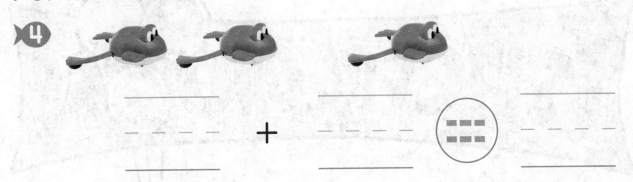

4

\+ =

5

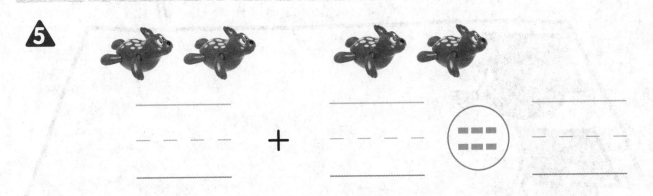

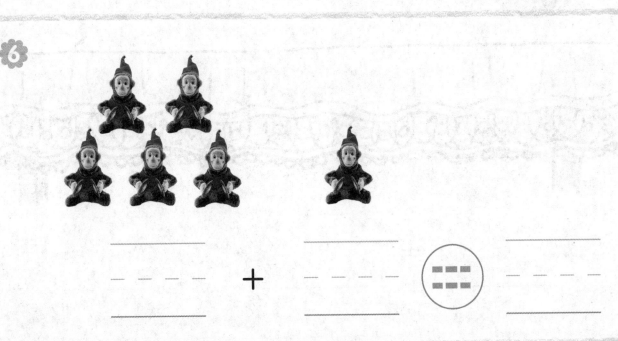

\+ =

6

\+ =

Instrucciones para el maestro: 4–6. Diga: *Cuenten los juguetes que hay en cada grupo. Escriban los números y tracen el signo igual. Encierren en un círculo los grupos para unirlos. Escriban cuántos juguetes hay en total.*

Resolución de problemas

7

___ + ___ = ___

Instrucciones para el maestro: 7. Diga: *Cuenten los gorros que hay sobre la mesa. Escriban el número en el renglón que está bajo los gorros. Dibujen un grupo de menos de nueve gorros. Escriban el número. Tracen el signo igual. Escriban cuántos objetos hay en total.*

Nombre ....

Mi tarea

Lección 4
Usar el signo =

Asistente de tareas

Ayuda en línea ¿Necesitas ayuda? connectED.mcgraw-hill.com

1
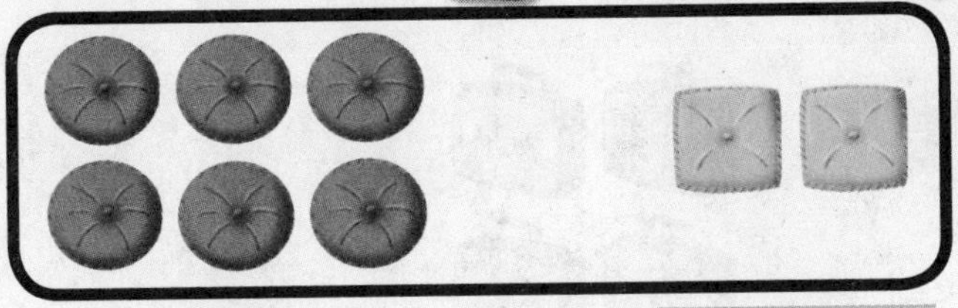

6 + 2 = 8

2

____ + ____ = ____

3

____ + ____ = ____

Instrucciones para el maestro: 1–3. Diga: *Cuenten los objetos de cada grupo. Escriban el número en el renglón que hay bajo cada dibujo. Tracen el signo igual. Encierren en un círculo los grupos para unirlos. Escriban cuántos objetos hay en total.*

4

___ + ___ = ___

5

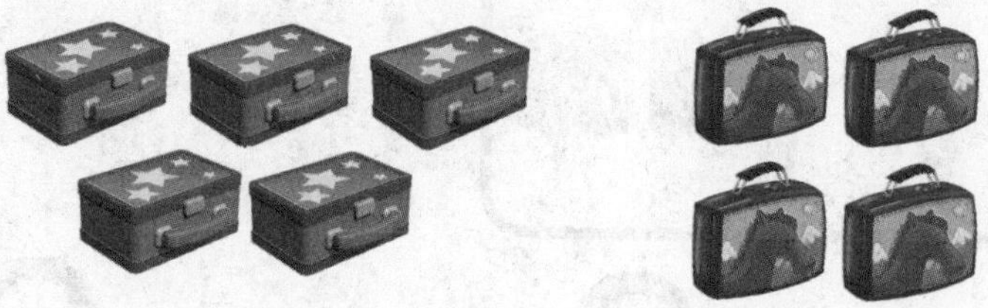

___ + ___ = ___

Comprobación del vocabulario

Vocabulario

6 **signo igual (=)**

4 + 1 = 5

Instrucciones para el maestro: 4–5. Diga: *Cuenten los objetos que hay en cada grupo. Escriban los números en el renglón que hay bajo cada dibujo. Tracen el signo igual. Encierren los grupos en un círculo para unirlos. Escriban cuántos objetos hay en total.* **6.** Pida a los niños que encierren en un cuadrado el signo igual.

Las mates en casa Escriba enunciados de suma, como 2 + 4 = 6. Pida a su niño o niña que subraye el signo más y encierre en un círculo el signo igual.

Nombre ....

¿Cuántos hay en total?

Lección 5

PREGUNTA IMPORTANTE
¿Cómo puedo usar objetos para sumar?

Explorar y explicar

Herramientas Observa

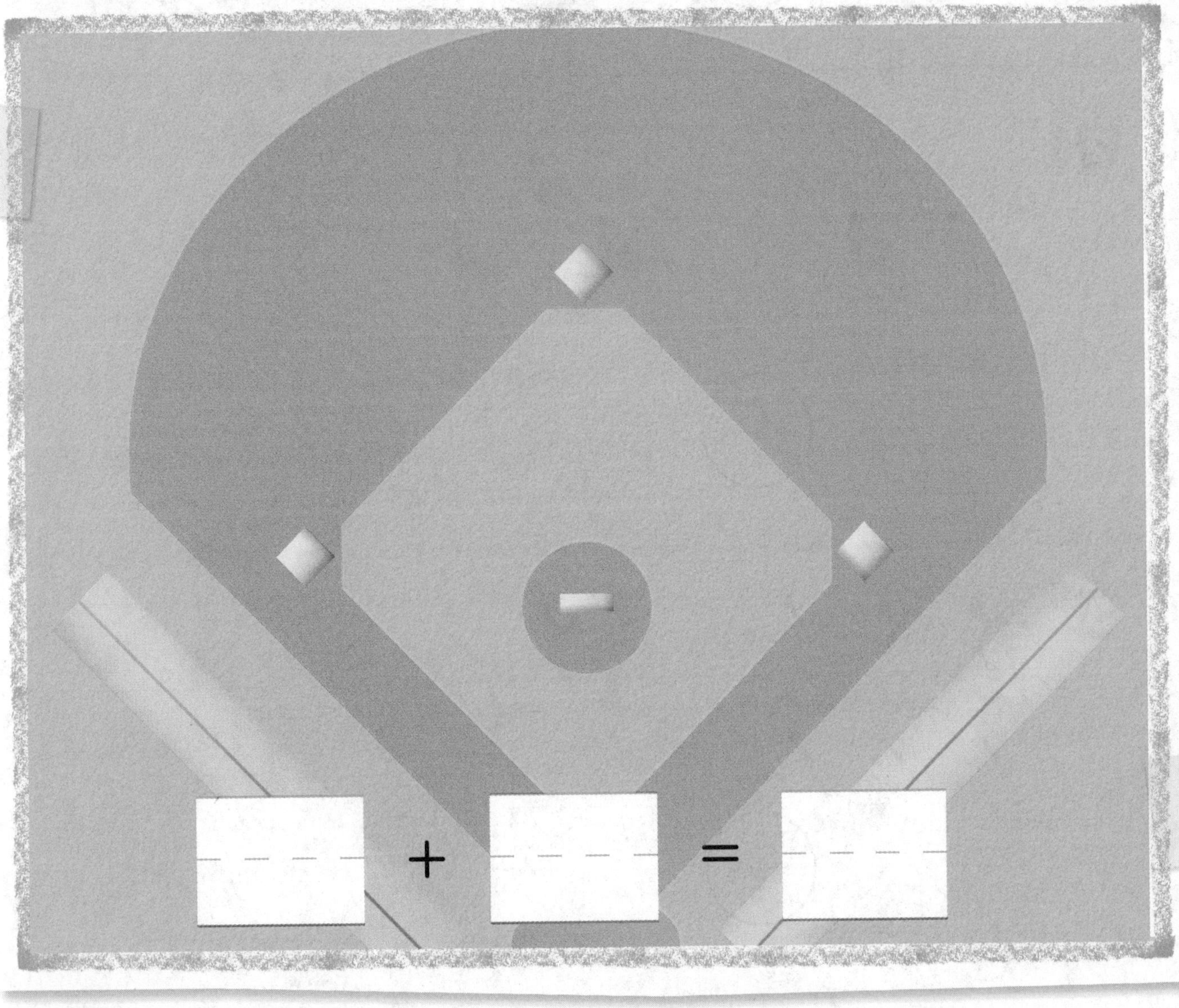

___ + ___ = ___

Instrucciones para el maestro: Indique a los niños que usen ● para representar cada grupo. Diga: *Hay cuatro jugadores en el campo de juego. Se les unen otros cuatro jugadores más.* Pida a los niños que escriban los números y que escriban cuántos jugadores hay en total.

PRÁCTICAS matemáticas

Ver y mostrar

1

4 + 2 = 6

2

___ + ___ = ___

3

___ + ___ = ___

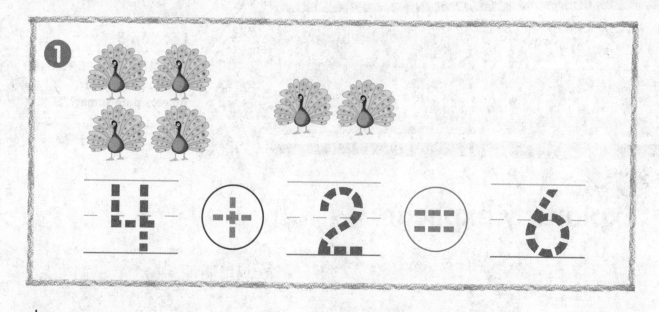

Instrucciones para el maestro: 1. Diga: *Usen fichas para representar el enunciado de suma. Tracen los números y los signos. Tracen el número que dice cuántas aves hay en total.* **2–3.** Diga: *Usen las fichas para representar el enunciado de suma. Escriban los números y tracen los signos. Escriban cuántas aves hay en total.*

Nombre

Por mi cuenta

4

\+ =

5

\+ =

6

\+ =

Instrucciones para el maestro: 4–6. Diga a los niños que usen fichas para representar el enunciado de suma. Pídales que escriban los números, que tracen los signos y luego que escriban cuántas aves hay en total.

PRÁCTICAS matemáticas

Resolución de problemas

7

Instrucciones para el maestro: 7. Diga: *Cuenten las calabazas. Escriban el número en el renglón que está bajo las calabazas. Tracen el signo más. Dibujen un grupo de menos de seis calabazas. Escriban el número. Tracen el signo igual. Escriban cuántas calabazas hay en total.*

Nombre ....

Mi tarea

Lección 5

¿Cuántos hay en total?

Asistente de tareas

Ayuda en línea

¿Necesitas ayuda? **connectED.mcgraw-hill.com**

1

2 + 3 = 5

2

___ + ___ = ___

3

___ + ___ = ___

Instrucciones para el maestro: 1–3. Indique a los niños que cuenten los objetos de cada grupo. Pídales que escriban los números y que tracen los signos. Por último, dígales que escriban cuántos hay en total.

4

____ + ____ = ____

5

____ + ____ = ____

6

____ + ____ = ____

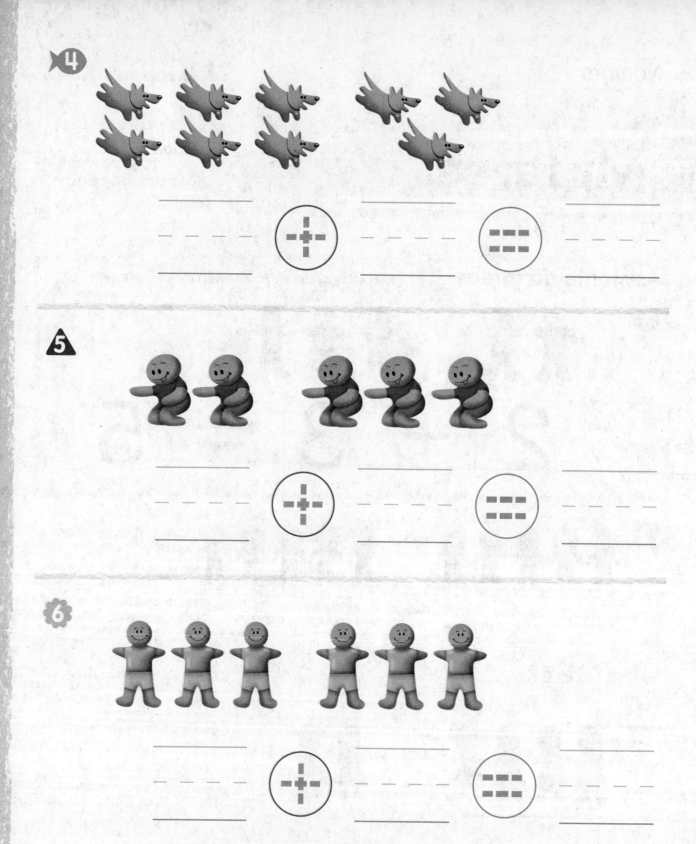

Instrucciones para el maestro: 4–6. Diga: *Cuenten los objetos de cada grupo. Escriban los números y tracen los signos. Escriban el número que dice cuántos hay en total.*

Las mates en casa Pida a su niño o niña que forme un grupo de tres objetos y otro grupo de cuatro objetos. Indíquele que una los grupos y diga cuántos objetos hay en total.

Nombre ....

El mundo real

Resolución de problemas

ESTRATEGIA: Escribir un enunciado numérico

Lección 6

PREGUNTA IMPORTANTE
¿Cómo puedo usar objetos para sumar?

¿Cuántos hay en total?

Escribir un enunciado numérico

1 + 1 = 2

Instrucciones para el maestro: Pida a los niños que usen ● para representar los grupos que se unen. Diga: *Hay un guardia en la puerta del castillo. Se le une un guardia más.* Diga a los niños que dibujen el contorno de las fichas. Luego, indíqueles que tracen el enunciado numérico para decir cuántos guardias hay en total.

¿Cuántos hay en total?

Escribir un enunciado numérico

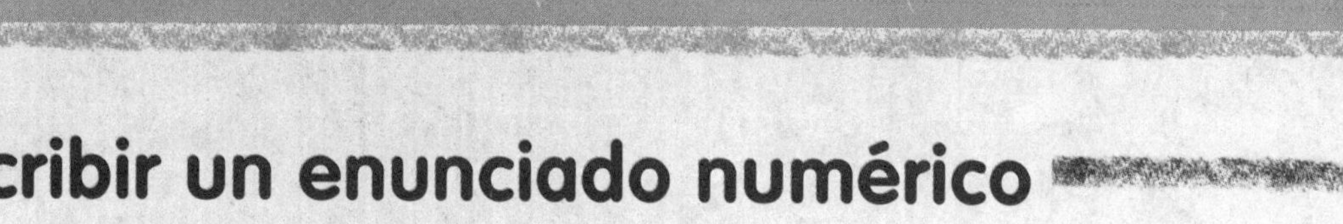

Instrucciones para el maestro: Pida a los niños que usen fichas para representar los grupos que se unen. Diga: *Hay dos astronautas en la Luna. Se les une un astronauta más.* Indique a los niños que dibujen el contorno de las fichas, y que luego tracen el enunciado numérico para decir cuántos astronautas hay en total.

Nombre ....

¿Cuántos hay en total?

Escribir un enunciado numérico

____ + ____ = ____

Instrucciones para el maestro: Pida a los niños que usen fichas para representar los grupos que se unen. Diga: *Cinco niños bajan por la montaña en tablas para nieve. Se les unen cuatro niños que bajan en esquís.* Indique a los niños que dibujen el contorno de las fichas, y que luego escriban un enunciado numérico para decir cuántas personas hay en total.

¿Cuántos hay en total?

Escribir un enunciado numérico

Instrucciones para el maestro: Pida a los niños que usen fichas para representar los grupos que se unen. Diga: *Seis buzos se meten en el mar. Se les unen dos buzos más.* Indique a los niños que dibujen el contorno de las fichas, y que luego escriban un enunciado numérico para decir cuántos buzos hay en total.

Nombre ....

Mi tarea

Lección 6

Resolución de problemas: Escribir un enunciado numérico

¿Cuántos hay en total?

Escribir un enunciado numérico

4 + 2 = 6

Instrucciones para el maestro: Pida a los niños que usen monedas de 1¢ para representar los grupos que se unen. Diga: *Hay cuatro bomberos. Se les unen dos bomberos más.* Indique a los niños que dibujen el contorno de las monedas, y que luego tracen el enunciado numérico para decir cuántos hay en total.

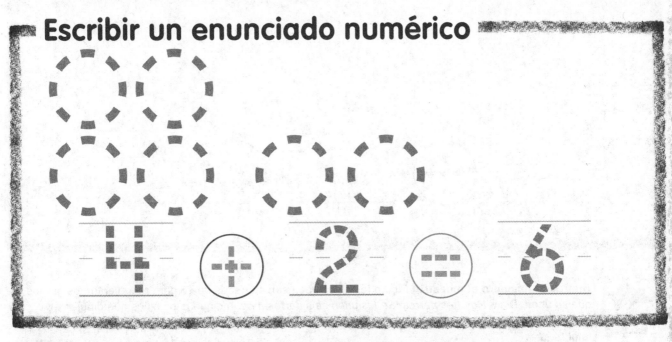

¿Cuántos hay en total?

Escribir un enunciado numérico

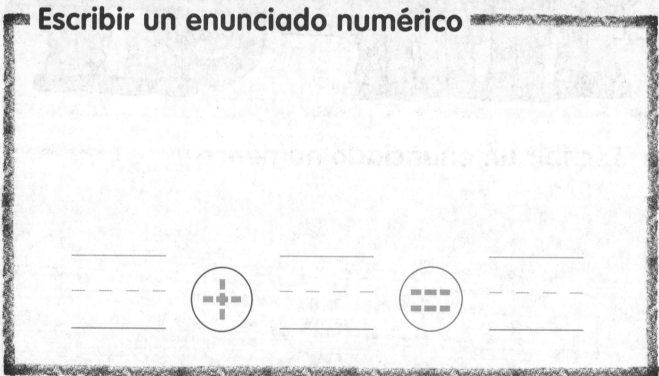

___ + ___ = ___

Instrucciones para el maestro: Pida a los niños que usen monedas de 1¢ para representar los grupos que se unen. Diga: *Hay tres perros. Se les unen seis perros más.* Indique a los niños que dibujen el contorno de las monedas, y que luego escriban un enunciado numérico para decir cuántos perros hay en total.

Las mates en casa Aproveche las situaciones diarias en las que es preciso resolver problemas como, por ejemplo, los paseos en carro, la hora de ir a la cama, el lavado de la ropa, la organización de las compras y situaciones similares.

Nombre ....

Sumar para formar 10

Lección 7

PREGUNTA IMPORTANTE
¿Cómo puedo usar objetos para sumar?

Explorar y explicar

Herramientas Observa

¡A jugar!

___ + ___ = 10

Instrucciones para el maestro: Indique a los niños que usen ● para representar una manera de formar 10. Diga: *Dos niñas tocan las maracas. Ocho niñas tocan los tambores.* Pida a los niños que escriban los números para mostrar cómo formar 10.

PRÁCTICAS matemáticas

Ver y mostrar

1

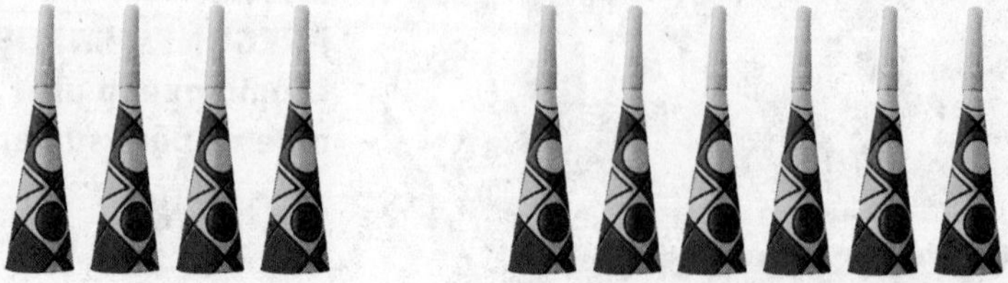

4 + 6 = 10

2

___ + ___ = 10

3

___ + ___ = 10

Instrucciones para el maestro: 1. Diga a los niños que cuenten los objetos y que tracen los números y los signos. **2–3.** Pida a los niños que cuenten los objetos y que escriban los números. Luego, dígales que tracen los signos.

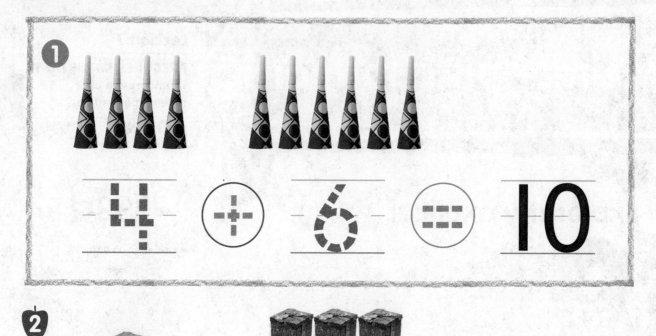

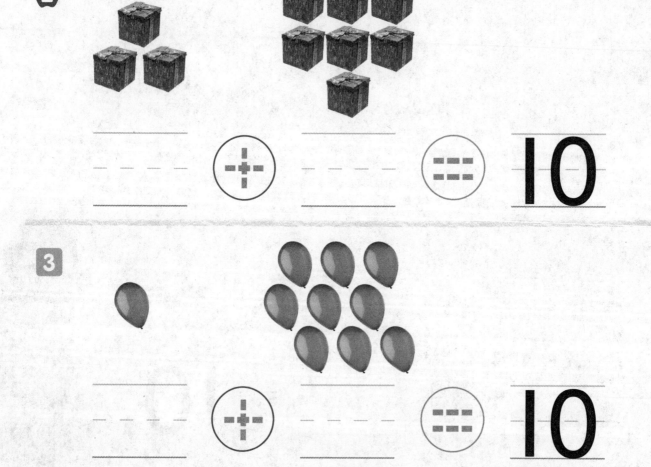

Nombre ....

Por mi cuenta

4

___ + ___ = 10

5

___ + ___ = 10

6

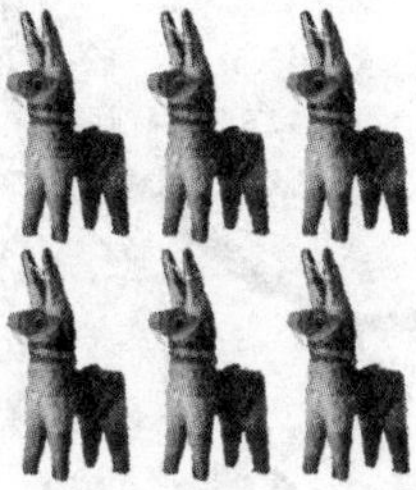 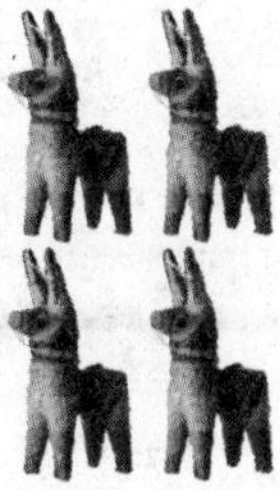

___ + ___ = 10

Instrucciones para el maestro: 4–6. Pida a los niños que cuenten los objetos y que escriban los números. Luego, dígales que tracen los signos.

Resolución de problemas

7

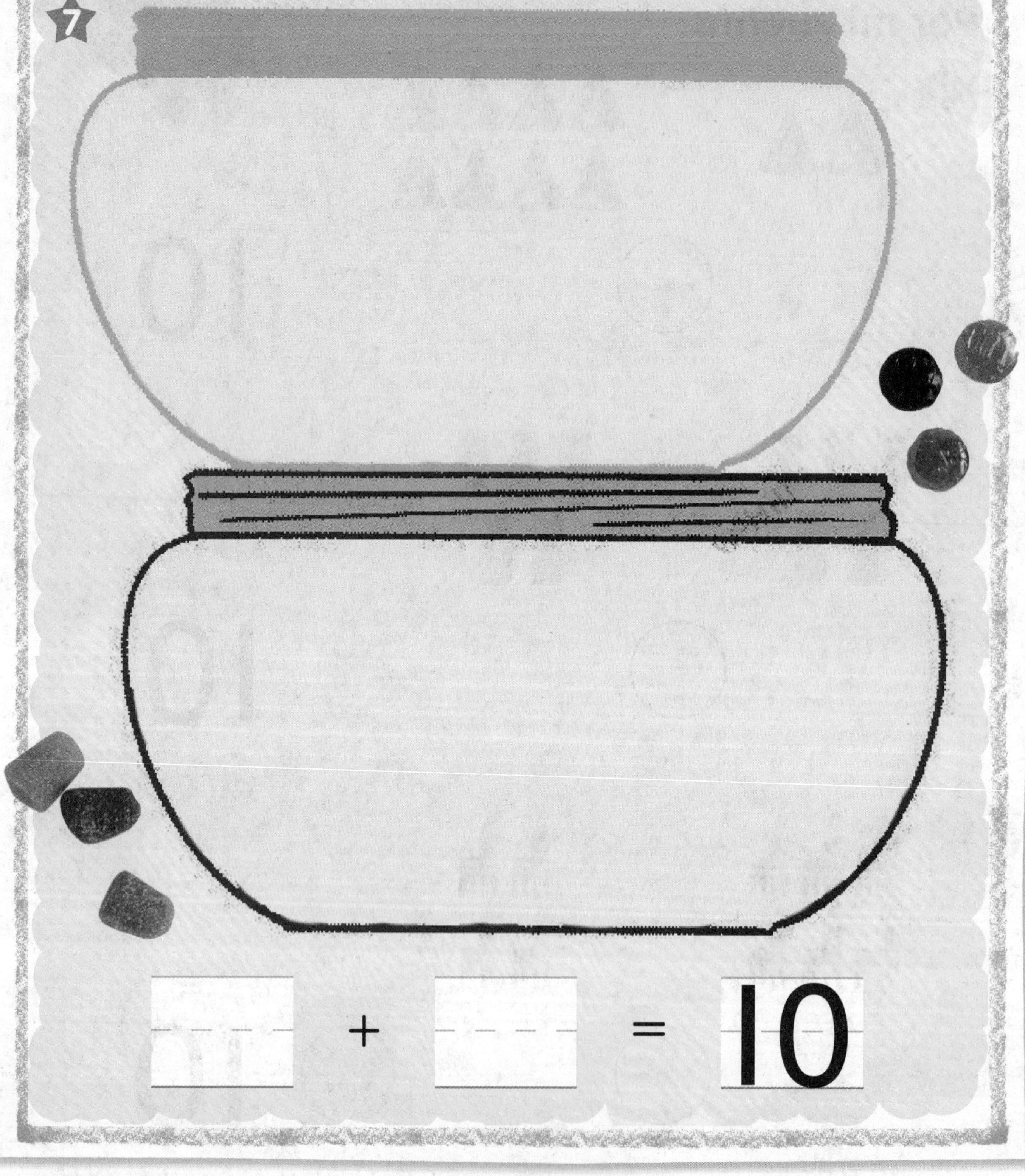

___ + ___ = 10

Instrucciones para el maestro: 7. Pida a los niños que usen fichas para representar una manera de formar 10. Diga: *Dibujen el primer grupo en el frasco de arriba. Escriban el número. Dibujen el segundo grupo en el frasco de abajo. Escriban el número.*

Nombre ....

Mi tarea

Lección 7

Sumar para formar 10

Asistente de tareas

Ayuda en línea

¿Necesitas ayuda? connectED.mcgraw-hill.com

1

3 + 7 = 10

2

___ + ___ = 10

3

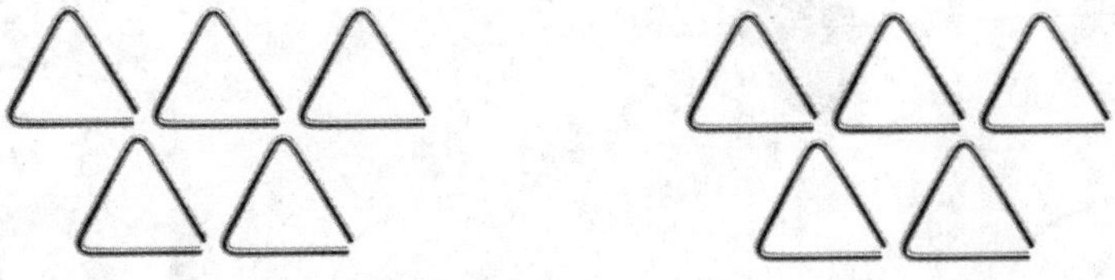

___ + ___ = 10

Instrucciones para el maestro: 1–3. Pida a los niños que cuenten los objetos y que escriban los números. Luego, dígales que tracen los signos.

4

___ + ___ = 10

5

___ + ___ = 10

6

___ + ___ = 10

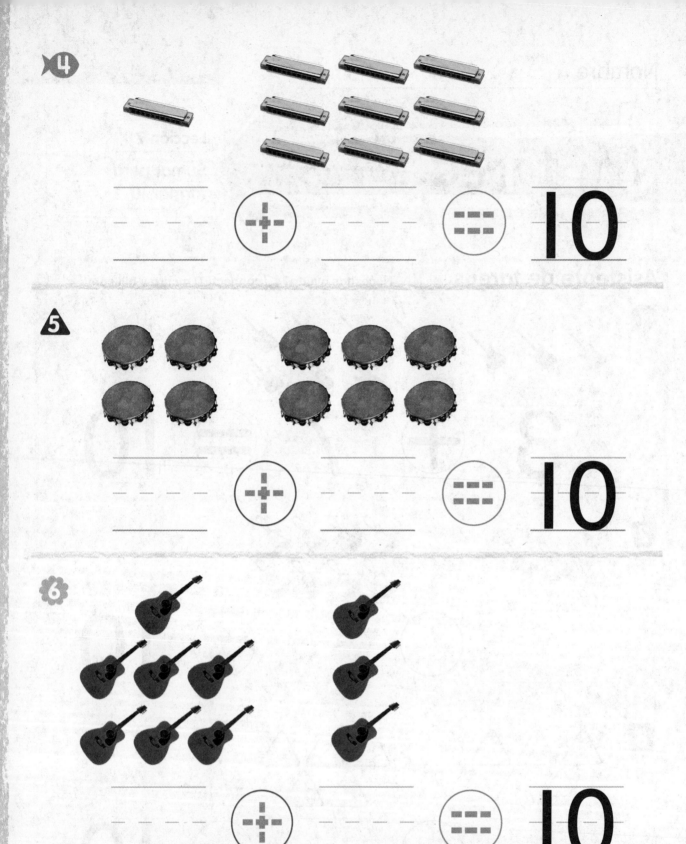

Instrucciones para el maestro: 4–6. Pida a los niños que cuenten los objetos y que escriban los números. Luego, dígales que tracen los signos.

Las mates en casa Dé a su niño o niña un grupo de seis objetos y otro grupo de cuatro objetos. Pídale que sume los grupos para decir cuántos objetos hay en total.

Nombre ....

Práctica de fluidez

1

______ + ______ = ______

2

______ + ______ = ______

3

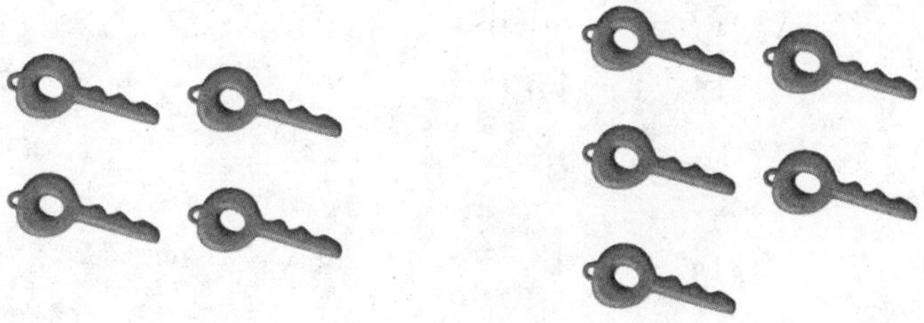

______ + ______ = ______

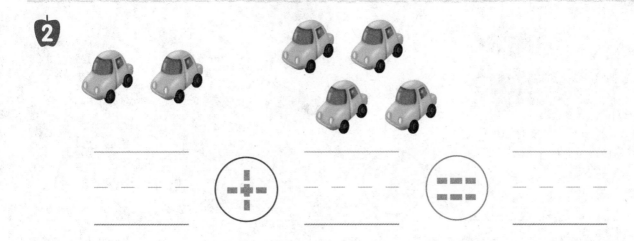

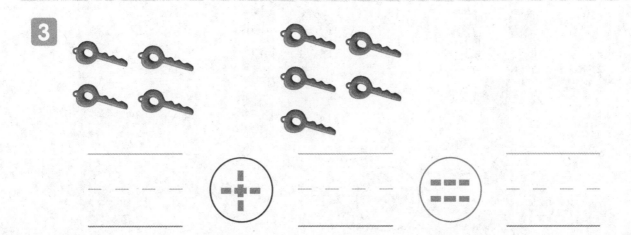

Instrucciones para el maestro: 1–3. Indique a los niños que cuenten los objetos de cada grupo, y que luego escriban los números y que tracen los signos. Pídales que escriban cuántos hay en total.

Práctica de fluidez

4

____ + ____ = ____

5

____ + ____ = ____

6

____ + ____ = ____

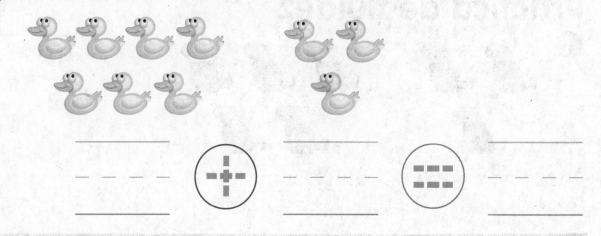

Instrucciones para el maestro: 4–6. Indique a los niños que cuenten los objetos de cada grupo, y que luego escriban los números y que tracen los signos. Pídales que escriban cuántos hay en total.

Nombre

Mi repaso

Capítulo 5
La suma

Comprobación del vocabulario

Vocabulario

1 **signo más**

$+ \quad =$

2 **signo igual**

$+ \quad =$

3 **en total**

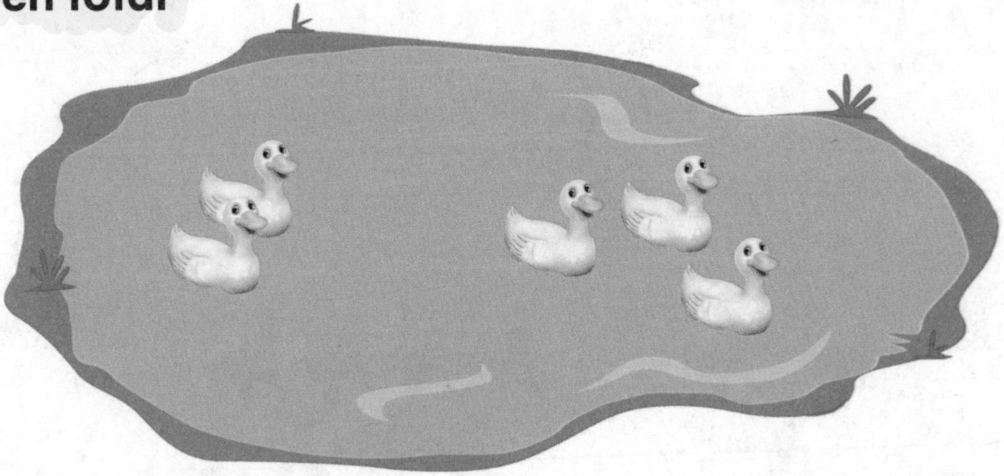

___ + ___ = ___

Instrucciones para el maestro: 1. Pida a los niños que encierren en un círculo el signo más. **2.** Dígales que encierren en un círculo el signo igual. **3.** Diga: *Cuenten los patos de cada grupo. Escriban los números y tracen los signos. Escriban cuántos patos hay en total.*

Comprobación del concepto

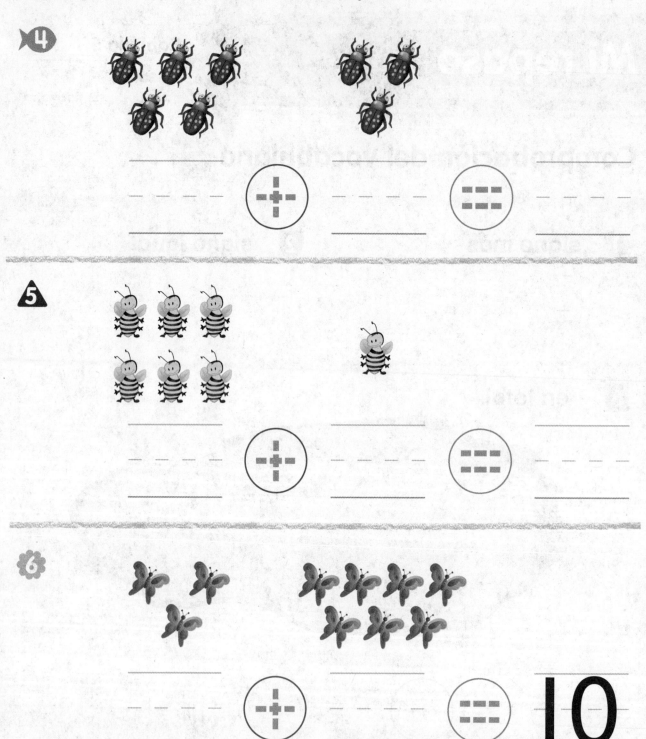

4

+ =

5

+ =

6

+ = 10

Instrucciones para el maestro: 4–5. Diga: *Cuenten los insectos de cada grupo. Escriban los números y tracen los signos. Encierren en un círculo los grupos para unirlos. Escriban cuántos insectos hay en total.* **6.** Diga: *Cuenten las mariposas y escriban los números. Tracen los signos.*

Nombre

Resolución de problemas

7

☐ + ☐ = ☐.

Instrucciones para el maestro: **7.** Diga: *Hay dos caballitos en el carrusel. Dibujen cuatro caballitos más para mostrar otro grupo. Escriban los números y tracen los signos.*

Pienso

Capítulo 5

PREGUNTA IMPORTANTE

¿Cómo puedo usar objetos para sumar?

Instrucciones para el maestro: Diga: *Cuenten los panecillos y escriban el número. Dibujen más panecillos para formar 10. Escriban el número. Tracen los signos.*

Capítulo

6 La resta

PREGUNTA IMPORTANTE

¿Cómo puedo usar objetos para restar?

¡A correr, saltar y bailar!

¡Mira el video!

Mis estándares estatales

CCSS

Operaciones y razonamiento algebraico

CCSS

K.OA.1 Representar sumas y restas con objetos, dedos, imágenes mentales, dibujos, sonidos (por ejemplo, palmadas), expresiones, ecuaciones o explicaciones orales, o representando situaciones.

K.OA.2 Resolver problemas contextualizados de suma y de resta, y sumar y restar hasta el 10; por ejemplo, representando el problema con objetos o dibujos.

K.OA.3 Descomponer números menores o iguales a 10 en dos, al menos de dos maneras (por ejemplo, con objetos o dibujos), y registrar cada descomposición con un dibujo o una ecuación (por ejemplo, $5 = 2 + 3$ y $5 = 4 + 1$).

K.OA.5 Sumar y restar hasta el 5 de manera fluida.

Estándares para las

PRÁCTICAS matemáticas

1. Entender los problemas y perseverar en la búsqueda de una solución.
2. Razonar de manera abstracta y cuantitativa.
3. Construir argumentos viables y hacer un análisis del razonamiento de los demás.
4. Representar con matemáticas.
5. Usar estratégicamente las herramientas apropiadas.
6. Prestar atención a la precisión.
7. Buscar una estructura y usarla.
8. Buscar y expresar regularidad en el razonamiento repetido.

= Se trabaja en este capítulo.

Nombre

Antes de seguir...

Comprueba

Conéctate para hacer la prueba de preparación.

1

2

3

8

y

Instrucciones para el maestro: 1–2. Pida a los niños que cuenten los objetos y que luego escriban el número. **3.** Pida a los niños que tracen el número y que cuenten los objetos. Indíqueles que encierren en un círculo los objetos para mostrar una manera de descomponer el número. Pídales que escriban los números.

Nombre

Las palabras de mis mates

Vocabulario

Repaso del vocabulario

Instrucciones para el maestro: Diga a los niños que cuenten los niños de verde y que escriban el número. Pídales que tracen el signo más. Indíqueles que cuenten los niños de azul y que luego escriban el número. Pídales que tracen el signo igual y que escriban el número que dice cuántos niños hay en total.

Mis tarjetas de vocabulario

Vocabulario

PRÁCTICAS matemáticas

quedan

quedan 4

restar

Si de 5 se van 3, quedan 2.

se van

signo menos (–)

$3 - 2 = 1$

Instrucciones para el maestro: Sugerencias

- Pida a los niños que cuenten las letras de cada palabra.
- Pida a los niños que usen las tarjetas en blanco para escribir palabras de capítulos anteriores que quieran repasar.

restar

quedan

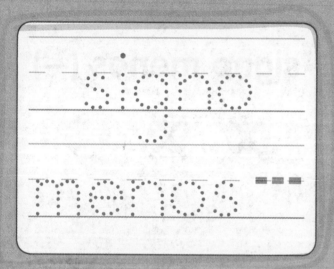

signo menos

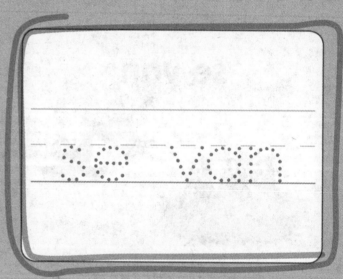

se van

Mi modelo de papel

FOLDABLES® Sigue los pasos que aparecen en el reverso para hacer tu modelo de papel.

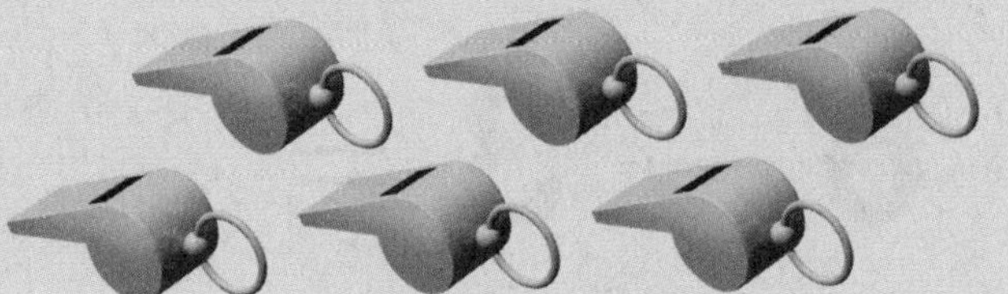

___ − ___ = ___

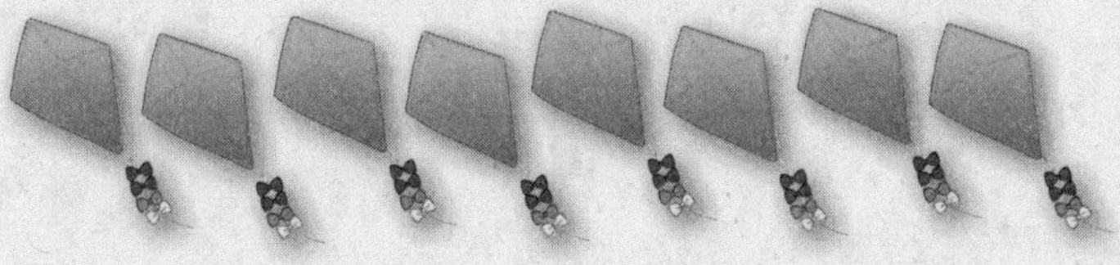

___ − ___ = ___

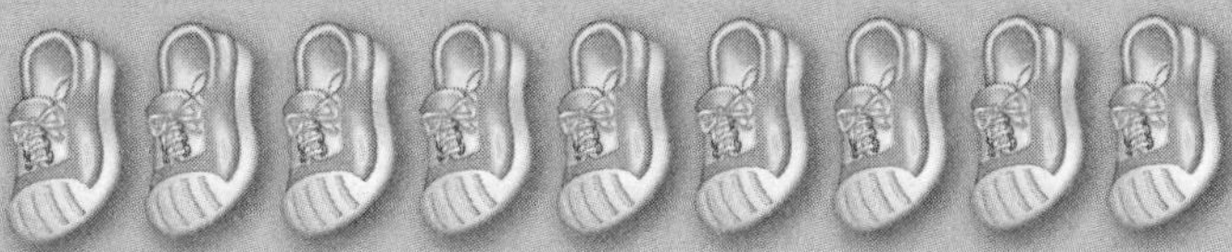

___ − ___ = ___

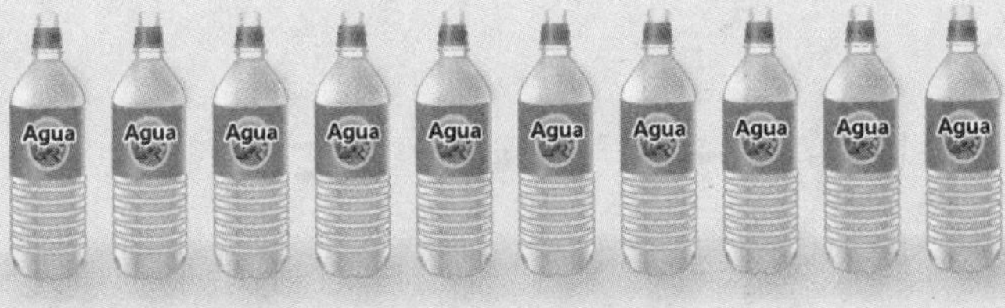

___ − ___ = ___

___ − ___ = ___

FOLDABLES®
Ayudas de estudio

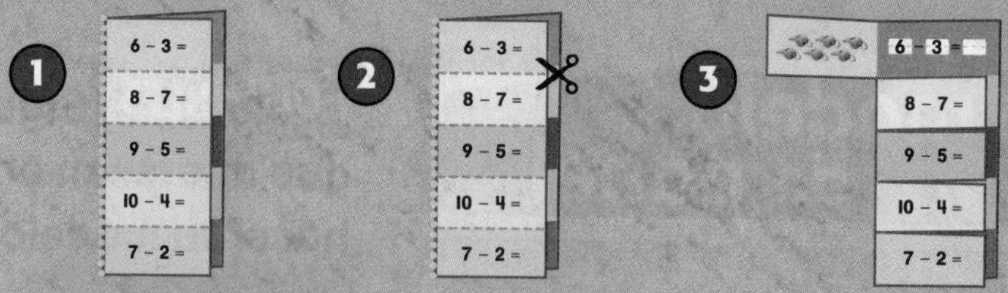

$6 - 3 =$

$8 - 7 =$

$9 - 5 =$

$10 - 4 =$

$7 - 2 =$

Nombre ....

Cuentos de resta

Lección 1

PREGUNTA IMPORTANTE
¿Cómo puedo usar objetos para restar?

Explorar y explicar

Herramientas Observa

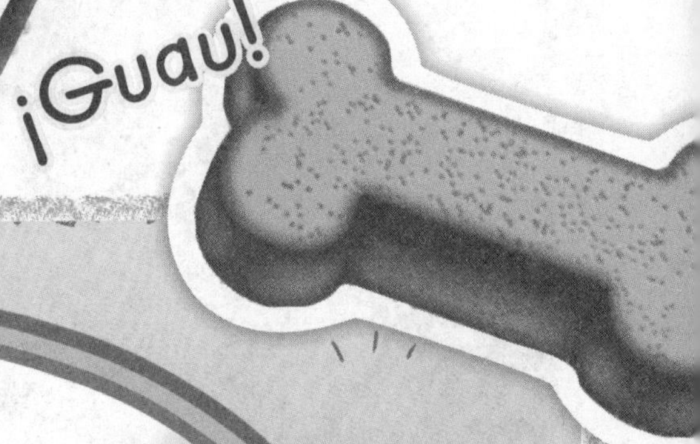

Instrucciones para el maestro: Pida a los niños que usen ● para representar el cuento de resta. Diga: *Hay seis trocitos de comida en el tazón. Un perro se come tres trocitos.* Pida a los niños que dibujen el contorno de las fichas para representar el problema. Pídales que dibujen una X sobre tres trocitos. Pregunte: *¿Cuántos trocitos quedan?*

Ver y mostrar

1

2

Instrucciones para el maestro: Pida a los niños que usen fichas para representar los cuentos de resta. Indíqueles que dibujen el contorno de las fichas. **1.** Diga: *Hay cuatro cajas de cereal en la cinta. Una caja se va en un carrito.* Pida a los niños que dibujen una X en una de las cajas. Pregunte: *¿Cuántas cajas quedan?* **2.** Diga: *Hay tres latas en un estante. Una clienta se lleva dos latas.* Pida a los niños que dibujen una X sobre dos latas. Pregunte: *¿Cuántas latas quedan?*

Nombre

¿Dónde está mi zanahoria?

Por mi cuenta

3

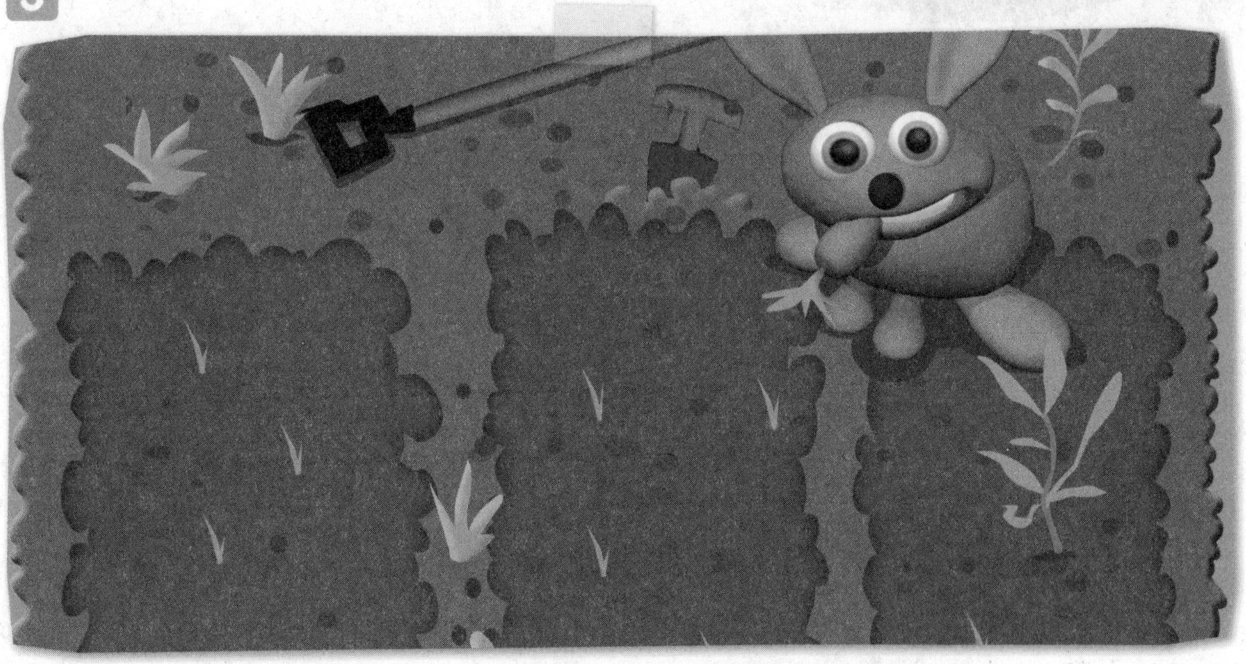

4

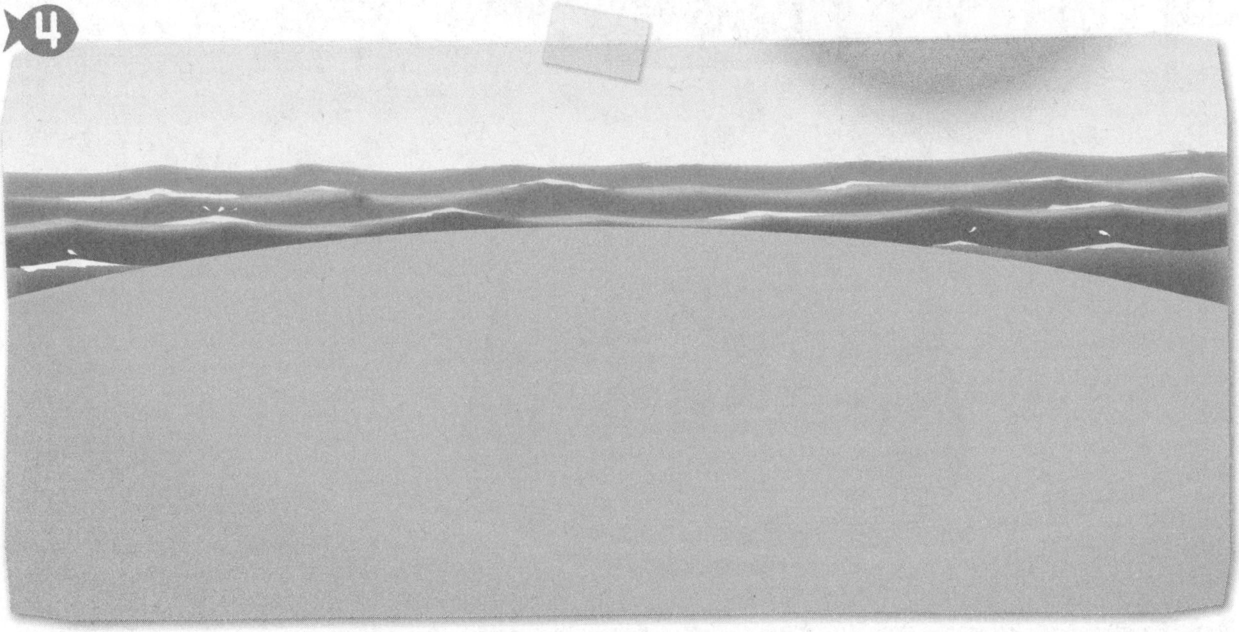

Instrucciones para el maestro: Pida a los niños que usen fichas para representar los cuentos de resta. Indíqueles que dibujen el contorno de las fichas. **3.** Diga: *Hay seis zanahorias en la huerta. Un conejo se come tres.* Pida a los niños que dibujen una X sobre tres zanahorias. Pregunte: *¿Cuántas zanahorias quedan?* **4.** Diga: *Hay cuatro cangrejos en la arena. Dos se meten en el agua.* Pida a los niños que dibujen una X sobre dos cangrejos. Pregunte: *¿Cuántos cangrejos quedan en la arena?*

Resolución de problemas

5

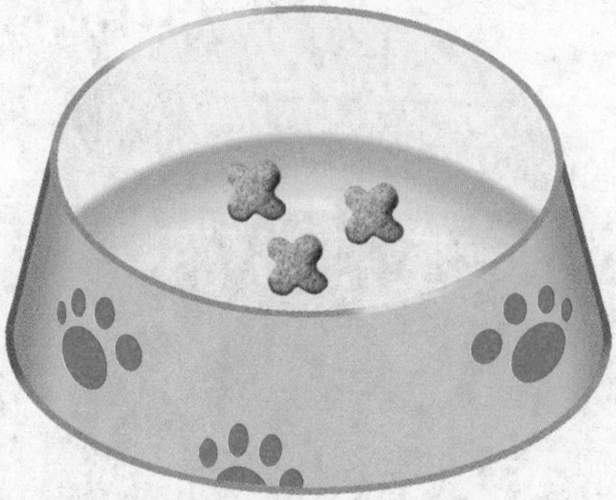

6

7

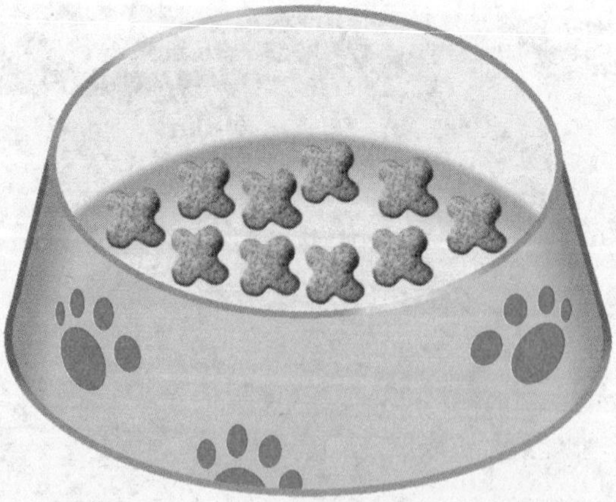

Instrucciones para el maestro: Pida a los niños que usen fichas para representar los cuentos de resta. Indíqueles que escriban el número que dice cuántos quedan. **5.** Diga: *Hay tres bocaditos. Un cachorro se come dos. ¿Cuántos bocaditos quedan?* **6.** Diga: *Hay siete bocaditos. Un gato se come dos. ¿Cuántos bocaditos quedan?* **7.** Diga: *Hay diez bocaditos. Un cachorro se come uno. ¿Cuántos bocaditos quedan?*

Nombre ....

Mi tarea

Lección 1
Cuentos de resta

Asistente de tareas

Ayuda en línea ¿Necesitas ayuda? connectED.mcgraw-hill.com

1

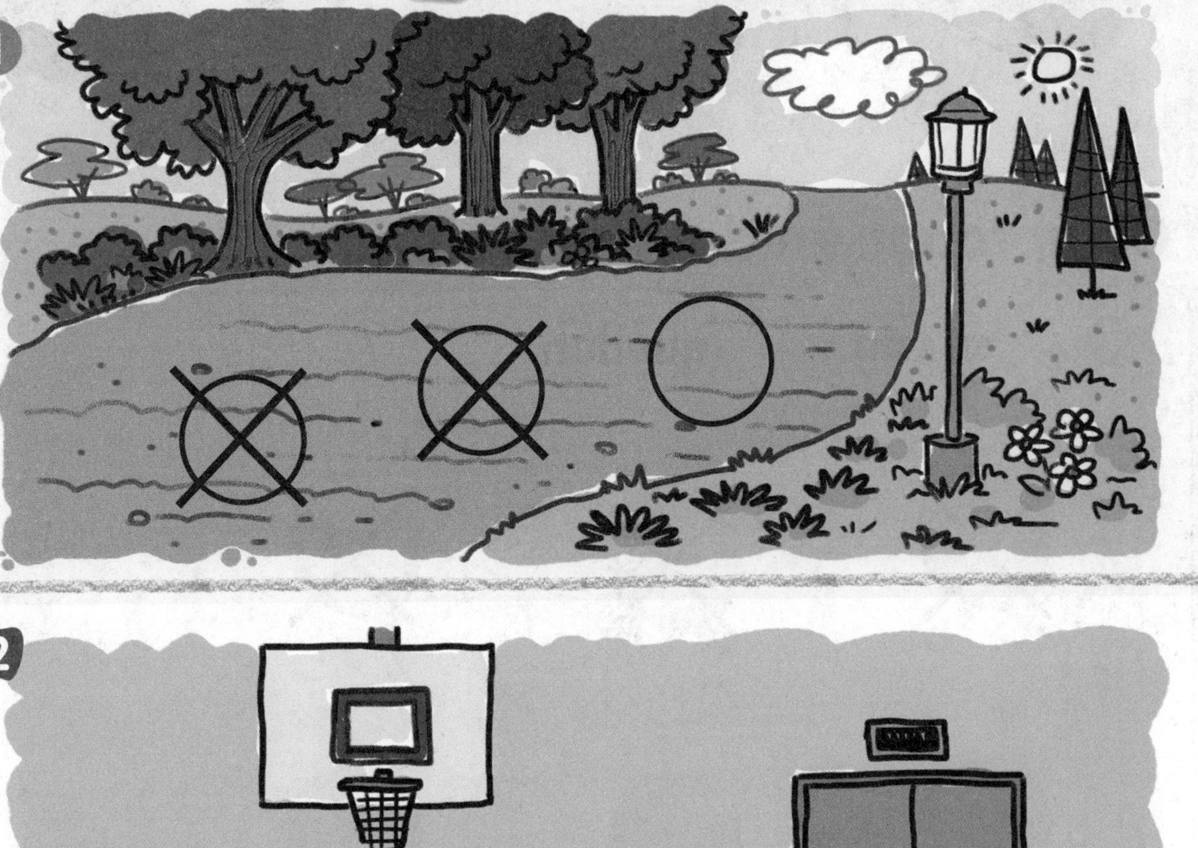

2

Instrucciones para el maestro: Pida a los niños que usen monedas de 1¢ para representar los cuentos de resta. Indíqueles que dibujen el contorno de las monedas. **1.** Diga: *Hay tres personas en el parque. Dos se van.* Pida a los niños que dibujen una X sobre dos personas. Pregunte: *¿Cuántas personas quedan?* **2.** Diga: *Hay seis pelotas. Los niños se llevan cuatro.* Pida a los niños que dibujen una X sobre cuatro pelotas. Pregunte: *¿Cuántas pelotas quedan?*

3

Comprobación del vocabulario

4 **se van** **quedan**

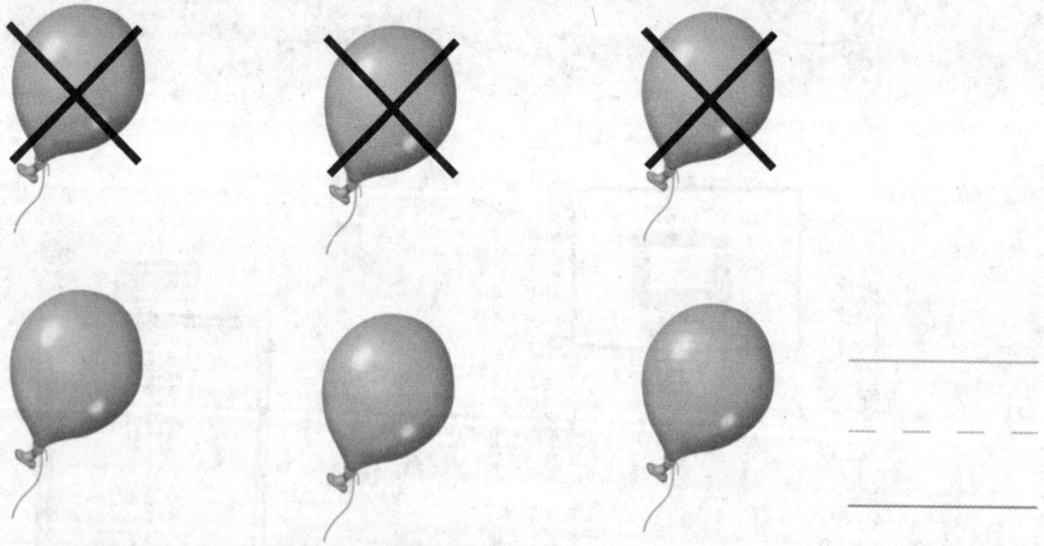

Instrucciones para el maestro: 3. Pida a los niños que usen monedas de 1¢ para representar el cuento de resta. Indíqueles que dibujen el contorno de las monedas. Diga: *Hay cuatro personas en el camino. Tres personas se van.* Pida a los niños que dibujen una X sobre tres personas. Pregunte: *¿Cuántas personas quedan en el camino?* **4.** Diga: *Tengo seis globos. Tres globos se me vuelan. ¿Cuántos globos me quedan?* Pida a los niños que escriban el número.

Las mates en casa Plantee a su niño o niña un cuento de resta. Pídale que use monedas de 1¢ para representar el cuento. Pregúntele cuántas monedas quedan.

Nombre ....

Usar objetos para restar

Lección 2

PREGUNTA IMPORTANTE
¿Cómo puedo usar objetos para restar?

Explorar y explicar

Herramientas Observa

¡A caminar por la Luna!
quedan

Instrucciones para el maestro: Pida a los niños que usen ● para representar el cuento de resta. Diga: *Seis astronautas llegan a la Luna. Dos astronautas se van a caminar.* Pida a los niños que dibujen el contorno de las fichas para representar el cuento. Dígales que dibujen una X sobre dos astronautas. Indíqueles que escriban el número que dice cuántos astronautas quedan en la nave.

Ver y mostrar

1

quedan 2

2

quedan ______

3

quedan ______

Instrucciones para el maestro: Pida a los niños que usen fichas para representar la resta. **1.** Diga: *Hay tres pingüinos en un iceberg. Un pingüino se cansa y se va. ¿Cuántos pingüinos quedan en el iceberg?* **2.** Diga: *Seis copos de nieve cayeron del cielo. Tres se derritieron. ¿Cuántos copos de nieve quedan?* **3.** Diga: *Los niños usaron tres bolas de nieve para hacer un muñeco. Dos bolas de nieve se cayeron. ¿Cuántas bolas quedan en el muñeco?*

Nombre

Por mi cuenta

4

quedan

5

quedan

6

quedan

Instrucciones para el maestro: Pida a los niños que usen fichas para representar la resta. **4.** Diga: *Cinco peces nadan juntos. Dos se separan del grupo y se van. ¿Cuántos peces quedan en el grupo?* **5.** Diga: *Hay siete pingüinos en un iglú. Tres salen a jugar. ¿Cuántos pingüinos quedan en el iglú?* **6.** Diga: *Un pingüino tiene seis mitones. Pierde uno. ¿Cuántos mitones le quedan?*

Resolución de problemas

Instrucciones para el maestro: 7. Pida a los niños que escuchen el cuento de resta. Diga: *Seis leones estaban durmiendo. Cuatro leones se despertaron.* Pida a los niños que dibujen una X sobre los leones que se despertaron. Pregunte: *¿Cuántos leones siguen durmiendo?* Pida a los niños que escriban el número.

Nombre ....

Mi tarea

Lección 2
Usar objetos para restar

Asistente de tareas

Ayuda en línea ¿Necesitas ayuda? connectED.mcgraw-hill.com

1

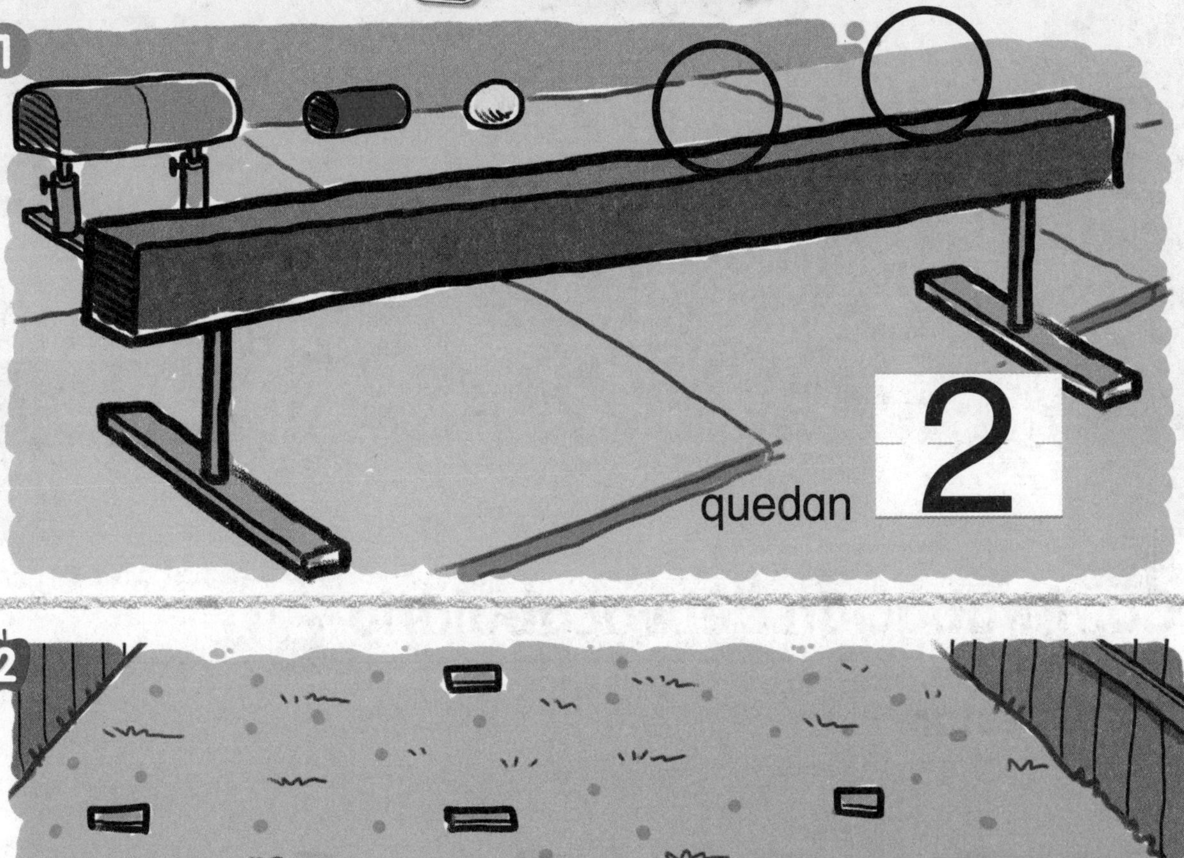

quedan 2

2

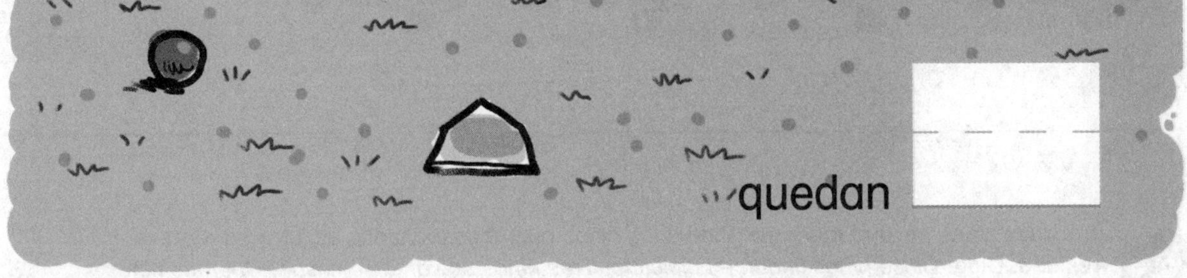

quedan

Instrucciones para el maestro: Pida a los niños que usen monedas de 1¢ para representar la resta. **1.** Diga: *Hay tres niños en la barra de equilibrio. Un niño se va a hacer otra actividad. ¿Cuántos niños quedan en la barra?* **2.** Diga: *Hay ocho niños jugando* kickball. *Cuatro niños se van a su casa. ¿Cuántos niños quedan en la cancha?*

3

Comprobación del vocabulario

4 **restar**

Instrucciones para el maestro: Pida a los niños que usen monedas de 1¢ para representar la resta. **3.** Diga: *Cinco niños andan en bicicleta. Tres niños se van a su casa. ¿Cuántos niños siguen andando en bicicleta?* **4.** Diga: *Hay cuatro patinetas. Una patineta cae pendiente abajo.* Pida a los niños que dibujen una X sobre una patineta, que digan cuántas quedan y que luego escriban el número.

Las mates en casa Pida a su niño o niña que invente un cuento de resta. Pídale que use botones o cereales para representar el cuento.

Nombre ....

Compruebo mi progreso

Comprobación del vocabulario

Vocabulario

1 **se van**

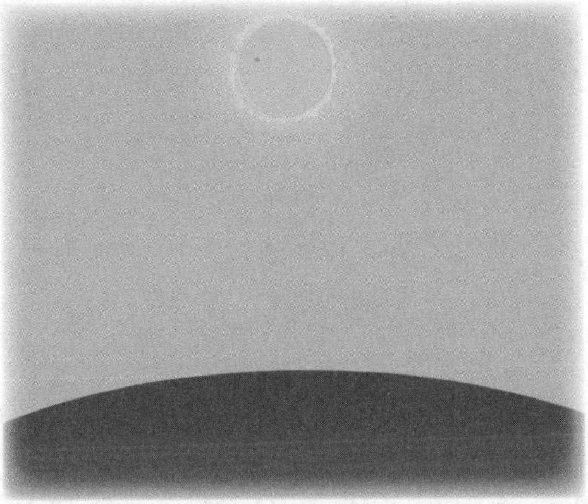

2 **quedan**

quedan ______

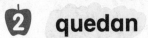

Comprobación del concepto

3

Instrucciones para el maestro: Diga a los niños que usen fichas para representar los problemas de resta. Pídales que dibujen el contorno de las fichas para mostrar su trabajo **1.** Diga: *Hay cinco conejitos en el césped. Tres conejitos se van. ¿Cuántos conejitos quedan?* **2.** Diga: *Hay cuatro mariposas en una rama. Una mariposa se va. ¿Cuántas mariposas quedan?* Pida a los niños que escriban el número. **3.** Diga: *Hay ocho veleros cerca de la costa. Cinco veleros se alejan mar adentro. ¿Cuántos veleros quedan en la costa?* Pida a los niños que escriban el número.

4

5

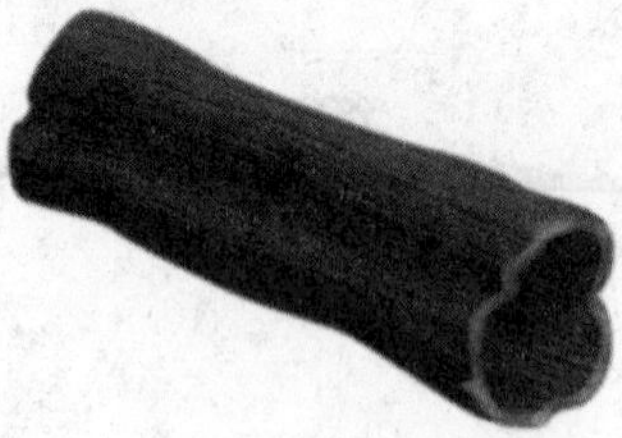

quedan ______

6

quedan ______

Instrucciones para el maestro: Pida a los niños que usen fichas para representar los problemas de resta. Pídales que dibujen el contorno de las fichas para mostrar su trabajo. **4.** Diga: *Hay cinco libros en el estante. La maestra se lleva tres libros.* Pida a los niños que dibujen una X sobre tres libros. Pregunte: *¿Cuántos libros quedan en el estante?* **5.** Diga: *Hay cuatro ranas en un tronco. Dos ranas se van. ¿Cuántas ranas quedan?* Pida a los niños que escriban el número. **6.** Diga: *Hay siete juguetes en el carrito. Un niño se lleva cuatro. ¿Cuántos juguetes quedan?* Pida a los niños que escriban el número.

Nombre ....

Usar el signo –

Lección 3

PREGUNTA IMPORTANTE
¿Cómo puedo usar objetos para restar?

Explorar y explicar

Herramientas Observa

Instrucciones para el maestro: Pida a los niños que usen ● para representar el problema de resta. Diga: *Seis niños juegan en el parque.* Pida a los niños que dibujen el contorno de las fichas. Dígales que escriban el número. Indíqueles que tracen el signo menos. Ahora diga: *Cuatro niños se van a su casa.* Pida a los niños que escriban el número que dice cuántos niños se van a su casa. Pídales que dibujen una X sobre cada ficha que quitaron y que luego escriban el número que dice cuántos niños quedan.

Ver y mostrar

PRÁCTICAS matemáticas

1

signo menos (–)

5 − 2 es 3.

2

____ − ____ es ____.

3

____ − ____ es ____.

Instrucciones para el maestro: 1–3. Pida a los niños que cuenten los animales y que escriban el número. Dígales que tracen el signo menos. Indíqueles que dibujen una X sobre los animales que se van. Pídales que escriban el número que dice cuántos animales se van y el número que dice cuántos animales quedan.

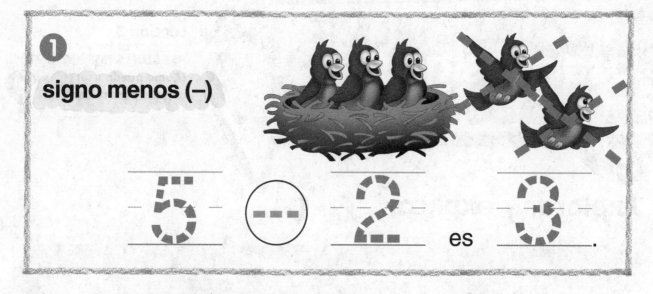

CCSS

Nombre ....

Por mi cuenta

4

______ ______ ______

______ — ______ es ______.

5

______ ______ ______

______ — ______ es ______.

6

______ ______ ______

______ — ______ es ______.

Instrucciones para el maestro: 4–6. Pida a los niños que cuenten los animales y que escriban el número. Dígales que tracen el signo menos. Indíqueles que dibujen una X sobre los animales que se van. Pídales que escriban el número que dice cuántos animales se van y el número que dice cuántos animales quedan.

Resolución de problemas

PRÁCTICAS matemáticas

7

¿Cuántos quedan?

______ − ______ es ______.

Instrucciones para el maestro: 7. Diga a los niños que usen fichas para inventar y representar un cuento de resta. Pídales que dibujen el contorno de las fichas, que escriban el número y que luego tracen el signo menos. Indíqueles que dibujen una X sobre las fichas que quitaron. Dígales que escriban el número. Pídales que digan cuántas quedan y que escriban el número.

Nombre ....

Mi tarea

Lección 3
Usar el signo –

Asistente de tareas

Ayuda en línea ¿Necesitas ayuda? connectED.mcgraw-hill.com

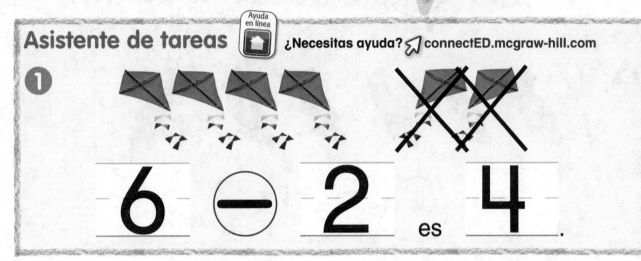

1

6 – 2 es 4.

2

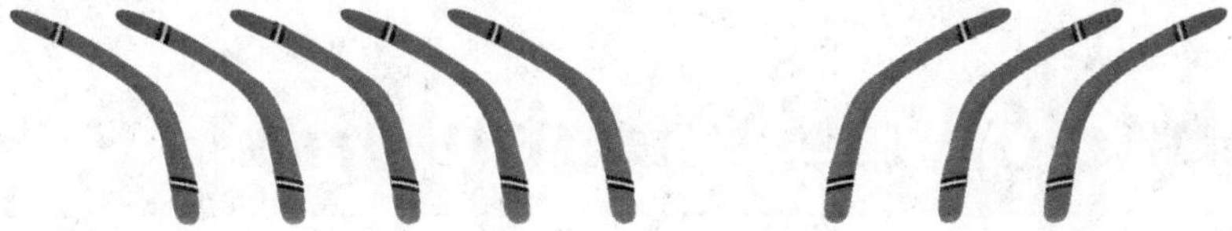

____ – ____ es ____.

3

____ – ____ es ____.

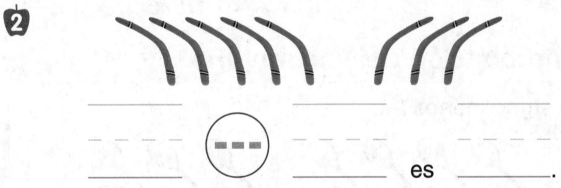

Instrucciones para el maestro: 1–3. Pida a los niños que cuenten los objetos y que escriban el número. Pídales que tracen el signo menos. Indíqueles que dibujen una X sobre los objetos que se llevaron los niños. Dígales que escriban el número que dice cuántos se van y el número que dice cuántos quedan.

4

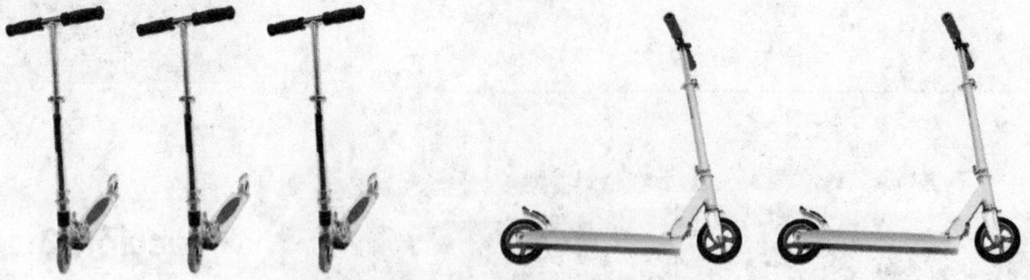

______ – ______ es ______.

5

______ – ______ es ______.

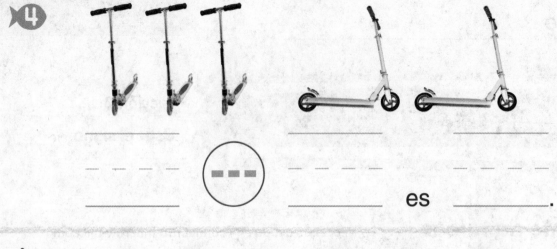

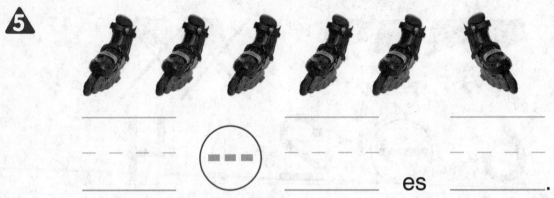

Comprobación del vocabulario

Vocabulario

6 **signo menos (–)**

7 – 3 es ______.

Instrucciones para el maestro: 4–5. Pida a los niños que cuenten los objetos y que escriban el número. Indíqueles que tracen el signo menos. Pídales que dibujen una X sobre los objetos que se llevaron los niños. Dígales que escriban el número que dice cuántos objetos se llevaron los niños y el número que dice cuántos quedan. **6.** Diga: *Hay siete raquetas de tenis. Los niños usan tres.* Pida a los niños que dibujen una X sobre cada raqueta que usan los niños. Pídales que tracen el signo menos. Indíqueles que digan cuántas quedan y que luego escriban el número.

Las mates en casa Dibuje 9 cuadrados en un papel. Pida a su niño o niña que dibuje una X sobre 6 cuadrados. Pídale que escriba el número que dice cuántos quedan.

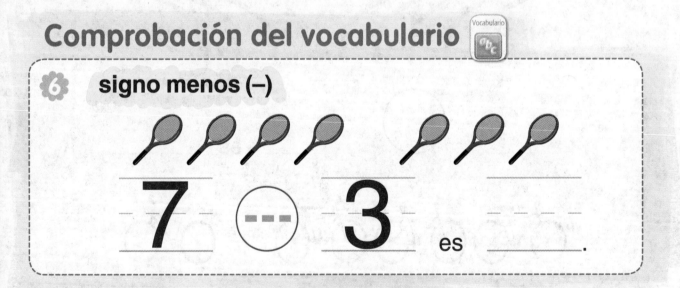

Nombre ____________________

Usar el signo =

Lección 4

PREGUNTA IMPORTANTE
¿Cómo puedo usar objetos para restar?

Explorar y explicar

Herramientas Observa

___ − ___ = ___

Instrucciones para el maestro: Pida a los niños que usen ● para representar el cuento de resta. Diga: *Hay cinco animales de peluche sobre la mesa.* Indique a los niños que escriban el número. Diga: *Unos niños toman tres animales y los colocan sobre el tapete.* Pida a los niños que escriban el número. Indíqueles que tracen el signo igual. Dígales que escriban cuántos animales de peluche quedaron sobre la mesa.

PRÁCTICAS matemáticas

Ver y mostrar

1

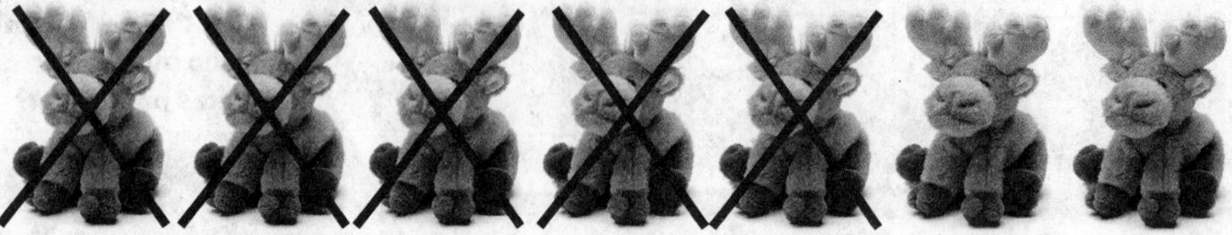

7 − 5 = 2

2

___ − ___ = ___

3

___ − ___ = ___

Instrucciones para el maestro: 1–3. Pida a los niños que cuenten los juguetes y que escriban el número. Indíqueles que escriban el número que dice cuántos juguetes se llevaron los niños. Pídales que tracen el signo igual y que luego escriban el número que dice cuántos juguetes quedan.

Nombre ....

Por mi cuenta

4

____ − ____ = ____

5

____ − ____ = ____

6

____ − ____ = ____

Instrucciones para el maestro: 4–6. Pida a los niños que cuenten cuántos juguetes hay y que escriban el número. Dígales que escriban el número que dice cuántos juguetes se llevaron los niños. Indíqueles que tracen el signo igual y que escriban el número que dice cuántos juguetes quedan.

PRÁCTICAS matemáticas

Resolución de problemas

7

___ – ___ = ___

Instrucciones para el maestro: 7. Diga a los niños que cuenten las muñecas que hay en la vidriera. Pídales que escriban el número de muñecas. Luego, pídales que quiten algunas muñecas de la vidriera. Indíqueles que dibujen una X sobre las muñecas que quitaron y que luego escriban el número. Pídales que tracen el signo igual y que digan cuántas quedan. Por último, indíqueles que escriban el número.

Nombre ....

Mi tarea

Lección 4
Usar el signo =

Asistente de tareas

Ayuda en línea ¿Necesitas ayuda? connectED.mcgraw-hill.com

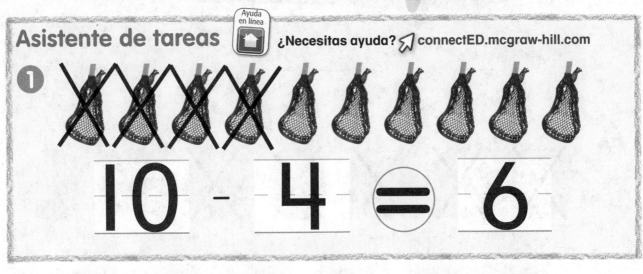

1

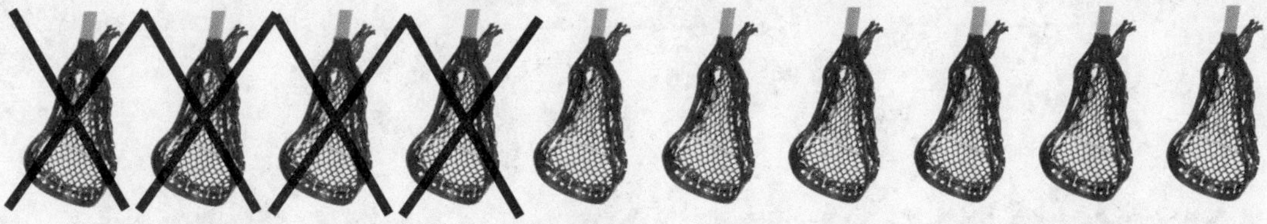

10 − 4 = 6

2

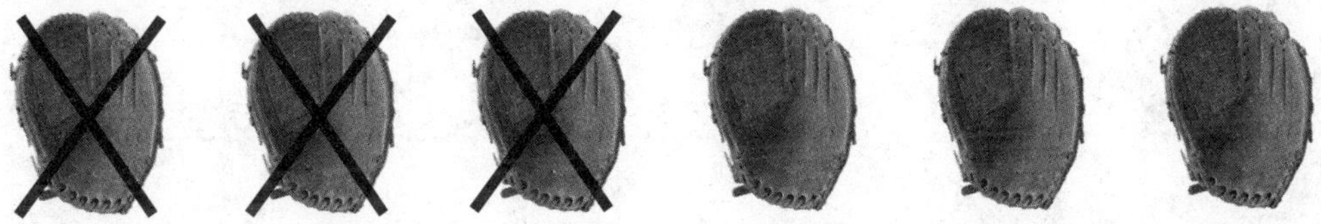

____ − ____ = ____

3

____ − ____ = ____

Instrucciones para el maestro: 1–3. Diga a los niños que cuenten los objetos y que escriban el número. Pídales que escriban el número que dice cuántos objetos se llevaron los niños. Indíqueles que tracen el signo igual, y que luego escriban cuántos objetos quedan.

4

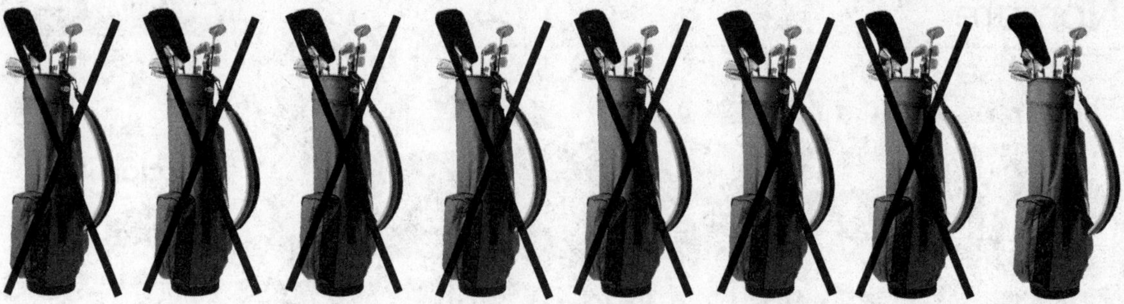

____ − ____ = ____

5

____ − ____ = ____

6

____ − ____ = ____

Instrucciones para el maestro: 4–6. Pida a los niños que cuenten los objetos y que luego escriban el número. Dígales que escriban el número que dice cuántos objetos se llevaron los niños. Indíqueles que tracen el signo igual. Pídales que escriban cuántos objetos quedan.

Las mates en casa Muestre 7 objetos a su niño o niña. Pídale que escriba el número de objetos. Escriba el signo menos. Pídale que aparte 4 objetos y que escriba el número y el signo igual. Pídale que escriba el número que dice cuántos objetos quedaron.

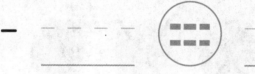

Nombre

¿Cuántos quedan?

Lección 5

PREGUNTA IMPORTANTE
¿Cómo puedo usar objetos para restar?

Explorar y explicar

Herramientas Observa

Instrucciones para el maestro: Pida a los niños que usen ● para representar el cuento de resta. Dígales que escriban cuántos fardos de heno hay en el establo. Pídales que tracen el signo menos. Diga: *Un granjero se lleva cuatro fardos.* Indique a los niños que dibujen una X sobre esos fardos. Pídales que escriban el número. Indíqueles que tracen el signo igual y que luego escriban cuántos quedan.

Ver y mostrar

1

5 − 1 = 4

2

___ − ___ = ___

Instrucciones para el maestro: 1–2. Pida a los niños que cuenten los animales y que escriban cuántos hay. Dígales que tracen el signo menos. Indíqueles que dibujen una X sobre los animales que se van y que luego escriban el número. Pídales que tracen el signo igual y que escriban el número que dice cuántos animales quedan.

Nombre ....

Por mi cuenta

3

4

5

Instrucciones para el maestro: 3–5. Pida a los niños que cuenten los animales y que escriban cuántos hay. Indíqueles que tracen el signo menos. Pídales que dibujen una X sobre los animales que se van. Dígales que escriban el número y que tracen el signo igual. Luego, pídales que escriban el número que dice cuántos animales quedan.

Resolución de problemas

6

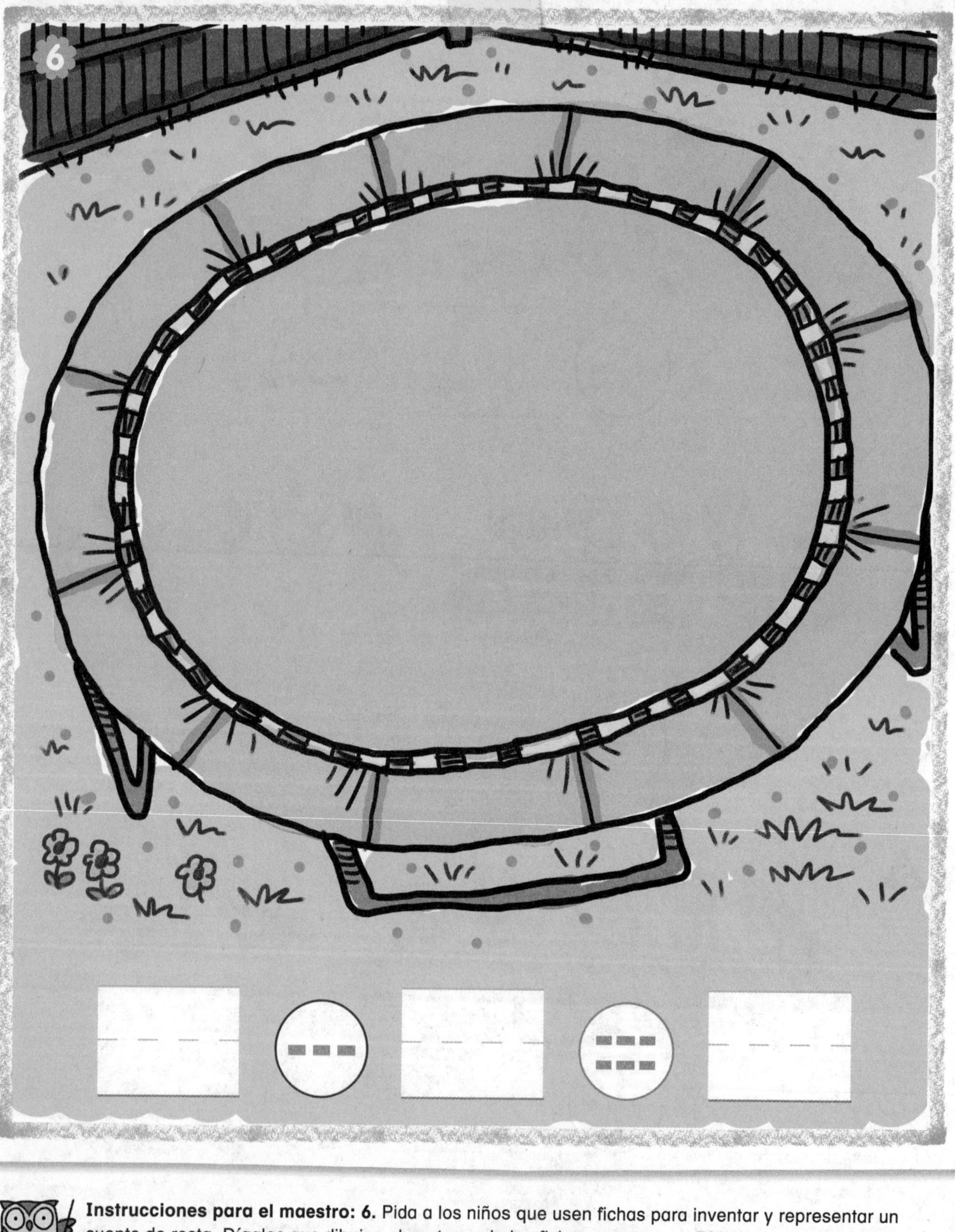

Instrucciones para el maestro: 6. Pida a los niños que usen fichas para inventar y representar un cuento de resta. Dígales que dibujen el contorno de las fichas que usaron. Pídales que escriban el número de fichas que usaron y que luego tracen el signo menos. Indíqueles que dibujen una X sobre las fichas que quitaron y que escriban el número. Pídales que tracen el signo igual y que luego escriban el número que dice cuántas fichas quedaron.

Nombre ....

Mi tarea

Lección 5

¿Cuántos quedan?

Asistente de tareas

Ayuda en línea ¿Necesitas ayuda? connectED.mcgraw-hill.com

1

7 − 4 = 3

2

___ − ___ = ___

Instrucciones para el maestro: 1–2. Pida a los niños que cuenten los animales y que escriban cuántos hay. Dígales que tracen el signo menos. Luego, indíqueles que dibujen una X sobre los animales que se van y que escriban el número. Pídales que tracen el signo igual. Indíqueles que escriban el número que dice cuántos animales quedan.

3

4

Instrucciones para el maestro: 3–4. Pida a los niños que cuenten los animales y que escriban cuántos hay. Indíqueles que tracen el signo menos. Dígales que dibujen una X sobre los animales que se van y que escriban el número. Pídales que tracen el signo igual y que luego escriban el número que dice cuántos animales quedan.

Las mates en casa Muestre 10 crayones a su niño o niña. Pídale que retire 6. Anímelo a escribir un enunciado numérico que diga cuántos quedan.

Nombre ....

El mundo real

Resolución de problemas

ESTRATEGIA: Escribir un enunciado numérico

Lección 6

PREGUNTA IMPORTANTE
¿Cómo puedo usar objetos para restar?

¿Cuántos quedan?

Escribir un enunciado numérico

10 − 3 = 7

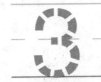

Instrucciones para el maestro: Diga a los niños que usen ● para representar el cuento de resta. Diga: *Hay 10 maletas en el camión. Alguien toma tres y las pone en el piso. Escriban un enunciado numérico que diga cuántas maletas quedan en el camión.*

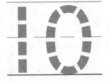

¿Cuántos quedan?

Escribir un enunciado numérico

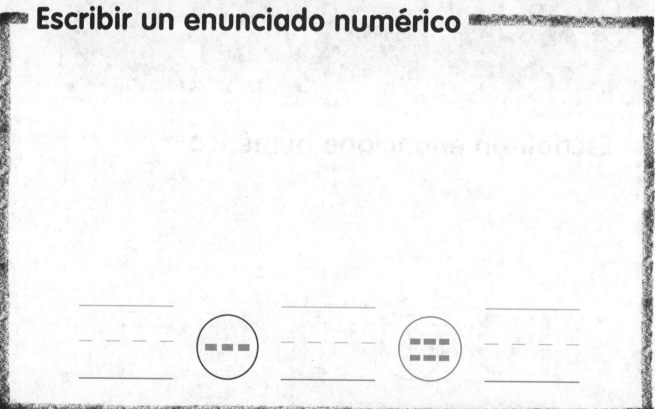

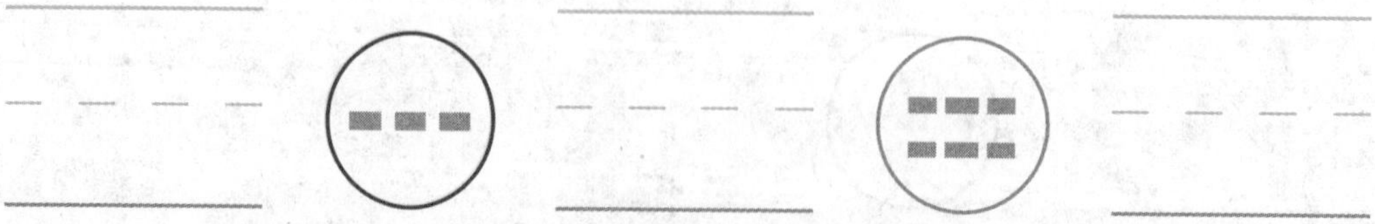

Instrucciones para el maestro: Pida a los niños que usen fichas para representar el cuento de resta. Diga: *Mi tía cortó ocho cuadrados para coser en la colcha. Ya cosió seis cuadrados. Escriban un enunciado numérico que muestre cuántos cuadrados falta coser en la colcha.*

Nombre ....

¿Cuántos quedan?

Escribir un enunciado numérico

Instrucciones para el maestro: Pida a los niños que usen fichas para representar el cuento de resta. Diga: *Hay nueve juguetes. Un niño pone cuatro en el estante. Escriban un enunciado numérico para mostrar cuántos juguetes falta colocar en el estante.*

¿Cuántos quedan?

Escribir un enunciado numérico

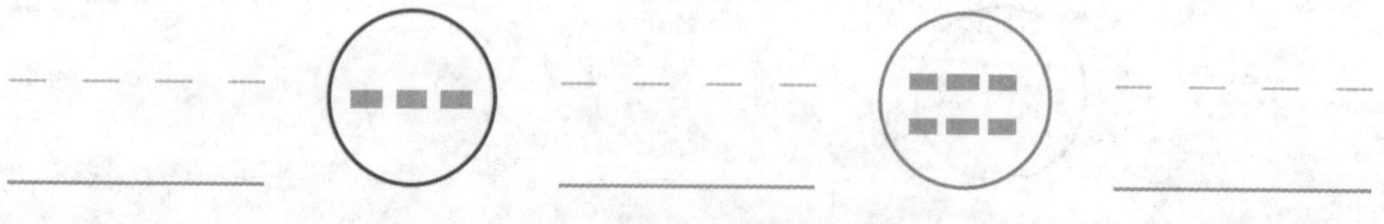

Instrucciones para el maestro: Pida a los niños que usen fichas para representar el cuento de resta. Diga: *Hay cinco pelotas en el patio. Los niños están usando dos pelotas. Escriban un enunciado numérico para mostrar cuántas pelotas quedan sin usar.*

Nombre ....

Mi tarea

Lección 6

Resolución de problemas: Escribir un enunciado numérico

¿Cuántos quedan?

Escribir un enunciado numérico

$4 - 3 = 1$

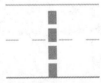

Instrucciones para el maestro: Diga a los niños que usen monedas de 1¢ para representar el cuento de resta. Diga: *Hay cuatro aros. Los niños juegan con tres. Tracen el enunciado numérico para mostrar cuántos aros quedan sin usar.*

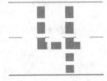

¿Cuántos quedan?

Escribir un enunciado numérico

Instrucciones para el maestro: Pida a los niños que usen monedas de 1¢ para representar el cuento de resta. Diga: *Hay nueve flotadores. Los niños dejaron seis en la piscina. Escriban un enunciado numérico para mostrar cuántos flotadores quedan fuera de la piscina.*

Las mates en casa Aproveche las situaciones diarias en las que es preciso resolver problemas como, por ejemplo, los paseos en carro, la hora de ir a la cama, el lavado de la ropa, la organización de las compras y situaciones similares.

Nombre ....

Restar para descomponer 10

Lección 7

PREGUNTA IMPORTANTE
¿Cómo puedo usar objetos para restar?

Explorar y explicar

Herramientas

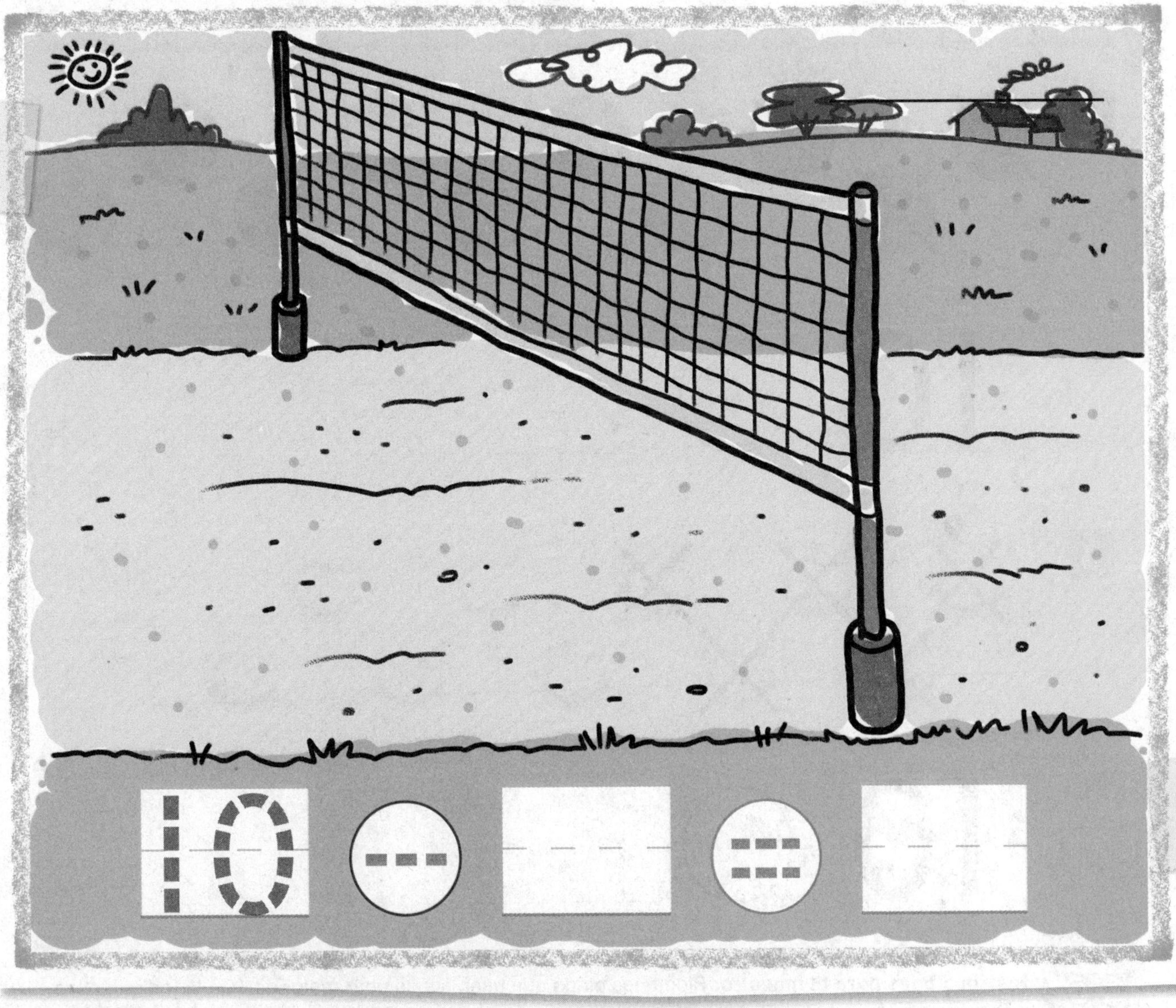

Instrucciones para el maestro: Pida a los niños que usen ● para restar de 10. Diga: *Hay diez jugadores.* Indique a los niños que tracen el número y el signo menos. Luego, diga: *Cuatro jugadores se van.* Pida a los niños que escriban el número. Indíqueles que tracen el signo igual. Pregunte: *¿Cuántos jugadores quedan en la cancha?* Pida a los niños que escriban el número.

Ver y mostrar

1

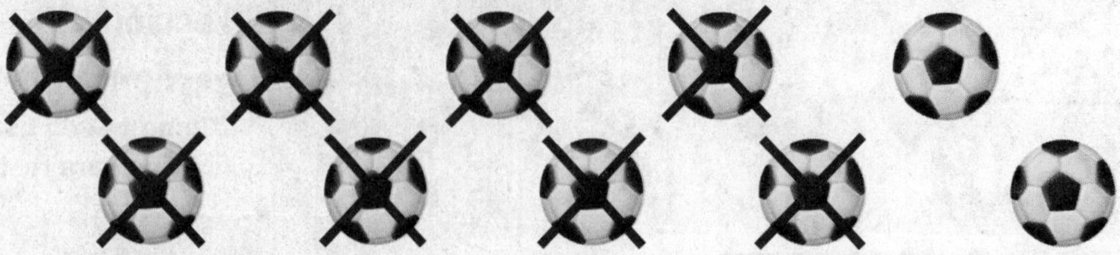

10 − 8 = ___

2

10 − ___ = ___

3

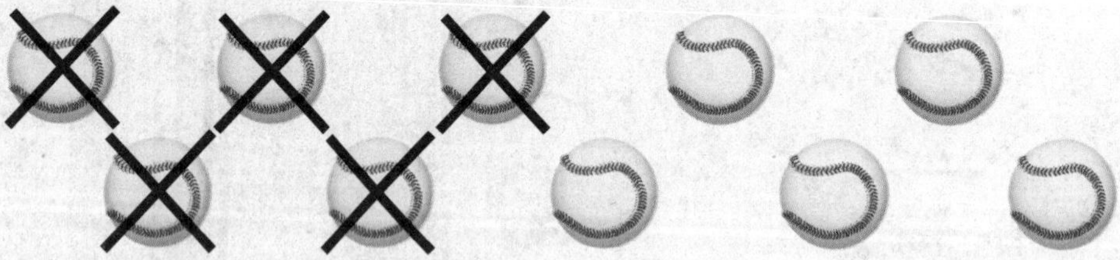

10 − ___ = ___

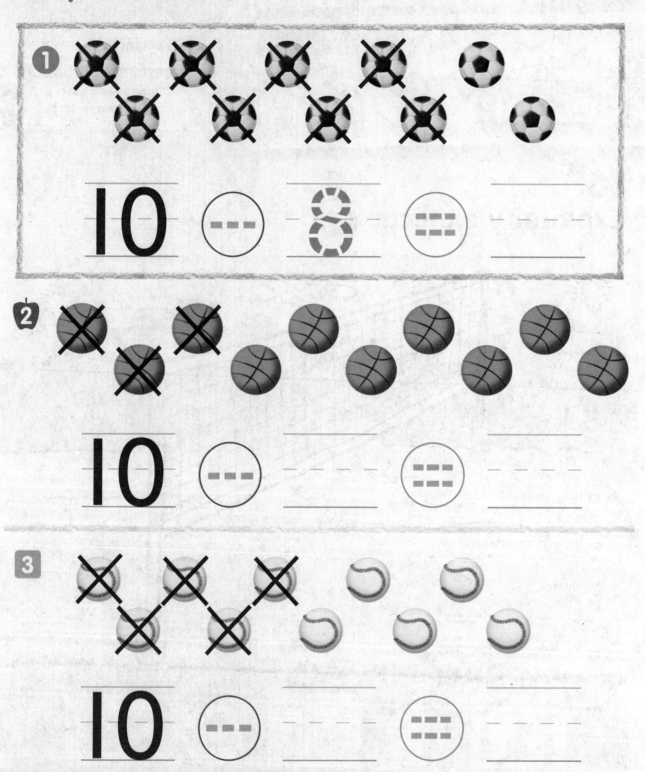

Instrucciones para el maestro: Pida a los niños que usen fichas para restar de 10. **1.** Indique a los niños que cuenten las pelotas y que luego tracen el signo menos. Pídales que tracen el número de pelotas que se llevaron los jugadores. Dígales que tracen el signo igual y que escriban cuántas pelotas quedan. **2–3.** Indique a los niños que cuenten las pelotas y que luego tracen el signo menos. Pídales que tracen el número de pelotas que se llevaron los jugadores. Dígales que tracen el signo igual y que escriban cuántas pelotas quedan.

Nombre ....

¡Qué divertido es hacer deporte!

Por mi cuenta

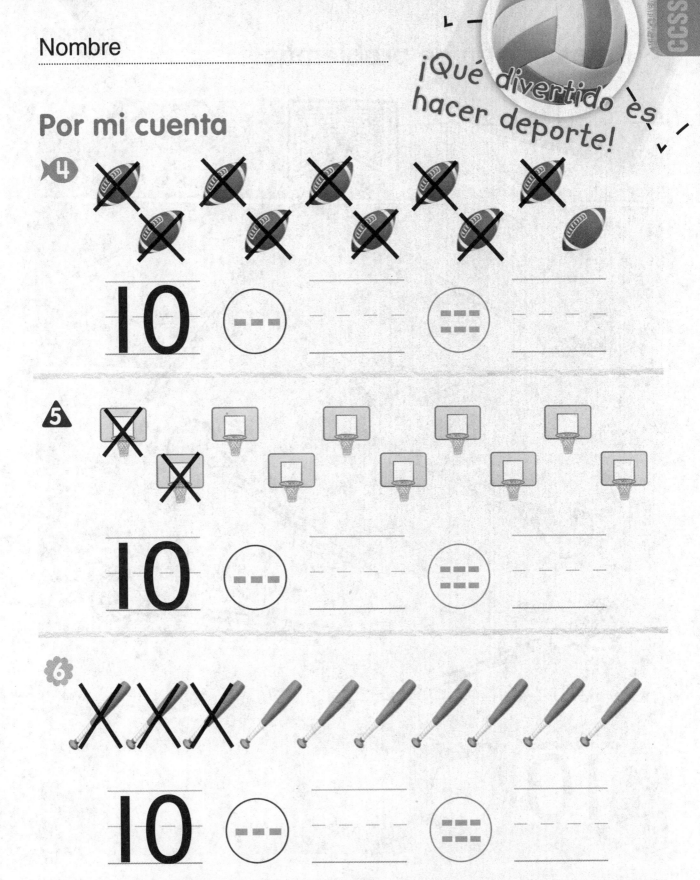

4

10 (-) ____ (=) ____

5

10 (-) ____ (=) ____

6

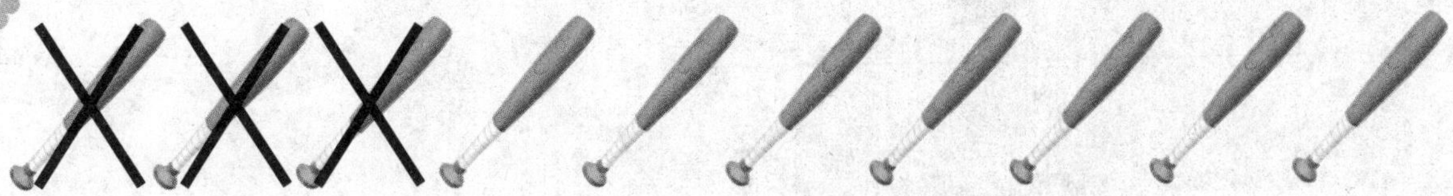

10 (-) ____ (=) ____

Instrucciones para el maestro: 4–6. Pida a los niños que usen fichas para representar cómo se resta de 10. Dígales que cuenten los objetos. Indíqueles que tracen el signo menos. Pídales que cuenten cuántos objetos se llevaron los niños y que escriban el número. Pídales que tracen el signo igual y que luego escriban cuántos objetos quedan.

Resolución de problemas

7

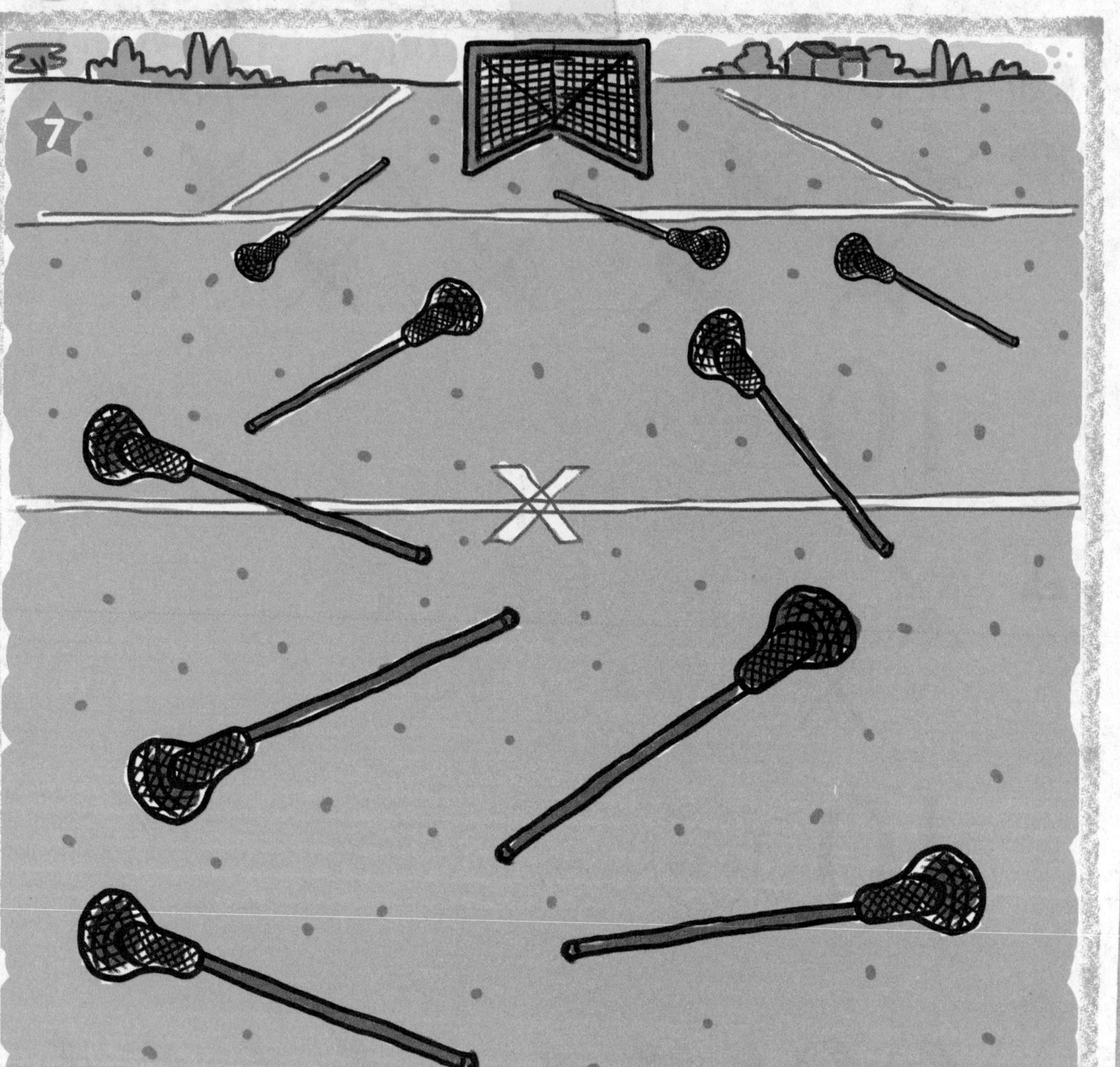

10 — ___ = ___

Instrucciones para el maestro: Pida a los niños que usen fichas para representar cómo se resta de 10. Diga: *Hay 10 palos de lacrosse. Solo vinieron seis niños a jugar.* Pida a los niños que dibujen una X sobre seis palos y que escriban el número. Dígales que tracen el signo menos y luego, el signo igual. Pídales que escriban cuántos palos quedan sin usar.

Nombre ______________________

Mi tarea

Lección 7

Restar para descomponer 10

Asistente de tareas

Ayuda en línea

¿Necesitas ayuda? connectED.mcgraw-hill.com

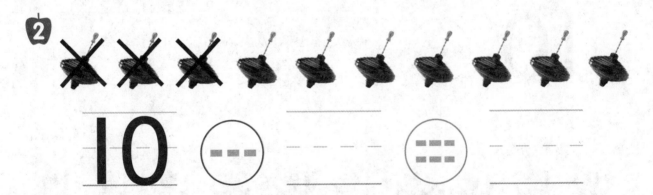

1

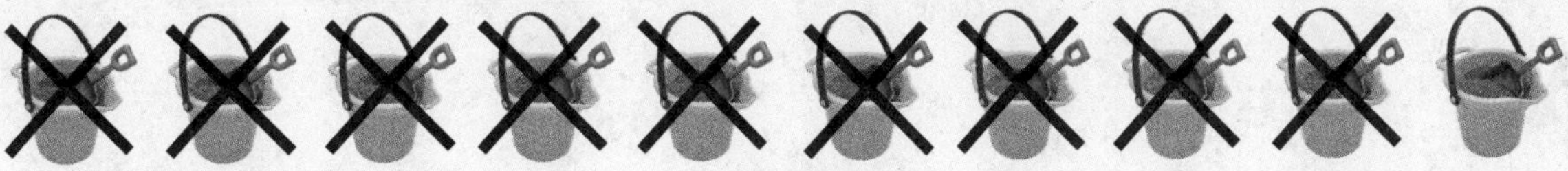

10 − 9 = 1

2

10 − ___ = ___

3

10 − ___ = ___

Instrucciones para el maestro: 1–3. Pida a los niños que usen monedas de 1¢ para representar cómo se resta de 10. Dígales que tracen el signo menos, que escriban cuántos objetos se llevaron los niños y que tracen el signo igual. Luego, indíqueles que escriban cuántos objetos quedan.

4

10 ‒ ___ = ___

5

10 ‒ ___ = ___

6

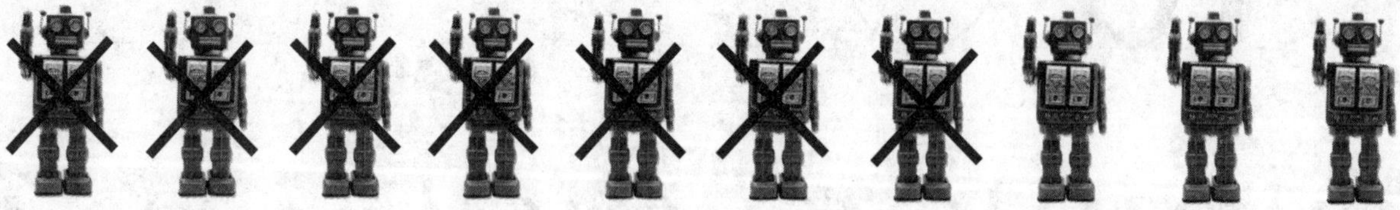

10 ‒ ___ = ___

Instrucciones para el maestro: 4–6. Pida a los niños que usen monedas de 1¢ para representar cómo se resta de 10. Pídales que tracen el signo menos y que escriban cuántos juguetes se llevaron los niños. Indíqueles que tracen el signo igual. Luego, pídales que escriban cuántos juguetes quedan.

Las mates en casa Entregue 10 objetos a su niño o niña. Pídale que practique cómo restar de 10.

Nombre ....

Práctica de fluidez

1

2

3

Instrucciones para el maestro: 1–3. Diga a los niños que cuenten los animalitos que hay en cada grupo y que escriban el número. Indíqueles que tracen el signo menos. Luego, pídales que cuenten los animalitos que se van y que escriban el número. Por último, pídales que tracen el signo igual y que escriban cuántos animalitos quedan.

Práctica de fluidez

4

___ − ___ = ___

5

___ − ___ = ___

6

___ − ___ = ___

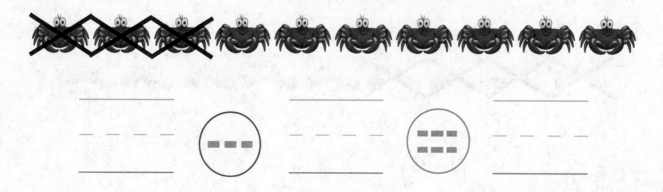

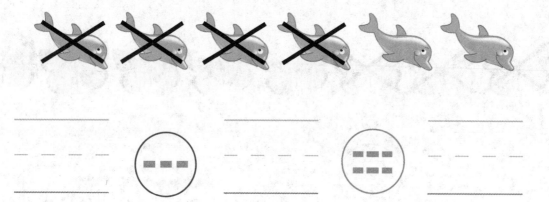

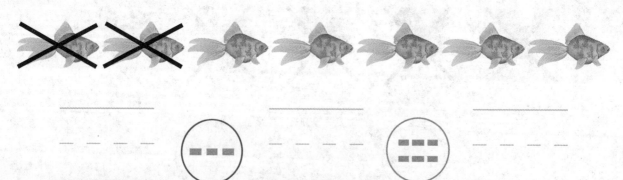

Instrucciones para el maestro: 4–6. Diga a los niños que cuenten los animalitos que hay en cada grupo y que escriban el número. Indíqueles que tracen el signo menos. Luego, pídales que cuenten los animalitos que se van y que escriban el número. Por último, pídales que tracen el signo igual y que escriban cuántos animalitos quedan.

Nombre

Mi repaso

Capítulo 6

La resta

Comprobación del vocabulario

Vocabulario

1 **signo menos**

De 5 se van 2.

2 **signo igual**

$-$

3 **restar**

$=$

4 **quedan**

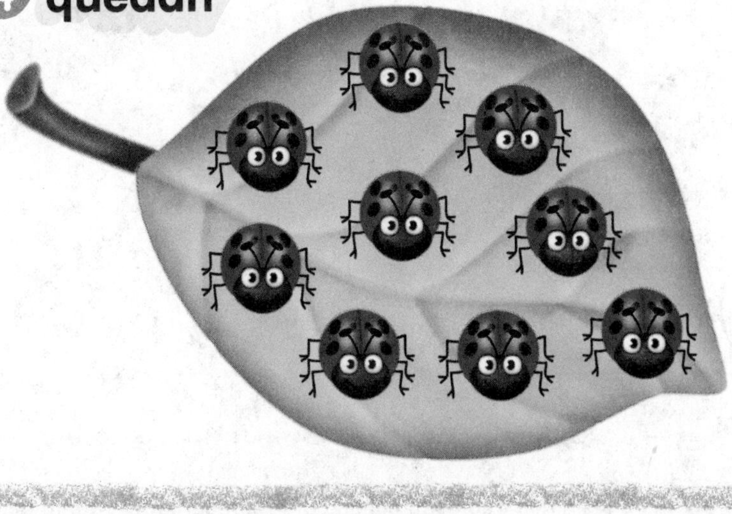

quedan ______

Instrucciones para el maestro: 1–3. Pida a los niños que tracen líneas para unir cada palabra con el símbolo o el dibujo correctos. **4.** Diga: *Hay nueve catarinas en la hoja. Cuatro catarinas se van volando. Dibujen una X sobre cada catarina que se va. ¿Cuántas catarinas quedan? Escriban el número.*

Comprobación del concepto

5

quedan ______

6

7

10

Instrucciones para el maestro: 5. Pida a los niños que usen fichas para representar el cuento de resta. Dígales que dibujen el contorno de las fichas. Diga: *Hay cinco arañas sobre una tela. Tres arañas se van. ¿Cuántas quedan?* **6.** Pida a los niños que cuenten las calcomanías y que escriban el número. Dígales que tracen el signo menos. Indíqueles que escriban el número de calcomanías que se rompieron. Luego, pídales que tracen el signo igual y que escriban cuántas quedan. **7.** Pida a los niños que cuenten los caracoles. Indíqueles que tracen el signo menos. Indíqueles que escriban cuántos se van y que tracen el signo igual. Luego, pídales que escriban cuántos quedan.

Nombre ....

Resolución de problemas

8

10 – ___ = ___

Instrucciones para el maestro: 8. Pida a los niños que usen fichas para representar cómo se resta de 10. Diga: *Hay diez pelotas en el carrito.* Pida a los niños que dibujen el contorno de las fichas para mostrar diez pelotas. Diga: *Los niños usaron siete en la clase de gimnasia.* Indique a los niños que dibujen una X sobre siete fichas y que escriban el número. Pídales que tracen el signo menos. Luego, pídales que tracen el signo igual y que escriban cuántas pelotas quedaron sin usar.

Pienso

Capítulo 6

PREGUNTA IMPORTANTE
¿Cómo puedo usar objetos para restar?

Instrucciones para el maestro: Diga a los niños que cuenten los leones y que digan el número. Indíqueles que tracen el signo menos. Pídales que cuenten los leones que están durmiendo y que dibujen una X sobre cada león que duerme. Dígales que escriban el número y que tracen el signo igual. Luego, pídales que escriban cuántos leones están despiertos.

Capítulo **7**

Componer y descomponer los números del 11 al 19

PREGUNTA IMPORTANTE

¿Cómo mostramos de otra forma los números del 11 al 19?

¡Me gusta que cambien las estaciones!

¡Mira el video!

Mis estándares estatales

CCSS

Números y operaciones del sistema decimal

K.NBT.1 Componer y descomponer números del 11 al 19 en diez unidades y algunas unidades más (por ejemplo, mediante objetos o dibujos), y representar cada descomposición o composición mediante un dibujo o una ecuación (por ejemplo, 18 = 10 + 8). Comprender que esos números se componen de diez unidades y una, dos, tres, cuatro, cinco, seis, siete, ocho o nueve unidades más.

Estándares para las
PRÁCTICAS matemáticas

1. Entender los problemas y perseverar en la búsqueda de una solución.
2. Razonar de manera abstracta y cuantitativa.
3. Construir argumentos viables y hacer un análisis del razonamiento de los demás.
4. Representar con matemáticas.
5. Usar estratégicamente las herramientas apropiadas.
6. Prestar atención a la precisión.
7. Buscar una estructura y usarla.
8. Buscar y expresar regularidad en el razonamiento repetido.

= Se trabaja en este capítulo.

Nombre

Antes de seguir...

Comprueba ← Conéctate para hacer la prueba de preparación.

1

2

3

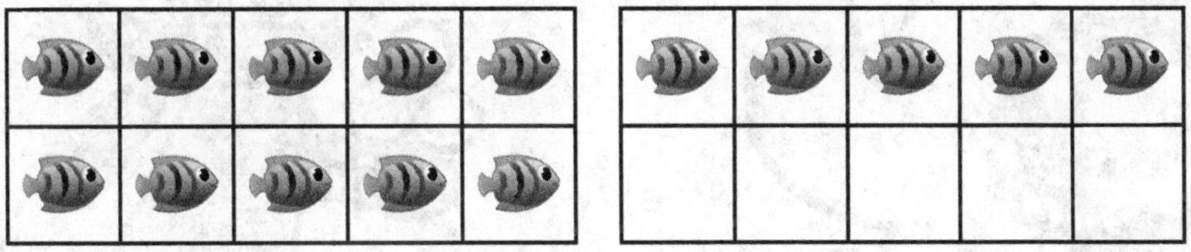

4

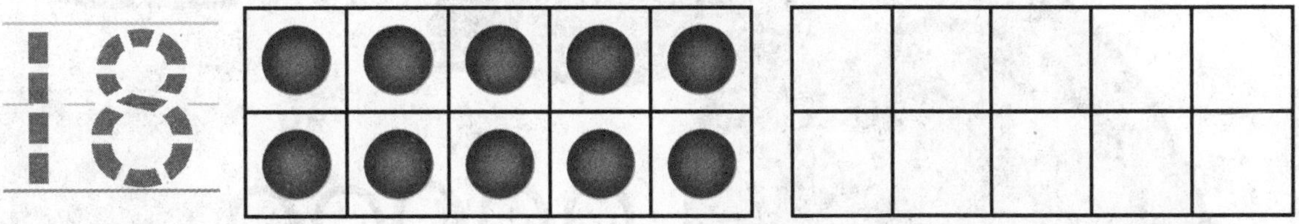

Instrucciones para el maestro: 1. Pida a los niños que dibujen objetos en el marco de diez para mostrar 10. Luego, dígales que escriban el número. **2–3.** Pida a los niños que cuenten los objetos. Indíqueles que digan cuántos hay y que escriban el número. **4.** Pida a los niños que digan el número. Luego, dígales que tracen el número y, por último, indíqueles que dibujen más fichas para mostrar el número.

Nombre

Las palabras de mis mates

Vocabulario

Repaso del vocabulario

Instrucciones para el maestro: Pida a los niños que cuenten los copos de nieve. Indíqueles que digan cuántos hay y que tracen el número. Dígales que encierren en un círculo el grupo de 10 copos de nieve. Pídales que cuenten las bolas de nieve, que digan cuántas hay, que tracen el número y, por último, que coloreen el grupo de 10 bolas de nieve.

Mis tarjetas de vocabulario

Vocabulario

PRÁCTICAS matemáticas

catorce 14

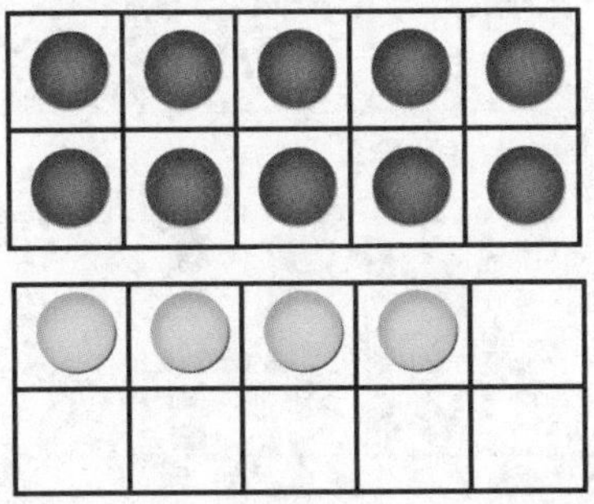

diecinueve 19

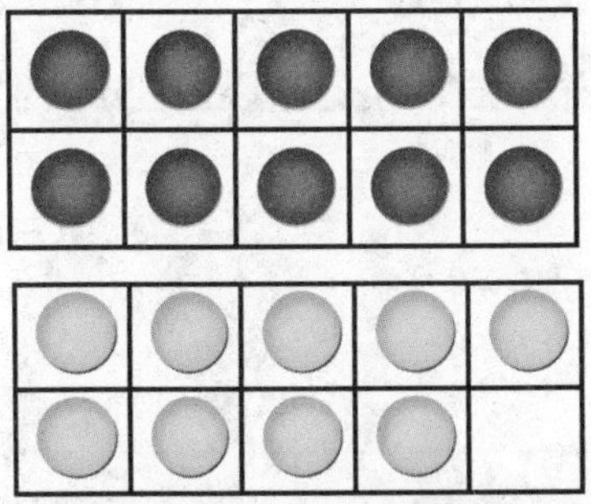

dieciocho 18

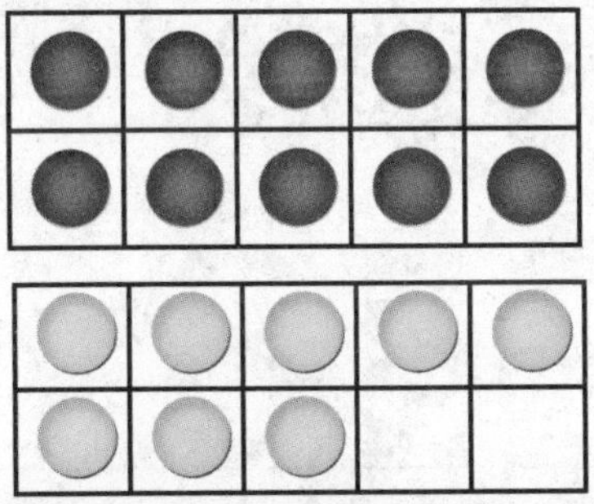

dieciséis 16

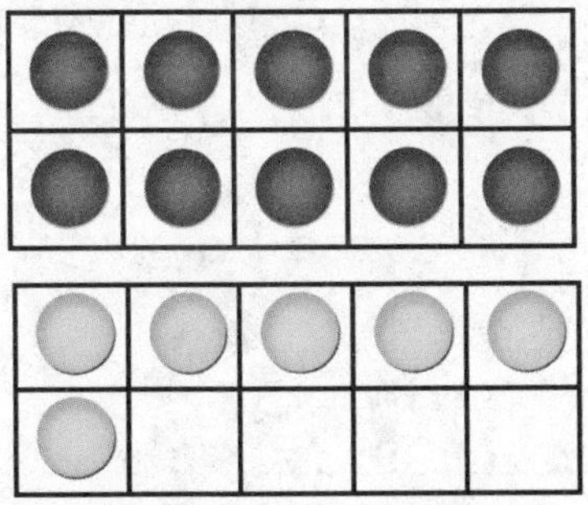

diecisiete 17

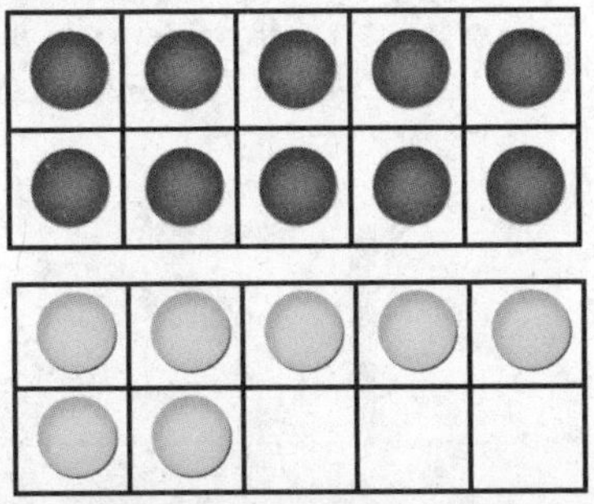

diez 10

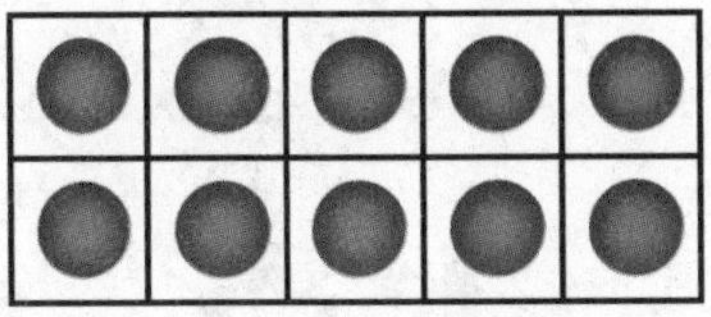

Instrucciones para el maestro:
Sugerencias

- Indique a los niños que elijan una tarjeta y dibujen la correspondiente cantidad de objetos para mostrar el número. Anímelos a pedirle a un compañero o una compañera que cuente los objetos y diga cuál es el número que figura en la tarjeta.
- Pida a los niños que nombren las letras de cada palabra.
- Guíe a los niños para que hallen los nombres de números que empiezan con las mismas cinco letras. Pídales que digan los números.

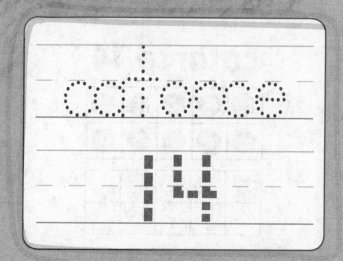

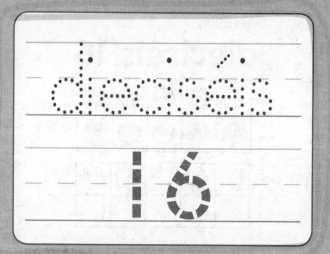

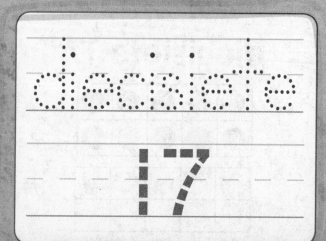

diecinueve
19

catorce
14

dieciséis
16

dieciocho
18

diez
10

diecisiete
17

Mis tarjetas de vocabulario

Vocabulario

PRÁCTICAS matemáticas

doce 12

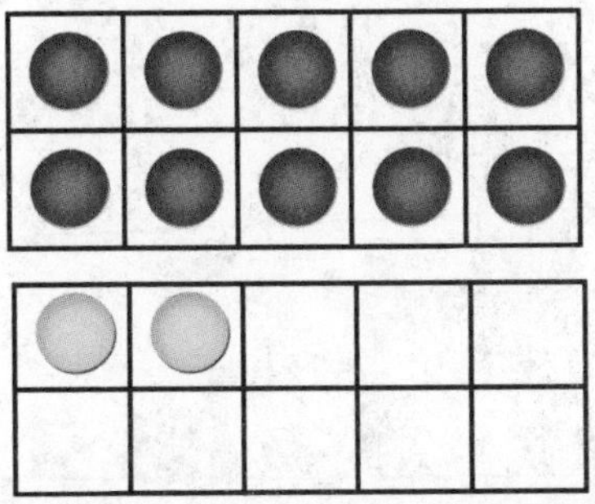

once 11

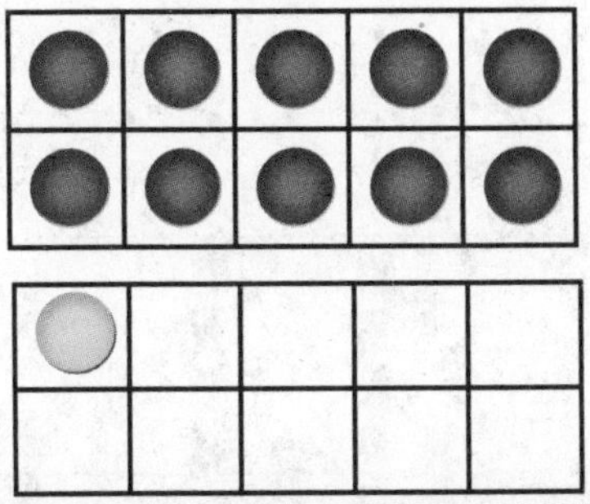

quince 15

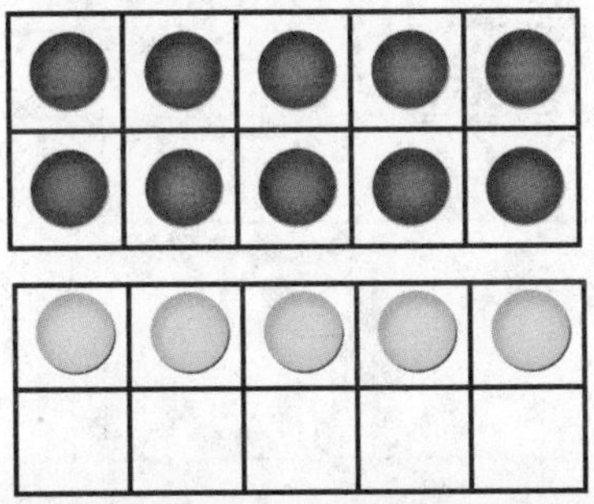

trece 13

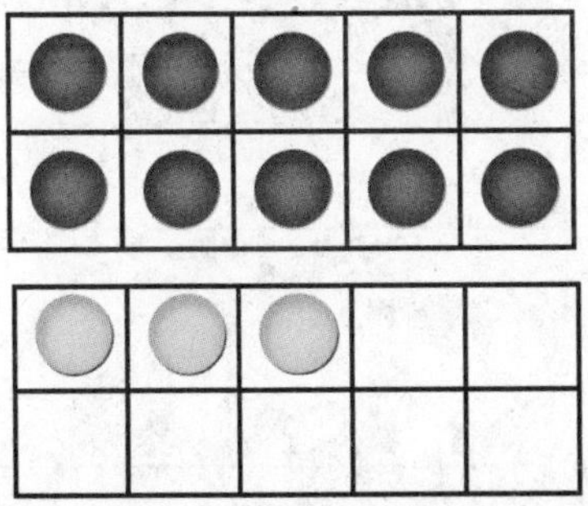

Instrucciones para el maestro:
Más sugerencias

- Pida a los niños que hagan una marca en cada tarjeta cada vez que lean la palabra en este capítulo o la usen al escribir. Dígales que traten de hacer cinco marcas en cada tarjeta.
- Guíe a los niños para que representen números menores que 10 en sus tarjetas en blanco. Indíqueles que elijan una de las nuevas tarjetas y que la unan con la tarjeta del número 10. Pídales que digan qué número se formó.

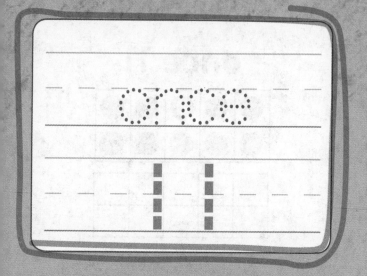

once

11

doce

12

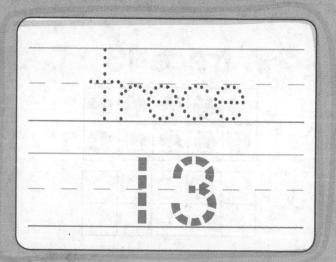

trece

13

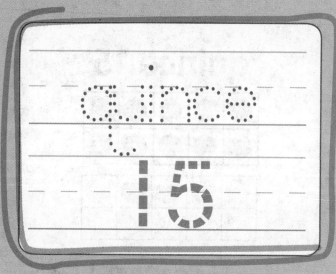

quince

15

Mi modelo de papel

FOLDABLES® Sigue los pasos que aparecen en el reverso para hacer tu modelo de papel.

Descomponer números

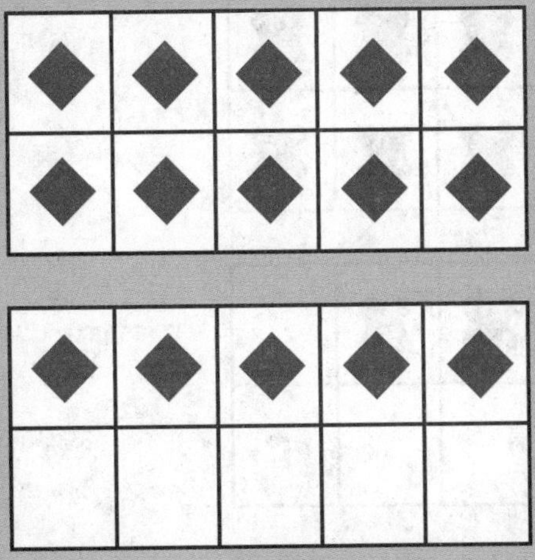

y más

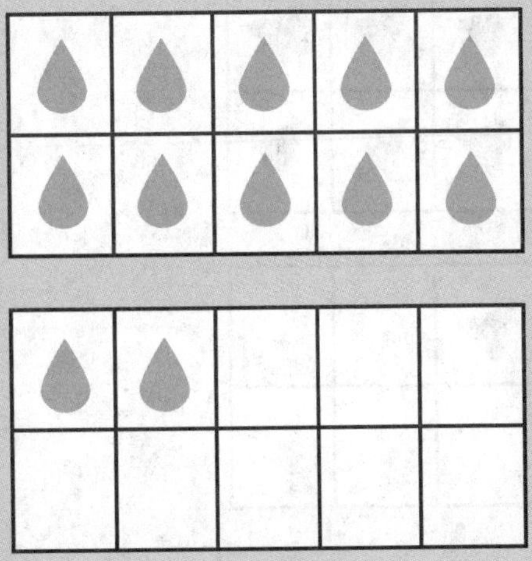

y más

FOLDABLES®
Ayudas de estudio

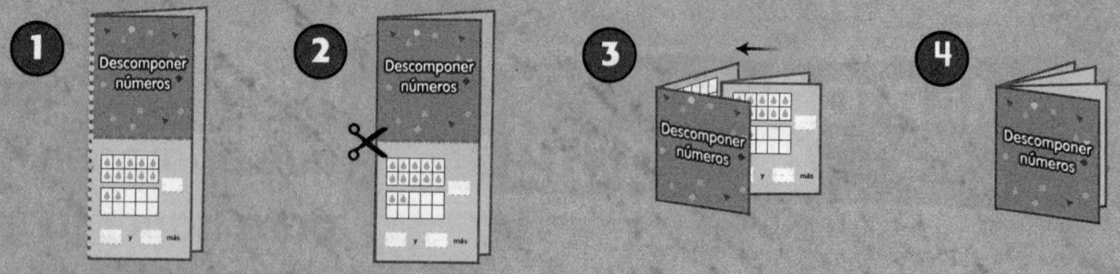

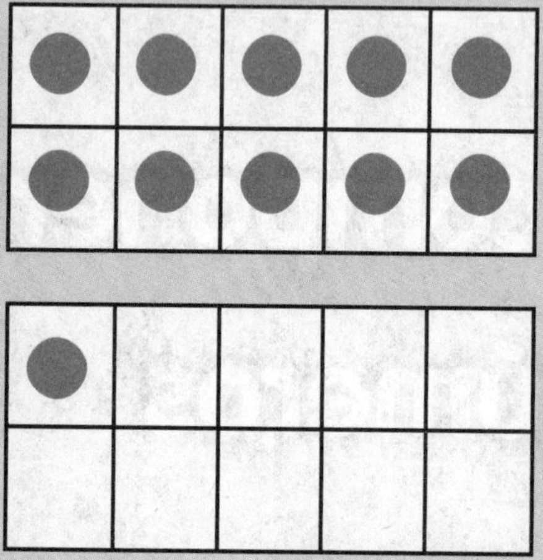

y más

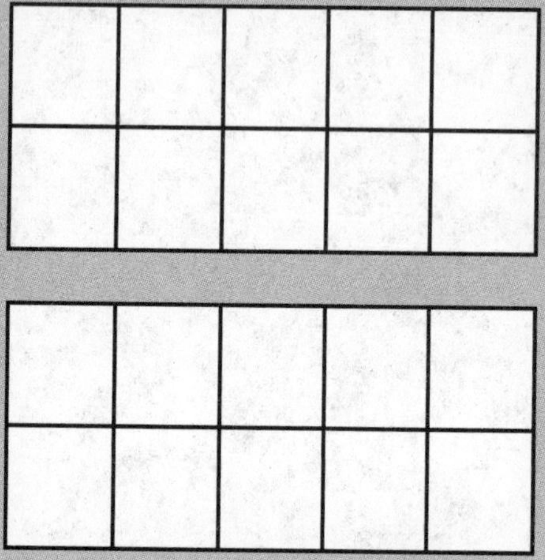

y más

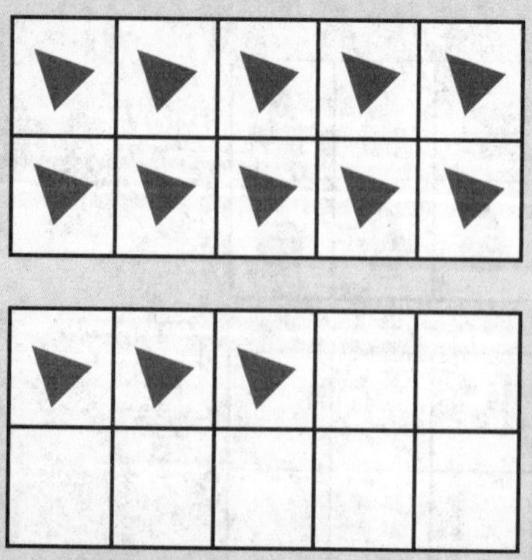

y más

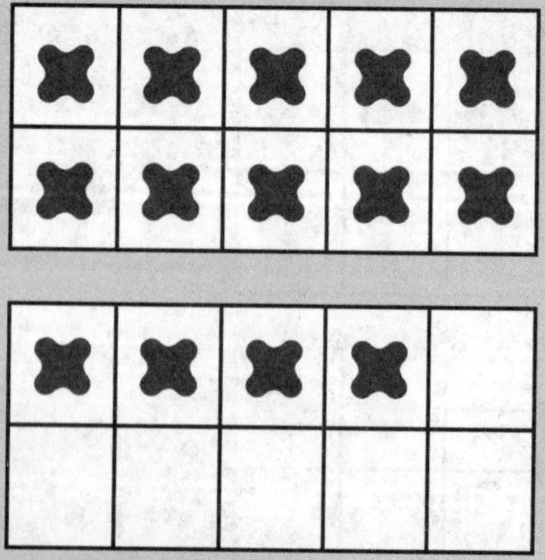

y más

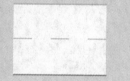

Nombre ....

Formar los números del 11 al 15

Lección 1

PREGUNTA IMPORTANTE
¿Cómo mostramos de otra forma los números del 11 al 19?

Explorar y explicar

Herramientas Observa

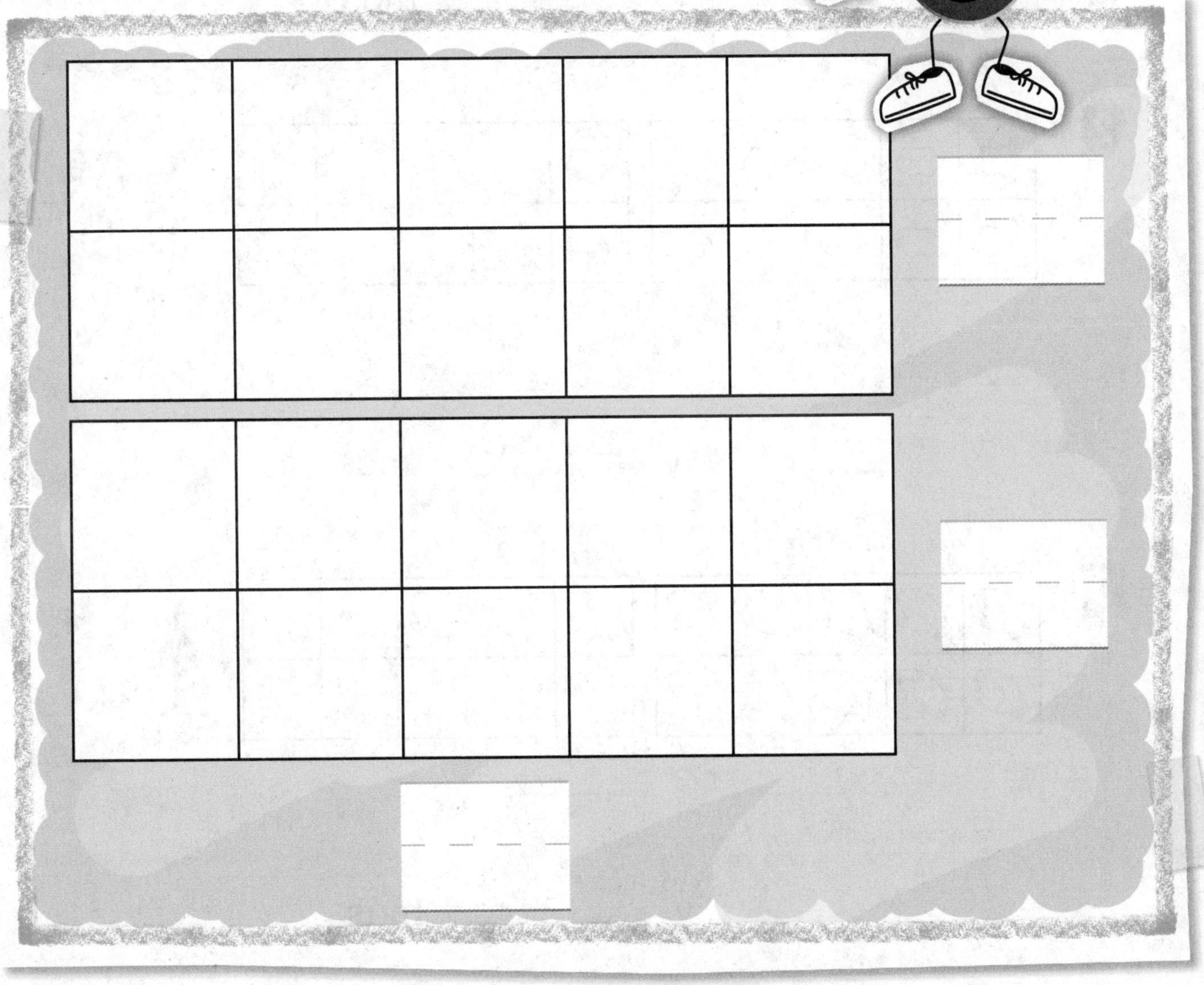

Instrucciones para el maestro: Pida a los niños que usen ● para mostrar 10. Dígales que escriban el número. Pídales que usen ○ para mostrar cuatro más. Dígales que escriban el número. Indíqueles que dibujen fichas rojas para mostrar 10. Luego, pídales que dibujen fichas amarillas para mostrar cuatro más. Diga: *¿Qué número forman el 10 y cuatro más? Escriban el número.*

PRÁCTICAS
matemáticas

Ver y mostrar

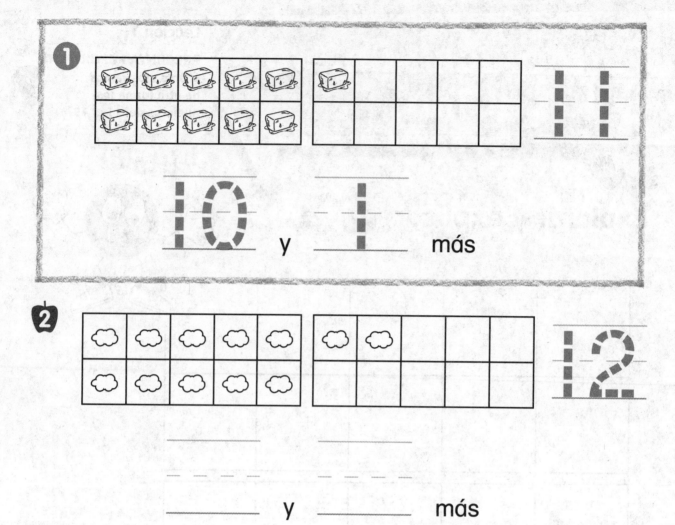

1

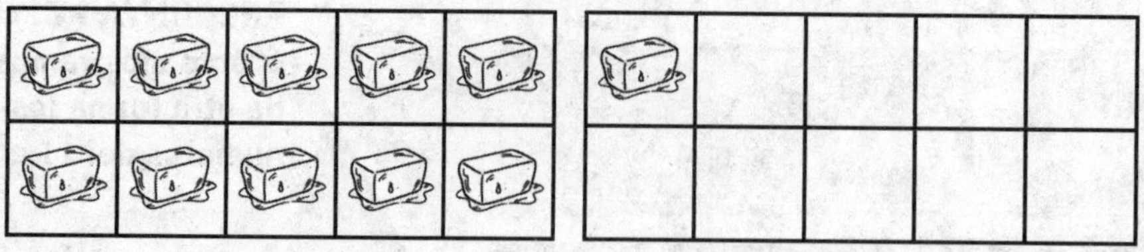

11

10 y 1 más

2

12

______ y ______ más

3

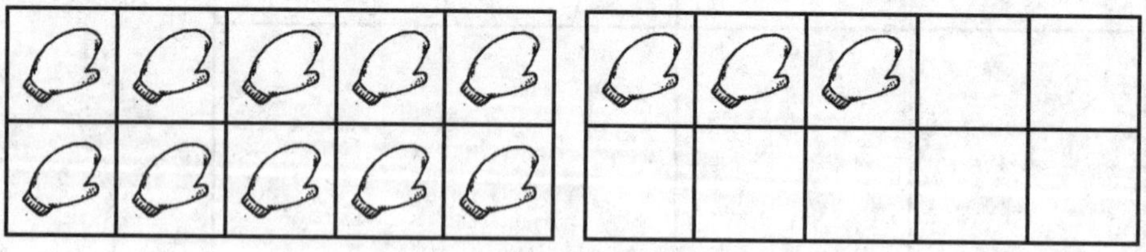

13

______ y ______ más

Instrucciones para el maestro: 1–3. Pida a los niños que cuenten 10 y que usen el tablero de trabajo 4 y fichas rojas para mostrar 10. Pídales que coloreen de rojo los objetos para mostrar 10. Luego, indíqueles que escriban el número y, por último, dígales que cuenten cuántos objetos más hay. Indíqueles que usen fichas amarillas para mostrar cuántos más hay y que coloreen de amarillo los otros objetos para mostrar cuántos más hay. Pídales que escriban el número y que tracen el número que se formó.

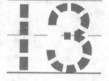

Nombre ....

¡Mira la nieve!

Por mi cuenta

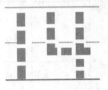

4

14

_______ y _______ más

5

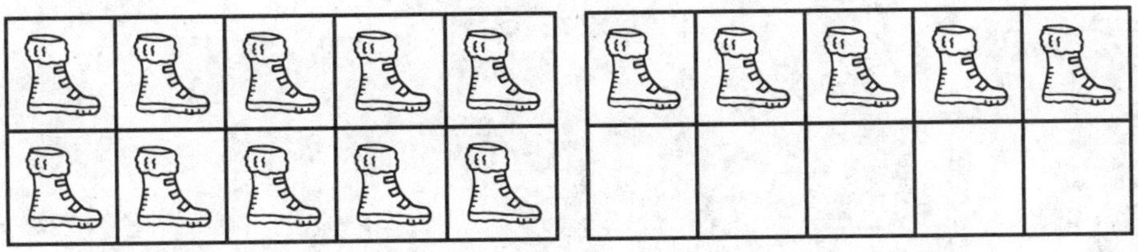

15

_______ y _______ más

6

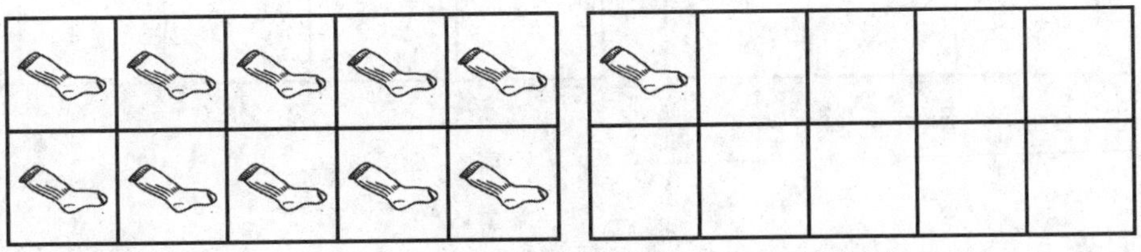

11

_______ y _______ más

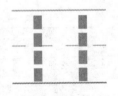

Instrucciones para el maestro: 4–6. Pida a los niños que cuenten 10 y que usen el tablero de trabajo 4 y fichas rojas para mostrar 10. Pídales que coloreen de rojo los objetos para mostrar 10. Luego, indíqueles que escriban el número y, por último, dígales que cuenten cuántos objetos más hay. Indíqueles que usen fichas amarillas para mostrar cuántos objetos más hay y que coloreen de amarillo los otros objetos para mostrar cuántos más hay. Pídales que escriban el número y que tracen el número que se formó.

Resolución de problemas

7

10 y 2 es ____.

8

10 y 3 es ____.

Instrucciones para el maestro: 7–8. Pida a los niños que tracen el 10. Dígales que dibujen objetos para mostrar 10 en el marco de diez y que coloreen de rojo los objetos. Indíqueles que tracen el otro número y que dibujen objetos para mostrar esa cantidad en el otro marco de diez. Pídales que coloreen de amarillo los objetos y, por último, que escriban el número que se formó.

Nombre ....

Mi tarea

Lección 1

Formar los números del 11 al 15

Asistente de tareas

Ayuda en línea

¿Necesitas ayuda? connectED.mcgraw-hill.com

1

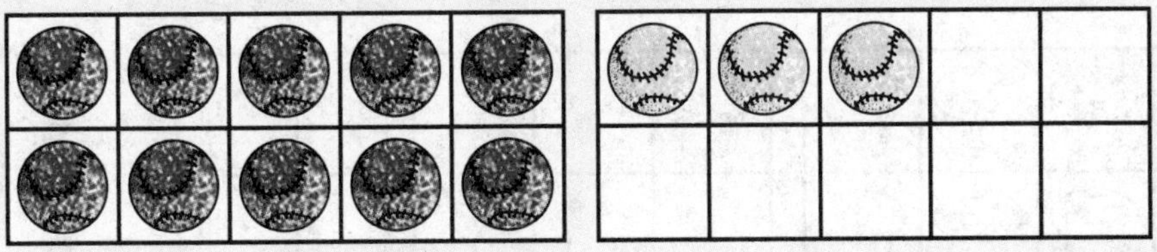

13

10 y 3 más

2

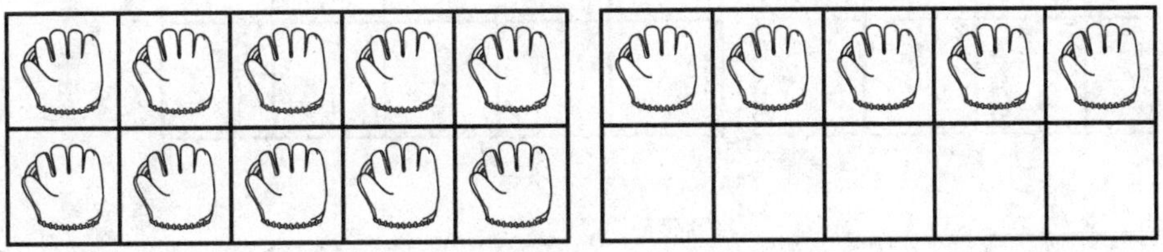

15

_____ y _____ más

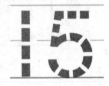

Instrucciones para el maestro: 1–2. Pida a los niños que cuenten 10 y que coloreen de rojo los objetos para mostrar 10. Indíqueles que escriban el número y que cuenten cuántos objetos más hay. Pídales que coloreen de amarillo los otros objetos para mostrar cuántos más hay, que escriban el número y, por último, que tracen el número que se formó.

3

14

______ y ______ más

4

11

______ y ______ más

5

12

______ y ______ más

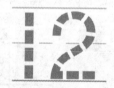

Instrucciones para el maestro: 3–5. Pida a los niños que cuenten 10, que coloreen de rojo los objetos para mostrar 10 y que escriban el número. Pídales que cuenten cuántos objetos más hay y que coloreen de amarillo los otros objetos para mostrar cuántos más hay. Luego, indíqueles que escriban el número y, por último, que tracen el número que se formó.

Las mates en casa Entregue a su niño o niña 10 copos de cereal. Luego, entréguele 3 más. Pídale que forme un grupo de 10 y 3 más. Pídale que diga qué número forman el 10 y 3 más.

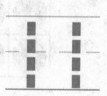

Nombre ....

Descomponer los números del 11 al 15

Lección 2

PREGUNTA IMPORTANTE
¿Cómo mostramos de otra forma los números del 11 al 19?

¡A descomponer números!

Explorar y explicar

Herramientas

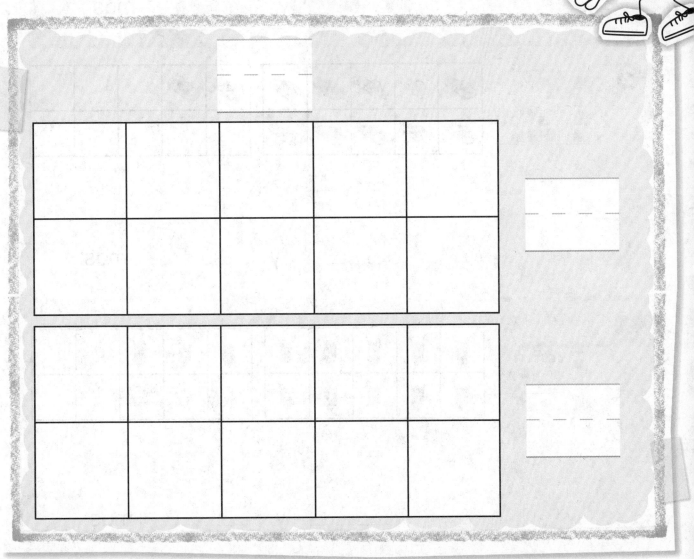

Instrucciones para el maestro: Pida a los niños que digan un número entre el 11 y el 15 y que escriban el número arriba de los marcos de diez. Indíqueles que usen ● para mostrar el número y que usen un marco de diez para mostrar 10. Luego, pídales que escriban el número 10 y que usen el otro marco de diez para mostrar las otras fichas. Por último, pídales que escriban el número y que dibujen las fichas en los marcos de diez para mostrar un grupo de 10 y algunos más.

PRÁCTICAS matemáticas

Ver y mostrar

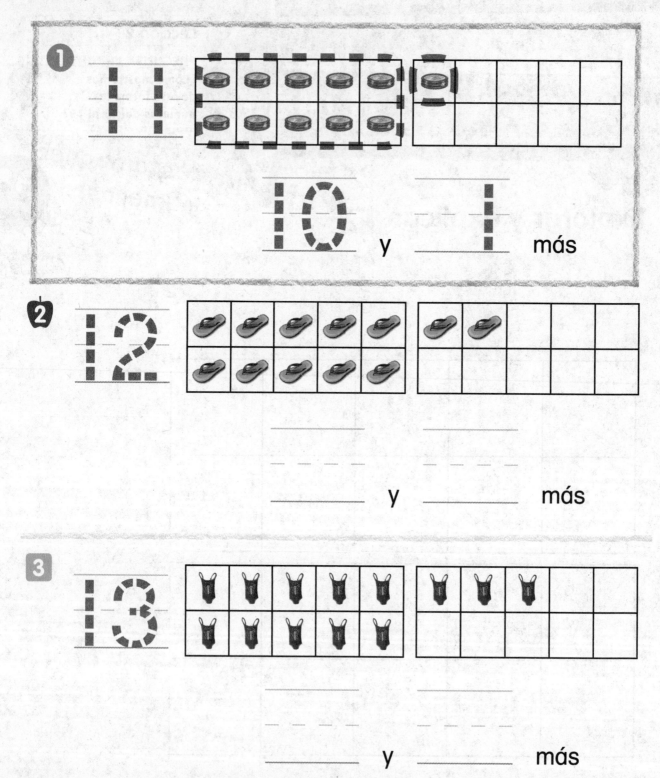

1 11

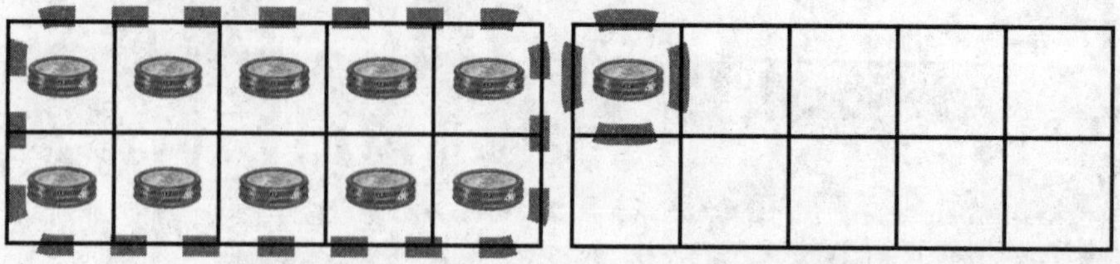

10 y 1 más

2 12

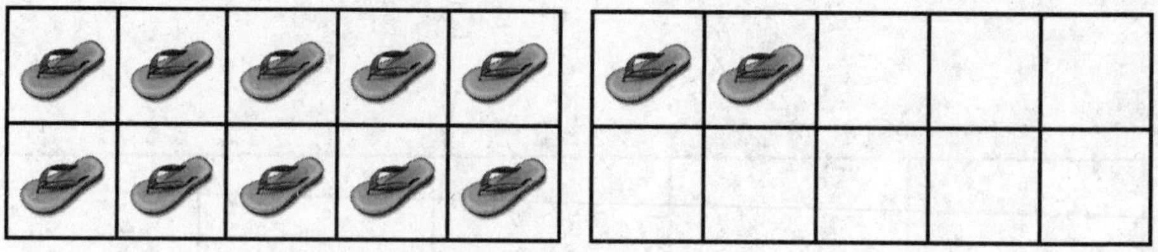

____ y ____ más

3 13

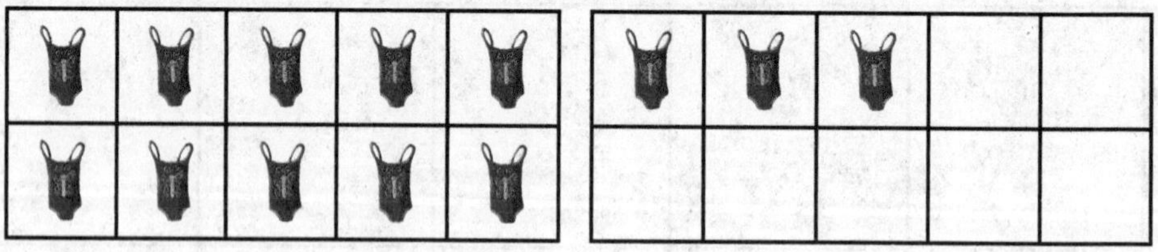

____ y ____ más

Instrucciones para el maestro: 1–3. Pida a los niños que digan el número, que lo tracen y que usen el tablero de trabajo 4 y fichas rojas para mostrar el número. Indíqueles que descompongan el número mostrando 10 fichas y algunas más. Pídales que escriban los números. Luego, dígales que encierren en un círculo el grupo de objetos que muestran 10 y, por último, que encierren en un círculo el grupo de objetos que muestra algunos más.

Nombre ....

Por mi cuenta

4 14

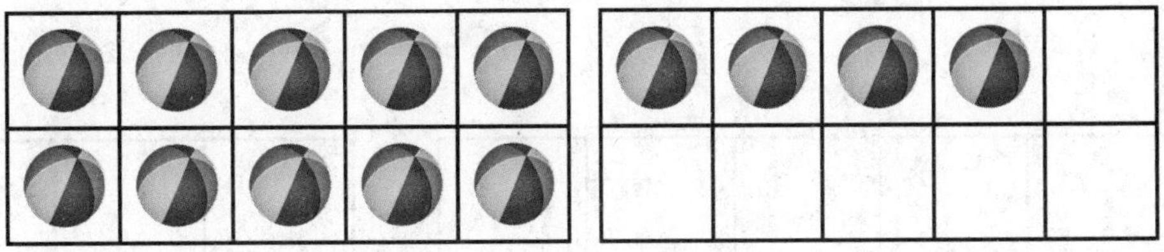

______ ______

______ y ______ más

5 13

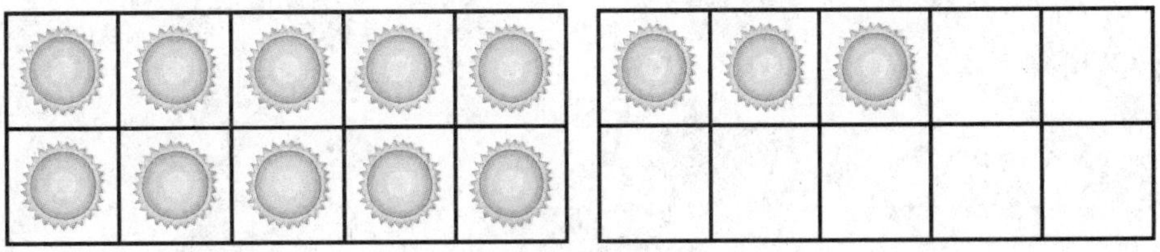

______ ______

______ y ______ más

6 15

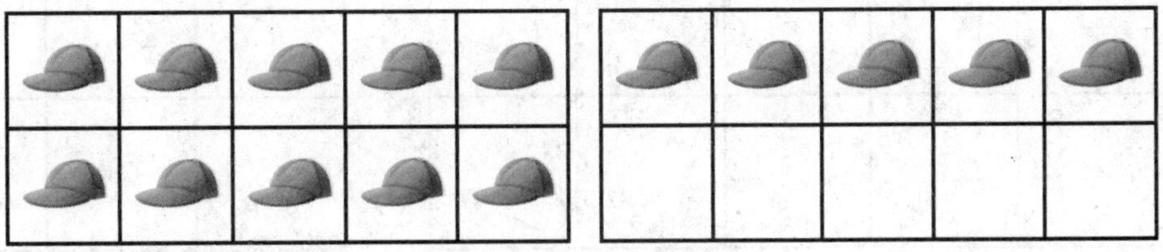

______ ______

______ y ______ más

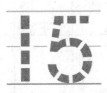

Instrucciones para el maestro: 4–6. Pida a los niños que digan el número, que lo tracen y que usen el tablero de trabajo 4 y fichas rojas para mostrar el número. Indíqueles que descompongan el número mostrando 10 fichas y algunas más. Pídales que escriban los números, que encierren en un círculo el grupo de objetos que muestra 10 y, por último, que encierren en un círculo el grupo que muestra algunos más.

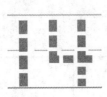

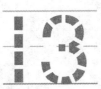

PRÁCTICAS matemáticas

Resolución de problemas

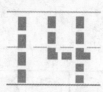

7

14

_____ _____ _____

_____ es _____ y _____.

8

13

_____ _____ _____

_____ es _____ y _____.

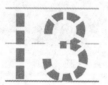

Instrucciones para el maestro: 7–8. Pida a los niños que digan el número, que lo tracen y que dibujen objetos en el marco de diez para mostrar el número. Indíqueles que encierren en un círculo el grupo de objetos que muestra 10. Luego, dígales que encierren en un círculo el grupo que muestra algunos más y, por último, que escriban el enunciado numérico.

Nombre ....

Mi tarea

Lección 2

Descomponer los números del 11 al 15

Asistente de tareas

Ayuda en línea

¿Necesitas ayuda? connectED.mcgraw-hill.com

1

12

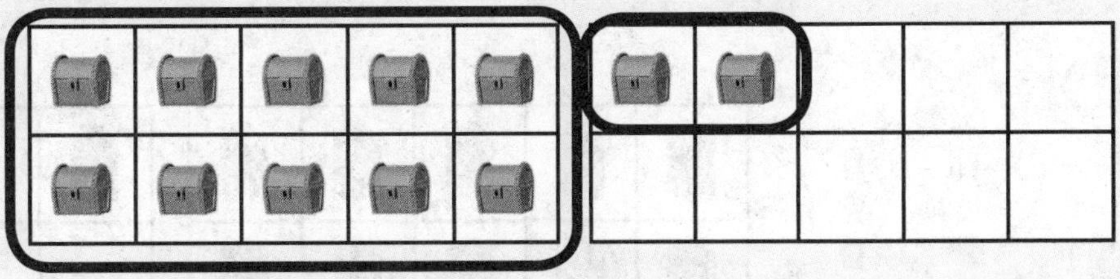

10 y 2 más

2

15

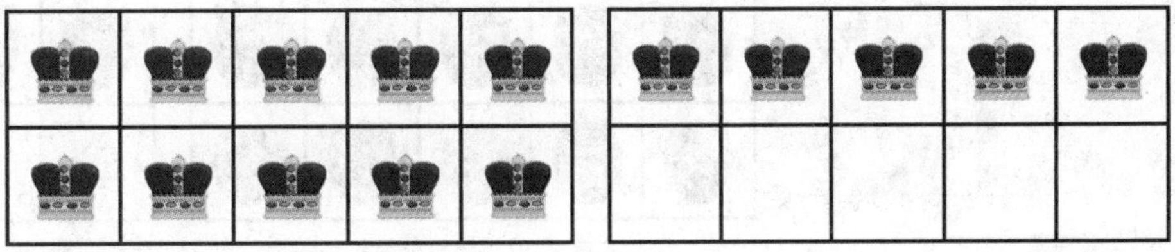

______ y ______ más

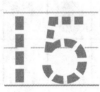

Instrucciones para el maestro: 1–2. Pida a los niños que digan el número, que lo tracen y que encierren en un círculo el grupo de objetos que muestra 10. Indíqueles que escriban el número. Luego, dígales que encierren en un círculo el grupo de objetos que muestra algunos más y, por último, que escriban el número.

3

14

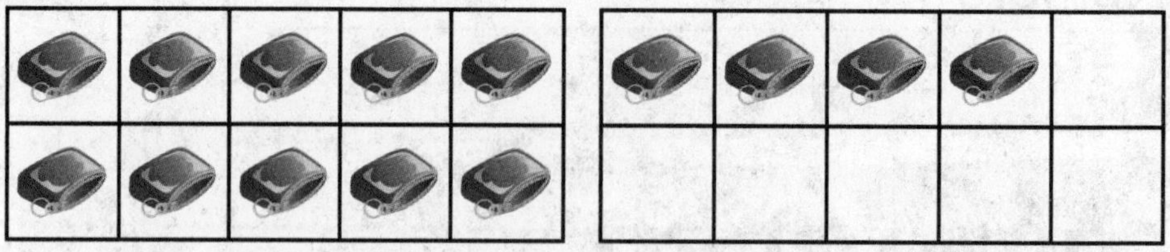

______ y ______ más

4

11

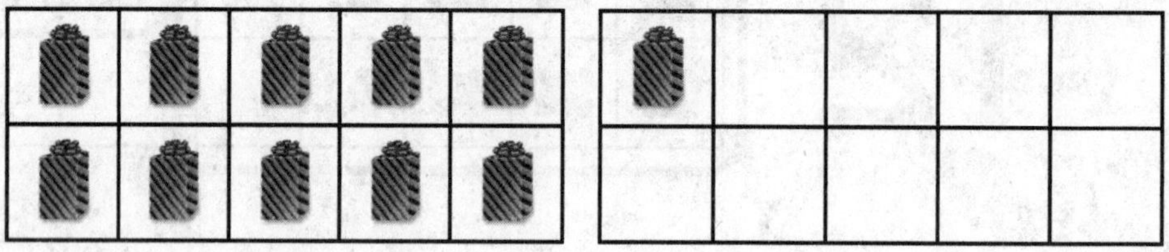

______ y ______ más

5

13

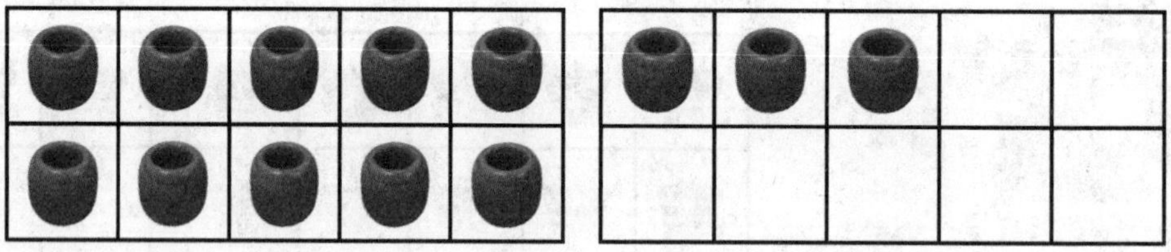

______ y ______ más

Instrucciones para el maestro: 3–5. Pida a los niños que digan el número, que lo tracen y que encierren en un círculo el grupo de objetos que muestra 10. Indíqueles que escriban el número. Luego, dígales que encierren en un círculo el grupo de objetos que muestra algunos más y, por último, que escriban el número.

Las mates en casa Muestre 11 monedas iguales a su niño o niña. Pídale que las use para mostrar un grupo de 10 y algunas más. Repita el ejercicio con 12, 13, 14 y 15 monedas.

Nombre ....

El mundo real

Resolución de problemas

ESTRATEGIA: Hacer una tabla

Lección 3

PREGUNTA IMPORTANTE
¿Cómo mostramos de otra forma los números del 11 al 19?

¿Qué números forman el 15?

Hacer una tabla

10	5

Instrucciones para el maestro: Pida a los niños que cuenten los osos y que digan el número. Pídales que cuenten los osos rojos y que tracen el número en la tabla. Indíqueles que cuenten los osos amarillos y que tracen el número en la tabla.

¿Qué números forman el 14?

Hacer una tabla

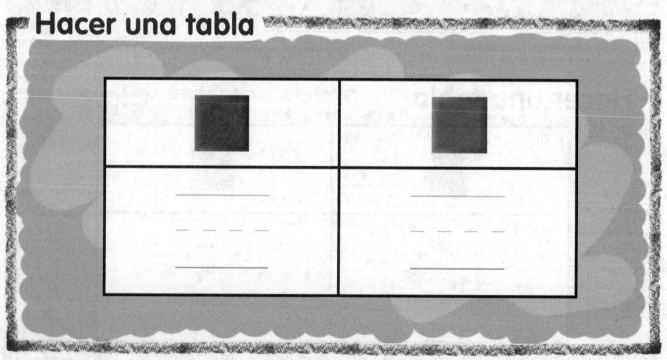

______	______
______	______

Instrucciones para el maestro: Pida a los niños que cuenten las fichas, que digan el número y que cuenten las fichas azules. Pídales que escriban el número en la tabla. Dígales que cuenten las fichas verdes y que escriban el número en la tabla.

Nombre ....

¿Qué números forman el 12?

Hacer una tabla

____	____

Instrucciones para el maestro: Pida a los niños que cuenten las piezas y que digan el número. Dígales que cuenten las piezas violetas y que escriban el número en la tabla. Luego, pídales que cuenten las piezas anaranjadas y que escriban el número en la tabla.

¿Qué números forman el 13?

13

Hacer una tabla

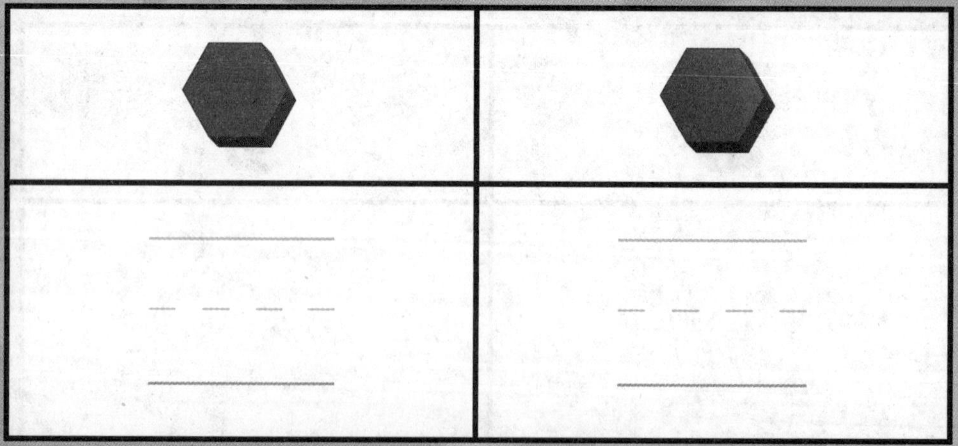

Instrucciones para el maestro: Pida a los niños que cuenten las figuras y que digan el número. Dígales que cuenten las figuras rojas y que escriban el número en la tabla. Luego, pídales que cuenten las figuras azules y que escriban el número en la tabla.

Nombre ....

Mi tarea

Lección 3
Resolución de problemas: Hacer una tabla

¿Qué números forman el 12?

12

Hacer una tabla

10	2

Instrucciones para el maestro: Pida a los niños que cuenten los ositos y que digan el número. Dígales que cuenten los ositos anaranjados y que tracen el número en la tabla. Luego, pídales que cuenten los ositos violetas y que tracen el número en la tabla.

¿Qué números forman el 15?

Hacer una tabla

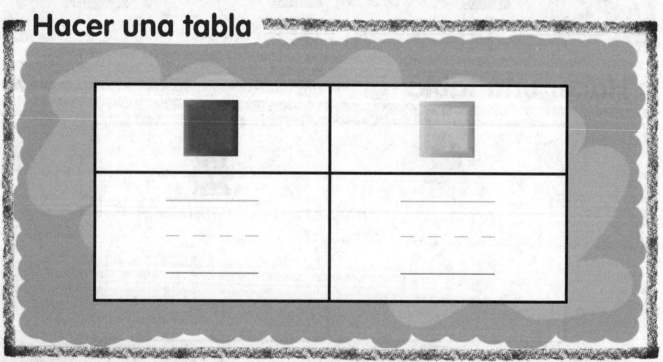

____	____

Instrucciones para el maestro: Pida a los niños que cuenten las fichas de colores y que digan el número. Pídales que cuenten las fichas verdes y que escriban el número en la tabla. Luego, dígales que cuenten las fichas amarillas y que escriban el número en la tabla.

Las mates en casa Aproveche las situaciones diarias en las que es preciso resolver problemas como, por ejemplo, cuando preparan el desayuno. Use copos de cereal para mostrar maneras de formar un número.

Nombre ....

Compruebo mi progreso

Comprobación del vocabulario

1. once 11

2. quince 15

Comprobación del concepto

3.

14

_______ y _______ más

Instrucciones para el maestro: **1.** Pida a los niños que cuenten los objetos y que dibujen más para que haya 11. **2.** Pida a los niños que coloreen las casillas del marco de diez para mostrar 15. **3.** Pida a los niños que cuenten 10. Indíqueles que coloreen de rojo los objetos para mostrar 10 y que escriban el número. Luego, pídales que cuenten para ver cuántos más hay y que coloreen de amarillo los objetos para mostrar cuántos más hay. Por último, dígales que escriban el número y que tracen el número que se formó.

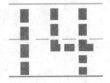

4

13

_____ _____ y _____ _____ más

5

12

_____ _____ y _____ _____ más

6

15

_____ _____ y _____ _____ más

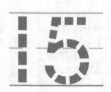

Instrucciones para el maestro: 4–6. Pida a los niños que digan el número, que lo tracen y que encierren en un círculo el grupo de objetos que muestra 10. Luego, pídales que escriban el número y que encierren en un círculo el grupo de objetos que muestra algunos más. Por último, indíqueles que escriban el número.

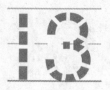

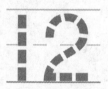

Nombre ....

Formar los números del 16 al 19

Lección 4

PREGUNTA IMPORTANTE
¿Cómo mostramos de otra forma los números del 11 al 19?

¡No me olvides!

Explorar y explicar

Herramientas Observa

Instrucciones para el maestro: Pida a los niños que usen ● para mostrar 10 y que escriban el número. Pídales que usen ○ para mostrar ocho y que escriban el número. Dígales que dibujen fichas de color rojo para mostrar un grupo de 10 y que dibujen fichas de color amarillo para mostrar ocho más. Pregunte: *¿Qué número forman el 10 y ocho más?* Pida a los niños que escriban el número.

PRÁCTICAS matemáticas

Ver y mostrar

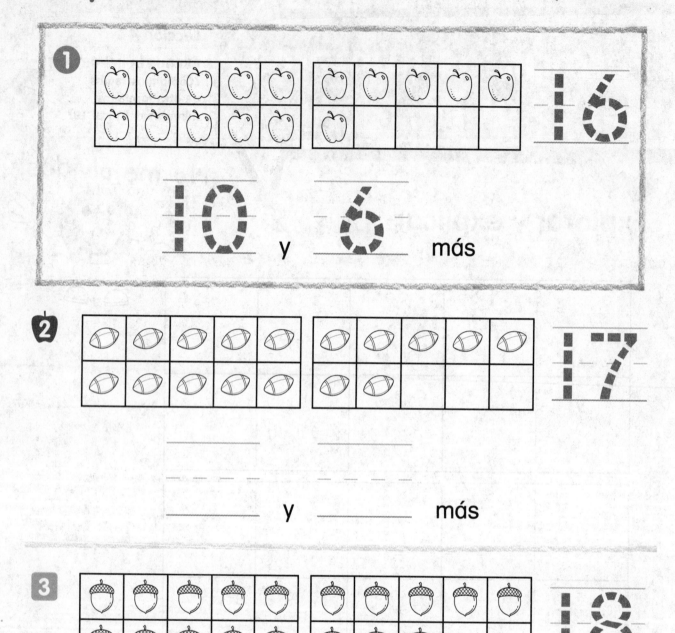

1

16

10 y 6 más

2

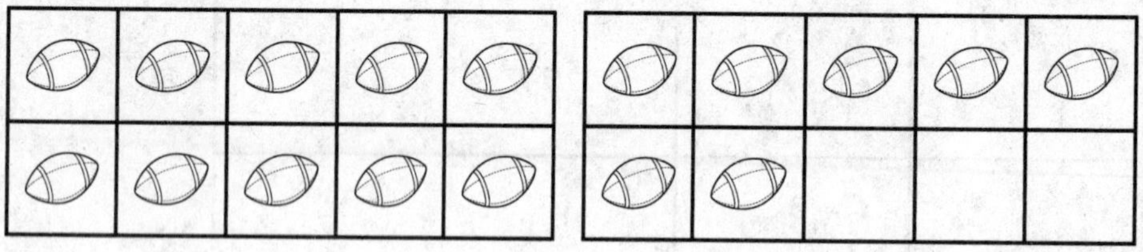

17

_____ y _____ más

3

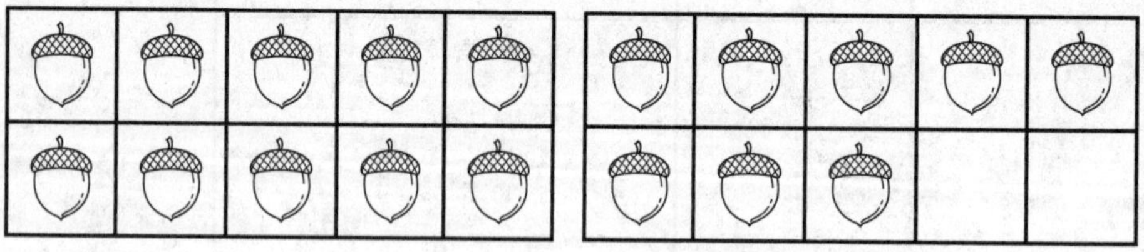

18

_____ y _____ más

Instrucciones para el maestro: 1–3. Pida a los niños que cuenten 10 y que usen el tablero de trabajo 4 y fichas rojas para mostrar 10. Pídales que coloreen de rojo los objetos para mostrar 10 y que escriban el número. Luego, indíqueles que cuenten cuántos más hay y que usen fichas amarillas para mostrar cuántos más hay. Dígales que coloreen de amarillo los otros objetos para mostrar cuántos más hay. Luego, dígales que escriban el número y, por último, indíqueles que tracen el número que se formó.

Nombre ....

Por mi cuenta

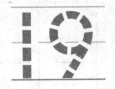

4

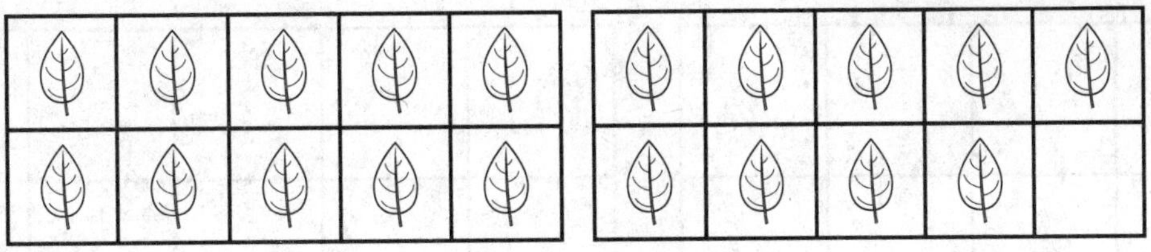

19

_____ y _____ más

5

16

_____ y _____ más

6

17

_____ y _____ más

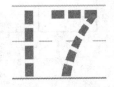

Instrucciones para el maestro: 4–6. Pida a los niños que cuenten 10 y que usen el tablero de trabajo 4 y fichas rojas para mostrar 10. Pídales que coloreen de rojo los objetos para mostrar 10 y que escriban el número. Luego, indíqueles que cuenten cuántos más hay y que usen fichas amarillas para mostrar cuántos más hay. Dígales que coloreen de amarillo los otros objetos para mostrar cuántos más hay. Por último, pídales que escriban el número y que tracen el número que se formó.

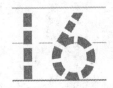

El mundo real

Resolución de problemas

PRÁCTICAS matemáticas

7

10 y 7 es ____.

8

10 y 9 es ____.

Instrucciones para el maestro: 7–8. Pida a los niños que tracen el 10. Pídales que dibujen objetos para mostrar 10 en el marco de diez y que coloreen de rojo los objetos. Luego, dígales que tracen el otro número, que dibujen objetos para mostrar esa cantidad en el otro marco de diez y que coloreen de amarillo los objetos. Por último, indíqueles que escriban el número que se formó.

Nombre ....

Mi tarea

Lección 4

Formar los números del 16 al 19

Asistente de tareas

Ayuda en línea ¿Necesitas ayuda? connectED.mcgraw-hill.com

1

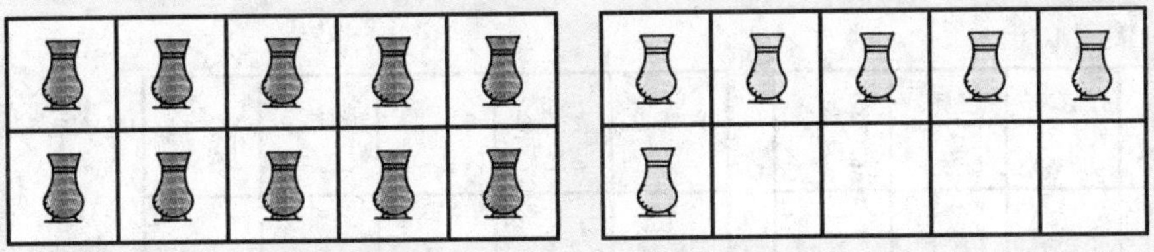

16

10 y 6 más

2

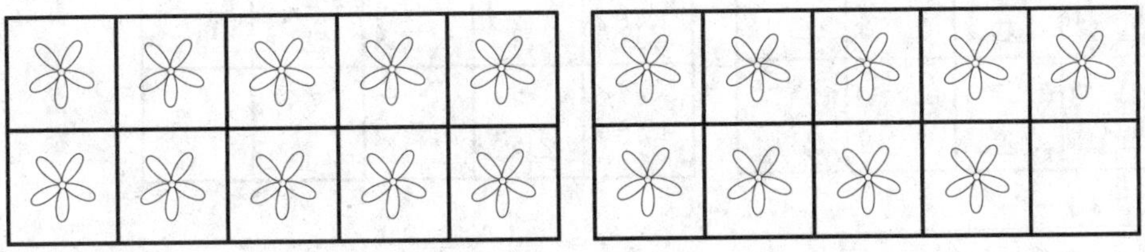

19

_____ y _____ más

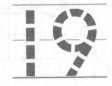

Instrucciones para el maestro: 1–2. Pida a los niños que cuenten 10, que coloreen de rojo los objetos para mostrar 10 y que escriban el número. Indíqueles que cuenten cuántos más hay y que coloreen de amarillo los otros objetos para mostrar cuántos más hay. Luego, dígales que escriban el número y, por último, pídales que tracen el número que se formó.

3

17

_____ y _____ más

4

16

_____ y _____ más

5

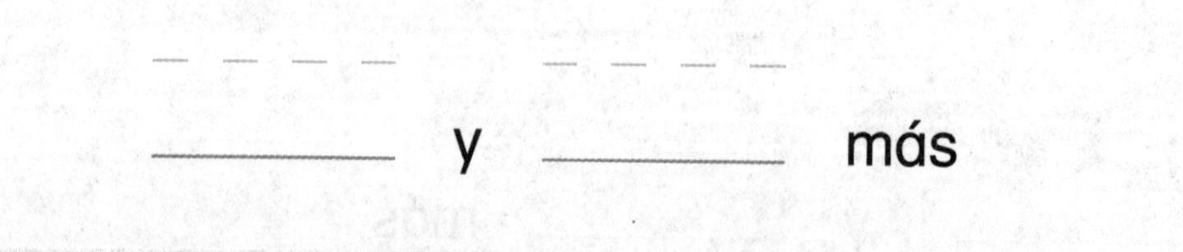

18

_____ y _____ más

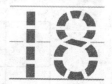

Instrucciones para el maestro: 3–5. Pida a los niños que cuenten 10 y que coloreen de rojo los objetos para mostrar 10. Indíqueles que escriban el número. Pídales que cuenten cuántos más hay y que coloreen de amarillo los otros objetos para mostrar cuántos más hay. Indíqueles que escriban el número y que tracen el número que se formó.

Las mates en casa Elija un número del 16 al 19. Guíe a su niño o niña para que muestre el número con un grupo de 10 objetos y un grupo de algunos objetos más. Pídale que escriba los números.

Nombre ....

Descomponer los números del 16 al 19

Lección 5

PREGUNTA IMPORTANTE
¿Cómo mostramos de otra forma los números del 11 al 19?

Explorar y explicar

Herramientas

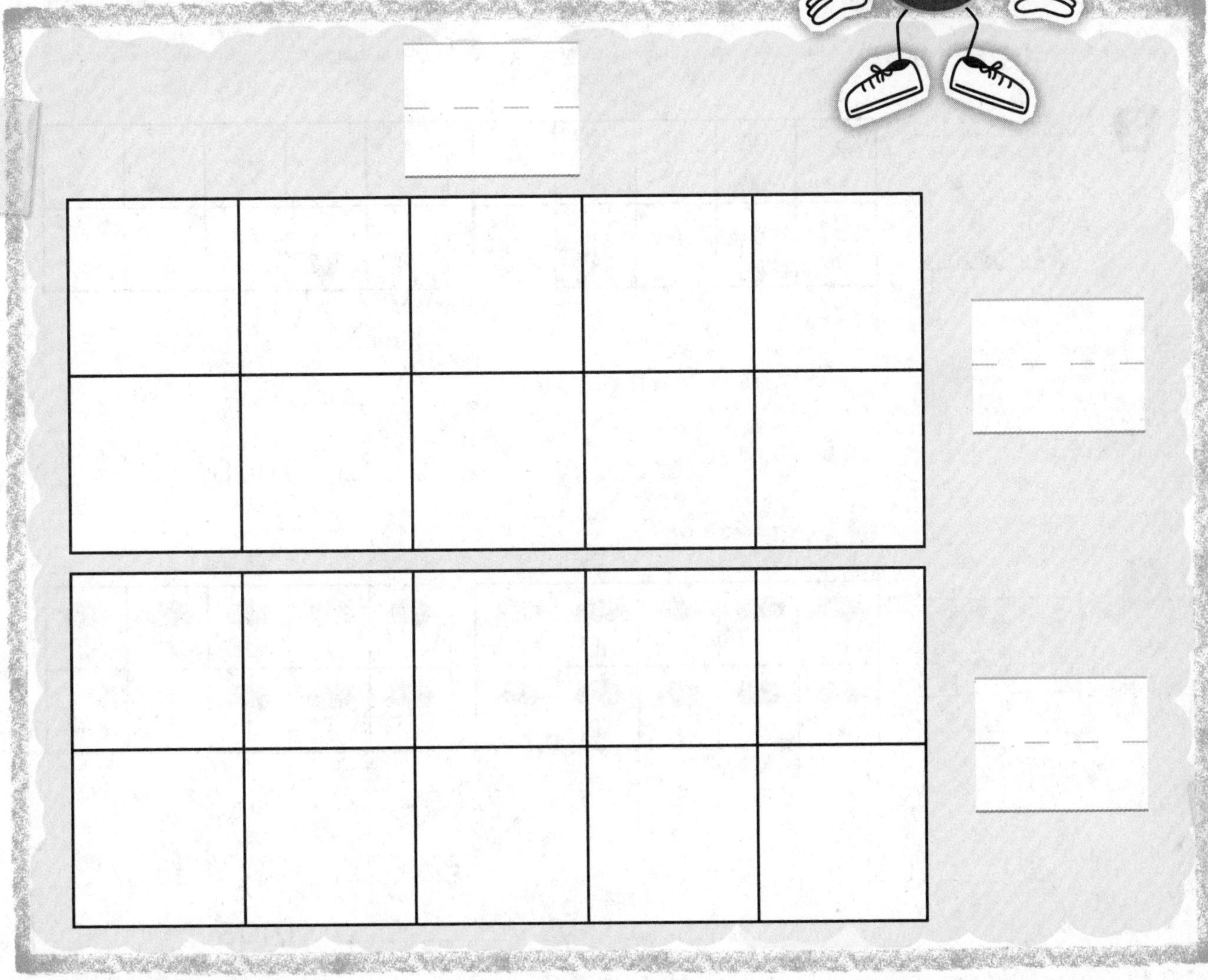

Instrucciones para el maestro: Pida a los niños que digan un número entre el 16 y el 19 y que escriban el número arriba de los marcos de diez. Indíqueles que usen ● para mostrar el número. Dígales que usen uno de los marcos de diez para mostrar 10 y que escriban el número 10. Dígales que usen el otro marco de diez para mostrar las otras fichas. Pídales que escriban el número y que dibujen las fichas en los marcos de 10 para mostrar un grupo de 10 y algunos más.

Ver y mostrar

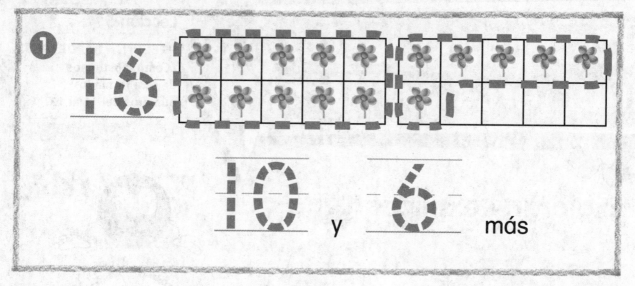

1 16

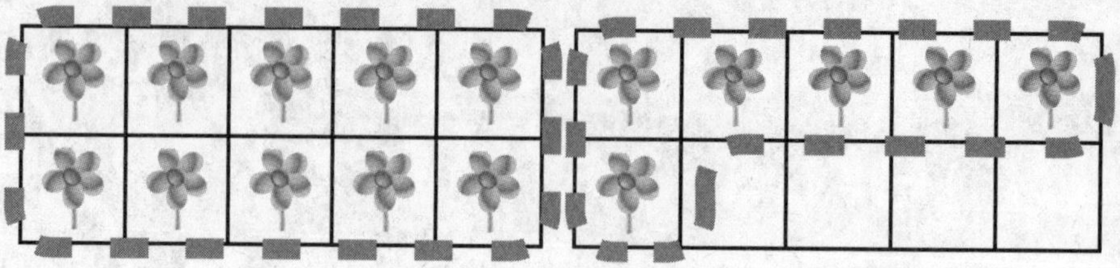

10 y 6 más

2 17

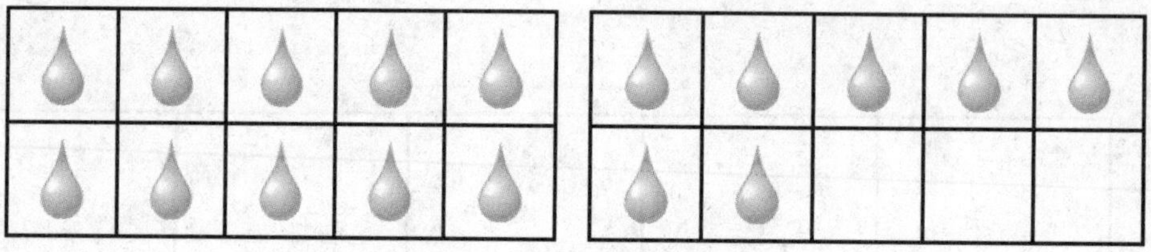

____ y ____ más

3 18

____ y ____ más

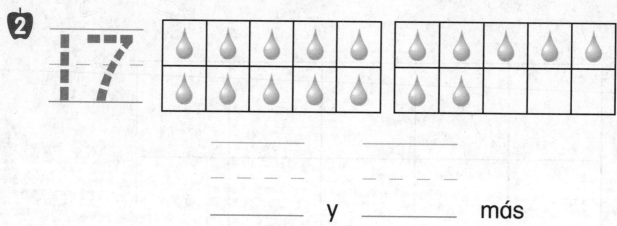

Instrucciones para el maestro: 1–3. Pida a los niños que digan el número, que lo tracen y que usen el tablero de trabajo 4 y fichas rojas para mostrar el número. Pídales que descompongan el número mostrando 10 fichas y algunas más. Luego, indíqueles que escriban los números y que encierren en un círculo el grupo de objetos que muestra 10. Por último, dígales que encierren en un círculo el grupo que muestra algunos más.

Nombre ....

Por mi cuenta

4 19

______ ______

______ y ______ más

5 17

______ ______

______ y ______ más

6 16

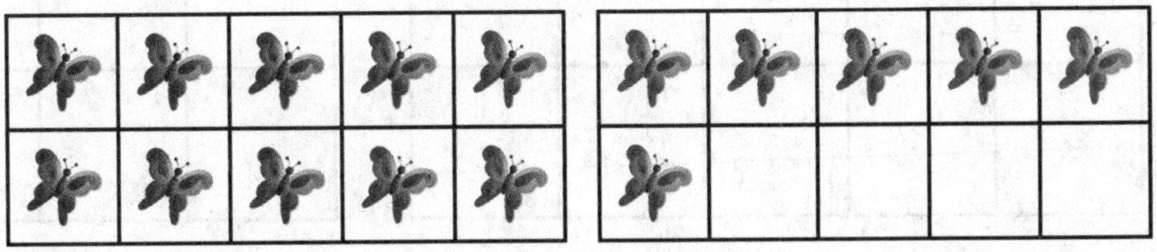

______ ______

______ y ______ más

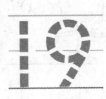

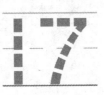

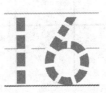

Instrucciones para el maestro: 4–6. Pida a los niños que digan el número, que lo tracen y que usen el tablero de trabajo 4 y fichas rojas para mostrar el número. Pídales que descompongan el número mostrando 10 fichas y algunas más. Luego, indíqueles que escriban los números y que encierren en un círculo el grupo de objetos que muestra el 10. Por último, dígales que encierren en un círculo el grupo que muestra algunos más.

Resolución de problemas

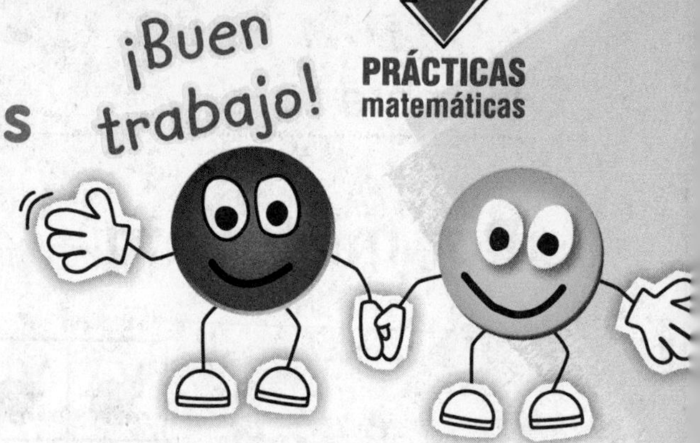

PRÁCTICAS matemáticas

7

18

_____ es _____ y _____.

8

19

_____ es _____ y _____.

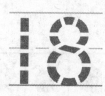

Instrucciones para el maestro: 7–8. Pida a los niños que digan el número, que lo tracen y que dibujen objetos para mostrar el número. Luego, indíqueles que encierren en un círculo el grupo de objetos que muestra 10. Por último, dígales que encierren en un círculo el grupo que muestra algunos más y que escriban el enunciado numérico.

Nombre ....

Mi tarea

Lección 5

Descomponer los números del 16 al 19

Asistente de tareas

Ayuda en línea ¿Necesitas ayuda? connectED.mcgraw-hill.com

1

17

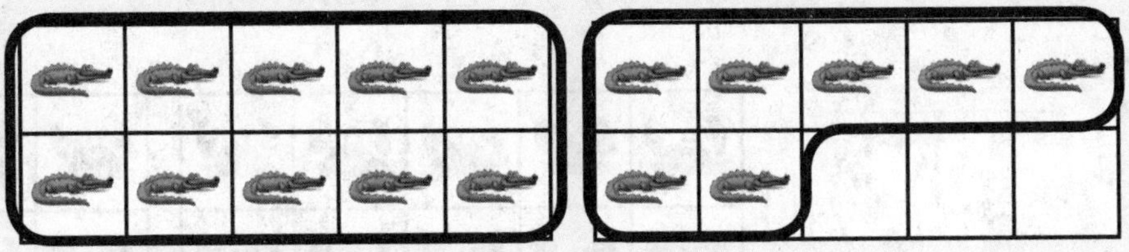

10 y 7 más

2

16

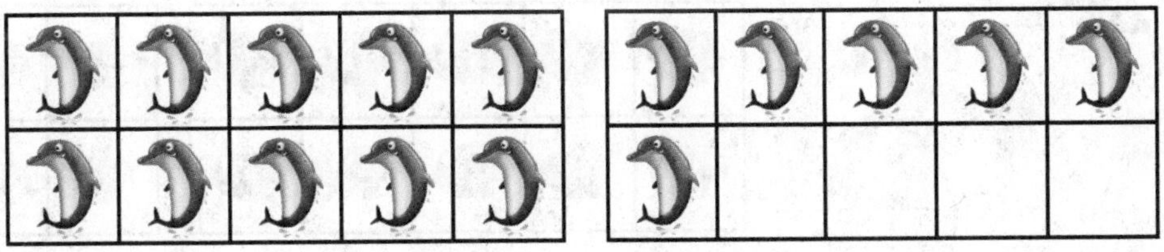

_____ y _____ más

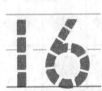

Instrucciones para el maestro: 1–2. Pida a los niños que digan el número, que lo tracen y que encierren en un círculo el grupo de objetos que muestra 10. Luego, pídales que escriban el número. Por último, pídales que encierren en un círculo el grupo de objetos que muestra algunos más y que escriban el número.

3

19

________ ________

________ y ________ más

4

17

________ ________

________ y ________ más

5

18

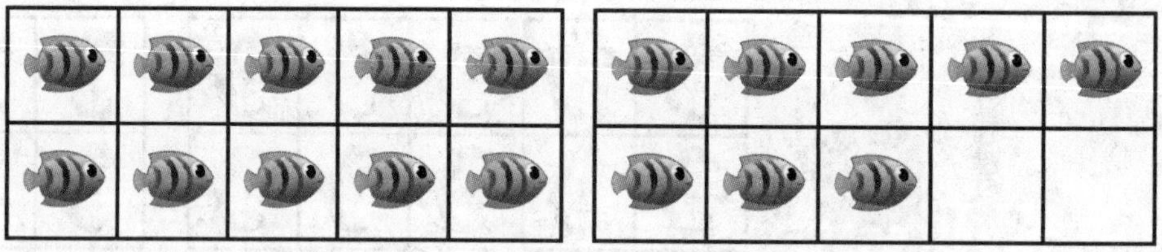

________ ________

________ y ________ más

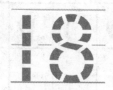

Instrucciones para el maestro: 3–5. Pida a los niños que digan el número, que lo tracen y que encierren en un círculo el grupo de objetos que muestra 10. Luego, pídales que escriban el número. Por último, dígales que encierren en un círculo el grupo de objetos que muestra algunos más y que escriban el número.

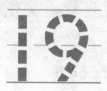

Las mates en casa Muestre a su niño o niña 16 copos de cereal. Pídale que muestre los copos en un grupo de 10 y un grupo de algunos más. Repita el ejercicio con los números 17, 18 y 19.

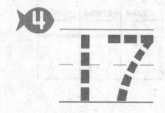

Nombre

Mi repaso

Capítulo 7

Componer y descomponer los números del 11 al 19

Comprobación del vocabulario

Vocabulario

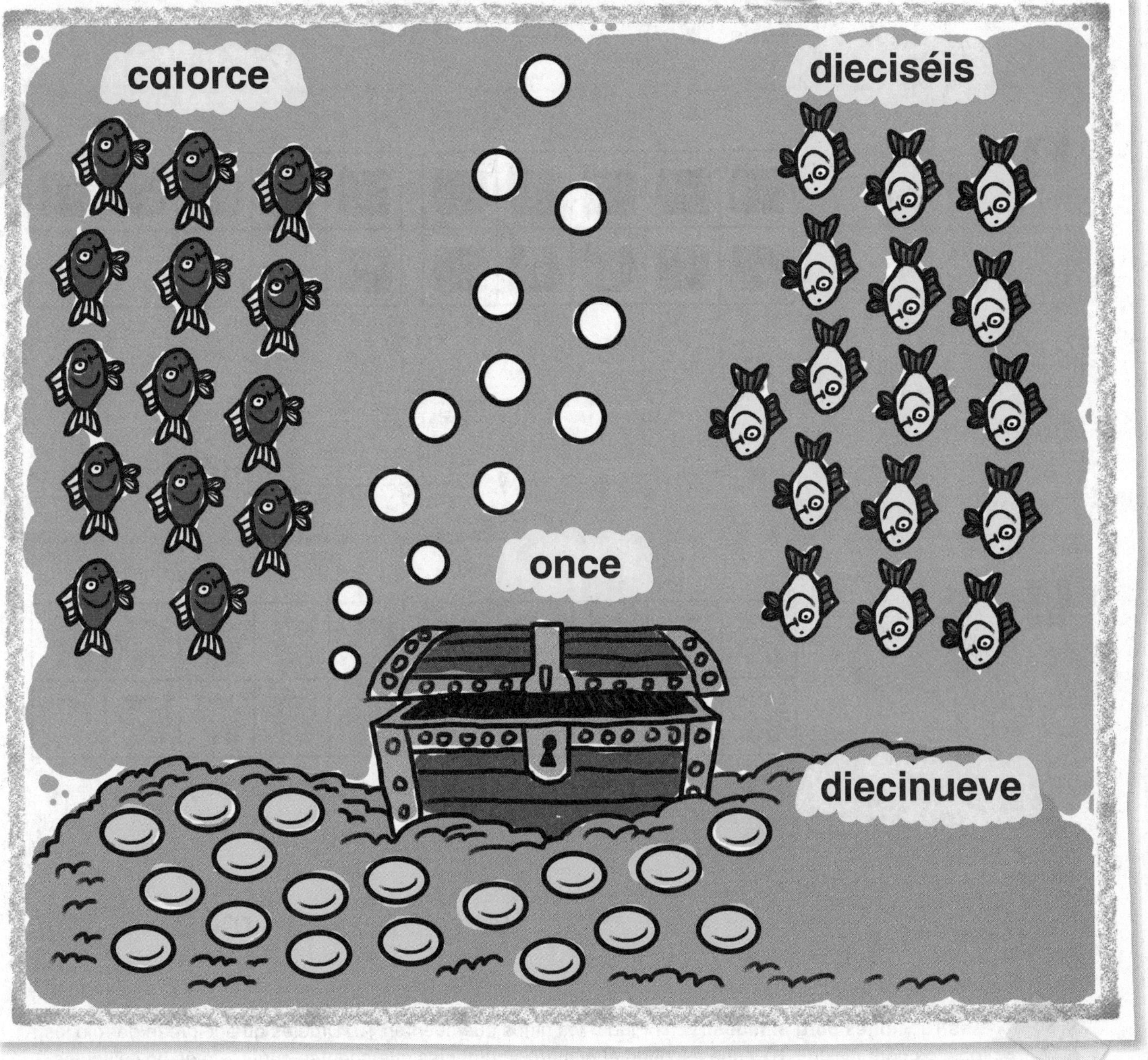

Instrucciones para el maestro: Pida a los niños que cuenten los pececitos que hay en cada grupo. Indíqueles que encierren en un círculo el grupo de 16 pececitos y que dibujen una X sobre el grupo de 14 pececitos. Pídales que cuenten las monedas, que digan cuántas hay y que dibujen más para que haya 19. Por último, dígales que coloreen 11 burbujas.

Comprobación del concepto

1

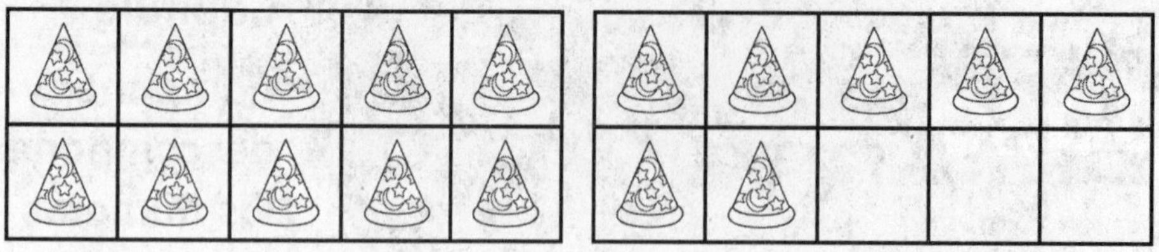

17

______ ______

______ y ______ más

2

16

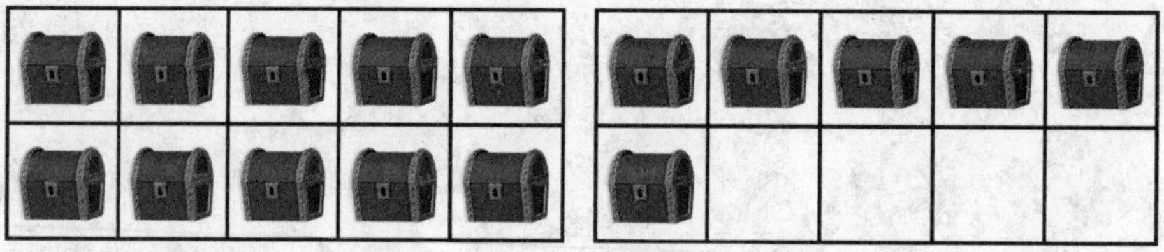

______ ______

______ y ______ más

3

19

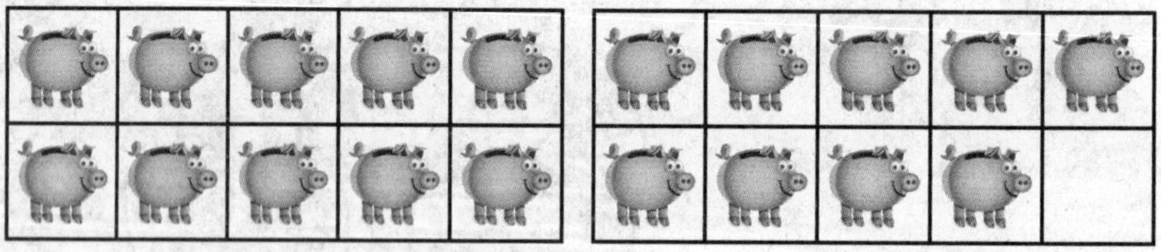

______ ______

______ y ______ más

Instrucciones para el maestro: 1. Pida a los niños que cuenten 10. Dígales que coloreen de rojo los objetos para mostrar 10 y que escriban el número. Indíqueles que cuenten cuántos más hay. Dígales que coloreen de amarillo los otros objetos para mostrar algunos más, que escriban el número y, por último, que tracen el número que se formó. **2–3.** Pida a los niños que digan el número, que lo tracen y que encierren en un círculo el grupo de objetos que muestra 10. Luego, pídales que encierren en un círculo el grupo que muestra algunos más y que escriban los números.

Nombre ....

Resolución de problemas

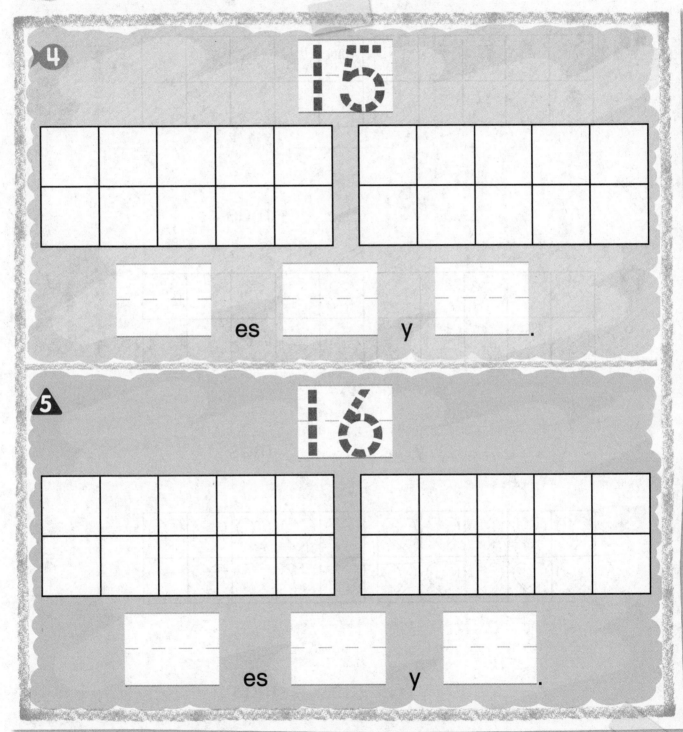

4

15

____ es ____ y ____.

5

16

____ es ____ y ____.

Instrucciones para el maestro: 4–5. Pida a los niños que digan el número y que lo tracen. Dígales que dibujen objetos en los marcos de diez para mostrar el número y que encierren en un círculo el grupo de objetos que muestra 10. Luego, indíqueles que encierren en un círculo el grupo de objetos que muestra algunos más. Por último, pídales que completen el enunciado numérico.

Pienso

Capítulo 7

PREGUNTA IMPORTANTE

¿Cómo mostramos de otra forma los números del 11 al 19?

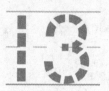

1

13

____ y ____ más

2

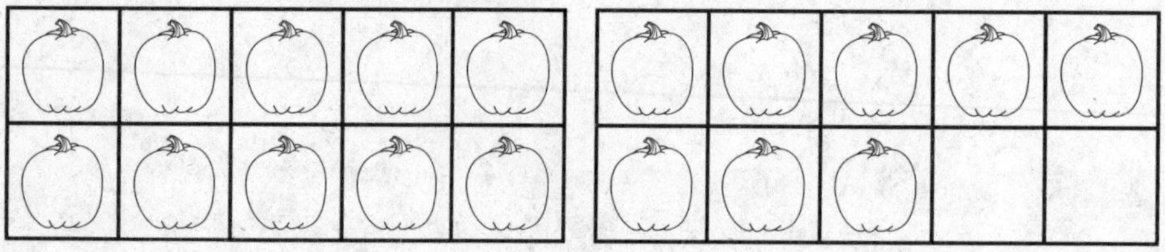

18

____ y ____ más

3

19

____ y ____ más

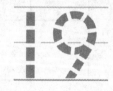

Instrucciones para el maestro: 1–3. Pida a los niños que cuenten 10 y que usen el tablero de trabajo 4 y fichas rojas para mostrar 10. Dígales que coloreen de rojo los objetos para mostrar 10 y que escriban el número. Pídales que cuenten cuántos más hay, que usen fichas amarillas para mostrar cuántos más hay y que coloreen de amarillo los otros objetos para mostrar algunos más. Luego, indíqueles que escriban el número y que tracen el número que se formó.

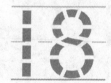

Glosario/Glossary

Vocabulario abc ← Conéctate para consultar el Glosario en línea.

Aa

Español	Inglés/English

al lado de

El gato está al lado del perro.

beside

The cat is beside the dog.

alto (más alto)

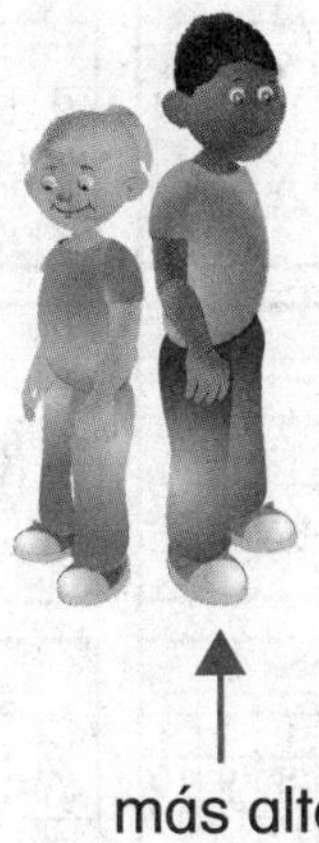

más alto

tall (taller)

taller

Aa

altura

height

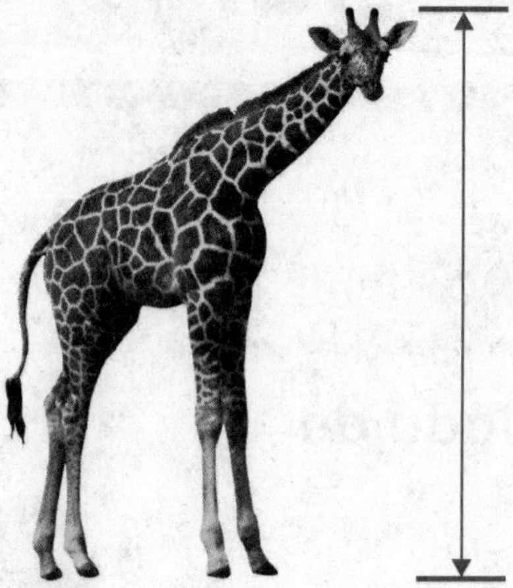

año

enero								febrero						
d	l	m	m	j	v	s		d	l	m	m	j	v	s
						1							1	2
2	3	4	5	6	7	8		6	7	8	9	10	11	12
9	10	11	12	13	14	15		13	14	15	16	17	18	19
16	17	18	19	20	21	22		20	21	22	23	24	25	26
23	24	25	26	27	28	29		27	28					
30	31													

marzo								abril						
d	l	m	m	j	v	s		d	l	m	m	j	v	s
		1	2	3	4	5							1	2
6	7	8	9	10	11	12		3	4	5	6	7	8	9
13	14	15	16	17	18	19		10	11	12	13	14	15	16
20	21	22	23	24	25	26		17	18	19	20	21	22	23
27	28	29	30	31				24	25	26	27	28	29	30

mayo								junio						
d	l	m	m	j	v	s		d	l	m	m	j	v	s
1	2	3	4	5	6	7					1	2	3	4
8	9	10	11	12	13	14		5	6	7	8	9	10	11
15	16	17	18	19	20	21		12	13	14	15	16	17	18
22	23	24	25	26	27	28		19	20	21	22	23	24	25
29	30	31						26	27	28	29	30		

julio								agosto						
d	l	m	m	j	v	s		d	l	m	m	j	v	s
					1	2			1	2	3	4	5	6
3	4	5	6	7	8	9		7	8	9	10	11	12	13
10	11	12	13	14	15	16		14	15	16	17	18	19	20
17	18	19	20	21	22	23		21	22	23	24	25	26	27
24	25	26	27	28	29	30		28	29	30	31			
31														

septiembre								octubre						
d	l	m	m	j	v	s		d	l	m	m	j	v	s
				1	2	3								1
4	5	6	7	8	9	10		2	3	4	5	6	7	8
11	12	13	14	15	16	17		9	10	11	12	13	14	15
18	19	20	21	22	23	24		16	17	18	19	20	21	22
25	26	27	28	29	30			23	24	25	26	27	28	29
								30	31					

noviembre								diciembre						
d	l	m	m	j	v	s		d	l	m	m	j	v	s
		1	2	3	4	5						1	2	3
6	7	8	9	10	11	12		4	5	6	7	8	9	10
13	14	15	16	17	18	19		11	12	13	14	15	16	17
20	21	22	23	24	25	26		18	19	20	21	22	23	24
27	28	29	30					25	26	27	28	29	30	31

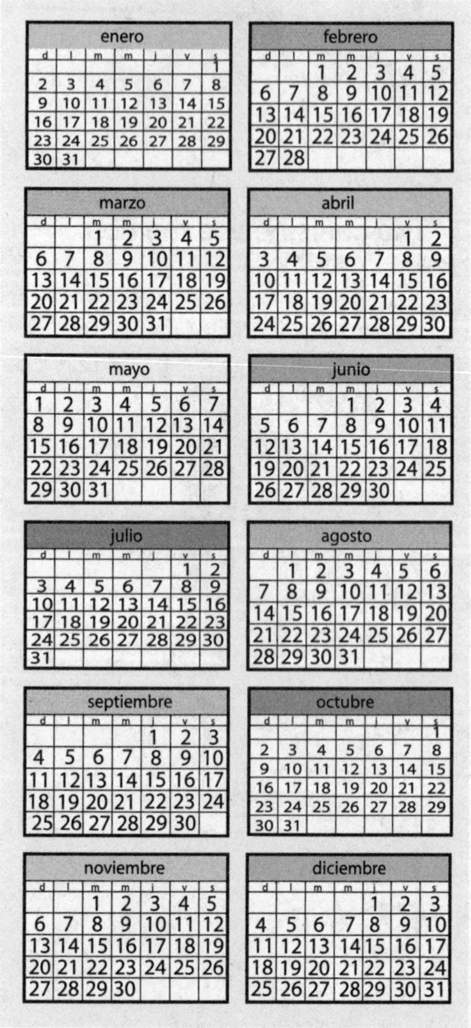

year

January								February						
S	M	T	W	T	F	S		S	M	T	W	T	F	S
						1							1	2
2	3	4	5	6	7	8		6	7	8	9	10	11	12
9	10	11	12	13	14	15		13	14	15	16	17	18	19
16	17	18	19	20	21	22		20	21	22	23	24	25	26
23	24	25	26	27	28	29		27	28					
30	31													

March								April						
S	M	T	W	T	F	S		S	M	T	W	T	F	S
		1	2	3	4	5							1	2
6	7	8	9	10	11	12		3	4	5	6	7	8	9
13	14	15	16	17	18	19		10	11	12	13	14	15	16
20	21	22	23	24	25	26		17	18	19	20	21	22	23
27	28	29	30	31				24	25	26	27	28	29	30

May								June						
S	M	T	W	T	F	S		S	M	T	W	T	F	S
1	2	3	4	5	6	7					1	2	3	4
8	9	10	11	12	13	14		5	6	7	8	9	10	11
15	16	17	18	19	20	21		12	13	14	15	16	17	18
22	23	24	25	26	27	28		19	20	21	22	23	24	25
29	30	31						26	27	28	29	30		

July								August						
S	M	T	W	T	F	S		S	M	T	W	T	F	S
					1	2			1	2	3	4	5	6
3	4	5	6	7	8	9		7	8	9	10	11	12	13
10	11	12	13	14	15	16		14	15	16	17	18	19	20
17	18	19	20	21	22	23		21	22	23	24	25	26	27
24	25	26	27	28	29	30		28	29	30	31			
31														

September								October						
S	M	T	W	T	F	S		S	M	T	W	T	F	S
				1	2	3								1
4	5	6	7	8	9	10		2	3	4	5	6	7	8
11	12	13	14	15	16	17		9	10	11	12	13	14	15
18	19	20	21	22	23	24		16	17	18	19	20	21	22
25	26	27	28	29	30			23	24	25	26	27	28	29
								30	31					

November								December						
S	M	T	W	T	F	S		S	M	T	W	T	F	S
		1	2	3	4	5						1	2	3
6	7	8	9	10	11	12		4	5	6	7	8	9	10
13	14	15	16	17	18	19		11	12	13	14	15	16	17
20	21	22	23	24	25	26		18	19	20	21	22	23	24
27	28	29	30					25	26	27	28	29	30	31

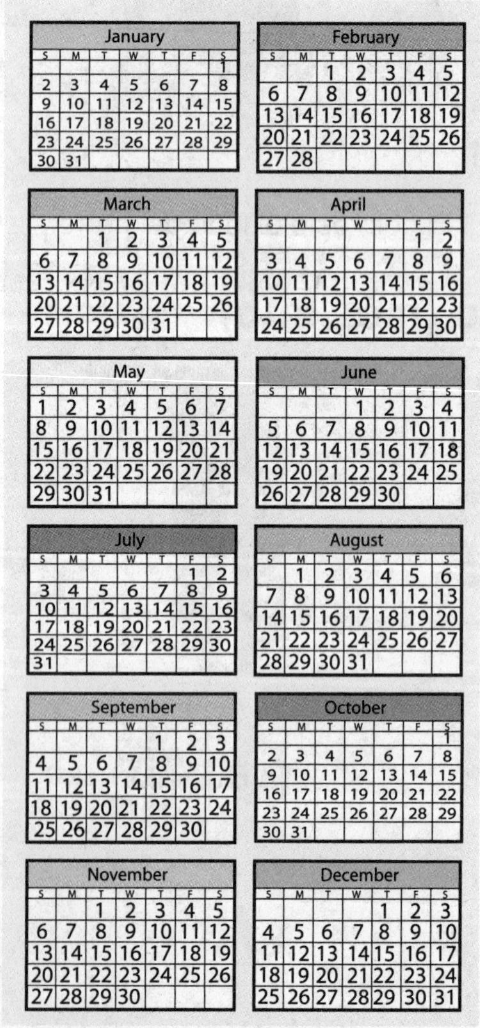

apilar

stack

arriba de

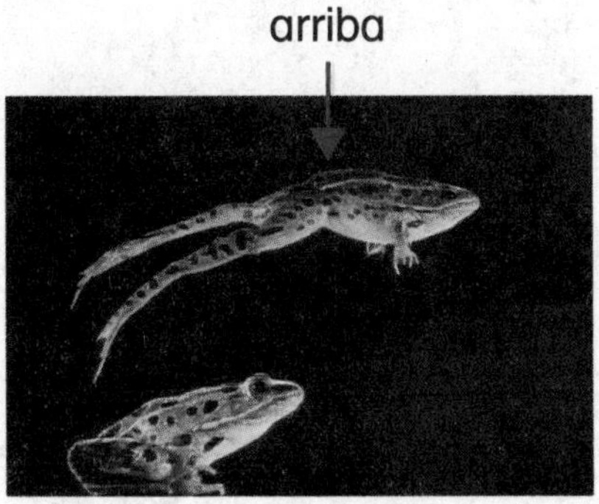

above

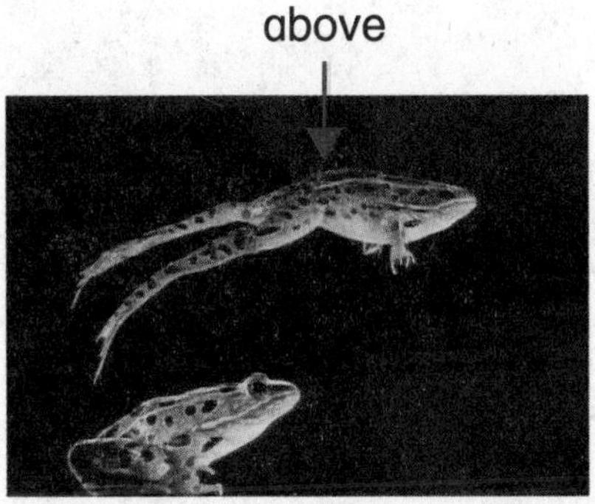

ayer

yesterday

Bb

bajo (más bajo)

short (shorter)

Cc

calendario

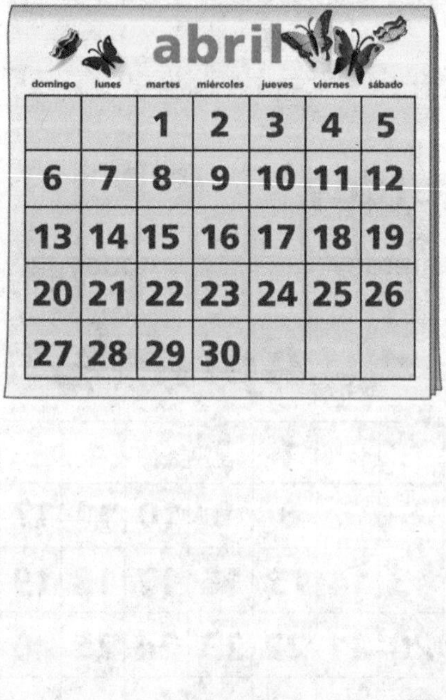

calendar

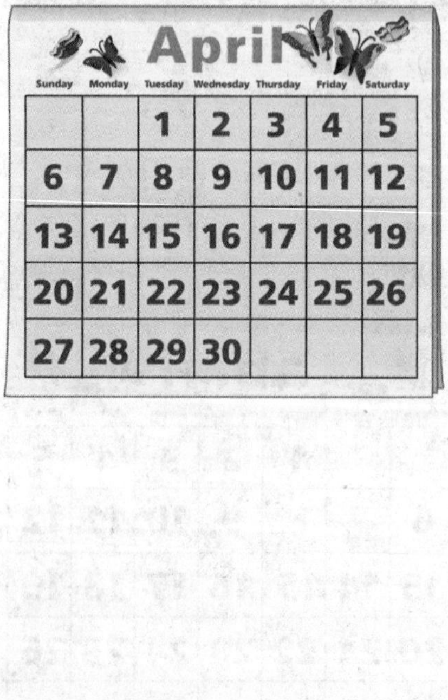

capacidad

capacity

catorce

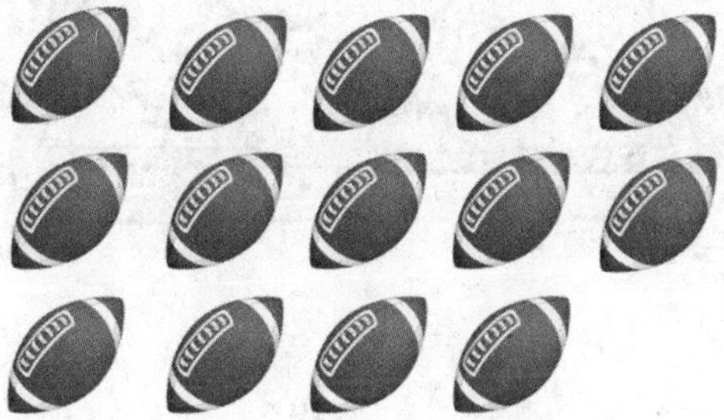

fourteen

cero

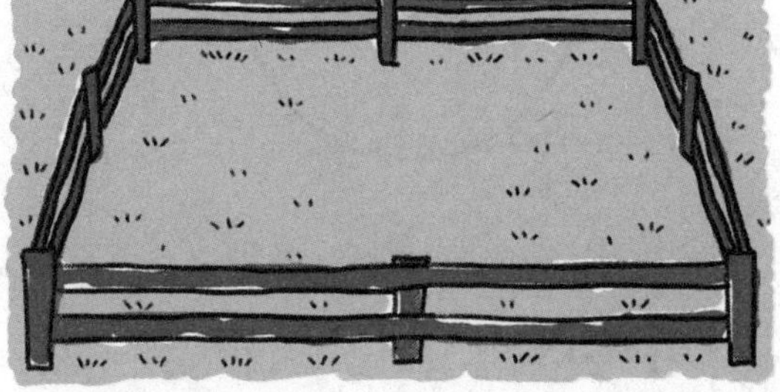

zero

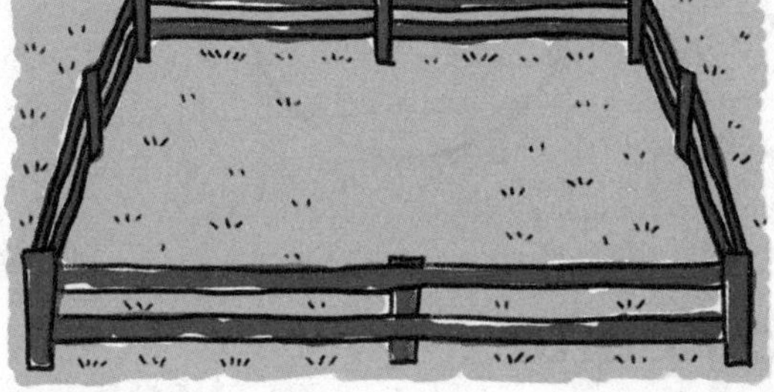

Cc

cilindro

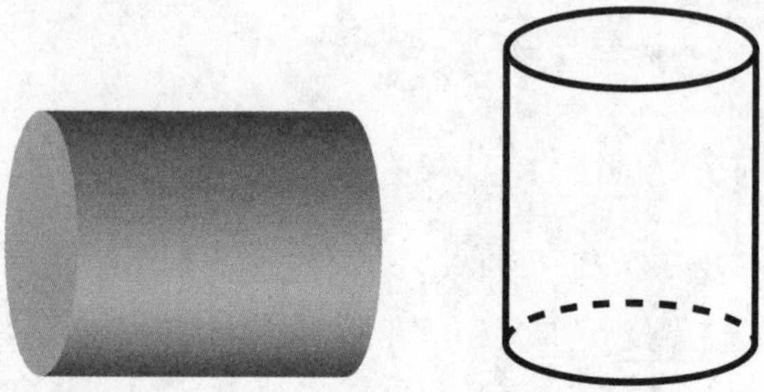

cylinder

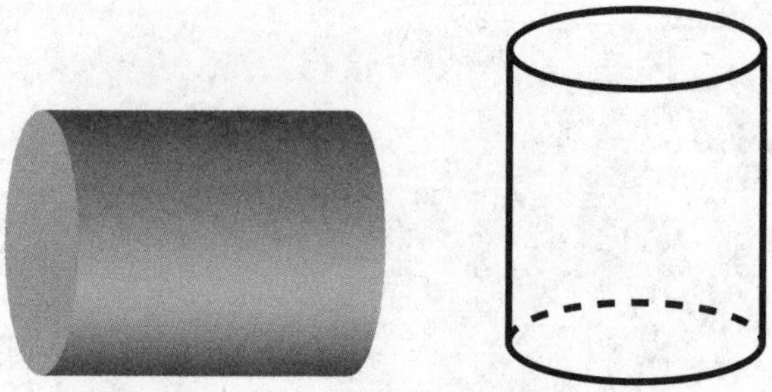

cinco

five

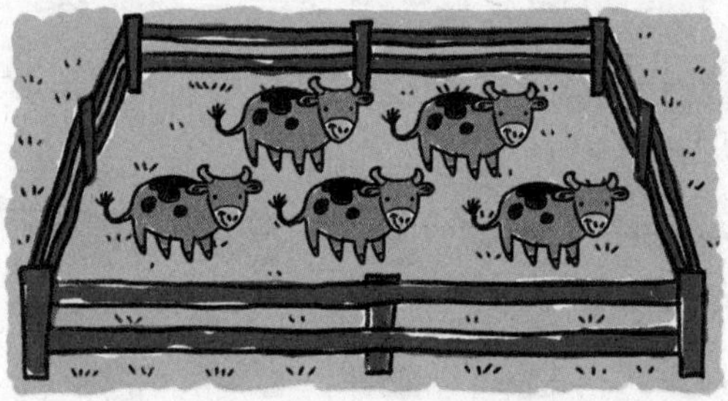

círculo

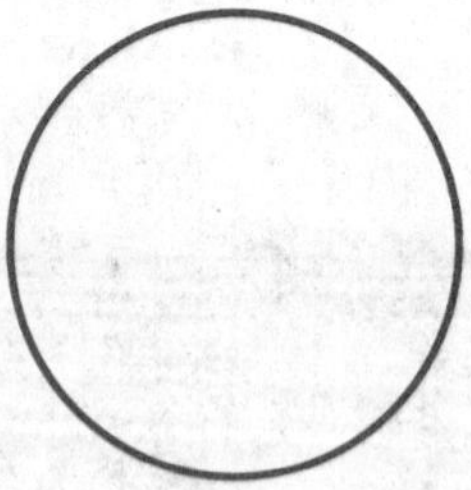

circle

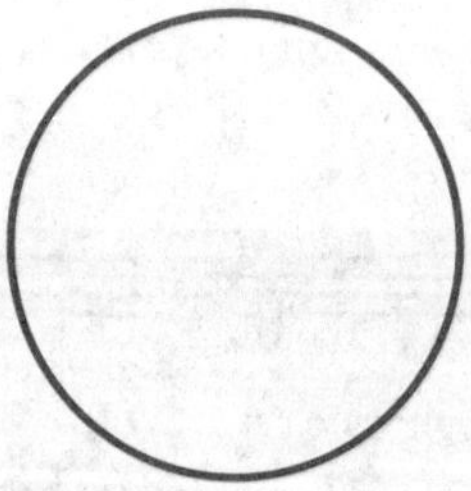

comparar

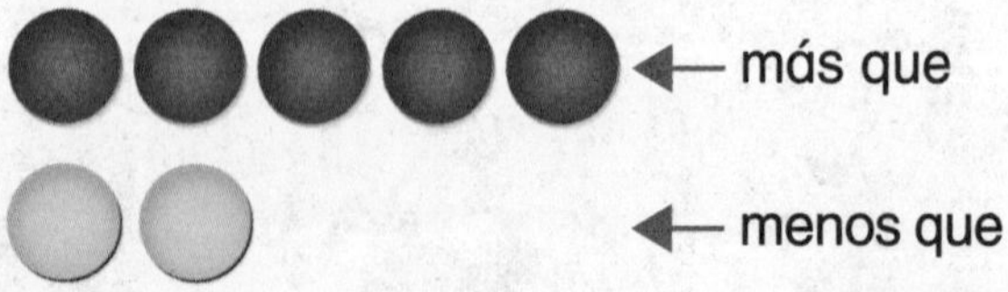

compare

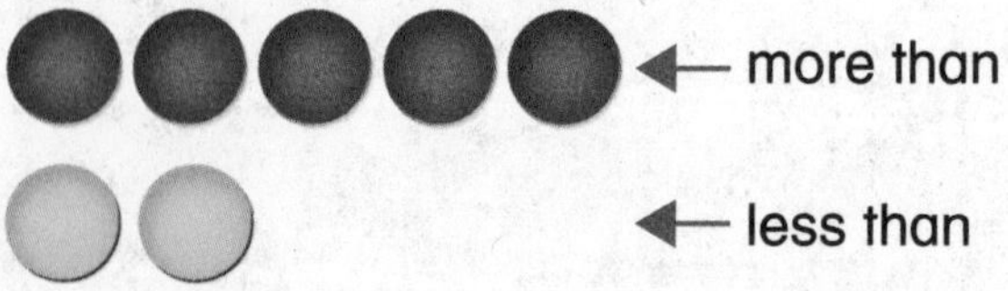

cono

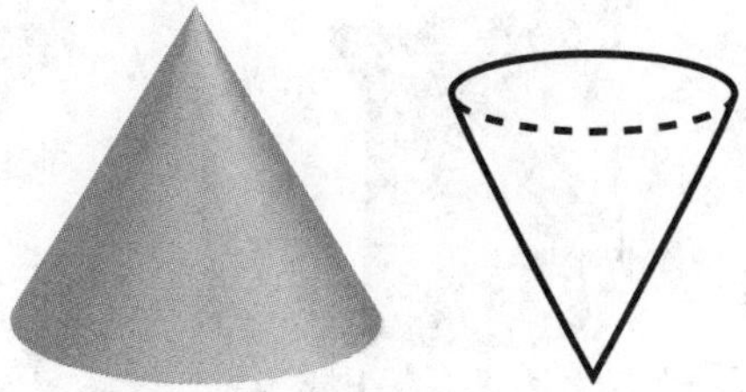

cone

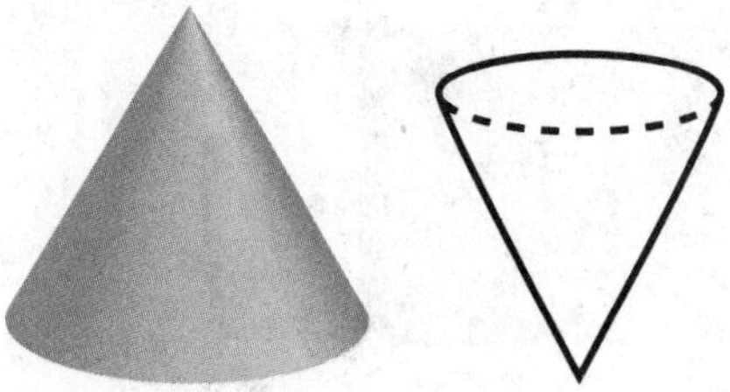

contar

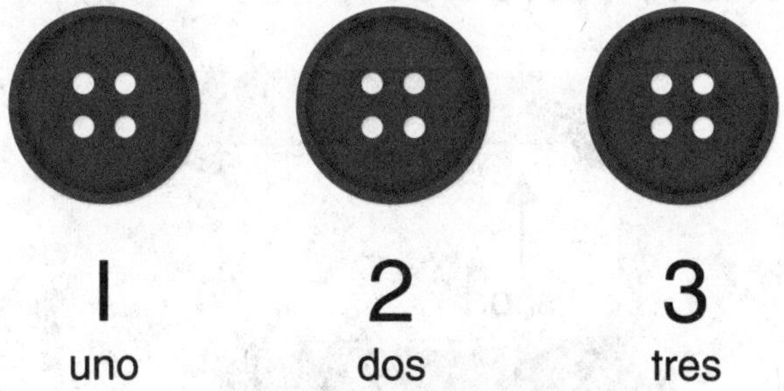

count

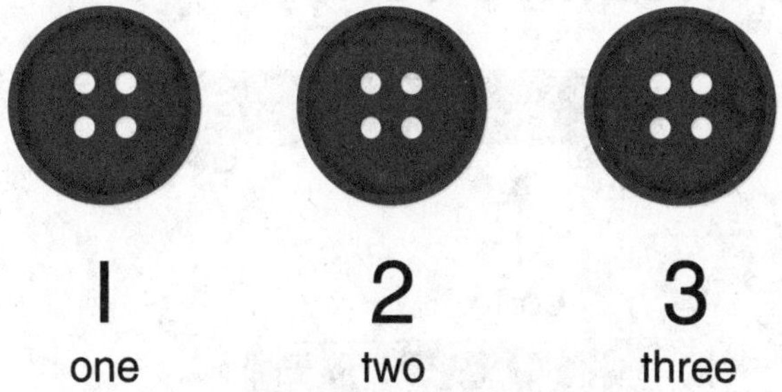

contiene la misma cantidad

holds the same

contiene más

holds more

Cc

contiene menos

holds less

corto (más corto)

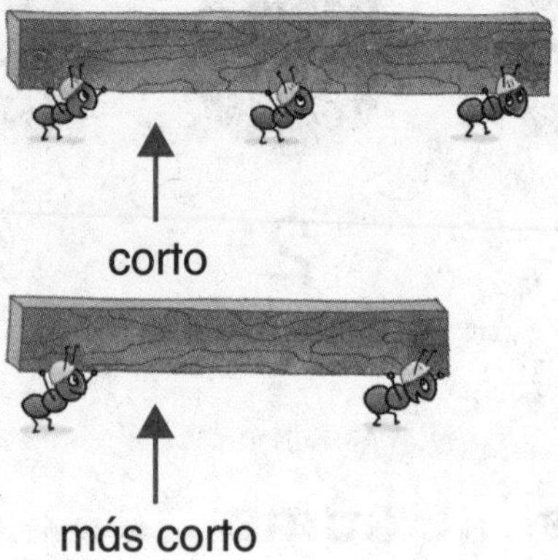

short (shorter)

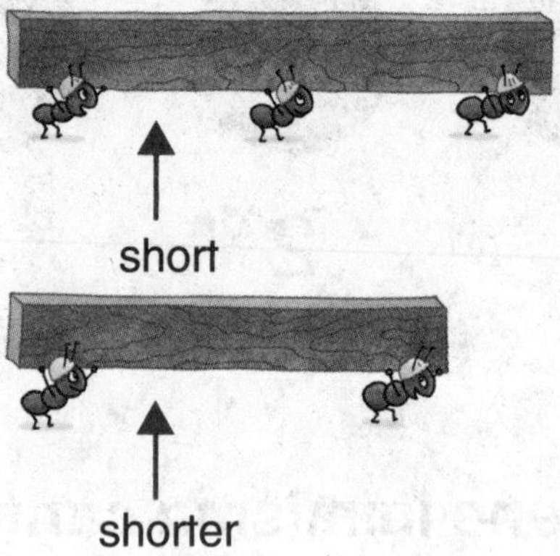

cuadrado

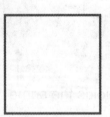

square

cuatro

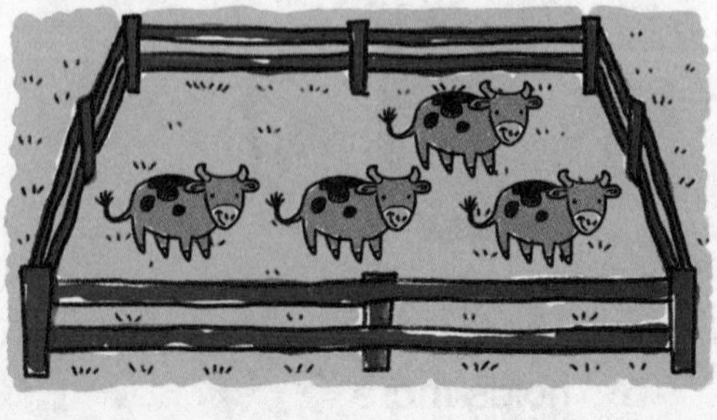

four

cubo

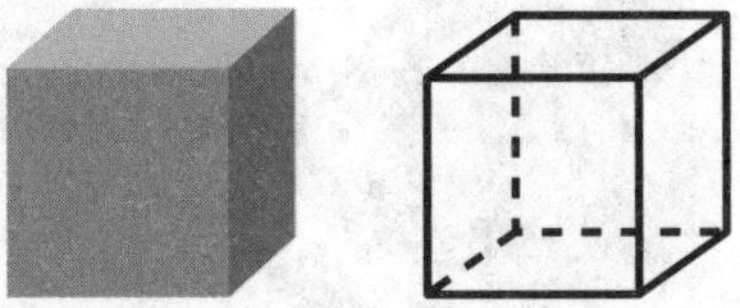

cube

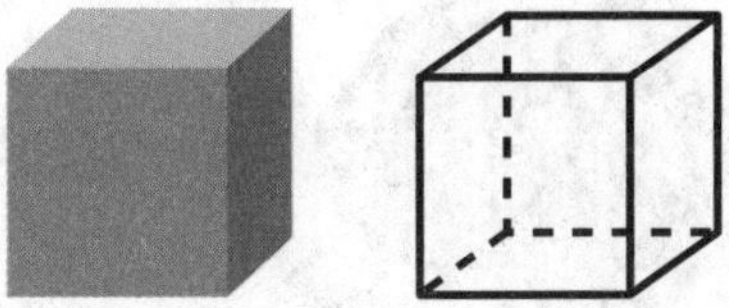

Dd

debajo de

below

delante de

in front of

deslizar

slide

Dd

detrás de

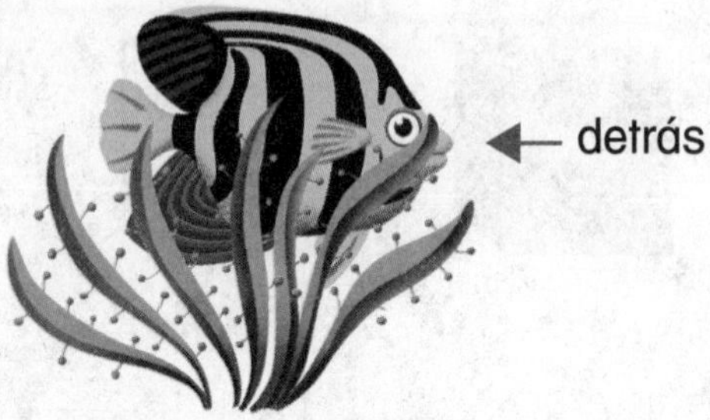

behind

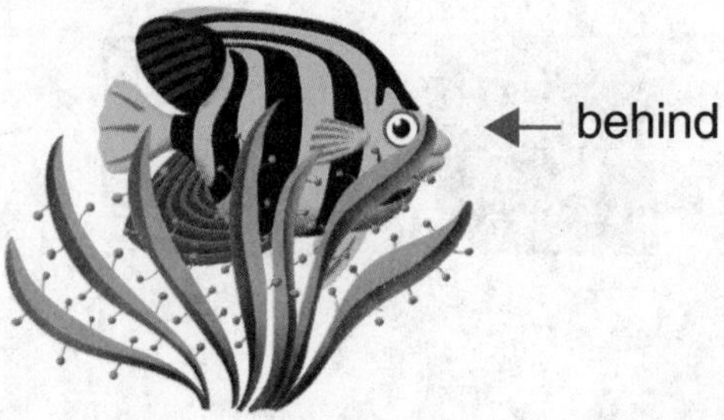

día

day

diecinueve

nineteen

dieciocho

eighteen

dieciséis

sixteen

diecisiete

seventeen

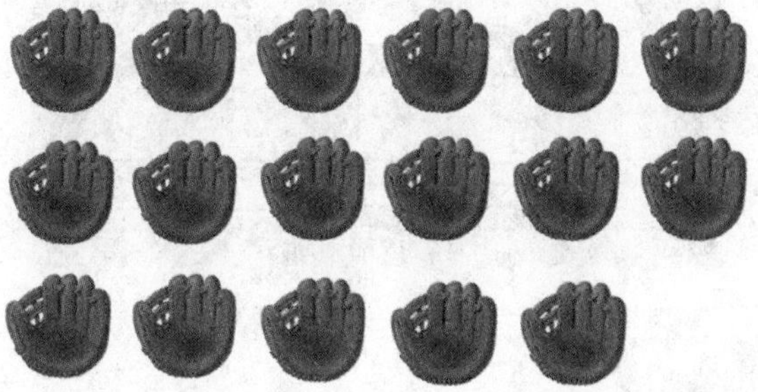

diez

ten

Dd

diferente

diferentes iguales

different

different alike

doce

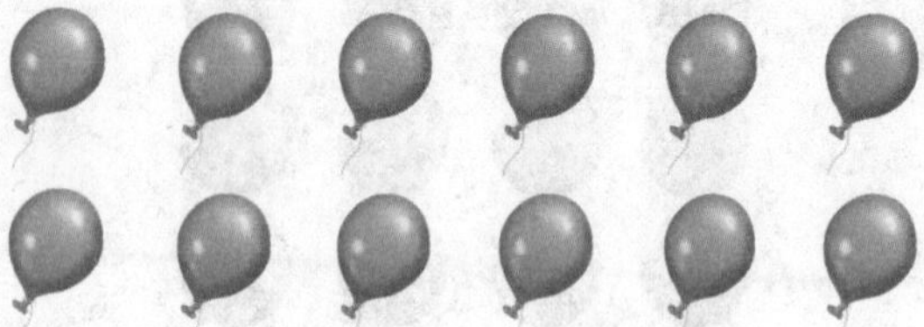

twelve

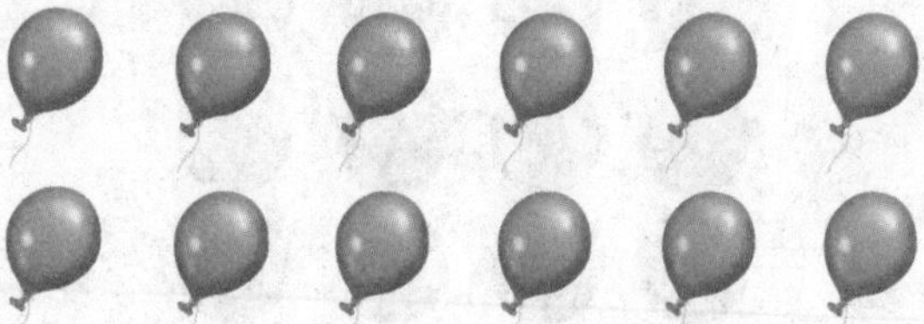

dos

two

Ee

el mismo número

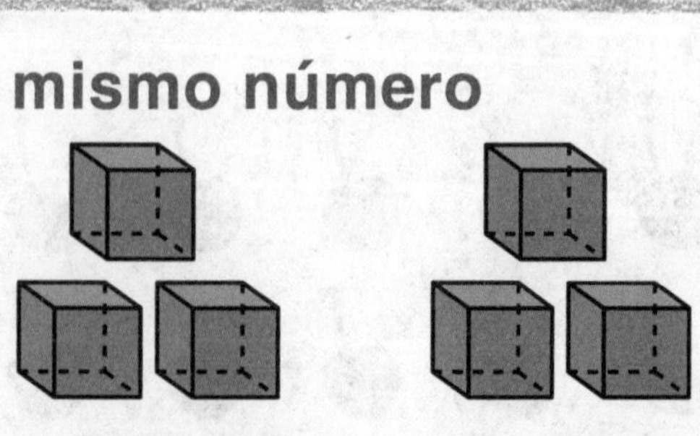

3 3

el mismo número

same number

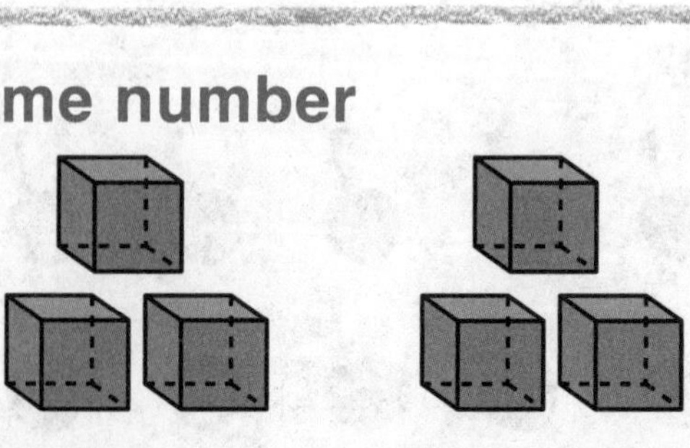

3 3

same number

en total

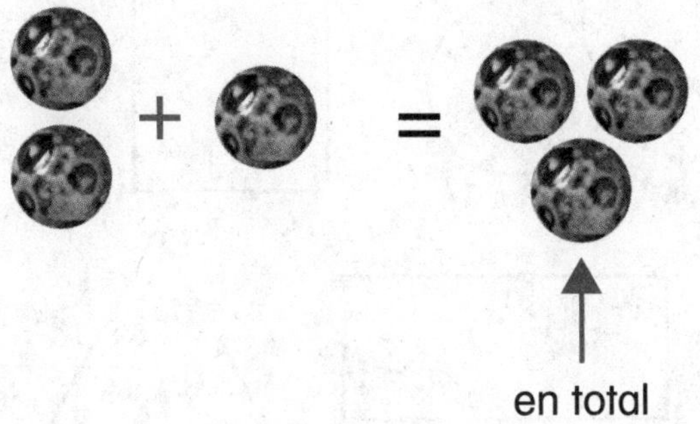

in all

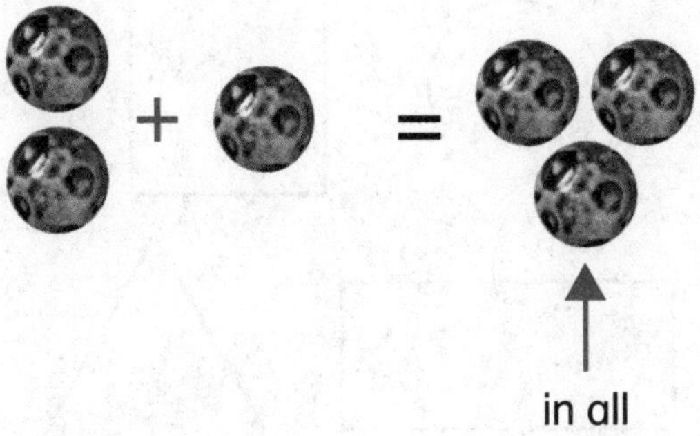

esfera

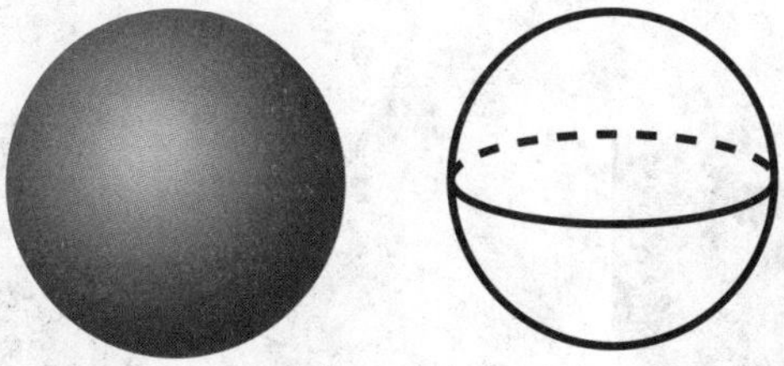

sphere

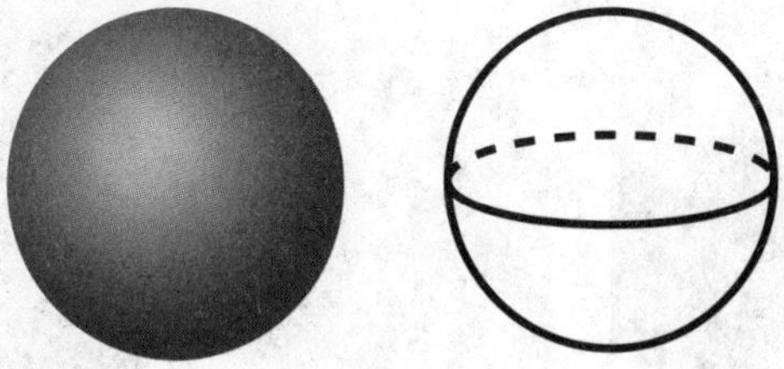

esquina

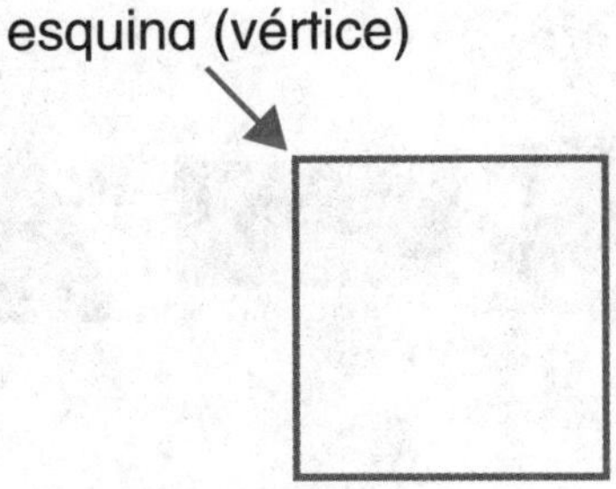

corner

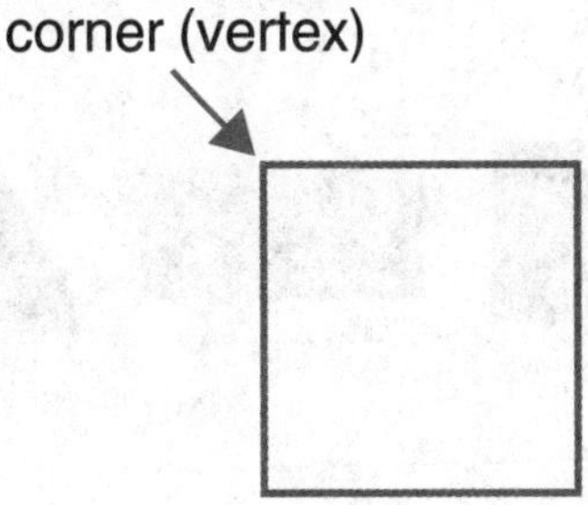

Ff

figura bidimensional

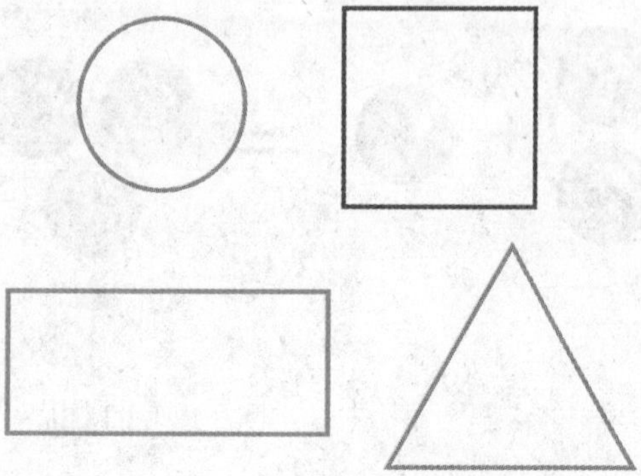

two-dimensional shape

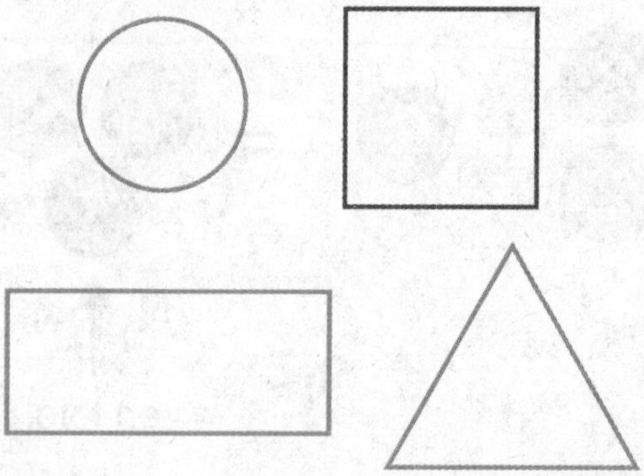

figura tridimensional

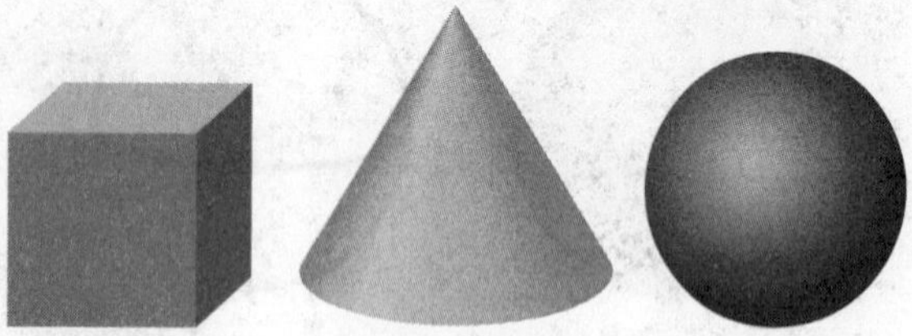

cubo cono esfera

three-dimensional shape

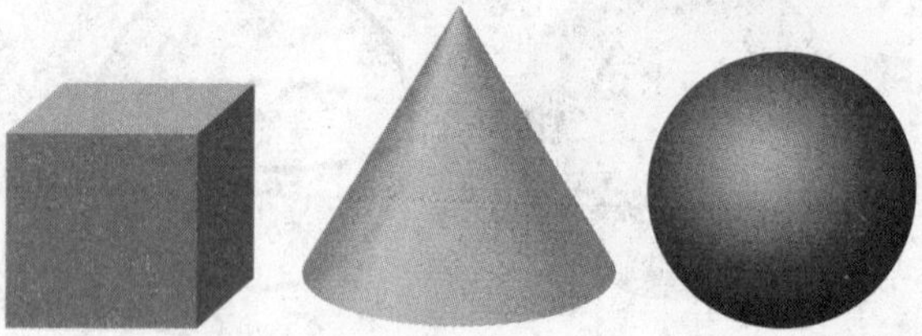

cube cone sphere

forma

shape

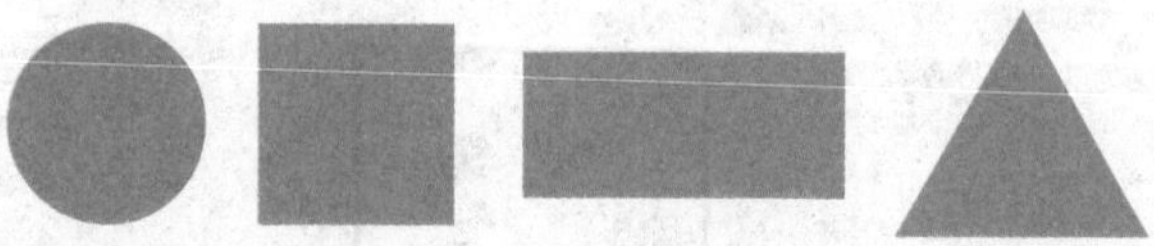

Hh

hexágono

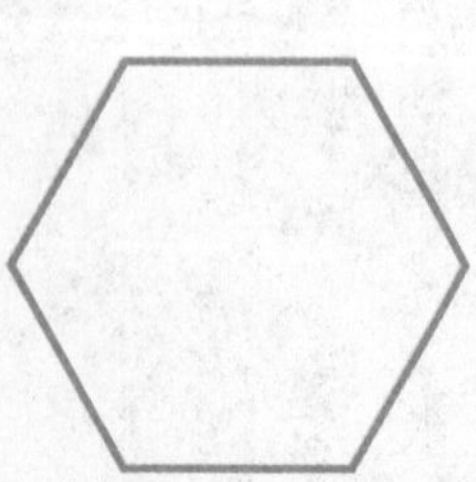

hexagon

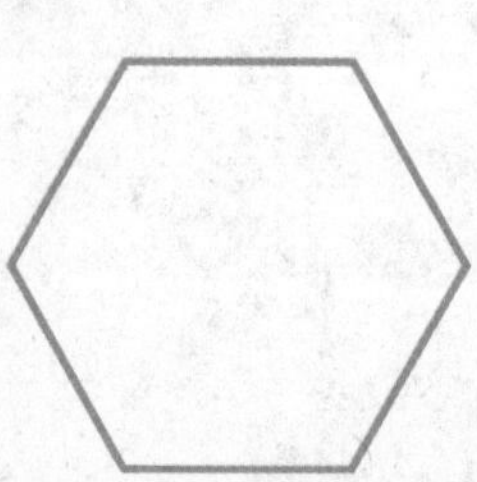

hoy

today

Ii

igual

iguales diferentes

alike (same)

alike different

igual a

equal to

Jj

junto a

El gato está junto al perro.

next to

The cat is next to the dog.

Ll

lado

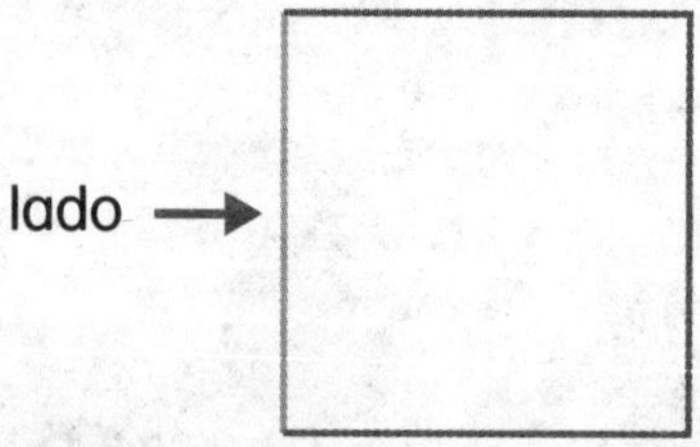

side

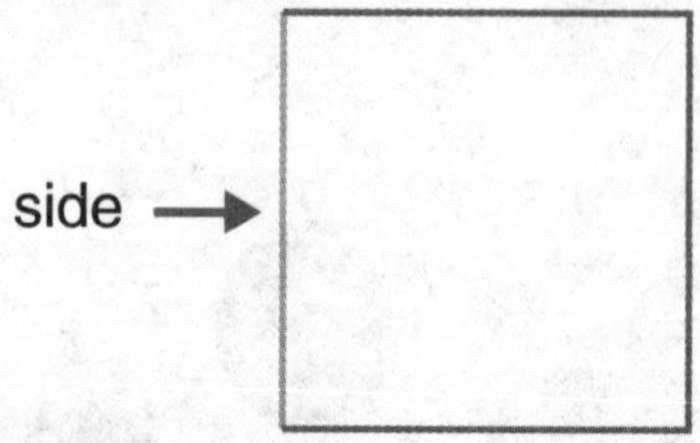

largo (más largo)

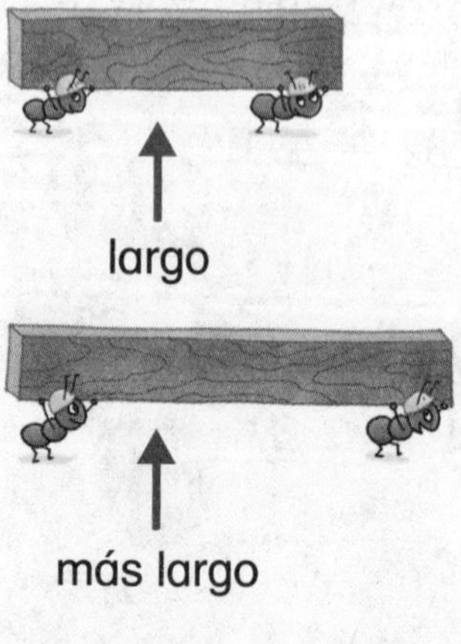

long (longer)

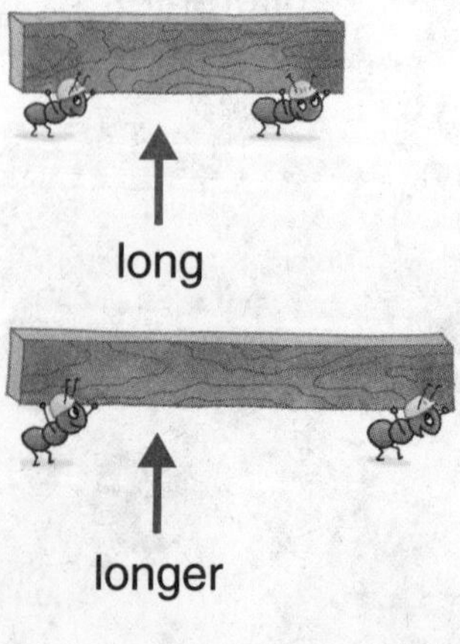

liviano (más liviano)

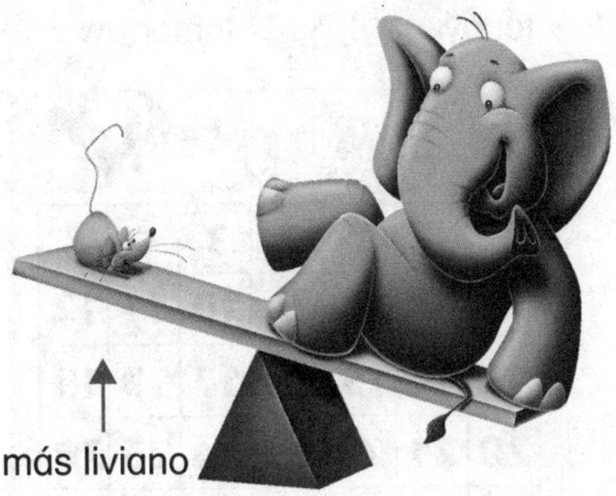

light (lighter)

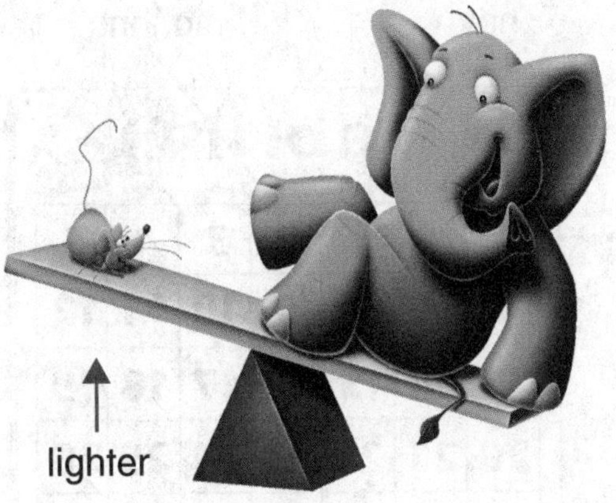

longitud

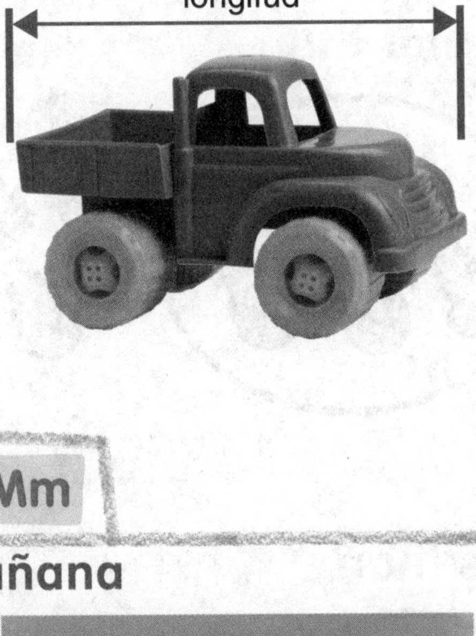

length

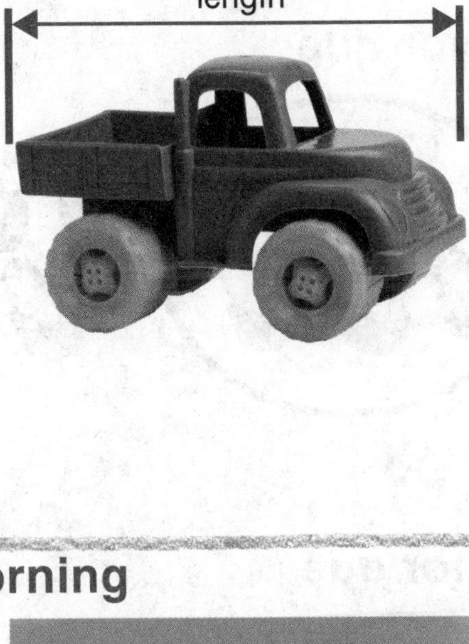

Mm

mañana

morning

Mm

mañana

tomorrow

today
tomorrow
April
Sunday Monday Tuesday Wednesday Thursday Friday Saturday
1 2 3 4 5
6 7 8 9 10 11 12
13 14 15 16 17 18 19
20 21 22 23 24 25 26
27 28 29 30

mayor que

greater than

menor que

less than

mes

month

Nn

noche

evening

nueve

nine

Nn

número

3
dice cuántos hay

number

3
tells how many

número ordinal

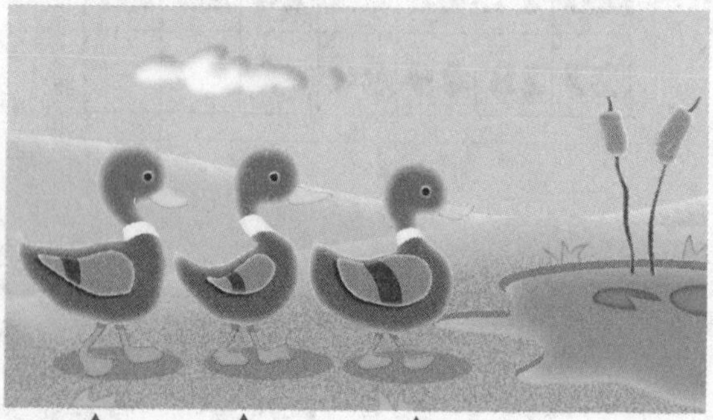

tercero segundo primero

ordinal number

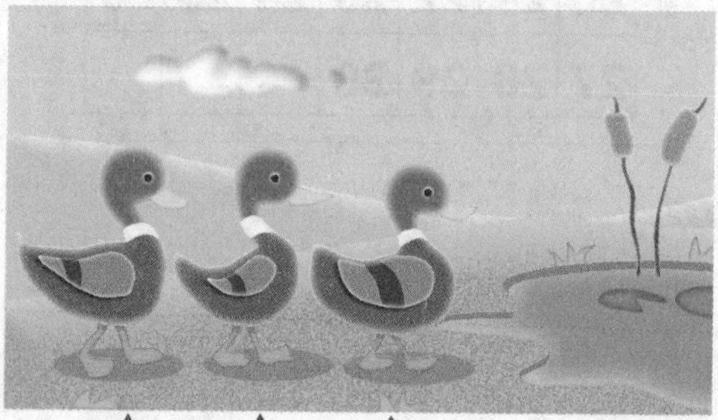

third second first

Oo

ocho

eight

once

eleven

ordenar

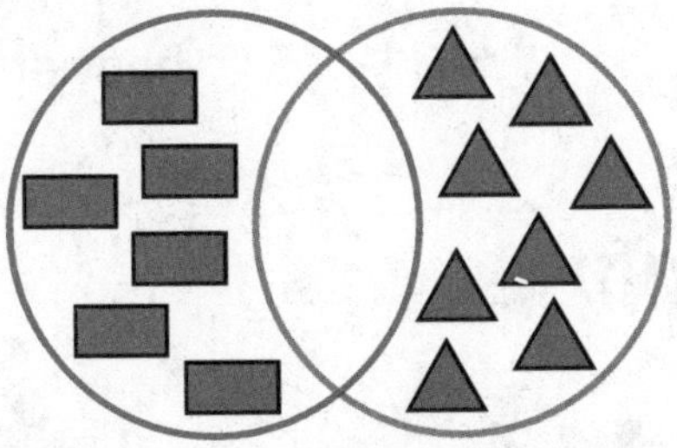

ordenados o agrupados por su forma

sort

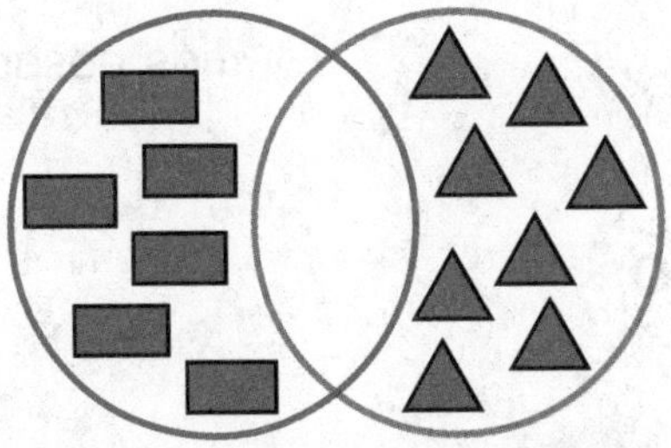

sorted or grouped by shape

Pp

patrón

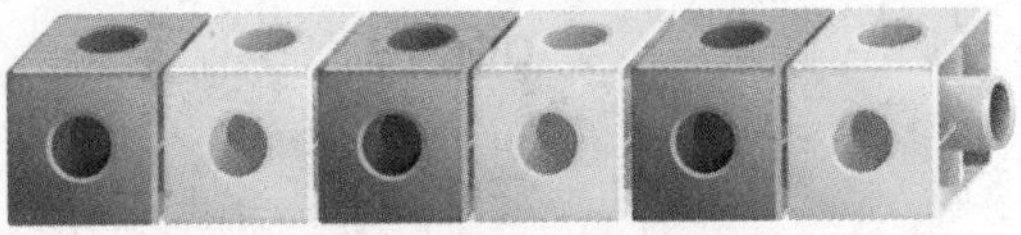

A, B, A, B, A, B

patrón que se repite

pattern

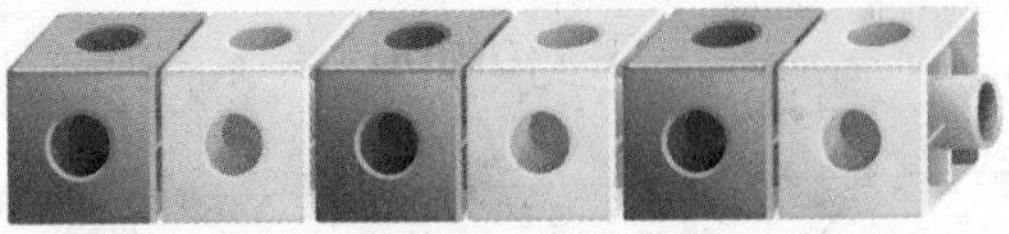

A, B, A, B, A, B

repeating pattern

patrón que se repite

patrón que se repite

repeating pattern

repeating pattern

Pp

pesado (más pesado)

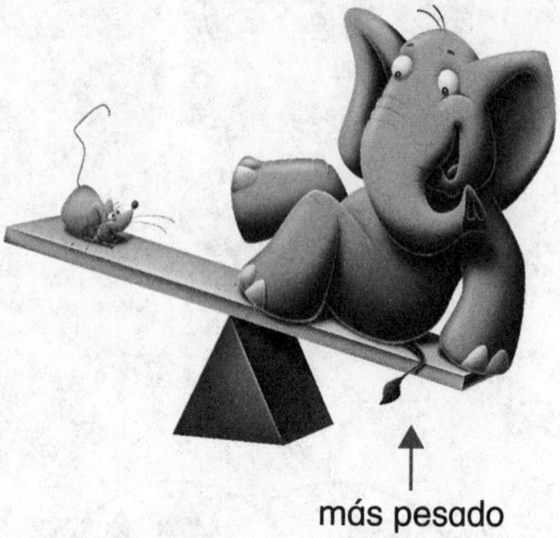

peso

posición

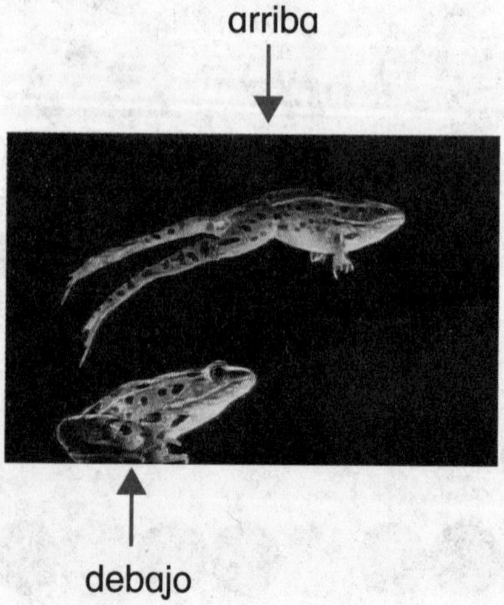

heavy (heavier)

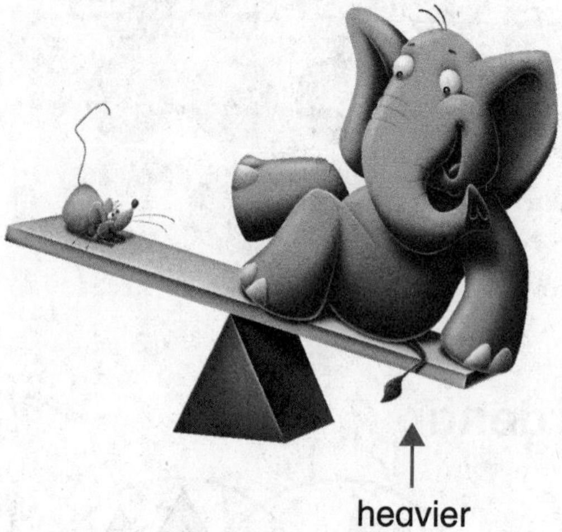

weight

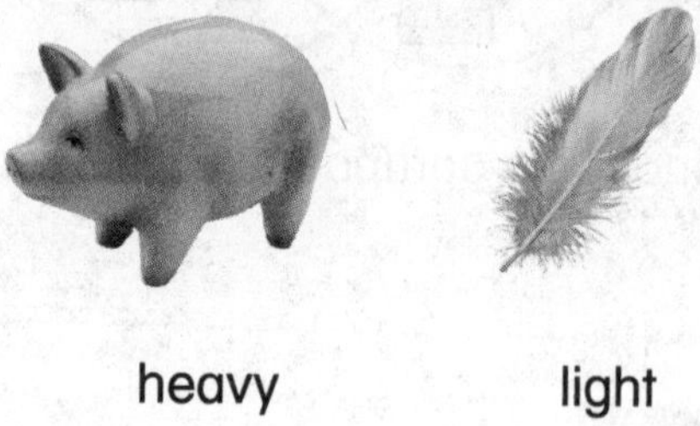

position

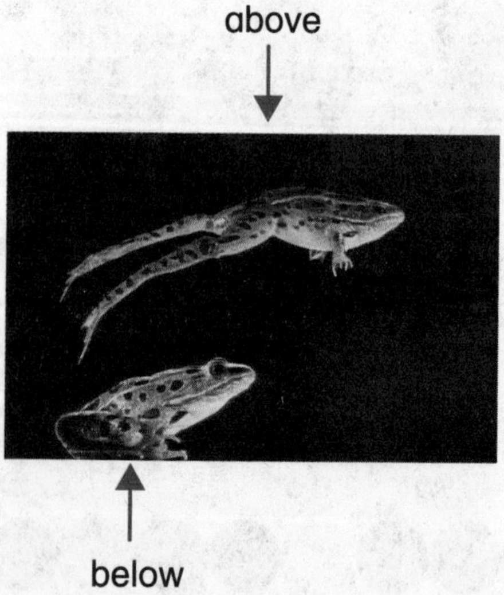

Qq

quedan

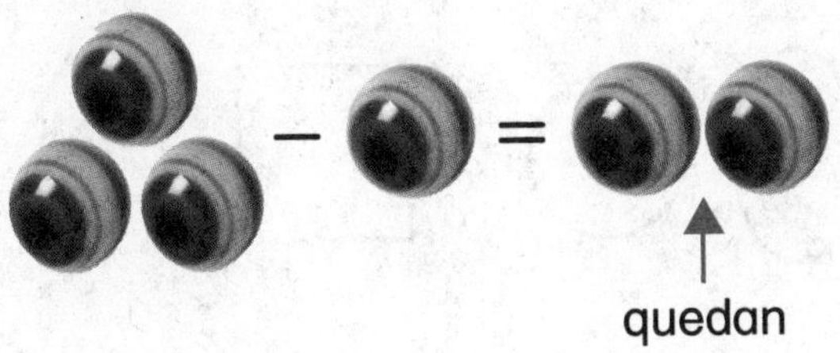

are left

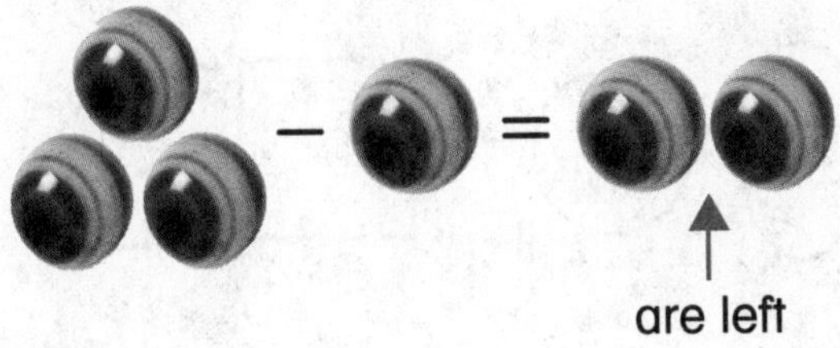

quince

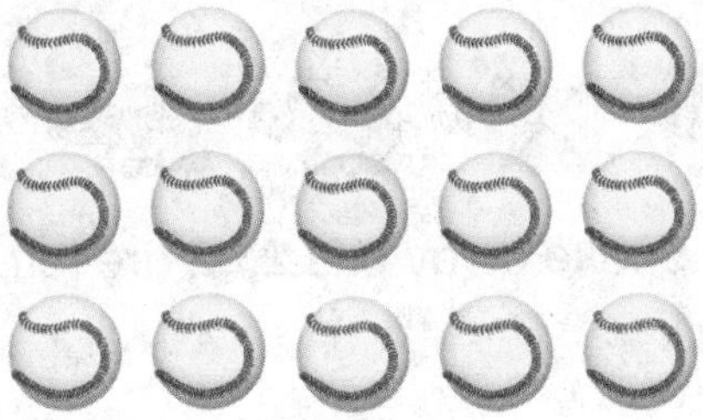

fifteen

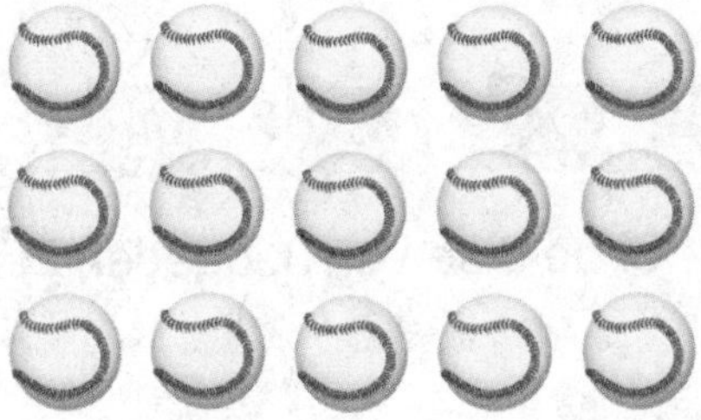

Rr

rectángulo

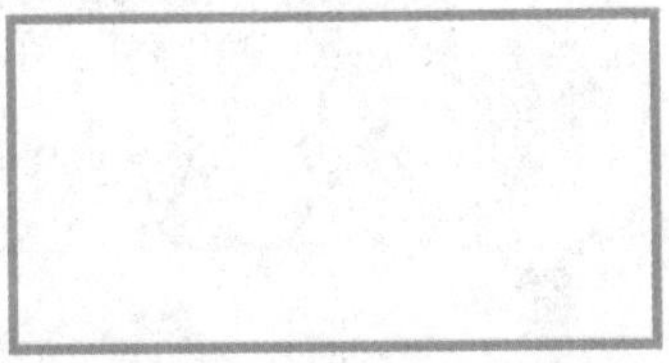

rectangle

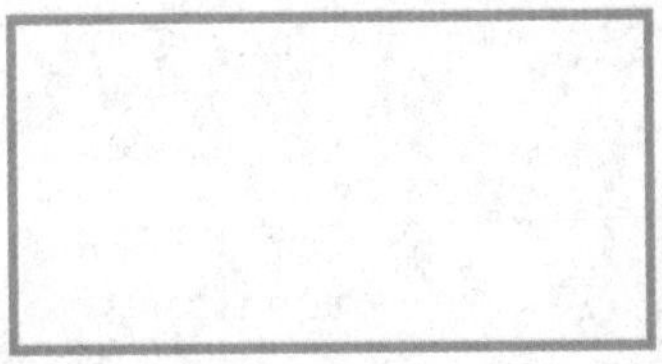

recto

straight

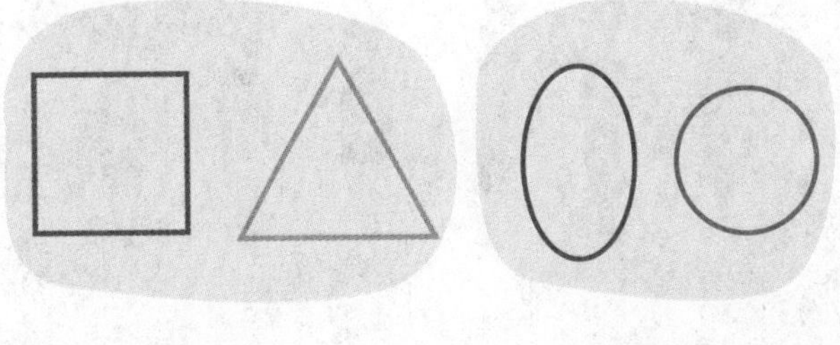

Rr

redondo

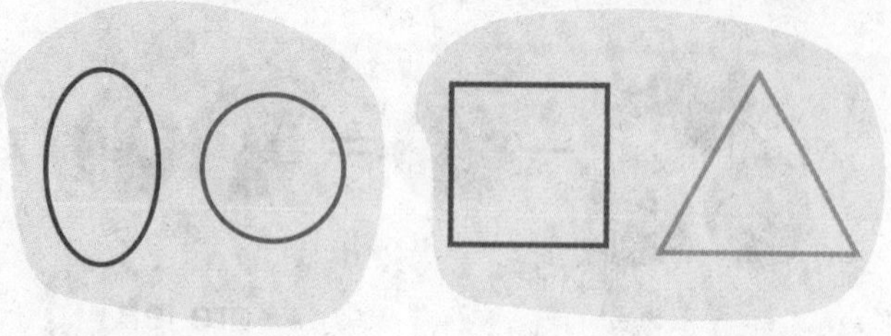

round

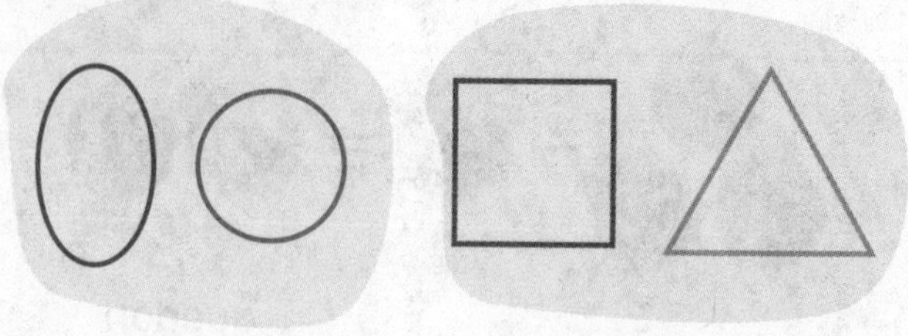

restar (resta)

Si de 5 se van 3, quedan 2.

subtract (subtraction)

5 take away 3 is 2. 2 are left.

rodar

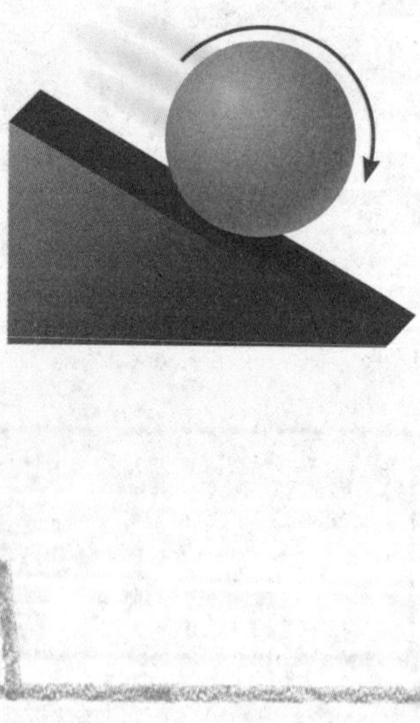

roll

Ss

seis

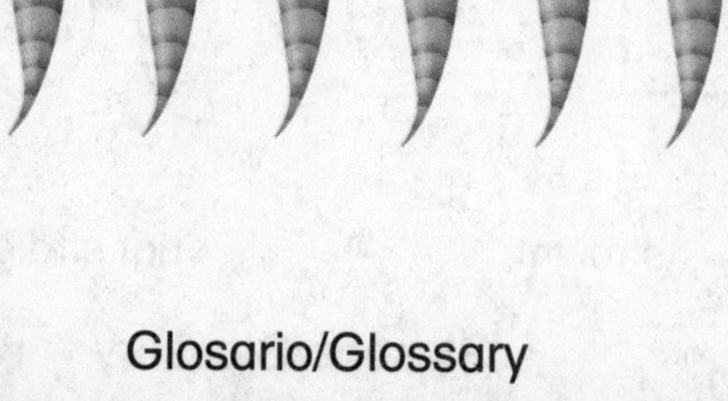

six

semana

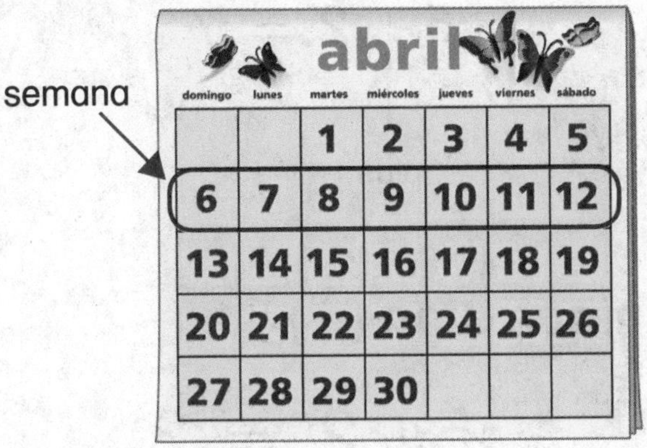

week

se van

take away

siete

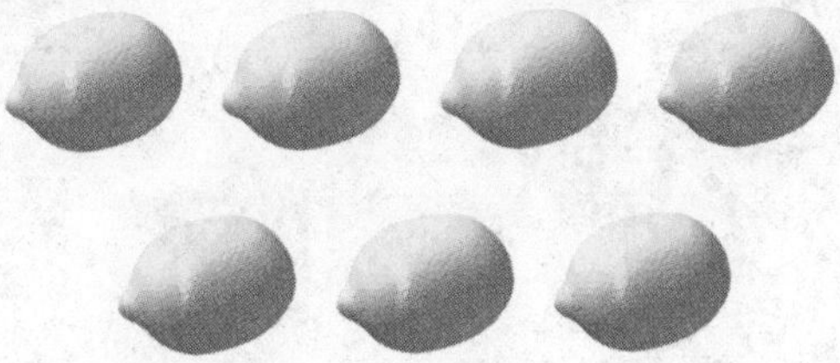

seven

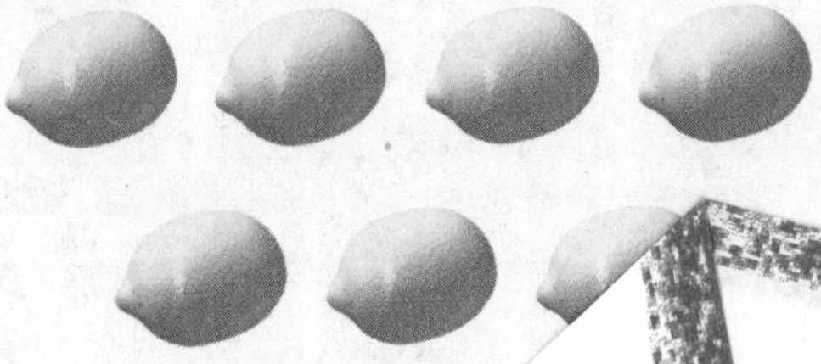

signo igual (=)

$4 + 1 = 5$

↑

es igual a

equals sign

Ss

signo más (+)

$5 + 2 = 7$

↑ más

plus sign (+)

$5 + 2 = 7$

↑ plus

signo menos (−)

$5 - 2 = 3$

↑ menos

minus sign (−)

$5 - 2 = 3$

↑ minus

sumar

3 patos   se unen 2 más   5 patos en total

add

3 ducks   2 more join   5 ducks in all

Tt

[tam]año

size

small   medium   large

tarde

afternoon

trece

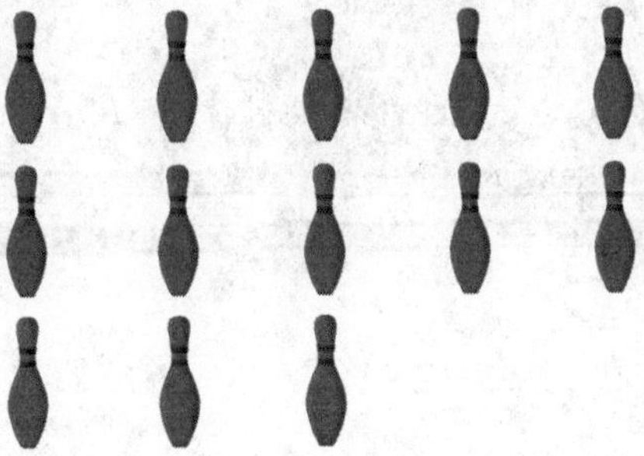

thirteen

tres

three

triángulo

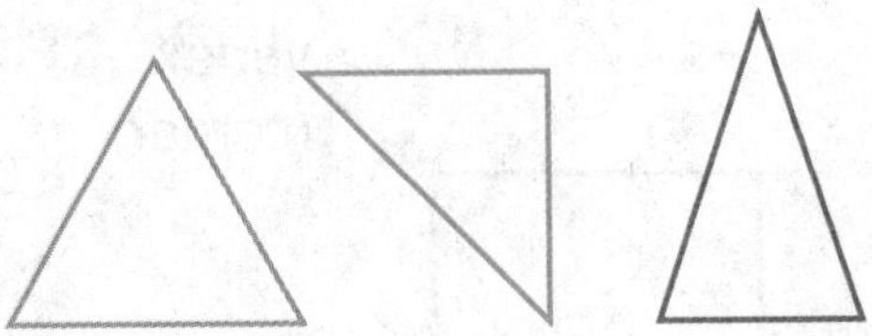

triangle

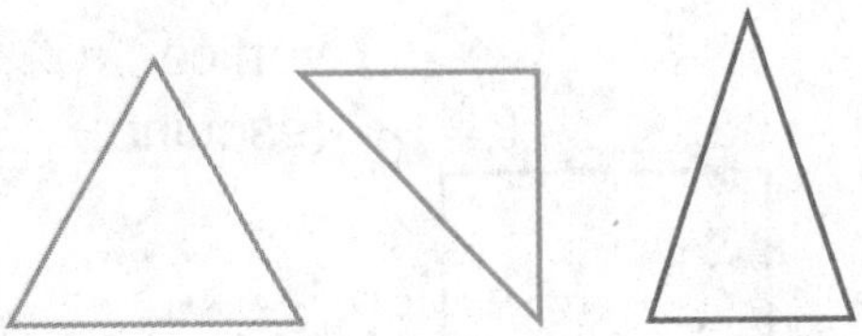

Uu

unir

Hay 3 aves y se les unen 2 más.

join

3 birds and 2 birds join.

uno

one

Vv

veinte

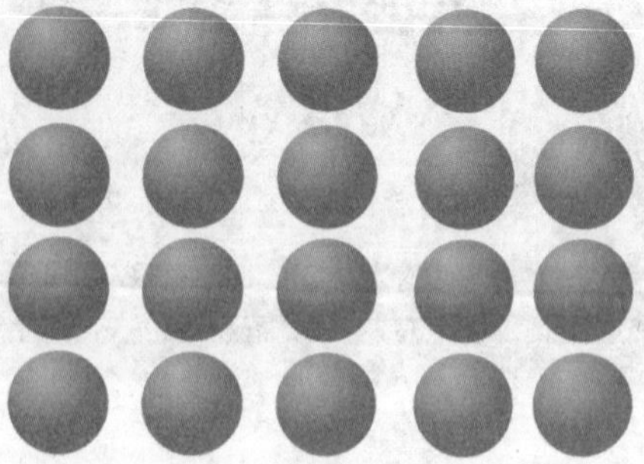

twenty

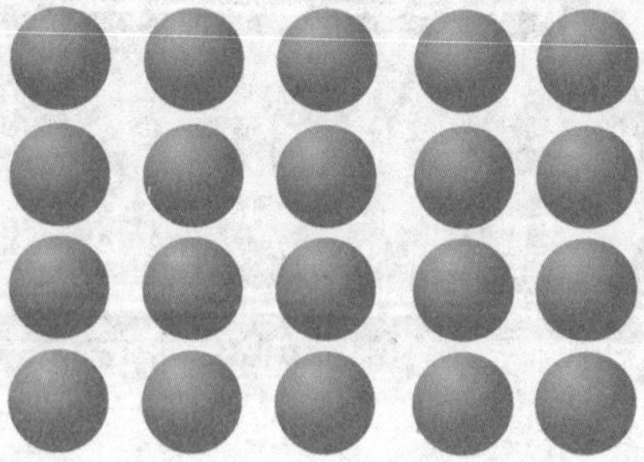

vértice

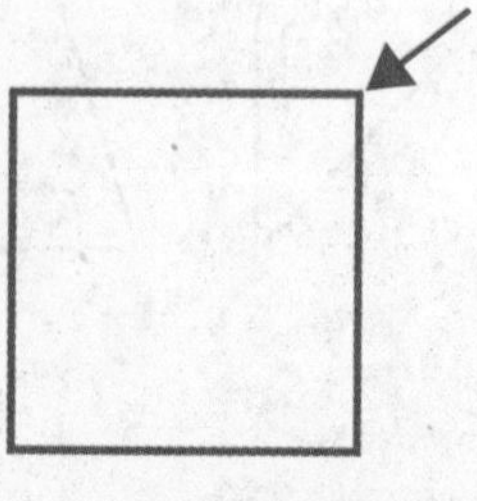

vertex

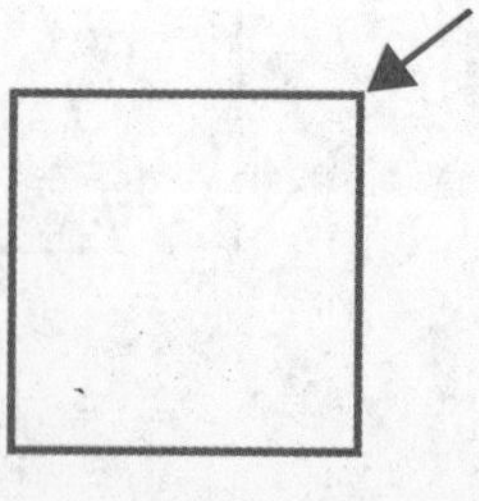

Nombre ....

Tablero de trabajo I: Marco de cinco

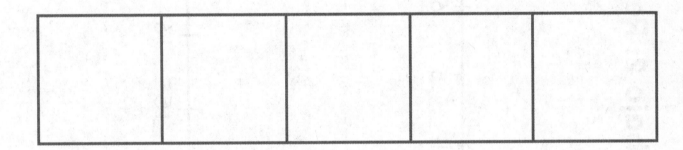

Tablero de trabajo 2: Rectas numéricas

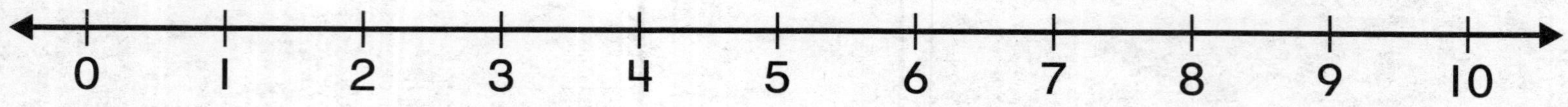

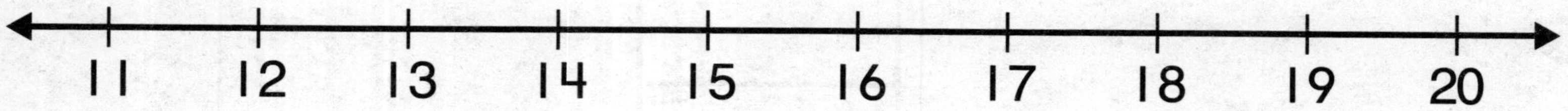

Nombre ....

Tablero de trabajo 3: Marco de diez

Tablero de trabajo 4: Marcos de diez

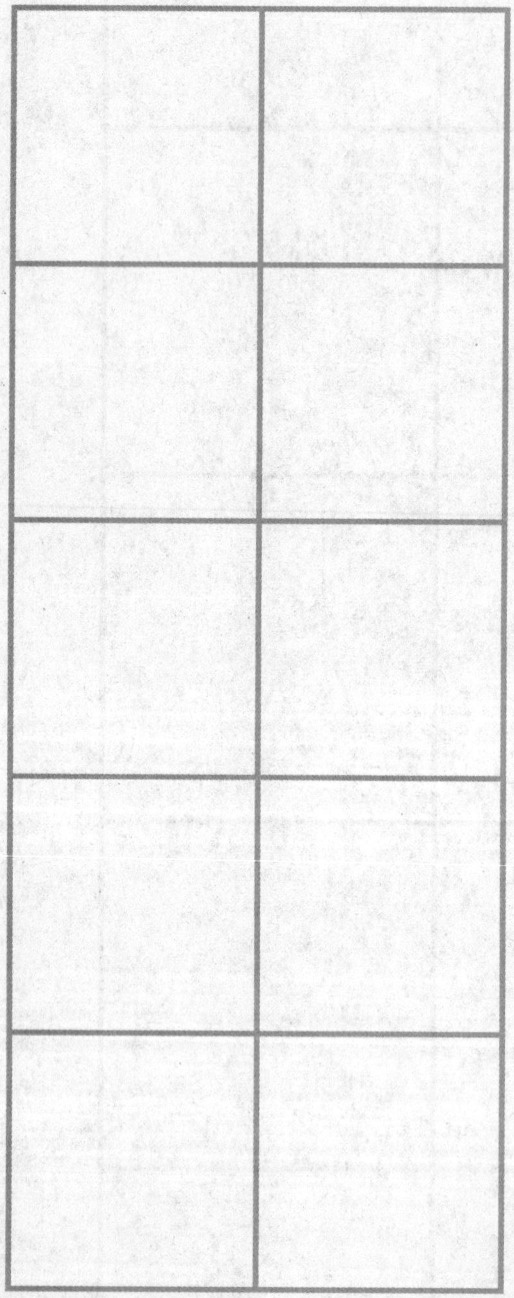

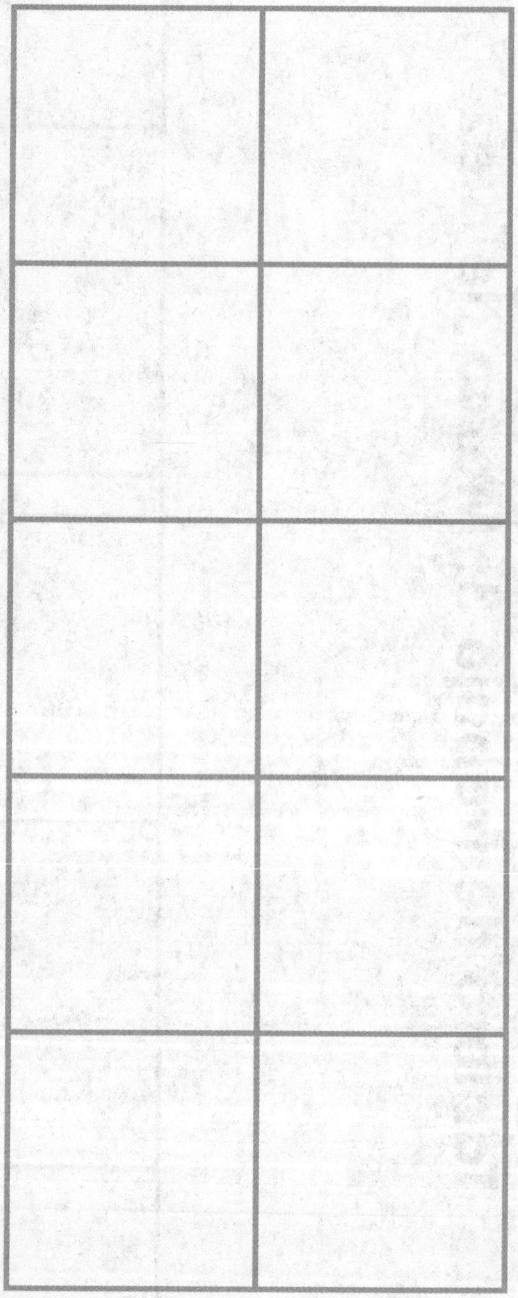

Nombre

Tablero de trabajo 5: Tablero para cuentos

Tablero de trabajo 6: Parte-Parte-Total

Parte	Parte
Total	